中国国家标准汇编

2008年修订-45

中国标准出版社　编

中国标准出版社
北京

图书在版编目（CIP）数据

中国国家标准汇编：2008年修订.45/中国标准出版社编.—北京：中国标准出版社，2009

ISBN 978-7-5066-5502-6

Ⅰ.中…　Ⅱ.中…　Ⅲ.国家标准-汇编-中国-2008　Ⅳ.T-652.1

中国版本图书馆CIP数据核字（2009）第183935号

中国标准出版社出版发行
北京复兴门外三里河北街16号
邮政编码：100045
网址 www.spc.net.cn
电话：68523946　68517548
中国标准出版社秦皇岛印刷厂印刷
各地新华书店经销
*
开本 880×1230 1/16　印张 35.5　字数 1 074 千字
2009年11月第一版　2009年11月第一次印刷
*
定价 200.00 元

ISBN 978-7-5066-5502-6
9 787506 655026 >

出 版 说 明

1.《中国国家标准汇编》是一部大型综合性国家标准全集。自1983年起，按国家标准顺序号以精装本、平装本两种装帧形式陆续分册汇编出版。它在一定程度上反映了我国建国以来标准化事业发展的基本情况和主要成就，是各级标准化管理机构，工矿企事业单位，农林牧副渔系统，科研、设计、教学等部门必不可少的工具书。

2.《中国国家标准汇编》收入我国每年正式发布的全部国家标准，分为"制定"卷和"修订"卷两种编辑版本。

"制定"卷收入上年度我国发布的、新制定的国家标准，顺延前年度标准编号分成若干分册，封面和书脊上注明"20××年制定"字样及分册号，分册号一直连续。各分册中的标准是按照标准编号顺序连续排列的，如有标准顺序号缺号的，除特殊情况注明外，暂为空号。

"修订"卷收入上年度我国发布的、被修订的国家标准，视篇幅分设若干分册，但与"制定"卷分册号无关联，仅在封面和书脊上注明"20××年修订-1,-2,-3,……"字样。"修订"卷各分册中的标准，仍按标准编号顺序排列(但不连续)；如有遗漏的，均在当年最后一分册中补齐。需提请读者注意的是，个别非顺延前年度标准编号的新制定的国家标准没有收入在"制定"卷中，而是收入在"修订"卷中。

读者配套购买《中国国家标准汇编》"制定"卷和"修订"卷则可收齐上一年度我国制定和修订的全部国家标准。

3. 由于读者需求的变化，自1996年起，《中国国家标准汇编》仅出版精装本。

4. 2008年制修订国家标准共5946项。本分册为"2008年修订-45"，收入新制修订的国家标准24项。

中国标准出版社

2009年10月

目　　录

ICS 77.040.99
H 21

中华人民共和国国家标准

GB/T 8364—2008

代替 GB/T 5985—2003、GB/T 5987—1986、GB/T 8364—2003

热双金属热弯曲试验方法

Test methods of thermal flexure of thermostat metals

2008-08-19 发布　　　　2009-04-01 实施

中华人民共和国国家质量监督检验检疫总局
中国国家标准化管理委员会　发布

前言

本标准代替 GB/T 8364—2003《热双金属比弯曲试验方法》、GB/T 5987—1986《热双金属温曲率试验方法》和 GB/T 5985—2003《热双金属弯曲常数测量方法》。

本标准与 GB/T 8364—2003、GB/T 5987—1986 和 GB/T 5985—2003 相比主要变化如下：

——将 GB/T 8364—2003、GB/T 5987—1986 和 GB/T 5985—2003 三个标准合并为一个标准，并将标准名称改为“热双金属热弯曲试验方法”；

——适用范围由“热双金属温曲率试验方法适用于测量厚度大于或等于 0.3 mm 直条形热双金属和厚度小于 0.30 mm 的螺旋形热双金属的温曲率”，改为“热双金属温曲率试验方法适用于测定厚度为 0.30 mm～1.25 mm 直条形热双金属和厚度小于 0.30 mm 的螺旋形热双金属的温曲率”；

——删除规范性引用文件中 GB/T 2900.4；

——删除 4.4.8 中的“注”；

——删除“热双金属”定义；

——将原三个试验方法中相同的条款“温度测量装置”、“浴槽”、“量具”、“试样的制备与要求”、“试验报告”统一表述；

——更正附录 E 中 $\sum Y$ 值，其他计算结果作相应的更正；

——统一本标准中所有有效位数。

本标准附录 A 为规范性附录，附录 B、附录 C、附录 D 和附录 E 均为资料性附录。

本标准由中国钢铁工业协会提出。

本标准由全国钢标准化技术委员会归口。

本标准主要起草单位：宝山钢铁股份有限公司、冶金工业信息标准化研究院、上海电器科学研究所(集团)有限公司、陕西精密合金股份有限公司、北京北冶功能材料有限公司。

本标准主要起草人：沈忆、张忠民、冯超、任翠英、冯运福、张爱玲、李丽敏。

本标准代替标准的历次版本发布情况为：

——GB/T 5985—1986、GB/T 5985—2003；

——GB/T 5987—1986；

——GB/T 8364—1987、GB/T 8364—2003。

热双金属热弯曲试验方法

1 范围

本标准规定了测量热双金属比弯曲、温曲率、弯曲常数的基本原理、测量装置、试样的制备与要求、试验程序和结果计算、试验报告和精度与误差等。本标准包括双金属比弯曲、温曲率和弯曲常数的试验方法。

热双金属比弯曲试验方法适用于厚度 0.60 mm～1.25 mm、温度 20 ℃～130 ℃范围内热双金属带材的比弯曲性能的测量。热双金属温曲率试验方法适用于测定厚度为 0.30 mm～1.25 mm 直条形热双金属和厚度小于 0.30 mm 的螺旋形热双金属的温曲率。热双金属弯曲常数试验方法适用于测量厚度为 0.25 mm～1.20 mm，测量温度范围为室温～100 ℃的热双金属平直条状试样的弯曲常数。

2 规范性引用文件

下列文件中的条款通过本标准的引用而成为本标准的条款。凡是注日期的引用文件，其随后所有的修改单(不包括勘误的内容)或修订版均不适用于本标准，然而，鼓励根据本标准达成协议的各方研究是否可使用这些文件的最新版本。凡是不注日期的引用文件，其最新版本适用于本标准。

GB/T 4461 热双金属带材

JB/T 9551 热双金属螺旋形元件热偏转率试验方法

3 热双金属比弯曲试验方法

3.1 测量原理

热双金属比弯曲试验方法采用悬臂梁法。由试样、试样夹持器、位移测量杆和电子接触指示器组成一个闭合回路(见图 2)。根据热双金属的曲率随温度变化的基本特性，将试样与位移测量杆作为闭合电路的开关来测量试样自由端的位移-挠度变化。

3.2 术语和定义

3.2.1 曲率

R^{-1}

厚度为 δ，长度为 L 的狭长条形热双金属片在某一温度 T_0 时，为平直状态，自由端中心线位置在 M_0。当温度为 T_1 和 T_2 时则产生弯曲，曲率半径为 R_1 和 R_2，其自由端中心线的位置分别在 M_1 和 M_2，自由端的位移(挠度)分别为 f_1 和 f_2，如图 1 所示。曲率可由式(1)所得。

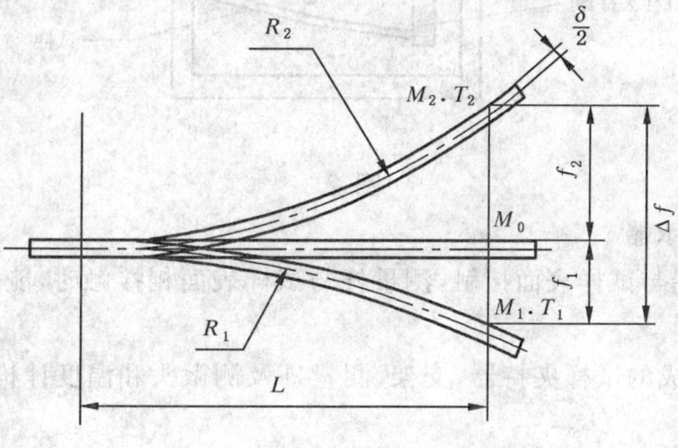

图 1 热双金属弯曲示意图

$$R^{-1}=\frac{2f}{L^2+f^2+f\delta} \quad \cdots\cdots(1)$$

式中：

R^{-1}——曲率，单位为每毫米(mm^{-1})；

f——挠度，单位为毫米(mm)；

L——试样长度，单位为毫米(mm)；

δ——试样厚度，单位为毫米(mm)。

3.2.2　**比弯曲**

K

比弯曲 K 是单位厚度的热双金属在每变化单位温度时，纵向中心线的曲率变化的二分之一 。由式(2)表示：

$$K=\frac{\delta}{2}\times\frac{R_2^{-1}-R_1^{-1}}{T_2-T_1} \quad \cdots\cdots(2)$$

将式(1)代入式(2)后得到式(3)：

$$K=\frac{\delta}{T_2-T_1}\left(\frac{\Delta f+f_1}{L^2+(\Delta f+f_1)^2+(\Delta f+f_1)\times\delta}-\frac{f_1}{L^2+f_1^2+f\times\delta}\right) \quad \cdots\cdots(3)$$

式中：

K——比弯曲，单位为每摄氏度(℃$^{-1}$)；

L——试样测量长度，单位为毫米(mm)；

T_1——测量初始温度，单位为摄氏度(℃)；

T_2——测量终了温度，单位为摄氏度(℃)；

f_1——温度为 T_1 时的挠度，单位为毫米(mm)；

Δf——测量温度为 T_1 和 T_2 时试样的挠度差，单位为毫米(mm)；

δ——试样厚度，单位为毫米(mm)。

3.3　**测量装置**

测量装置由测挠仪、恒温浴槽和高灵敏电子接触指示器所组成，如图 2 所示。

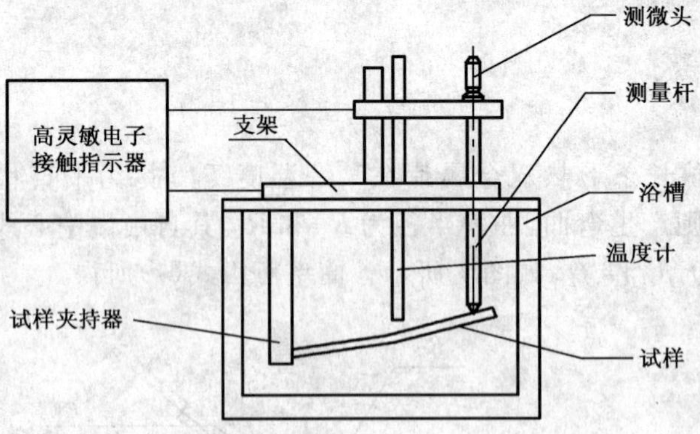

图 2

3.3.1　**高灵敏电子接触指示器**

用来判别测量杆的尖端与试样表面接触，测量杆与试样表面相接触时，能迅速准确的发出信号。

3.3.2　**测挠仪**

由 4J36 低膨胀合金制成的试样夹持器、支架、测量杆及测微头和温度计构成。

3.3.2.1　**试样夹持器**

将试样一端夹紧，另一端自由，呈水平状态。

3.3.2.2 **支架**

用于支撑、固定试样夹持器和测量杆，以避免测量过程中测量杆中心与试样夹持器端面之间的测量长度(L)发生变化。

3.3.2.3 **温度测量装置**

采用二等标准水银温度计或相等精度的温度计测定浴槽内各点温度。试样温度的测定应精确至±0.1 ℃。

3.3.3 **浴槽**

一种能搅拌的恒温液槽或恒温箱，浴槽中可放置试样架和可调节的加热电源，利用可调节的加热电源，使试样能保持在要求的温度下，沿整个试样长度上的温度差异不超过试验所用温度范围的0.5%，在整个试验过程中浴槽的温度变化在±0.3 ℃之内。

浴槽宜用甲基硅油作介质，试样夹持器放置在浴槽内后，应保证试样浸入深度不小于80 mm。

3.3.4 **量具**

游标卡尺：用最小分度值为0.02 mm的游标卡尺测量试样的工作长度。

外径千分尺：采用最小分度值为0.01 mm，测量范围在0 mm～25 mm的一级尖头或圆头千分尺(或采用更高级别的测量工具)，测量试样的厚度。

测微头：采用最小分度值为0.001 mm，测量范围在0 mm～25 mm的深度千分尺。

3.4 **试样的制备与要求**

3.4.1 沿热双金属带材的轧制方向取样，使试样的长度方向与晶粒延伸方向一致。

3.4.2 试样采用直条形，外形平直，无明显的原始的不规则弯曲。

3.4.3 试样的厚度均匀一致，最大厚度与最小厚度之差，不大于最小厚度的1%。

3.4.4 试样的最大宽度与最小宽度之差应不大于最小宽度的2%。

3.4.5 试样经粗切或冲剪后，应通过机加工或锉加工对试样宽度进行修整，或采用纵向滚剪，去除粗加工可能造成试样的损伤及毛刺。可在测量长度以外作明确、永久的标记，但不应对以后的试验结果产生影响。

3.4.6 加工成形的试样应进行稳定化热处理，热处理制度参见附录B。或由供需双方协商，不允许对经热处理后的试样进行校正。

3.4.7 用精度为0.001 mm、测量端平面直径不大于6.5 mm的千分尺或其他相同等级精度的方法测定试样厚度。每件试样至少在其宽度中轴方向上测量3点，取其平均值。

3.4.8 试样的尺寸按表1规定。

表1

单位为毫米

试样厚度 δ	试样宽度 b	测量长度 L	试样总长度 l
$0.60\leqslant\delta<0.80$	10	75	105
$0.80\leqslant\delta\leqslant1.25$	10	100	130
注：也可按下列要求制样：$8\leqslant b/\delta\leqslant20$；$80\leqslant L/\delta\leqslant200$；$l=L+30$。			

3.5 **试验程序**

3.5.1 试样经热处理后，表面产生氧化或存在污物，应仔细清除，以提高电子接触指示器的灵敏度。

3.5.2 用试样夹持器将平直的标准板(单金属材料制成)一端夹紧后，用千分尺测量夹持器侧面至测量杆中心的距离L，该距离的测量精度为0.05 mm；旋动测挠仪的测微头，测量基准点M_0位置。

3.5.2.1 当试样夹持器是由下往上夹紧时，测微头读数D与基准点M_0的关系如式(4)所示：

$$M_0 = D \qquad\cdots\cdots(4)$$

3.5.2.2 当试样夹持器是由上往下夹紧时，标准板厚度H、试样厚度δ、测微头读数D与基准点M_0的关系见式(5)：

$$M_0 = D + H - \delta \qquad \cdots\cdots(5)$$

3.5.3 试样低膨胀层向上，安放在试样夹持器中夹紧。在一般情况下，试样厚度不大于 1 mm 时夹紧力宜大于 20 kg；试样厚度大于 1 mm 时夹紧力宜大于 35 kg。

3.5.4 将测挠仪的试样部分放入温度为 $20.0^{+5.0}_{0}$ ℃的浴槽内，待温度稳定后旋动测微头，测定温度 T_1 时试样自由端的挠度 f_1，同时记录此刻试样的温度 T_1。当试样自由端位于水平位置以上时，f_1 为正值；当试样自由端位于水平位置以下时，f_1 为负值。

3.5.5 测试温度 T_1 和 T_2 也可由双方协商确定。

3.5.6 将测挠仪的试样部分放入温度为 $130.0^{0}_{-5.0}$ ℃的浴槽内，按 3.5.4 规定测定 f_2 和 T_2。并计算出 Δf。

3.5.7 最后将试样冷却至 T_1 或附近，按 3.5.4 的规定复核试样自由端的挠度，并按式(6)或式(3)验算比弯曲，如果误差超过了 0.5%，则按供需双方商定在下列条件中选一项重做试验：

——在相同温度范围内试验同一试样；

——在不同温度范围内试验同一试样；

——在相同温度范围内试验另一试样；

——在不同温度范围内试验另一试样。

3.6 结果计算及误差

3.6.1 结果计算

比弯曲 K 按式(6)计算：

$$K = \frac{\Delta f \times \delta}{L^2 + \Delta f^2 + \Delta f \times \delta} \times \frac{1}{T_2 - T_1} \qquad \cdots\cdots(6)$$

式中：

K——比弯曲，单位为每摄氏度(℃$^{-1}$)；

L——试样测量长度，单位为毫米(mm)；

T_1——测量初始温度，单位为摄氏度(℃)；

T_2——测量终了温度，单位为摄氏度(℃)；

δ——试样厚度，单位为毫米(mm)；

Δf——测量温度为 T_1 和 T_2 时试样的挠度差($f_2 - f_1$)，单位为毫米(mm)。

3.6.1.1 按式(6)计算出 K 值后，若 $f_1/\Delta f$ 的绝对值为纵坐标、K/δ 为横坐标的点，位于分界曲线(图 3、图 4)的上方，则应按式(3)重新计算 K 值。

3.6.1.2 仲裁试验应按式(3)计算 K 值。

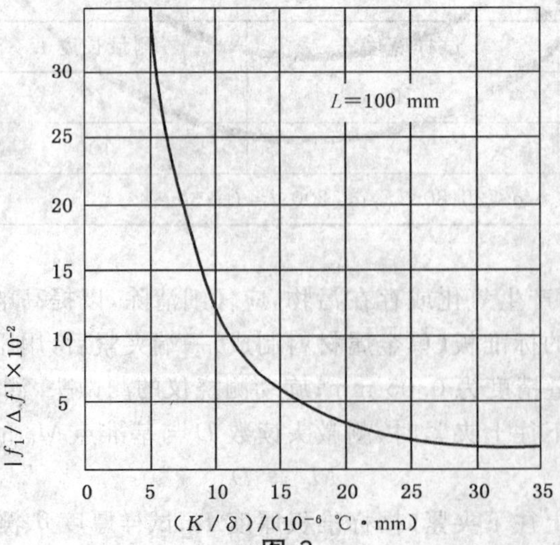

图 3

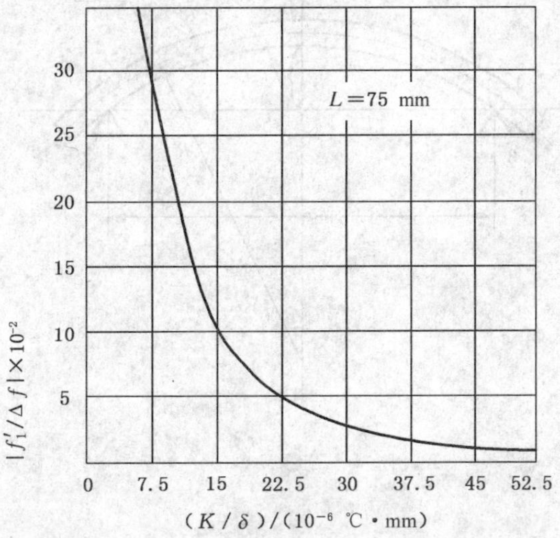

图 4

3.6.2 误差

本试验方法误差为1%。

4 热双金属温曲率试验方法

4.1 测量原理

将热双金属试样放置在相距一定的测量长度的两个锥形支座上，测量试样测量点的位移与温度变化的关系，通过计算得到温曲率。

螺旋形热双金属的温曲率的试验方法应按附录A和JB/T 9551的规定。

4.2 术语和定义

温曲率

F

单位厚度的热双金属试样，每变化单位温度时的中心线的变化，用式(7)表示：

$$F=\delta\frac{1/R_2-1/R_1}{T_2-T_1} \qquad \cdots\cdots(7)$$

为了测定 T_1 和 T_2 两温度间的温曲率，必须分别测量在温度 T_1 与温度 T_2 的曲率 $1/R_1$ 和 $1/R_2$，要找出上述任一温度的曲率，可测量挠度 f(图5)，则曲率用式(8)算出：

$$\frac{1}{R}=\frac{8f}{L^2+4f\delta+4f^2} \qquad \cdots\cdots(8)$$

式中：

R——试样纵向中心线的曲率半径，单位为毫米(mm)；

L——支点间距离，单位为毫米(mm)；

δ——试样厚度，单位为毫米(mm)；

T_2、T_1——试验温度，单位为摄氏度(℃)；

f——挠度，试样低膨胀面纵向中心线处测量点与试样支座连线间的垂直距离，单位为毫米(mm)。

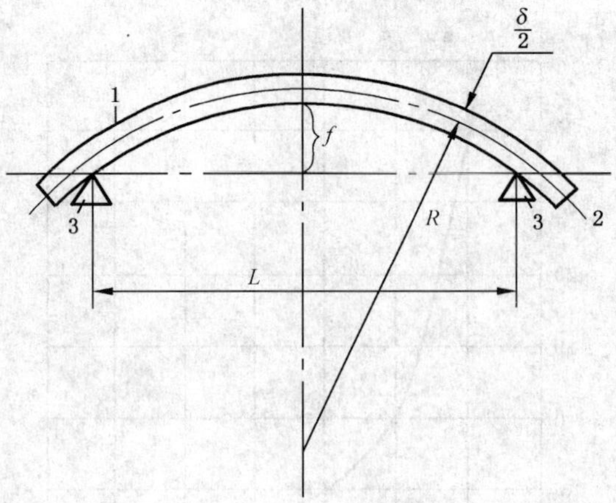

1——试样；

2——中心线；

3——支点；

R——试样纵向中心线的曲率半径，mm；

$\frac{\delta}{2}$——试样厚度，mm；

L——支点间距离，mm；

f——点状支点时的挠度，为二支点中央试样底面的纵向中心线于连接二支点的直线之间垂直距离，mm。

图 5

4.3 测量装置

4.3.1 支座

包括一个刀刃支座和一个半径不大于 0.2 mm 的点状支座，见图 6。测量长度 L（指试样与一个支座接触的点到另一个支座接触的点之间的距离）必须精确到 0.1 mm。当温度在 20 ℃～130 ℃时测量距离 L 的变化应小于 0.05 mm，因此有关支座的连接部件必须采用热膨胀系数小的 4J36 材料制成，接触杆位于两支座中心，其误差小于±0.05 mm。

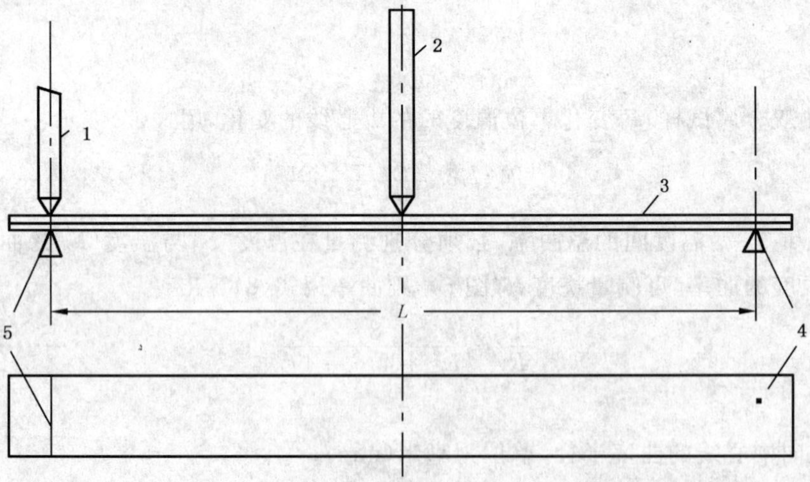

1——压持器；

2——接触杆；

3——试样；

4——点状支座；

5——刃状支座。

图 6

4.3.2 压持器

为了防止试样在测量过程中移动，必须采用压持器。在刀刃支座的一端，用一点状负荷杆在垂直方向上施加 0.25 N 的重力，把试样固定，见图 7。

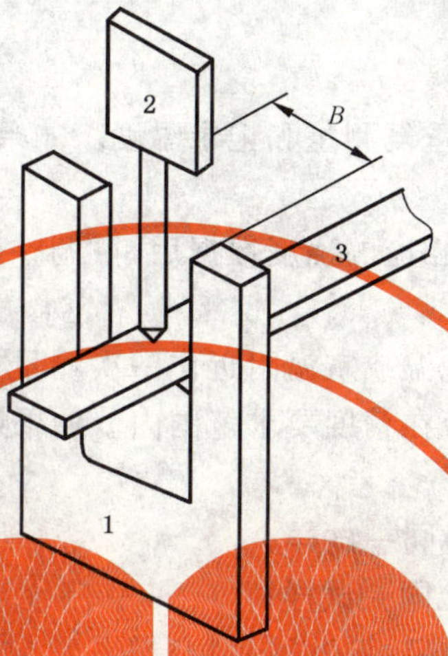

1——刃状支座；
2——带负荷的压持器；
3——试样。

图 7

为了限制试样横向移动要求图 7 中 B 的尺寸不得比试样宽度大 0.5 mm。

4.3.3 挠度测量装置

使用深度千分尺或读数显微镜测量试样的挠度，要求从垂直由两个支座所组成的水平方向去接触试样。在使用深度千分尺时，用电子指示器接触不会对试样带来较大的影响，要求在各个试验温度下试样挠度的测量能精确至 0.01 mm。挠度测量装置与试样支座相连接的部分应采用热膨胀系数小的 4J36 材料制成，以避免加热时测量装置与试样支座产生明显的位移。

4.3.4 浴槽

见本标准 3.3.3。

4.3.5 温度测量装置

见本标准 3.3.2.3。

4.3.6 量具

见本标准 3.3.4。

4.4 试样制备及要求

4.4.1 试样尺寸按表 2 规定。

4.4.2 试样的制备及要求按本标准 3.4.1～3.4.7 的规定。

表 2

单位为毫米

试样厚度 δ	试样宽度 b	测量长度 L	试样总长度 l
$0.30 \leqslant \delta < 0.60$	6	50	60
$0.60 \leqslant \delta \leqslant 1.25$	10	100	120
注：也可按下列要求制样：$8 \leqslant b/\delta \leqslant 20$；$80 \leqslant l/\delta \leqslant 200$；$l = L + 2b$。			

4.5 试验程序

4.5.1 清除热处理之后试样表面上的污物和氧化色，以便提高电子指示的灵敏度。

4.5.2 把试样安放在试样架的支座上，高膨胀层在上，旋动螺旋千分尺在室温时测其原始位置。在试样的中央部位施加轻微的压力，然后把压力去掉，如果由于重复施加压力出现原始位置明显的变化，则应在试验之前找出其原因并加以纠正。

4.5.3 当开始条件满足要求后，观测室温的挠度和温度，并记录其结果。

4.5.4 把试样的温度调整到下一个选定的温度，待温度稳定后，测量和记录试样中央或中央附近的温度。

4.5.5 测量和记录挠度

4.5.6 按4.5.4所述的测量方法重复测量和记录温度。如果发现温度或温度分布有明显差异，就要修正并再次测量和记录挠度。

4.5.7 在取得满意的温度测量和相应的挠度数据后，可调整到下一个设定的温度，按上述规范继续进行试验。

4.5.8 在所有情况下，最后要在室温或室温附近作一次测量，目的是确定是否存在永久变形和机械事故以及它们影响温曲率的测量是否在精度要求范围内。如果影响是明显的则按供需双方商定在下列条件中选一项重做试验：

a) 在相同的温度范围内试验同一试样；

b) 在不同的温度范围内试验同一试样；

c) 在相同的温度范围内试验另一试样；

d) 在不同的温度范围内试验另一试样。

注：附录C给出了温曲率的计算示例。

5 热双金属弯曲常数试验方法

5.1 测量原理

热双金属弯曲常数试验方法采用悬臂梁法。由试样夹具、试样、电子指示器及位移测量装置组成一个闭合电路(见图8)。室温时调整测量位移装置的测微器、测杆与试样面自由端接触，电子指示器发出信号，利用曲率随温度变化的试样，作为闭合电路的开关来测量试样自由端的挠度变化。

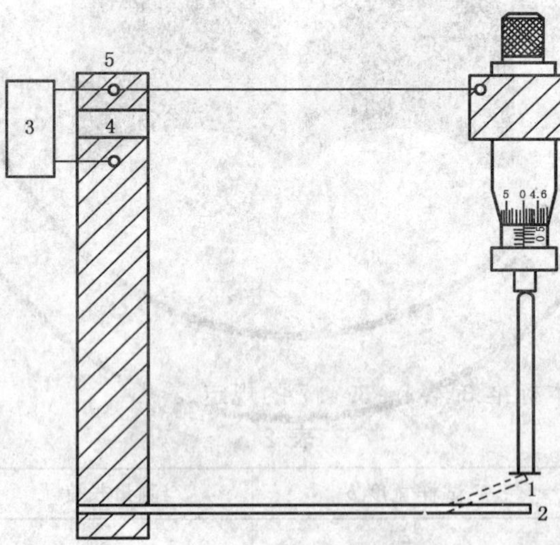

1——试样高温位置；

2——试样室温位置；

3——电子指示器；

4——绝缘体；

5——试样夹具；

6——位移测量千分尺。

图8

5.2　术语和定义

弯曲常数　flexivity constant

K_C

一端固定的热双金属片，其单位厚度和单位长度在温度变化1 ℃时，自由端挠度的变量。

5.3　测量装置

5.3.1　由试样夹具、支架、测量杆、测微器及浴槽、温度计和高灵敏度电子指示器组成。其中试样夹具、支架、测量杆应由4J36膨胀合金制成。

5.3.2　试样夹具：试样夹持应能将平直金属板一端夹紧，呈水平状态。

5.3.3　支架：用于支撑、固定试样夹具和测量杆，以避免测量过程中测量杆中心与试样夹持端面之间的测量长度 L 发生变化。

5.3.4　测位移装置：由测微器和测杆组成。最小分度值不大于0.001 mm。

5.3.5　高灵敏度电子指示器：用来判断测量杆和试样表面的接触。测杆与试样表面接触时，能迅速准确的发出信号。

5.3.6　浴槽

按本标准3.3.3的规定。

5.3.7　温度测量装置

按本标准3.3.2.3的规定。

5.3.8　量具

按本标准3.3.4的规定。

5.4　试样制备及要求

5.4.1　试样延长度方向应无扭曲，不得有因取样造成的变形(包括毛刺)，表面不允许划伤，在20 ℃±5 ℃条件下，进行平整。

5.4.2　标记必须刻在试样测量长度之外的固定端，并不得使试样变形。

5.4.3　试样尺寸应符合表3的规定，试样的形状如图9。

5.4.4　测量试样厚度按图9进行，取平均值。

5.4.5　试样其他要求按本标准3.4.1～3.4.7的规定。

表3

单位为毫米

试样厚度 δ	试样长度 l	工作长度 L	试样宽度 b
0.25～<0.30	65	40	5
0.30～<0.40	75	50	
0.40～0.70	100	75	
>0.70～1.00	125	100	10
>1.00～1.20	150	125	

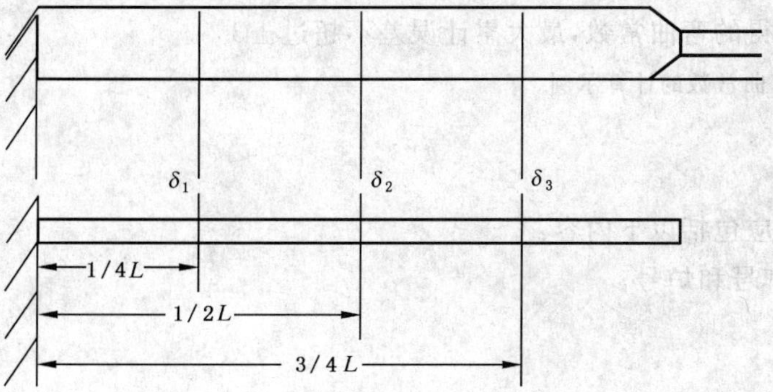

图9

5.5 试验程序

5.5.1 用试样夹具将平直金属板夹紧，按其待测试样厚度调整测杆中心线至平直金属固定端的水平距离，等于试样的工作长度。并测量出水平状态位置。

5.5.2 清除热处理后的试样夹持端面和测杆接触部位表面的氧化色，将试样低膨胀层向上，用试样夹具夹紧，并测出试样工作长度。

5.5.3 将装有试样的试样夹具放入浴槽内，调整油温，当电子指示器显示试样达到水平位置时，记下此时的温度，为试样水平位置的温度。

5.5.4 用时间约 2 h 从室温加热到 100 ℃的加热速度缓慢加热，至少记下室温、50 ℃、75 ℃和 100 ℃自由端的位置。

5.6 结果计算及误差

5.6.1 结果计算

5.6.1.1 将上述测量过程所得温度与试样自由端的数值，用最小二乘法进行直线拟合。

5.6.1.2 将试样的工作长度、厚度与上述拟合直线的斜率数值代入式(9)计算。

5.6.2 计算公式及误差

5.6.2.1 截面均匀的，一端固定，另一端自由的热双金属平直条状试样，弯曲常数用式(9)求得：

$$K_C = K'_C \frac{\delta}{L^2} \quad \cdots\cdots(9)$$

式中：

L——试样的工作长度，单位为毫米(mm)；

K_C——热双金属弯曲常数，单位为每摄氏度(1/℃)；

K'_C——拟合直线斜率，单位为毫米每摄氏度(mm/℃)；

δ——试样的厚度，单位为毫米(mm)。

拟合直线斜率由式(10)求得：

$$K'_C = \frac{\sum_{i=1}^{n} T_i \sum_{i=1}^{n} y_i - n \sum_{i=1}^{n} T_i y_i}{(\sum_{i=1}^{n} T_i)^2 - n \sum_{i=1}^{n} T_i^2} \quad \cdots\cdots(10)$$

式中：

n——测量点数；

T_i——各点测量温度，单位为摄氏度(℃)；

y_i——相对测量温度 T_i 时的对应挠度，单位为毫米(mm)。

5.6.2.2 按上述过程测量，如相关系数 γ_{Ty} 不小于 0.999 9 时，则确保弯曲常数的数值具有三位有效数字。

5.6.2.3 按本标准测得的弯曲常数，最大累计误差不超过±3%。

注：附录 E 给出了弯曲常数的计算示例。

6 试验报告

如需要，试验报告应包括以下内容：

a) 热双金属的牌号和炉号；

b) 制造者；

c) 热处理制度；

d) 试样尺寸；

e） 试验温度范围；

f） 试验值（比弯曲、温曲率、弯曲常数）；

g） 试验员；

h） 试验日期；

i） 试验报告编号。

附 录 A
（规范性附录）
厚度小于0.3 mm采用平螺旋热双金属试样温曲率试验方法

A.1 适用范围

本方法适用于测量厚度小于0.3 mm热双金属的温曲率。

A.2 方法摘要

把热双金属片材绕成平螺旋试样，放在温度均匀的浴槽或恒温箱中加热，测量各温度下的偏转角度，然后通过公式计算得到该温度区间的温曲率。

A.3 温曲率

温曲率按式(A.1)计算：

$$F = 0.015\,4 \times \frac{\delta(\varphi_2 - \varphi_1)}{L(T_1 - T_2)} \qquad \cdots\cdots(\text{A.1})$$

式中：

F——温曲率，单位为每摄氏度(1/℃)；

T_1——为起始温度，单位为摄氏度(℃)；

T_2——为终了温度，单位为摄氏度(℃)；

φ_1——温度 T_1 时平螺旋自由端的角度，单位为度(°)；

φ_2——温度 T_2 时平螺旋自由端偏转角度，单位为度(°)；

δ——试样厚度，单位为毫米(mm)；

L——螺旋试样的测试长度，单位为毫米(mm)。

A.4 仪器设备

A.4.1 浴槽同3.3.3。

A.4.2 温度测量装置同3.3.2.3。

A.4.3 角度测量装置

采用最小分度为0.5°的角度测量仪器来测量热双金属片螺旋试样自由端的偏转角度。

A.4.4 试样支架

用来牢固地夹住平螺旋试样，保证在整个试验过程中平螺旋试样自由端能自由地偏转，而且更换样品方便，便于测量工作的进行，试样安装轴直径为6 mm。

A.4.5 指针

由直径0.8 mm金属所制成，一端采用适当的方法与螺旋试样外端固定，一端向上可伸出液面之上，便于测量螺旋试样受热时的偏转角。

A.5 试样及制备

A.5.1 试样是平螺旋形、没有明显的缺陷，将低膨胀层卷绕在外边，内径为7 mm，内接头长度5 mm，外径小于24 mm，没有接头。

A.5.2 试样厚度要求同3.4.3。

A.5.3 试样厚度测量同3.4.7。

A.5.4 试样的测量长度指随温度变化时能自由弯曲的螺旋部分，而不包括用于安装固定的部分，测量长度应精确至±0.5 mm。

A.5.5 试样厚度、宽度与测量长度的关系见表 A.1。

A.5.6 由切或剪得到要求的宽度、切口无毛刺。

A.5.7 用点焊或其他办法把指针安装在螺旋形试样上。

A.5.8 标记

试样应打上明确耐久的标记，但不允许打在测量长度之内，以免对试验结果产生影响。

A.5.9 热处理同 3.4.6。

A.6 试验程序

A.6.1 按 A.5 要求制备试样，并固定在试样架上。

A.6.2 当满足试验条件之后，把试样浸入浴槽之中，并记录下温度和角度的数值。

A.6.3 将试样温度调整到下一个选定的温度，待温度稳定后，测量并记录试样所处的温度和偏转角度。

A.6.4 按 A.6.2 和 A.6.3 测量所得的数据代入式(A.1)求得温曲率值。

表 A.1

单位为毫米

试样厚度 δ	试样宽度 b	试样测量长度 l
$0.10 \leqslant \delta < 0.13$	2.5	200
$0.13 \leqslant \delta < 0.15$	3.0	250
$0.15 \leqslant \delta < 0.20$	3.5	250
$0.20 \leqslant \delta < 0.23$	4.0	250
$0.23 \leqslant \delta < 0.30$	4.5	300

注：测量长度、温度、厚度和角度位置测量的累计误差能使同一条试样的接连两次的温曲率有所差异。对各种试样尺寸，温曲率和温差用统计近似法得出的最大累计误差列于附录 D 表 D.2。

附 录 B
(资料性附录)
热双金属推荐热处理制度

B.1 各种牌号热双金属的稳定化热处理温度参照表 B.1 的规定。

B.2 按表 B.1 的温度保温时间 1 h～2 h,必要时可在保护气氛的炉内进行热处理。

表 B.1 热双金属的稳定化热处理温度

温度/℃	180～200	250～270	260～280	300～320	380～400	400～420
热双金属牌号	5J1413 5J1416	5J1306A/B 5J1309A/B 5J1411A/B 5J1417A/B	5J14140 5J15120 5J20110	5J1017 5J1320A/B 5J1380 5J1325A/B 5J1480 5J1430A/B 5J1580 5J1433A/B 5J1435A/B 5J1440A/B 5J1445A/B	5J10170	5J0756 5J1075
注：本表数据选自 GB/T 4461《热双金属带材》附录 A。						

附 录 C
(资料性附录)
温曲率计算实例

C.1 直条形温曲率计算实例

C.1.1 试验资料

——试样尺寸:厚度 0.513 mm;宽度 8.76 mm;总长度 108 mm;测量长度 76 mm。

——试验数据:温度 $T_1=36.8$ ℃;$T_2=94.9$ ℃;挠度 $f_1=-0.818$ mm;$f_2=1.387$ mm。

C.1.2 计算

合并等式(7)和式(8)得出下式:

$$F=\frac{8\delta}{T_2-T_1}\times\left(\frac{f_2}{L^2+4f_2\delta+4f_2^2}-\frac{f_1}{L^2+4f_1\delta+4f_1^2}\right)$$

$$=8\times0.513\times[1.387\div(76^2+4\times1.387\times0.513+4\times1.387^2)$$

$$+0.818\div(76^2-4\times0.818\times0.513+4\times0.818^2)]\div(94.9-36.8)$$

$$=0.000\ 026\ 93/℃$$

C.2 平螺旋法温曲率计算实例

C.2.1 试验资料

——试样尺寸:厚度 0.277 mm;宽度 4.76 mm;总长度 309.6 mm;测量长度 304.8 mm。

——试验数据:温度 $T_1=10.7$ ℃;$T_2=93.2$ ℃;偏转角度 $\varphi_1=12.5°$;$\varphi_2=171.25°$。

C.2.2 计算

$$F=0.015\ 4\delta\frac{D}{L}=0.015\ 4\delta\frac{\varphi_2-\varphi_1}{L(T_2-T_1)}$$

$$=0.015\ 4\times0.277\times(171.25-12.5)\div304.8\div(93.2-10.7)$$

$$=0.000\ 026\ 92(℃^{-1})$$

附　录　D
（资料性附录）
热双金属温曲率测量误差

表 D.1　直条形试验温曲率测量的最大累计误差

温曲率 F/1/℃	厚度 δ/mm	长度 l/mm	温曲率的最大误差/±%		
			ΔT=50 ℃	ΔT=100 ℃	ΔT=150 ℃
43×10^{-6}	2.50	130	0.90	0.40	0.35
43×10^{-6}	2.25	130	0.88	0.47	0.35
43×10^{-6}	2.00	130	0.86	0.47	0.35
43×10^{-6}	1.75	130	0.86	0.47	0.35
43×10^{-6}	1.50	130	0.86	0.47	0.37
43×10^{-6}	1.25	130	0.84	0.48	0.38
43×10^{-6}	1.00	100	1.02	0.61	0.49
43×10^{-6}	0.75	100	0.94	0.59	0.51
43×10^{-6}	0.50	75	1.06	0.75	0.70
43×10^{-6}	0.40	60	1.16	0.90	0.86
43×10^{-6}	0.30	50	1.33	1.11	1.06
23×10^{-6}	2.50	130	1.11	0.57	0.41
23×10^{-6}	2.25	130	1.06	0.54	0.40
23×10^{-6}	2.00	130	1.01	0.54	0.40
23×10^{-6}	1.75	130	0.97	0.52	0.39
23×10^{-6}	1.50	130	0.93	0.49	0.40
23×10^{-6}	1.25	130	0.91	0.51	0.40
23×10^{-6}	1.00	100	1.08	0.63	0.52
23×10^{-6}	0.75	100	0.99	0.62	0.53
23×10^{-6}	0.50	75	1.13	0.78	0.70
23×10^{-6}	0.40	60	1.23	0.93	0.86
23×10^{-6}	0.30	50	1.42	1.11	1.07
13×10^{-6}	2.50	130	1.63	0.84	0.57
13×10^{-6}	2.25	130	1.51	0.77	0.54
13×10^{-6}	2.00	130	1.40	0.72	0.51
13×10^{-6}	1.75	130	1.29	0.67	0.47
13×10^{-6}	1.50	130	1.18	0.63	0.46
13×10^{-6}	1.25	130	1.09	0.59	0.44
13×10^{-6}	1.00	100	1.29	0.72	0.56
13×10^{-6}	0.75	100	1.14	0.68	0.56
13×10^{-6}	0.50	75	1.32	0.86	0.75
13×10^{-6}	0.40	60	1.43	0.99	0.89
13×10^{-6}	0.30	50	1.69	1.23	1.12
4×10^{-6}	2.50	130	5.05	2.53	1.53

表 D.1（续）

温曲率 F/1/℃	厚度 δ/mm	长度 l/mm	温曲率的最大误差/±%		
			ΔT=50 ℃	ΔT=100 ℃	ΔT=150 ℃
4×10^{-6}	2.25	130	4.57	2.28	1.53
4×10^{-6}	2.00	130	4.06	2.04	1.36
4×10^{-6}	1.75	130	3.58	1.81	1.21
4×10^{-6}	1.50	130	3.09	1.56	1.05
4×10^{-6}	1.25	130	2.62	1.33	0.91
4×10^{-6}	1.00	100	3.05	1.57	1.09
4×10^{-6}	0.75	100	2.59	1.35	0.96
4×10^{-6}	0.50	75	3.06	1.62	1.18
4×10^{-6}	0.40	60	3.24	1.76	1.32
4×10^{-6}	0.30	50	4.06	2.20	1.65

表 D.2　温曲率测量的最大累计误差（平螺旋法）

温曲率 F/1/℃	厚度 δ/mm	长度 l/mm	温曲率的最大误差/±%		
			ΔT=50 ℃	ΔT=100 ℃	ΔT=150 ℃
43×10^{-6}	0.300	300	1.28	1.06	1.01
43×10^{-6}	0.250	300	1.43	1.27	1.19
43×10^{-6}	0.200	250	1.67	1.50	1.47
43×10^{-6}	0.150	250	2.08	1.95	1.93
43×10^{-6}	0.125	250	2.44	2.34	2.31
43×10^{-6}	0.100	200	3.00	2.92	2.90
23×10^{-6}	0.300	300	1.34	1.07	1.01
23×10^{-6}	0.250	300	1.47	1.24	1.19
23×10^{-6}	0.200	250	1.69	1.52	1.48
23×10^{-6}	0.150	250	2.10	1.95	1.93
23×10^{-6}	0.125	250	2.45	2.34	2.31
23×10^{-6}	0.100	200	3.01	2.92	2.90
13×10^{-6}	0.300	300	1.53	1.16	1.05
13×10^{-6}	0.250	300	1.59	1.28	1.22
13×10^{-6}	0.200	250	1.80	1.55	1.49
13×10^{-6}	0.150	250	2.14	1.98	1.94
13×10^{-6}	0.125	250	2.47	2.34	2.31
13×10^{-6}	0.100	200	3.03	2.92	2.90
$4\times10^{-}$	0.300	300	3.32	1.85	1.43
$4\times10^{-}$	0.250	300	2.96	1.79	1.47
$4\times10^{-}$	0.200	250	2.95	1.95	1.69
$4\times10^{-}$	0.150	250	2.71	2.17	2.02
$4\times10^{-}$	0.125	250	2.89	2.45	2.37
$4\times10^{-}$	0.100	200	3.38	3.01	2.94

附 录 E
（资料性附录）
弯曲常数计算实例

E.1 试验资料

a） 编号 41—1；

b） 试样尺寸：厚度 0.77 mm；宽度 10 mm；工作长度 100 mm；

c） 试验数据：见表 E.1。

表 E.1

温　度	T_1	T_2	T_3	T_4
	26.1 ℃	50 ℃	75.1 ℃	100 ℃
挠　度	y_1	y_2	y_3	y_4
	1.911 mm	6.178 mm	10.578 mm	15.162 mm

E.2 弯曲常数的计算公式

$$K_C = K'_C \frac{\delta}{L^2}$$

$$K'_C = \frac{\sum_{i=1}^{n} T_i \sum_{i=1}^{n} y_i - n\sum_{i=1}^{n} T_i y_i}{\left(\sum_{i=1}^{n} T_i\right)_2 - n\sum_{i=1}^{n} T_i^2}$$

E.2.1 计算：

$$\sum T = 251.2 \qquad \sum y = 33.829$$

$$(\sum T)^2 = 63\ 101.44 \qquad \sum T^2 = 18\ 821.22$$

$$\sum Ty = 2\ 669.358 \quad n = 4$$

$$K'_C = \frac{251.2 \times 33.829 - 4 \times 2\ 669.358}{63\ 101.44 - 4 \times 18\ 821.22}$$

$$= \frac{8\ 497.845 - 10\ 677.432}{63\ 101.44 - 75\ 284.88}$$

$$= \frac{-2\ 179.587}{-12\ 183.44}$$

$$= 0.178\ 9(\text{mm/℃})$$

$$\frac{\delta}{L^2} = \frac{0.77}{100^2} = 0.000\ 077\ (\text{mm}^{-1})$$

$$K_C = K'_C \frac{\delta}{L^2} = 0.178\ 9 \times 0.000\ 077$$

$$= 13.8 \times 10^{-6}(℃^{-1})$$

E.3 相关系数计算公式：

$$\gamma_{Ty} = \frac{L_{Ty}}{\sqrt{L_{TT} L_{yy}}}$$

$$L_{Ty} = \sum_{i=1}^{n} (T_i - \overline{T})(y_i - \overline{y})$$

$$\overline{T} = \frac{1}{n}\sum_{i=1}^{n} T_i$$

$$\bar{y}=\frac{1}{n}\sum_{i=1}^{n}y_i$$

$$L_{TT}=\sum_{i=1}^{n}(T_i-\bar{T})^2$$

$$L_{yy}=\sum_{i=1}^{n}(y_i-\bar{y})^2$$

式中：

γ_{Ty}——相关系数；

L_{Ty}——i 点的温度值与 n 个温度的平均值之差乘以 i 点的挠度值与 n 个挠度的平均值之差的集合($i=1\sim n$)；

L_{TT}——i 点的温度值与 n 个温度的平均值之差的平方的集合($i=1\sim n$)；

L_{yy}——i 点的挠度值与 n 个挠度的平均值之差的平方的集合($i=1\sim n$)；

n——试验观测次数(本试验 $n=4$)。

E.3.1 计算：

$$\begin{aligned}\bar{y}&=\frac{1}{4}(y_1+y_2+y_3+y_4)\\&=\frac{1}{4}(1.911+6.178+10.578+15.162)\\&=\frac{1}{4}\times 33.829\\&=8.457\end{aligned}$$

$$\begin{aligned}\bar{T}&=\frac{1}{4}(T_1+T_2+T_3+T_4)\\&=\frac{1}{4}(26.1+50+75.1+100)\\&=\frac{1}{4}\times 251.2\\&=62.8\end{aligned}$$

$$\begin{aligned}L_{TT}&=(26.1-62.8)^2+(50-62.8)^2+(75.1-62.8)^2+(100-62.8)^2\\&=1\,346.89+163.84+151.29+1\,383.84\\&=3\,045.86\end{aligned}$$

$$\begin{aligned}L_{yy}&=(1.911-8.457)^2+(6.178-8.457)^2+(10.578-8.457)^2+(15.162-8.457)^2\\&=42.850+5.194+4.499+44.957\\&=97.5\end{aligned}$$

$$\begin{aligned}L_{Ty}&=(26.1-62.8)(1.911-8.457)+(50-62.8)(6.178-8.457)\\&\quad+(75.1-62.8)(10.578-8.457)+(100-62.8)(15.162-8.457)\\&=240.238+29.171+26.054+249.426\\&=544.889\end{aligned}$$

$$\begin{aligned}\gamma_{Ty}&=544.889\div\sqrt{3\,045.86\times 97.5}\\&=544.889\div 544.951\\&=0.999\,9\end{aligned}$$

注：说明本次测量结果能确保弯曲常数有效三位有效数字。

ICS 71.100.40
Y 43

中华人民共和国国家标准

GB 8372—2008
代替 GB 8372—2001

牙　膏

Toothpaste

2008-06-27 发布　　2009-02-01 实施

中华人民共和国国家质量监督检验检疫总局
中国国家标准化管理委员会　发布

前　言

本标准的4.5包装外观要求为推荐性的，其余为强制性的。

本标准参考了国际标准ISO 11609:1995《牙科　牙膏　要求、测试方法和标志》(英文版)。

本标准是对GB 8372—2001《牙膏》的修订。

本标准与GB 8372—2001相比，主要变化如下：

——明确了标准的适用范围；

——增加了术语和定义；

——规定了生产牙膏所使用的原料应符合GB 22115—2008《牙膏用原料规范》的要求；

——增加了霉菌与酵母菌总数指标要求；

——微生物指标的检验按照中华人民共和国卫生部《化妆品卫生规范》的规定；

——删除了感官指标中香味的要求；

——删除了理化指标中稠度、挤膏压力、泡沫量的要求；

——修改了理化指标中稳定性的测定方法；

——修订了pH指标；

——修订了可溶氟或游离氟量指标要求；

——增加了含氟儿童牙膏可溶氟或游离氟量指标要求；

——修订了总氟量指标要求；

——增加了含氟儿童牙膏总氟量指标要求；

——部分修改了可溶氟或游离氟量的测定方法；

——修改了总氟量的测定方法；

——净含量按中华人民共和国国家质量监督检验检疫总局令[2005]第75号《定量包装商品计量监督管理办法》执行；

——修改了包装外观要求的内容；

——部分修改了标志的内容；

——删除了包装、运输和贮存要求。

本标准自实施之日起，代替GB 8372—2001《牙膏》。

本标准的附录A、附录B为规范性附录，附录C为资料性附录。

本标准由中华人民共和国国家质量监督检验检疫总局提出。

本标准由全国牙膏蜡制品标准化中心归口。

本标准起草单位：国家轻工业牙膏蜡制品质量监督检测中心。

本标准主要起草人：孙东方、马萱、李显波、沈蓴芮、孟玉。

本标准所代替标准的历次版本发布情况为：

——QB 592—1981、GB 8372—1987、GB 8372—1995、GB 8372—2001。

牙　膏

1　范围

本标准规定了牙膏的术语和定义、要求、试验方法、检验规则、标志。

本标准适用于清洁及护理口腔的各种牙膏。

2　规范性引用文件

下列文件中的条款通过本标准的引用而成为本标准的条款。凡是注日期的引用文件，其随后所有的修改单(不包括勘误的内容)或修订版均不适用于本标准，然而，鼓励根据本标准达成协议的各方研究是否可使用这些文件的最新版本。凡是不注日期的引用文件，其最新版本适用于本标准。

GB/T 601　化学试剂　标准滴定溶液的制备

GB/T 602　化学试剂　杂质测定用标准溶液的制备

GB/T 603　化学试剂　试验方法中所用制剂及制品的制备

GB/T 6682　分析实验室用水规格和试验方法

GB 7917.2　化妆品卫生化学标准检验方法　砷

GB 22115—2008　牙膏用原料规范

JJF 1070　定量包装商品净含量计量检验规则

中华人民共和国国家质量监督检验检疫总局令[2005]第75号《定量包装商品计量监督管理办法》

中华人民共和国卫生部《化妆品卫生规范》

中华人民共和国卫生部《国际化妆品原料标准中文名称目录》

3　术语和定义

下列术语和定义适用于本标准。

3.1

牙膏　toothpaste

由摩擦剂、保湿剂、增稠剂、发泡剂、芳香剂、水和其他添加剂(含用于改善口腔健康状况的功效成分)混合组成的膏状物质。

4　要求

4.1　牙膏用原料要求

生产牙膏所使用的原料应符合 GB 22115—2008 的要求。

4.2　卫生指标

牙膏产品的卫生指标应符合表1的要求。

表 1

项　　目		要　　求
微生物指标	菌落总数/(CFU/g)　≤	500
	霉菌与酵母菌总数/(CFU/g)　≤	100
	粪大肠菌群/g	不得检出
	铜绿假单胞菌/g	不得检出
	金黄色葡萄球菌/g	不得检出
有毒物质限量	铅(Pb)含量/(mg/kg)　≤	15
	砷(As)含量/(mg/kg)　≤	5

4.3　**感官、理化指标**

牙膏产品的感官、理化指标应符合表 2 的要求。

表 2

项　　目		要　　求
感官指标	膏体	均匀、无异物
理化指标	pH 值	5.5～10.0
	稳定性	膏体不溢出管口,不分离出液体,香味色泽正常
	过硬颗粒	玻片无划痕
	可溶氟或游离氟量/%(下限仅适用于含氟防龋牙膏)	0.05～0.15(适用于含氟牙膏) 0.05～0.11(适用于儿童含氟牙膏)
	总氟量/%(下限仅适用于含氟防龋牙膏)	0.05～0.15(适用于含氟牙膏) 0.05～0.11(适用于儿童含氟牙膏)

4.4　**净含量**

牙膏产品的净含量应符合中华人民共和国国家质量监督检验检疫总局令[2005]第 75 号《定量包装商品计量监督管理办法》的要求。

4.5　**包装外观要求**

4.5.1　**软管或其他包装**

帽盖与管口吻合严密,应无管体破损,无膏体渗漏。

4.5.2　**盒(适用于有小盒包装的牙膏)**

盒体应无破损。

5　试验方法

本标准所用试剂和水,除特殊规定外,均为分析纯试剂和符合 GB/T 6682 规定的水。

本标准中滴定分析用标准溶液、杂质测定用标准溶液、试验方法所用制剂和制品,除特殊规定外,均按 GB/T 601、GB/T 602 和 GB/T 603 的规定制备。

对于按称其质量方法计算最后检测结果的指标采取先挤出 20 mm 膏体,弃去,然后再挤样称量的取样方法。

5.1　**微生物指标**

按《化妆品卫生规范》的规定进行。

5.2　**铅(Pb)含量**

本方法为仲裁检验法,非仲裁检验可按附录 A 的规定进行。

5.2.1 以碳酸钙或磷酸氢钙为摩擦剂的牙膏

5.2.1.1 试剂

a) 硝酸；

b) 硝酸溶液：5 mol/L；

c) 硝酸溶液：0.2 mol/L；

d) 硝酸溶液：0.01 mol/L；

e) 过氧化氢溶液：含量 30%；

f) 氨水：氨含量 25%～28%；

g) 1%氢氧化铵溶液：取氨水 4 mL 加水稀释至 100 mL；

h) 10%氨基磺酸铵溶液：称取氨基磺酸铵 10 g，加水溶解并稀释至 100 mL；

i) 2%二硫代氨基甲酸四氢化吡咯铵(APDC)溶液：为原子吸收分析试剂(ammonium pyrroline dithiocarbamate)，称取 500 mg，加水 25 mL 溶解。溶液需盛于棕色瓶，冰箱保存，1 周后重配；

j) 铅标准储备液：含铅 1 mg/mL；

k) 铅标准溶液：吸取铅标准储备液 10.0 mL 于 100 mL 容量瓶中，用 0.01 mol/L 硝酸溶液稀释至刻度(含铅 100 μg/mL)。用 0.01 mol/L 硝酸溶液再分别稀释，使含铅为：1 μg/mL、3 μg/mL、5 μg/mL 的铅标准溶液；

l) 三氯甲烷；

m) Hg^{2+}溶液：称取氧化汞 0.537 g 于小烧杯中，加硝酸 1 mL 使之溶解，加水约 50 mL，过滤，用少许水洗烧杯及漏斗。加水约 480 mL，用 5 mol/L 和 0.2 mol/L 硝酸溶液调 pH 至 1.6，加水至 500 mL。溶液含 Hg^{2+}为 1 000 μg/mL。

5.2.1.2 仪器

a) pH 计：精度 0.02pH 单位，用 pH=4.00 缓冲液校正；

b) 原子吸收分光光度计：波长 283.3 nm。

5.2.1.3 样品的制备及测定

任取试样牙膏 1 支，从中称取牙膏 2 g 精确至 0.01 g 于 150 mL 三角烧瓶中，加水 5 mL，硝酸 5 mL，用小火加热并振摇，至牙膏溶解。稍冷，加 30%过氧化氢溶液 1.5 mL，振摇，小火加热至过氧化氢完全分解，如产生红棕色二氧化氮烟雾，立即加 10%氨基磺酸铵溶液 2 mL 加热至溶液微沸，迅速加水至50 mL，使其快速冷却，加氨水 3 mL 冷至室温后溶液转入 100 mL 烧杯，用水 10 mL 分两次洗涤三角烧瓶。用氨水及 1%氢氧化铵溶液调 pH 至 1.1～1.2。此时溶液会出现少量混浊。滤入 125 mL 分液漏斗中，用 5 mL 水洗涤烧杯及漏斗。溶液中加 2%二硫代氨基甲酸四氢化吡咯铵溶液 1 mL，摇匀，放置约 3 min，加三氯甲烷 10 mL，振摇 2 min，分层后三氯甲烷转入另一分液漏斗中，再用三氯甲烷 10 mL 重复萃取，合并萃取液。加 Hg^{2+}溶液 10.0 mL，振摇 2 min，分层后取上层水相供火焰原子吸收测定。同时以 0.01 mol/L 硝酸溶液为空白，测定铅标准系列 1 μg/mL、3 μg/mL、5 μg/mL 的吸收，以铅浓度为横坐标，铅吸收为纵坐标绘制标准曲线。

5.2.2 以二氧化硅或氢氧化铝为摩擦剂的牙膏

5.2.2.1 试剂

硫酸。

其他试剂与 5.2.1.1 相同。

5.2.2.2 仪器

与 5.2.1.2 相同。

5.2.2.3 样品的制备及测定

a) 二氧化硅牙膏：任取试样牙膏 1 支，从中称取牙膏 2 g，精确至 0.01 g，置于 250 mL 三角烧瓶中，加水 5 mL，硝酸 5 mL，用小火加热至膏体溶解，稍冷，加过氧化氢溶液 1.5 mL，振摇，用小火加热至红棕色二氧化氮气体生成，立刻加入 10% 氨基磺酸铵溶液 2 mL，稍热取下，加水 20 mL，冷却至室温，用两层滤纸进行抽滤，用 15 mL 水分数次洗涤三角烧瓶及布氏漏斗内壁与沉淀物，将抽滤液移入 100 mL 烧杯，用 10 mL 水分两次洗涤抽滤瓶，调 pH 至 1.2，以下操作除加 5.0 mL Hg^{2+} 溶液反萃取外，其余按氢氧化铝牙膏络合萃取及测定进行。

b) 氢氧化铝牙膏：任取试样牙膏 1 支，从中称取牙膏 2 g 精确至 0.01 g 于 250 mL 三角烧瓶中，加入硝酸 15 mL，硫酸 1 mL，加热至产生红棕色二氧化氮气体，取下，稍冷，加入过氧化氢溶液 2 mL，振摇，冷却至室温，加水 10 mL～15 mL 及过氧化氢溶液 1 mL，煮沸 5 min～6 min，且不断振摇来去除过氧化氢，加入 2 mL 10% 氨基磺酸铵溶液，稍冷取下，快速加水至 60 mL，使其快速冷却至室温。调节溶液 pH 至 1.0 后，移入 125 mL 分液漏斗，加 2% APDC 溶液 1 mL 与三氯甲烷 10 mL；振摇 2 min，分层后三氯甲烷转入另一分液漏斗中，再用三氯甲烷 10 mL 重复萃取，合并萃取液，加 Hg^{2+} 溶液 10.0 mL，振摇 2 min，分层后取上层水相供火焰原子吸收测定。同时以 0.01 mol/L 硝酸溶液为空白，测定铅标准系列 1 μg/mL、3 μg/mL、5 μg/mL 的吸收，以铅浓度为横坐标，铅吸收为纵坐标绘制标准曲线。

5.2.3 **允许差**

两次平行测定结果的允许差为±5%。

5.3 **砷含量**

按 GB 7917.2 中的砷斑法规定进行。

5.4 **膏体**

任取试样牙膏 2 支，剖管后按照表 2 中的感官指标要求目测检测。

5.5 **pH 值**

5.5.1 **仪器**

5.5.1.1 pH 计：精度 0.02pH 单位。

5.5.1.2 温度计：精度 0.2 ℃。

5.5.1.3 天平：精度 0.01 g。

5.5.2 **测定程序**

任取试样牙膏 1 支，从中称取牙膏 5 g，精确至 0.01 g，置于 50 mL 烧杯内，加入预先煮沸冷却的蒸馏水 20 mL，充分搅拌均匀，于 20 ℃下用 pH 计测定。

5.5.3 **结果表示**

平行测定值的绝对差值不大于 0.02pH 单位，取其算术平均值作为测定结果。

5.6 **稳定性**

5.6.1 **仪器**

5.6.1.1 冰箱：精度±1 ℃。

5.6.1.2 电热恒温培养箱：精度±1 ℃。

5.6.2 **测定程序**

取试样牙膏 2 支，1 支样品室温保存，另一支样品放入－8 ℃±1 ℃的冰箱内，8 h 后取出，随即放入 45 ℃±1 ℃恒温培养箱内，8 h 后取出，恢复室温，开盖，膏体应不溢出管口；将牙膏管体倒置，10 s 内应无液体从管口滴出；膏体挤出后与室温保存样品相比较，其香味、色泽应正常。

5.7 **过硬颗粒**

5.7.1 **仪器**

5.7.1.1 过硬颗粒测定仪：1 台。

5.7.1.2 载玻片：75 mm×25 mm。

5.7.2 **试剂**

硝酸：1+1。

5.7.3　测定程序

取试样牙膏 1 支，从中称取牙膏 5 g 于无划痕的载玻片上，将载玻片放入测定仪的固定槽内，压上摩擦铜块，启动开关，使铜块往复摩擦 100 次后，停止摩擦，取出载玻片，用水或热硝酸(1＋1)将载玻片洗净，然后观察该片有无划痕。

5.8　可溶氟或游离氟量的测定

5.8.1　仪器

5.8.1.1　离子计：配有氟离子选择电极和参比电极，电势测量的分度值不大于 0.2 mV。

5.8.1.2　pH 计：精度为 0.02pH 单位。

5.8.1.3　离心机。

5.8.1.4　恒温水浴锅：精度±1 ℃。

5.8.1.5　烘箱：精度±2 ℃。

5.8.2　试剂

5.8.2.1　盐酸溶液：4 mol/L。

5.8.2.2　氢氧化钠溶液：4 mol/L。

5.8.2.3　柠檬酸盐缓冲液：100 g 柠檬酸三钠，60 mL 冰乙酸，60 g 氯化钠，30 g 氢氧化钠，用水溶解，并调节 pH 至 5.0～5.5，用水稀释到 1 000 mL。

5.8.2.4　氟离子标准溶液：精确称取 0.110 5 g 基准氟化钠(105 ℃±2 ℃，干燥 2 h)，用去离子水溶解并定容至 500 mL，摇匀，贮存于聚乙烯塑料瓶内备用。该溶液浓度为 100 mg/kg。

5.8.3　样品制备

任取试样牙膏 1 支，从中称取牙膏 20 g，精确至 0.001 g，置于 50 mL 塑料烧杯中，逐渐加入去离子水，搅拌使其溶解，转移至 100 mL 塑料容量瓶中，稀释至刻度，摇匀。分别倒入 2 个具有刻度的 10 mL 离心管中，使其质量相等。在离心机(2 000 r/min)中离心 30 min，冷却至室温，其上清液用于分析游离氟、可溶氟含量。

5.8.4　标准曲线的绘制

精确吸取 0.5 mL、1.0 mL、1.5 mL、2.0 mL、2.5 mL 氟离子标准溶液，分别移入 5 个 50 mL 塑料容量瓶中，各吸入柠檬酸盐缓冲液 5 mL，用去离子水稀释至刻度，然后逐个转入 50 mL 塑料烧杯中，在磁力搅拌下测量电位值 E，记录并绘制 E-log$c$(c 为浓度)标准曲线。

5.8.5　可溶氟的测定

吸取 5.8.3 制备的上清液 0.5 mL，转入到 2 mL 微型离心管中，加 4 mol/L 盐酸 0.7 mL，离心管加盖，50 ℃水浴 10 min，移至 50 mL 容量瓶，加入 4 mol/L 氢氧化钠 0.7 mL 中和，再加 5 mL 柠檬酸盐缓冲液，用去离子水稀释至刻度，转入 50 mL 塑料烧杯中，在磁力搅拌下测量其电位值。在标准曲线上查出其相应的氟含量，从而计算出可溶性氟含量。

5.8.6　游离氟的测定

吸取 5.8.3 制备的上清液 10 mL 置于 50 mL 塑料容量瓶中，加柠檬酸盐缓冲液 5 mL，用去离子水稀释至刻度，转入 50 mL 塑料烧杯中，在磁力搅拌下测量其电位值，在标准曲线上查出其相应的氟含量，从而计算出游离氟含量。如果样品中游离氟含量过高，可根据实际情况适当稀释或减少取样量。

5.8.7　计算公式

按式(1)计算样品中可溶氟含量(X)：

$$X = \text{antilog}c \times (50/0.5) \times (100/m) \quad \cdots\cdots(1)$$

按式(2)计算样品中游离氟含量(Y)：

$$Y = \text{antilog}c \times (50/10) \times (100/m) \quad \cdots\cdots(2)$$

式中：

X——可溶氟含量，单位为毫克每千克(mg/kg)；

Y——游离氟含量，单位为毫克每千克(mg/kg)；

antilogc——标准曲线上所查出氟含量的对数值，再取反对数；

m——样品质量，单位为克(g)。

最后将上述计算结果(mg/kg)换算成百分浓度，并精确到小数点后两位数字。

5.8.8 允许差

两次平行测定结果的允许差为±5%，取其算术平均值作为测定结果。

5.9 总氟量的测定

本标准所列总氟量的测定方法为仲裁检验法，牙膏生产企业可根据产品特性自行选用适当方法进行检验。企业应保留选用方法与仲裁检验方法的方法相关性比对试验报告以证明两种方法检验结果的一致性。

5.9.1 仪器

5.9.1.1 气相色谱仪：氢火焰离子化检测器(FID)，配置分流/不分流进样口。

5.9.1.2 毛细管柱：Agilent DB-1，15 m×0.32 mm×5 μm 或相当的。

5.9.1.3 分析天平：精度为 0.000 1 g。

5.9.1.4 振荡器：IKA HS 501 或相当的。

5.9.2 试剂

5.9.2.1 甲苯。

5.9.2.2 三甲基氯硅烷(TMCS)。

5.9.2.3 高氯酸：70%～72%。

5.9.2.4 正戊烷：最低纯度 99.5%。

5.9.2.5 氟化钠：基准氟化钠(105 ℃±2 ℃，干燥 2 h)。

5.9.2.6 去离子水。

5.9.2.7 10%氯化钠溶液：称取 100 g 氯化钠于 1 L 玻璃容量瓶中，用去离子水稀释至刻度，摇匀。此溶液有效期为 6 个月。

5.9.3 色谱条件

以下参数用于 HP Agilent 6890N 气相色谱仪的设置。

5.9.3.1 程序升温：初始温度 60 ℃，初始时间 1.8 min，升温速率 40 ℃/min，终止温度 160 ℃，保持 3 min。

5.9.3.2 进样口温度：200 ℃。

5.9.3.3 检测器(FID)温度：300 ℃。

5.9.3.4 载气：氮气，42.3 kPa。

5.9.3.5 分流比：1+13。

5.9.3.6 隔垫吹扫：2 mL/min。

5.9.3.7 尾吹气：氮气，25 mL/min。

5.9.4 氟离子标准溶液及内标液的配制

5.9.4.1 氟离子标准溶液的配制

按照 5.8.2.4 配制。

5.9.4.2 内标液的配制

a) 称取约 0.5 g 正戊烷于 100 mL 玻璃容量瓶中，用甲苯稀释至刻度，摇匀。此内标储备液存放于冰箱中，有效期为 1 个月。

b) 用移液管吸 5.0 mL 内标储备液至 250 mL 玻璃容量瓶中，用甲苯稀释至刻度，摇匀。此内标液须每次重新配制。

同一分析过程中，所有标准溶液和样品溶液必须用同一内标液进行配制。

5.9.5 标准溶液及样品溶液的制备

5.9.5.1 标准溶液的制备:用移液管分别吸 1.0 mL 和 5.0 mL 氟离子标准溶液至 2 个 40 mL 带盖塑料瓶中,加入 10%氯化钠溶液使总体积为 10 mL,得标准溶液 A 与 B。其中的氟离子质量分别为 0.1 mg 和 0.5 mg。

5.9.5.2 样品溶液的制备:称约 0.2 g 样品(精确至 0.000 1 g)至 40 mL 带盖塑料瓶中。放 3 粒玻璃珠,加 10.0 mL 10%氯化钠溶液。将样品溶液放在振荡器上振摇直至膏体完全分散。

5.9.5.3 将标准溶液及样品溶液放入冰水中或冰箱冷冻室冷却 1 min,然后用移液管分别在每个瓶中依次加入 0.5 mL 高氯酸、10.0 mL 正戊烷内标液(准确加入)和 5 mL 三甲基氯硅烷,每加完一种试剂立即加盖(此项操作在通风橱中进行)。将加好试剂的标准溶液及样品溶液放在振荡器上,以速度 300 r/min振摇 10 min。

5.9.5.4 将上述标准溶液及样品溶液放入冰水中或冰箱冷冻室,冷却至少 1 h,以加快其分层。吸取上层清液(甲苯层)于仪器进样瓶中待分析。

5.9.6 总氟量的测定

5.9.6.1 参照气相色谱仪操作规程,设置好仪器分析参数。

5.9.6.2 分别进样 1.0 μL 分析标准溶液及样品溶液,采集数据并进行处理。

5.9.7 计算公式

按式(3)分别计算标准溶液 A 与 B 的响应因子(K):

$$K = \frac{A}{M \times B} \qquad \cdots\cdots(3)$$

式中:

K——标准溶液的响应因子;

A——标准溶液中氟化物的峰面积;

B——标准溶液中正戊烷的峰面积;

M——标准溶液中氟离子质量,单位为毫克(mg)。

将标准溶液 A 与 B 的响应因子取平均值,得标准溶液的平均响应因子(K_M)。

按式(4)计算样品中总氟量(Z):

$$Z = \frac{a}{m \times K_M \times b} \times 100\% \qquad \cdots\cdots(4)$$

式中:

Z——样品中总氟量,结果精确到小数点后两位数字;

a——样品溶液中氟化物的峰面积;

b——样品溶液中正戊烷的峰面积;

m——样品质量,单位为毫克(mg)。

本方法检出限为 0.2 mg/kg,定量下限为 1 mg/kg。

5.10 净含量的测定

按 JJF 1070 的规定进行。

6 检验规则

6.1 检验分类

6.1.1 型式检验

牙膏型式检验包括标准中所有项目,正常生产时每季度不得少于一次,有下列情形之一时也应进行型式检验。

6.1.1.1 当原料、工艺、配方有重大改变可能影响产品性能时。

6.1.1.2 产品长期停产恢复生产时。

6.1.1.3 产品出厂检验结果与上次型式检验有较大差异时。

6.1.1.4 国家质量监督机构提出进行型式检验要求时。

6.1.2 出厂检验

产品须经生产厂检验合格方可出厂。出厂检验项目为第4章规定的理化指标、感官指标、微生物指标中的菌落总数、净含量及包装外观要求。

6.2 组批与抽样、判定规则

6.2.1 牙膏应按批交付，以相同原料、同一工艺条件生产的同一规格的成品为一批。

6.2.2 抽样：以箱为单位，根据批量大小，按表3确定样本。

表3

单位为箱

批量	取样
≤500	5
501～1 000	8
>1 000	13

在交货地点或牙膏成品仓库随机抽取箱样本，验收包装质量时检查箱中的全部小包装，按4.5.2进行检验，合格总判定率为10%，然后从每箱中任取2中盒～4中盒，再从每中盒中取出等量支数，使样本总数不少于40支。

6.2.2.1 如检验不合格，可重新从两倍箱样本抽取样品，对不合格项目进行复检，复检结果仍不合格，则判该批产品不合格。

6.2.2.2 交收双方对检验结果有异议时，可用仲裁检验，仲裁结果为最后依据。

7 标志

7.1 产品的销售包装应有如下标志：

7.1.1 产品名称、商标。

7.1.2 净含量。

7.1.3 生产者名称和地址：生产者名称和地址应是依法登记注册、能承担产品质量责任的生产者的名称和地址。

7.1.4 执行标准号。

7.1.5 保质期。

7.1.5.1 保质期应按下列两种方式之一标注：

a) 生产日期和保质期；

b) 生产批号和限期使用日期。

7.1.5.2 保质期的标注方法：

a) 生产日期的标注：采用“生产日期”或“生产日期见包装”等引导语，日期按4位数年和2位数月及2位数日的顺序。如标注：“生产日期 20100112”或“生产日期见管尾”并在管尾上标注“20100112”，表示2010年1月12日生产；

b) 保质期的标注：“保质期×年”或“保质期××月”，保质期由企业自定，但最多不可超过5年；

c) 生产批号的标注：生产批号应保证产品的可追溯性，具体标注方法由企业自定；

d) 限期使用日期的标注：采用“请在标注日期前使用”或“限期使用日期见管尾”等说明语，日期按4位数年和2位数月和2位数日的顺序。如标注：“请在标注日期前使用”或“限期使用日期见管尾”，在管尾处标注“20100112”，表示在2010年1月12日前使用。日期也可以按4位数年和2位数月的顺序。如标注：“201001”，表示在2010年1月1日前使用。

7.1.5.3 除生产批号外，限期使用日期或生产日期和保质期应标注在销售包装的可视面上。

7.1.6 香型 。

7.1.7 牙膏成分标注要使用标准的原料名称。含氟牙膏要标明氟添加量，儿童含氟牙膏应该标有警示性文字。

7.1.8 牙膏销售包装最大表面面积大于 20 cm^2 的，标识中强制标注内容字体高度不得小于 1.8 mm。除注册商标之外，标识所使用的拼音、外文字体不得大于相应的汉字。最大表面的面积小于 10 cm^2 或者净含量不大于 15 g 或 15 mL 的，其标识可以仅标注产品名称、生产者名称和地址、净含量、生产日期和保质期或者生产批号和限期使用日期。产品有其他相关说明性资料的，其他应当标注的内容可以标注在说明性资料上。销售包装最大表面面积的计算方法见附录 B。

7.2 大包装应有如下标志：

7.2.1 产品名称。

7.2.2 生产者名称和地址：生产者名称和地址应是依法登记注册、能承担产品质量责任的生产者的名称和地址。

7.2.3 装箱数量、毛重。

7.2.4 生产日期或限制使用日期和生产批号。

7.2.5 包装箱规格[长(mm)×宽(mm)×高(mm)]。

7.2.6 包装储运图示标志：企业应根据产品实际要求标注大包装的储运图示标志。

附 录 A
（规范性附录）
石墨炉直接进样测定铅含量

A.1 仪器及试剂

A.1.1 原子吸收光谱仪(带石墨炉):1台。

主机条件:

波长 83.3 nm,灯电流 3.5 mA,狭缝 1.0,用氘灯扣除背景。

石墨炉测定条件见表 A.1。

表 A.1

项　　目	温度/℃	保持时间/s	升温速率/(℃/s)
干燥	90～120	80	—
灰化	700	50	—
原子化	1 750	2.0	400

A.1.2 10 μL 微量进样器 1 支。

A.1.3 磁力搅拌器 1 台。

A.1.4 天平精度 0.001 g。

A.1.5 50 mL 吸管 1 支。

A.1.6 100 mL 烧杯若干。

A.1.7 (1+1)硝酸优级纯。

A.1.8 铅标准储备溶液:称取硝酸铅 0.159 8 g,用适量的硝酸(1+1)溶液溶解,用蒸馏水定容至 1 000 mL,该溶液浓度为 100 μg/mL。

A.1.9 稀释液:取适量琼脂、磷酸二氢铵、释放剂,用蒸馏水定容到一定体积。

A.2 样品处理

任取试样牙膏 1 支,从中称取牙膏 2.00 g 置于 100 mL 烧杯中,加入 50 mL 稀释液,1.0 mL(1+1)硝酸,在磁力搅拌器上搅拌,直到成为均匀的溶液(约 20 min)。

A.3 样品测定

将第 A.2 章溶液在磁力搅拌器上搅拌,用微量进样器吸取 10 μL(勿吸入气泡),立即注入石墨管中,启动石墨炉开关进行测定,记录吸收值。同时作空白试验。

A.4 标准曲线的测绘

根据样品的吸收值,配制 3 个～5 个相应浓度的铅标准溶液,测定其吸收值,减去空白吸收值,制成浓度与吸收值曲线。

A.5 计算

样品吸收值减去空白吸收值,查标准曲线得出相应浓度,乘上稀释倍数,即为样品牙膏中的铅含量。

按式(A.1)计算样品铅含量(Z):

$$W = K \cdot c \qquad \cdots\cdots\cdots\cdots (A.1)$$

式中：

W——样品铅含量，单位为毫克每千克(mg/kg)；

K——样品的稀释倍数；

c——标准曲线上查得的相应浓度，单位为毫克每千克(mg/kg)。

A.6 允许差

两次平行测定结果的允许差为±5%。

附　录　B
（规范性附录）
牙膏销售包装最大表面面积计算方法

B.1　长方体形包装物或长方体形包装容器计算方法

长方体形包装物或长方体形包装容器的最大一个侧面的高度（cm）乘以宽度（cm）。

B.2　圆柱形包装物、圆柱形包装容器或近似圆柱形包装物、近似圆柱形包装容器计算方法

包装物或包装容器的高度（cm）乘以圆周长（cm）的40％。

B.3　其他形状的包装物或包装容器计算方法

包装物或包装容器的总表面积的40％。

如果包装物或包装容器有明显的主要展示版面，应以主要展示版面的面积为最大表面面积。

注：如果是瓶形或罐形，计算表面面积时不包括肩部、颈部、顶部和底部的凸缘。

附 录 C
（资料性附录）
氟离子标准溶液气相色谱图

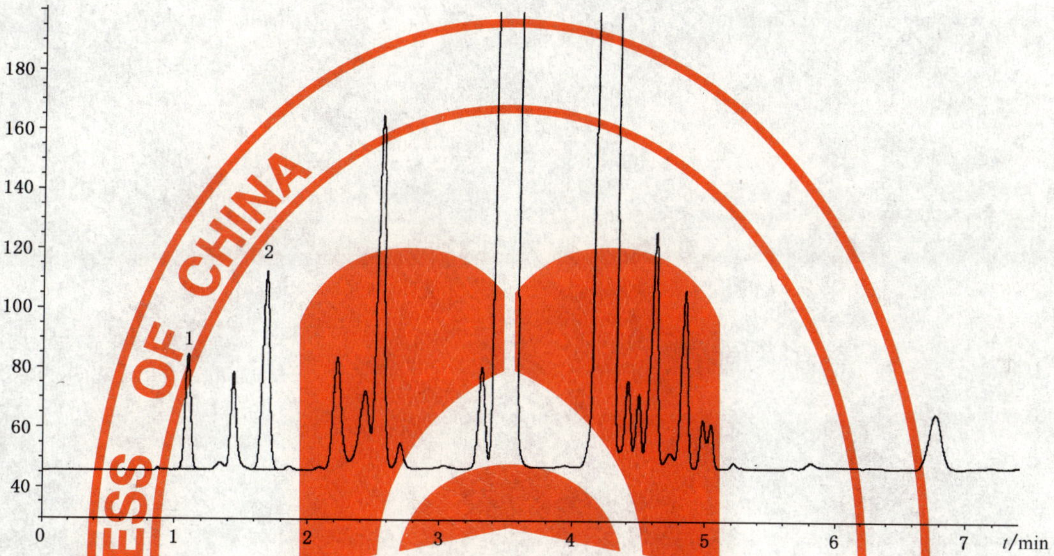

1——氟化物；

2——正戊烷。

图 C.1 氟离子标准溶液的参考色谱分离图

ICS 65.120
B 46

中华人民共和国国家标准

GB/T 8381—2008/ISO 6651:2001
代替 GB/T 8381—1987

饲料中黄曲霉毒素 B_1 的测定 半定量薄层色谱法

Determination of aflatoxin B_1 in animal feeding stuffs—Semi-quantitative thin layer chromatographic methods

(ISO 6651:2001, Animal feeding stuffs—Semi-quantitative determination of aflatoxin B_1—Thin layer chromatographic methods, IDT)

2008-11-21 发布　　2009-02-01 实施

中华人民共和国国家质量监督检验检疫总局
中国国家标准化管理委员会　发布

前　言

本标准等同采用国际标准 ISO 6651:2001《饲料中黄曲霉毒素 B_1 的半定量测定　薄层色谱法》(英文版)。

本标准等同翻译 ISO 6651:2001,为便于使用,做了下列编辑性修改:

——标准中文名称修改为《饲料中黄曲霉毒素 B_1 的测定　半定量薄层色谱法》;

——删除了国际标准的前言;

——将"本国际标准"改为"本标准";

——用小数点符号"."代替小数点符号",";

——在引用文件中,用"GB/T 20195　动物饲料　试样的制备"代替"ISO 6498";

——在引用文件中,增加"GB/T 14699.1　饲料　采样";

——对图 2 中的展开方向符号进行了更正,将"Ⅰ"改为"Ⅱ","Ⅱ"改为"Ⅰ"。

本标准代替 GB/T 8381—1987《饲料中黄曲霉毒素 B_1 的测定方法》。

本标准与 GB/T 8381—1987 相比,主要变化如下:

——在试剂条款中,删除黄曲霉毒素 B_1 标准溶液制备时仪器校正内容,并增加黄曲霉毒素 B_1 三氯甲烷标准溶液制备与浓度测定;

——层析时可选择的展开剂种类由两种增至五种;

——方法 A——单向薄层色谱法中,增加不同体积的标准溶液和样品溶液的点样点;

——方法 B——双向薄层色谱法中,减少辅助板的数量,并且点样的分布方式不同;

——检测中增加薄层扫描仪荧光法;

——确证试验中增加硫酸推测试验。

本标准的附录 A 是资料性附录。

本标准由全国饲料工业标准化技术委员会提出并归口。

本标准起草单位:江苏省微生物研究所有限责任公司。

本标准主要起草人:宓晓黎、李利东、袁建兴、杜姝莲。

本标准于 1987 年首次发布,本次为第一次修订。

饲料中黄曲霉毒素 B_1 的测定 半定量薄层色谱法

1 范围

本标准规定了饲料中黄曲霉毒素 B_1 的两种测定方法，并只能用于半定量测定。

本标准中的方法 A 适用于油籽和油籽粕、花生、椰子仁、亚麻仁、大豆、棕榈仁、木薯淀粉、玉米粕、谷类和谷类制品、豌豆粉、土豆渣和土豆粉等单一饲料产品。当使用方法 A 测定上述某个单一饲料受干扰时，建议使用方法 B。

本标准中的方法 B 适用于配合饲料以及上述未提及的单一饲料。本方法不适用于含柑橘渣的饲料。

2 规范性引用文件

下列文件中的条款通过本标准的引用而成为本标准的条款。凡是注日期的引用文件，其随后所有的修改单(不包括勘误的内容)或修订版均不适用于本标准，然而，鼓励根据本标准达成协议的各方研究是否可使用这些文件的最新版本。凡是不注日期的引用文件，其最新版本适用于本标准。

GB/T 14699.1　饲料　采样(GB/T 14699.1—2005，ISO 6497:2002，IDT)

GB/T 20195　动物饲料　试样的制备(GB/T 20195—2006，ISO 6498:1998，IDT)

3 原理

试样中黄曲霉毒素 B_1 经三氯甲烷提取、过滤，硅胶柱纯化，浓缩，用一定体积三氯甲烷或苯-乙腈混合液溶解残渣。用单向薄层色谱法或双向薄层色谱法进行试液层析分离。在紫外灯下检查色谱荧光斑点，在同一板上，试液与已知量标准黄曲霉毒素 B_1 比较，用目测法或薄层扫描仪荧光法测定黄曲霉毒素 B_1 含量。以形成半缩醛衍生物来确证黄曲霉毒素 B_1。

4 试剂

在分析中使用确认为分析纯的试剂和蒸馏水或去离子水或相当纯度的水。

4.1　三氯甲烷：用 0.5%～1.0% 的 95% 乙醇稳定。

4.2　正己烷。

4.3　无水乙醚：无过氧化物。

4.4　苯-乙腈(98+2)混合液：98 mL 苯与 2 mL 乙腈混合。

4.5　三氯甲烷-甲醇(97+3)混合液：97 mL 三氯甲烷与 3 mL 甲醇混合。

4.6　展开剂：使用带盖展开槽，展开槽内壁衬上吸水纸，使展开槽被展开剂饱和。

4.6.1　三氯甲烷-丙酮(90+10)混合液：在未饱和展开槽内，90 mL 三氯甲烷和 10 mL 丙酮混合。

4.6.2　乙醚-甲醇-水(96+3+1)混合液：在未饱和展开槽内，96 mL 乙醚、3 mL 甲醇和 1 mL 水混合。

4.6.3　乙醚-甲醇-水(94+4.5+1.5)混合液：在饱和展开槽内，94 mL 乙醚、4.5 mL 甲醇和 1.5 mL 水混合。

4.6.4　三氯甲烷-甲醇(94+6)混合液：在饱和展开槽内，94 mL 三氯甲烷和 6 mL 甲醇混合。

4.6.5　三氯甲烷-甲醇(97+3)混合液：在饱和展开槽内，97 mL 三氯甲烷和 3 mL 甲醇混合。

4.7　硅胶：柱层析用，0.05 mm～0.20 mm 粒径。

4.8　硅胶 G：薄层色谱用。

4.9 酸洗硅藻土。

4.10 无水硫酸钠。

4.11 三氟乙酸。

4.12 惰性气体:如氮气。

4.13 50%硫酸溶液(体积分数)。

4.14 0.1 μg/mL 黄曲霉毒素 B_1 标准溶液:用三氯甲烷(4.1)或苯-乙腈混合液(4.4)配制。

警告——黄曲霉毒素是高致癌性物质,应十分小心处理。

依下列各项制备和核对黄曲霉毒素 B_1 溶液。

4.14.1 储备液的制备与浓度测定

用三氯甲烷(4.1)或苯-乙腈混合液(4.4)配制的黄曲霉毒素 B_1 标准溶液,其浓度在 8 μg/mL～10 μg/mL 之间,用紫外分光光度计(5.9),在 330 nm 和 370 nm 之间测定吸收光谱。

对黄曲霉毒素 B_1 三氯甲烷溶液,在 363 nm 处测定吸光度值(A)。或对黄曲霉毒素 B_1 苯-乙腈混合溶液,在 348 nm 处测吸光度值(A)。黄曲霉毒素 B_1 的浓度数值以微克每毫升(μg/mL)表示,按式(1)或式(2)计算。

a) 黄曲霉毒素 B_1 三氯甲烷溶液:

$$\text{黄曲霉毒素 } B_1 \text{ 三氯甲烷溶液浓度} = \frac{312 \times A \times 1\,000}{22\,300} \quad\cdots\cdots(1)$$

b) 黄曲霉毒素 B_1 苯-乙腈混合溶液:

$$\text{黄曲霉毒素 } B_1 \text{ 苯-乙腈混合溶液浓度} = \frac{312 \times A \times 1\,000}{19\,800} \quad\cdots\cdots(2)$$

4.14.2 稀释

在避光条件下,将储备液(4.14.1)适当稀释至 0.1 μg/mL 黄曲霉毒素 B_1 标准溶液。如果在 4 ℃冰箱贮存,此溶液两周内是稳定的。

4.14.3 储备液色谱纯度试验

取 5 μL 8 μg/mL～10 μg/mL 黄曲霉毒素 B_1 标准溶液(4.14.1)点加于薄层板上(5.7),按 7.5.1 层析,在紫外灯下色谱只显一斑点,在原点处无明显荧光。

4.15 用于定性试验的黄曲霉毒素 B_1 和 B_2(见 4.14 警告)溶液为约含 0.1 μg/mL 黄曲霉毒素 B_1 和 B_2 的三氯甲烷(4.1)或苯-乙腈混合溶液(4.4)。

所给出的浓度为指导性浓度,应调节两种黄曲霉毒素浓度以获得相同的荧光强度(7.5.1)。

5 仪器

5.1 研磨机/混合机。

5.2 分样筛:孔径 1.0 mm。详见 ISO 565[1)]。

5.3 振荡器或磁力搅拌机。

5.4 色谱玻璃柱:内径 22 mm,长 300 mm,下带聚四氟乙烯活塞,上有 250 mL 贮液器。

5.5 旋转真空浓缩器:带 500 mL 圆底烧瓶。

5.6 薄层色谱设备:薄层板(5.7);点样器(毛细管或微量移液器);展开槽;用于硫酸溶液(4.13)显色的喷雾器。

5.7 玻璃薄层板:200 mm×200 mm,按以下方法制备,可铺 5 块板。

置 30 g 硅胶(4.8)于三角瓶中,加 60 mL 水,加瓶塞振摇 1 min,涂布于板上,0.25 mm 厚,空气中干燥,然后贮存于含硅胶的干燥器中,用时 110 ℃活化 1 h。也可用具有相同性能的预制板。

5.8 紫外光灯:波长 360 nm。

1) ISO 565 试验用筛 金属丝织网布、多孔金属板和电加工成形的薄板 孔径尺寸的公称。

灯距薄层板 10 cm 时，照射强度应使 1.0 ng 黄曲霉毒素 B_1 斑点能被清晰分辨。

警告——紫外光对眼睛有害，应戴防护镜。

5.9 紫外分光光度计。

5.10 薄层扫描仪：可荧光检测(可选)。

5.11 槽状滤纸。

5.12 10.0 mL 带聚乙烯塞试管。

5.13 500 mL 三角瓶：具磨口玻璃塞。

5.14 50 mL 移液管。

5.15 分析天平。

6 采样

按照 GB/T 14699.1 采集实验室样品。

7 分析步骤

7.1 试样制备

7.1.1 如果样品脂肪含量超过 5%，在粉碎之前用石油醚脱脂。如果经脱脂，分析结果以未脱脂样品计。

7.1.2 粉碎实验室样品，全部通过分样筛(5.2)，充分混合，详见 GB/T 20195。

7.2 试料

称量制备试样 50 g，精确至 0.01 g，置于锥形瓶(5.13)中。

7.3 提取

加 25 g 硅藻土(4.9)，用量筒准确量取 25 mL 水、250 mL 三氯甲烷(4.1)至试料(7.2)中，加瓶塞，用振荡设备(5.3)振摇或搅拌 30 min，通过槽状滤纸(5.11)过滤，弃 10 mL 初滤液，随后至少收集 50 mL滤液。

7.4 柱纯化

7.4.1 柱的制备

加 2/3 柱体积的三氯甲烷(5.4)到层析柱中，加 5 g 硫酸钠(4.10)，使硫酸钠层表面平整，分次加入 10 g 硅胶(4.7)，如有气泡时，小心搅动，静置 15 min，再小心地加 10 g 硫酸钠(4.10)，打开活塞，让液体流出，直至液体恰在硫酸钠层的上表面，关闭活塞。

7.4.2 纯化

用移液管(5.14)吸取 50 mL 收集的滤液(7.3)至 250 mL 锥形瓶中，加 100 mL 正己烷(4.2)，混合，把混合液定量地转移至层析柱中，用正己烷洗涤锥形瓶，并倒入柱中，打开活塞，使液体以 8 mL/min～12 mL/min 流速流出，直至液体在硫酸钠层的上表面，关闭活塞。加 100 mL 乙醚(4.3)到柱中，再打开活塞，直到液体流出至硫酸钠层上表面。弃去流出液体。在整个操作过程中，保证柱不干。

用 150 mL 三氯甲烷-甲醇混合液(4.5)洗脱柱子，收集全部洗脱液到 500mL 旋转蒸发瓶(5.5)内，用旋转蒸发器在惰性气体(4.12)保护下，50 ℃以下减压蒸馏至干。

如果旋转蒸发器不适用，可加助沸剂，在水浴中蒸发至干。

用三氯甲烷(4.1)或苯-乙腈混合液(4.4)转移残留物至 10 mL 试管(5.12)中，置于水浴中，通惰性气体(4.12)，再蒸发此溶液。用三氯甲烷(4.1)或苯-乙腈混合液(4.4)定容至 2.0 mL。

7.5 薄层色谱

7.5.1 方法 A——单向薄层色谱法

7.5.1.1 选择展开剂

预先配制选择的溶剂(4.6.1、4.6.2、4.6.3、4.6.4 或 4.6.5)，保证黄曲霉毒素 B_1 与 B_2 在薄层板上

展开后完全分离，其结果也取决于所用薄层板的批号。点 25 μL 定性溶液(4.15)在一薄层板(5.7)上，按 7.5.1.2 展开，挥发，照射。用合适的溶剂会产生两个明显点。

7.5.1.2 操作步骤

取 TLC 板，在距薄层板下端 30 mm 的基线上用毛细管或微量注射器点样，每点间隔 20 mm，黄曲霉毒素 B_1 标准溶液和试液的点样体积如下：

——10 μL，15 μL，20 μL，30 μL，40 μL 黄曲霉毒素 B_1 标准溶液(4.14)；

——10 μL 试液(7.4.2)，在同一点，加 20 μL 黄曲霉毒素 B_1 标准液；

——10 μL，20 μL 试液(7.4.2)。

在暗处用所选择的展开剂展开(7.5.1.1)。从展开槽中取出板，置暗处蒸发溶剂，然后在紫外灯下检查，板置于灯(5.8)10 cm 处，黄曲霉毒素 B_1 斑点显蓝色荧光。

7.5.2 方法 B——双向薄层色谱法

7.5.2.1 点样(见图 1)

在板上画两条直线平行于两个毗邻的边，分别距每边 50 mm 和 60 mm，建立溶剂前沿迁移限线，用毛细管或微量注射器点下列溶液：

——在 A 点，20 μL 试液(7.4.2)；

——在 B 点，20 μL 黄曲霉毒素 B_1 标准溶液(4.14)；

——在 C 点，10 μL 黄曲霉毒素 B_1 标准溶液(4.14)；

——在 D 点，20 μL 黄曲霉毒素 B_1 标准溶液(4.14)；

——在 E 点，40 μL 黄曲霉毒素 B_1 标准溶液(4.14)。

用空气或惰性气体慢慢吹干，斑点的直径约 5 mm。

单位为毫米

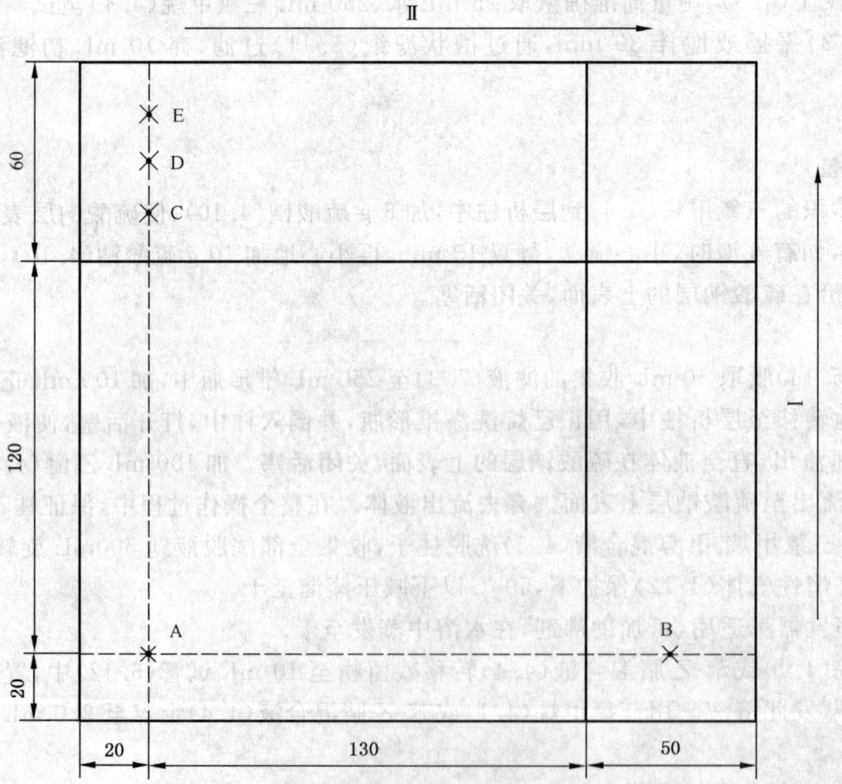

图 1 点样示意图

7.5.2.2 **展开(见图 1)**

在暗处,用展开剂(4.6.3)(在饱和展开槽中约 1 cm 厚)按方向Ⅰ展开至溶剂前沿限线,取出展开槽中板,挥干,室温放置在暗处至少 15 min。

然后在暗处用展开剂(4.6.1)(在非饱和展开槽中约 1 cm 厚)沿方向Ⅱ展开至溶剂前沿限线,从展开槽中取出板,在室温、暗处挥干。

7.5.2.3 **色谱解析(见图 2)**

将薄层板置于紫外灯(5.8)10 cm 处检查色谱,标记 B、C、D、E 标准溶液中黄曲霉毒素 B_1 的蓝色荧光斑点。

通过 E、D、C 和 B 画两条分别平行于两个展开方向的假想线,相互垂直并相交于 P 点,P 点为点样 A 中黄曲霉毒素 B_1 荧光斑点的理论位置,但是实际上点样 A 中黄曲霉毒素 B_1 的荧光斑点可能位于 Q 点,使得 Q 点分别与 C 点、B 点连成的直线成 100°角。

图 2 色谱解析

7.5.2.4 **附助色谱**

在一新板上,画两条直线平行于两个毗邻边,如图 1 所示,在 A 点,点 20 μL 试液(7.4.2),叠加点 20 μL 黄曲霉毒素 B_1 标准溶液(4.14),按 7.5.2.2 展开,在紫外灯下检查色谱并核查:

——试液中的黄曲霉毒素 B_1 斑点与标准溶液中的黄曲霉毒素 B_1 斑点叠加;

——此点的荧光强度比第一块板 Q 点处的黄曲霉毒素 B_1 斑点荧光强度更强。

7.6 **检测**

7.6.1 **目测法**

7.6.1.1 **方法 A**

通过试液荧光斑点与标准溶液荧光斑点比较,测定试液中黄曲霉毒素 B_1 的量。

试液加标准溶液的点所获得的荧光应该比 10 μL 试液点更强,并且应是只显示一个斑点,如果 10 μL试液给出的荧光强度反而比 40 μL 标准溶液更强,在重新薄层层析之前,应该用三氯甲烷(4.1)或苯-乙腈混合液(4.4)稀释试液 10 倍或 100 倍。

7.6.1.2 方法 B

通过试液斑点荧光强度与 C、D 和 E 标准溶液的斑点荧光比较，测定试液中黄曲霉毒素 B_1 的量。

如果 20 μL 试液所显荧光强度比 40 μL 标准溶液更强，在重新进行薄层层析之前，用三氯甲烷(4.1)或苯-乙腈混合液(4.4)稀释试液 10 倍或 100 倍。

7.6.2 薄层扫描仪荧光法

在 365 nm 激发波长，443 nm 发射波长下，用薄层扫描仪(5.10)检测黄曲霉毒素 B_1 斑点的荧光强度。

在用方法 A 的情况下，通过比较标准溶液的斑点荧光强度，测定试液斑点中黄曲霉毒素 B_1 的量。

在用方法 B 的情况下，通过比较标准溶液 C、D 和 E 的斑点荧光强度，测定试液斑点中黄曲霉毒素 B_1 的量。

7.7 黄曲霉毒素 B_1 确证试验

7.7.1 通则

用硫酸推测试验(7.7.2)验证鉴定试液中的黄曲霉毒素 B_1，如果测试结果为阳性，用有效的确证试验(7.7.3)。如果硫酸推测试验结果为阴性，这种情况提示黄曲霉毒素 B_1 不存在，不需要实施有效的确证试验。

7.7.2 硫酸推测试验

喷硫酸溶液(4.13)在 7.5.1 或 7.5.2 获得的色谱上，在紫外灯下，黄曲霉毒素 B_1 荧光斑点应由蓝色转为黄色。

7.7.3 确证试验

7.7.3.1 半乙酰化黄曲霉毒素 B_1 的形成(黄曲霉毒素 B_{2a})

对单一或有轻微颜色的饲料，用 7.7.3.2 描述的单向薄层色谱方法。对单一颜色饲料、配合饲料或有疑问情况下，用 7.7.3.3 描述的双向薄层色谱方法。

7.7.3.2 单向薄层色谱法

在板(5.7)上划一直线将板分成两个均等份，在每一份上，距底边缘 20 mm 处点样，点距 15 mm，黄曲霉毒素 B_1 标准溶液和试液点样体积如下：

——25 μL 黄曲霉毒素 B_1 标准溶液(4.14)；

——试液(7.4.2)的体积含约 2.5 ng 黄曲霉毒素 B_1；

——25 μL 黄曲霉毒素 B_1 标准溶液(4.14)，在此点上叠加点试液(7.4.2)，相当于 2.5 ng 黄曲霉毒素 B_1 的体积。

在其中一个 1/2 板上，在先前点的斑点上叠加点 1 μL 或 2 μL 三氟乙酸(4.11)，在室温下用空气流干燥。

在暗处，用一种展开剂(4.6)展开层析，事先选择好此展开剂，溶剂系统应保证半乙酰化黄曲霉毒素 B_1 与干扰物清晰分离，溶剂前沿应达 120 mm 处。

在暗处挥发溶剂，然后将硫酸溶液(4.13)喷在没有用三氟乙酸处理的板部分，在紫外灯下检查薄层板。

黄曲霉毒素 B_1 鉴别确证，如果

a) 试液中黄曲霉毒素 B_1 衍生物的 R_f 值与标准溶液的 R_f 值相当；

b) 标准溶液加试液中黄曲霉毒素 B_1 衍生物荧光，比试液中黄曲霉毒素 B_1 衍生物的荧光更强。

由于试液荧光斑点与半乙酰化黄曲霉毒素 B_1 荧光斑点有相同 R_f 值，可能导致色谱的假阳性干扰，这些现象用硫酸处理的板部分检查。

如果有疑问，应该用双向薄层色谱法(7.7.3.3)确证。

7.7.3.3　双向薄层色谱法(见图3)

7.7.3.3.1　点样

在板(5.7)上划两条直线,平行于两边边缘(距每边 60 mm),建立溶剂前沿迁移限线,用毛细管或微量注射器点下列溶液:

——在A点:点试液(7.4.2),其体积中相当于含 2.5 ng 黄曲霉毒素 B_1,滴加 1 μL～2 μL 三氟乙酸(4.11);

——在B点和C点:点 25 μL 黄曲霉毒素 B_1 标准溶液(4.14),滴加三氟乙酸(4.11)。

室温空气流干燥。

7.7.3.3.2　展开

如图3所示,在暗处用展开剂(4.6.2)(在非饱和槽 1 cm 厚处)按方向Ⅰ展开至溶剂前沿限线,从槽中取出板,在暗处室温干燥 5 min。

在暗处用展开剂(4.6.1)(在非饱和槽 1 cm 厚处)按方向Ⅱ展开至前沿限线,取出板,在室温下干燥。

7.7.3.3.3　色谱解析

在紫外灯(5.8)下检查色谱,核查下列特征:

a)　显示来自点在C处(方向Ⅰ移动)和点在B处(方向Ⅱ移动)的标准溶液中半乙酰化黄曲霉毒素 B_1 蓝色荧光斑点,同时显示有未与三氟乙酸反应的黄曲霉毒素 B_1 弱的蓝色荧光斑点。

b)　显示点在A处试液中类似于a)描述的斑点,这些点的位置通过点在B和C处的标准溶液产生的斑点鉴别,来自试液中的半乙酰化黄曲霉毒素 B_1 斑点荧光强度与点在B和C处标准溶液中的应该是可比较的。

单位为毫米

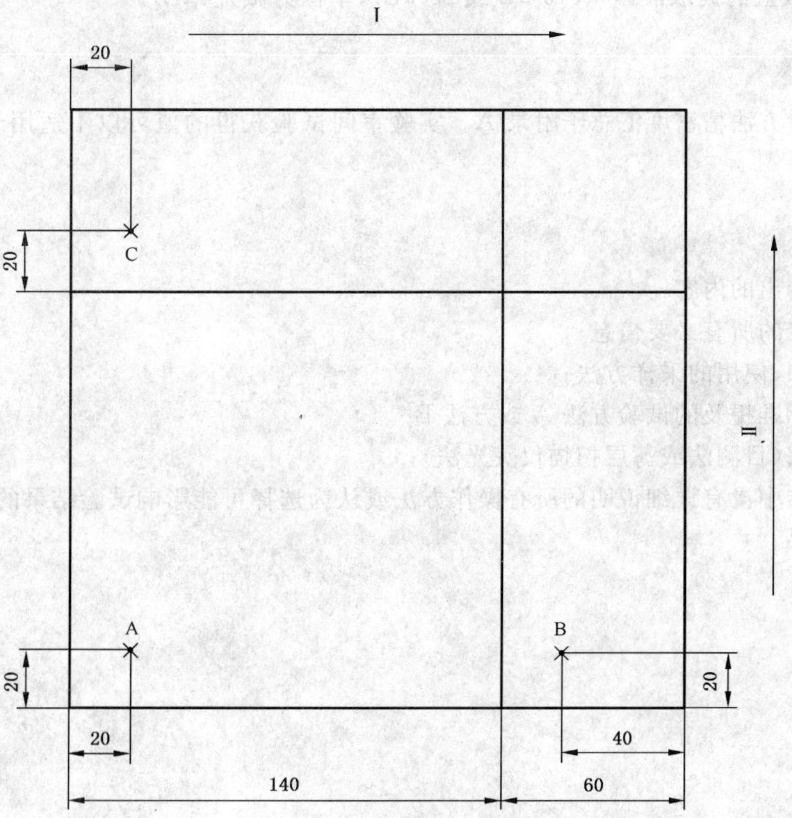

图3　点样示意图

7.8 检测数量

相同试验样品进行重复检验。

8 计算和结果表示

8.1 目测法

试样中黄曲霉毒素 B_1 的含量(X_1)以微克每千克(μg/kg)表示，按式(3)计算：

$$X_1 = \frac{c \times V_1 \times V_3}{m \times V_2} \quad \cdots\cdots(3)$$

式中：

c——黄曲霉毒素 B_1 标准溶液(4.14)的浓度(约 0.1 μg/mL)，单位为微克每毫升(μg/mL)；

m——柱纯化用提取液的体积所相当的试料质量(10.0 g)，单位为克(g)；

V_1——提取液最终体积(必要时进行稀释)，单位为微升(μL)；

V_2，V_3——分别为试样体积和具有类似荧光强度标准溶液的体积，单位为微升(μL)。

8.2 薄层扫描仪荧光法

试样中黄曲霉毒素 B_1 的含量(X_2)以微克每千克(μg/kg)表示，按式(4)计算：

$$X_2 = \frac{m_1 \times V_1}{m \times V_2} \quad \cdots\cdots(4)$$

式中：

m_1——以 V_2 体积计算，从测定中推算出的提取液斑点中黄曲霉毒素 B_1 的质量，单位为纳克(ng)；

V_1——提取液最终体积(必要时考虑稀释)，单位为微升(μL)；

m——柱纯化用提取液的体积所相当的试料质量(10.0 g)，单位为克(g)；

V_2——点到板上的提取液体积(10 μL 或 20 μL)，单位为微升(μL)。

9 实验室间试验

实验室间试验方法精密度汇总于附录 A。实验室间试验获得的值可以不适用于附录 A 未列出的浓度范围和基质。

10 试验报告

试验报告应给出的内容：

——样品测定的所有必要信息；

——如果已知，使用的采样方法；

——使用本标准提及的试验方法 A 或方法 B；

——检测方法(目测法或薄层扫描仪荧光法)；

——在本标准中没有详细说明的所有操作方法或认为选择可能影响试验结果的任何事件的描述；

——试验结果。

附 录 A
（资料性附录）
实验室间试验结果

配合饲料（方法 B）的三组实验室间试验，其中两组完成在国际水平（No. 1 和 No. 2），其结果如表 A.1 所示。

试验 2 中 11 个实验室也按方法 A 分析了样品，其饲料组成适合于方法 A，用目测或薄层扫描荧光法所获得的数据与方法 B 类似。

表 A.1 实验室间试验结果统计

参数	试验		
	1	2	3
参加实验室的数目	23	11	13
平均值/（μg/kg）	162.7	25.4	13.4
重复性标准差（S_r）/（μg/kg）	16.9	2.7	1.7
重复性变异系数/%	10	11	13
重复性限（2.83S_r）/（μg/kg）	47.8	7.6	4.8
再现性标准差（S_R）/（μg/kg）	45.2	6.8	4.0
再现性变异系数/%	28	27	30
再现性限（2.83S_R）/（μg/kg）	128.0	19.2	11.3

ICS 97.200.40
Y 57

中华人民共和国国家标准

GB 8408—2008
代替 GB 8408—2000

游乐设施安全规范

Amusement device safety code

2008-02-14 发布　　2008-08-01 实施

中华人民共和国国家质量监督检验检疫总局
中国国家标准化管理委员会　发布

前　言

本标准的4.2.2.1、4.2.3.2、4.5.2、4.6、4.7、5.3.8、6.2、6.3、6.4.1、6.4.4、6.4.6、6.6(6.6.5除外)、7.1.1、7.2、7.3、7.4、7.6.1、7.9.3、7.10.6、7.10.9、8.13.5、9.2为强制性的，其余为推荐性的。

本标准是对GB 8408—2000的修订。本次修订的主要内容有：

a) 将原标准名称《游艺机和游乐设施安全》，修改为《游乐设施安全规范》。

b) 第3章　总则

——增加了游乐设施定义；

——原标准3.3去掉。

c) 将原标准第4章"基本要求"去掉，将本章及原标准第5章中的有关条款纳入修订标准的有关章节。

d) 修订后的标准增加了以下3章：

——第5章　传动系统；

——第6章　电气；

——第7章　安全要求及安全设施。

e) 原标准表1、表2中，对旋转类游乐设施的速度和倾角的规定去掉，对其中的动载系数(修订后称冲击系数)做了较大修改。

f) 原标准第5章"设计"修订为第4章"基本设计规定"。

本章中增加了以下内容：

——游乐设施载荷：包括设计要考虑的各种载荷及其组合；

——设计计算：包括应力、疲劳强度、刚度、稳定性、倾覆、侧滑计算等；

——各种系数：包括冲击系数、应力及疲劳强度安全系数、防止倾覆和侧滑的安全系数，部分材料的摩擦系数；

——加速度允许值：规定了不同持续时间内垂直、侧向及合成加速度的允许值。

g) 第5章　传动系统：本章包括机械传动系统和液(气)压传动系统。

1) 机械传动系统主要修改和补充了以下内容：

——增加了对齿轮传动的要求；

——对卷筒和滑轮与钢丝绳直径的比例进行了修改。

2) 液(气)压传动系统主要修改和补充了以下内容：

——增加了对设计及组件选择要保证安全的一些规定；

——系统出现故障时，对运行装置最大下降速度做了规定；

——对软管及其总成做了规定；

——增加了对液压缸安装、充气式蓄能器及系统调试的要求。

h) 第6章　电气：主要增加和修改了以下内容：

——电气系统的设计应正确合理，符合国家相应电气标准及技术规范的要求；

——电气、电子原器件及导线的设计选型，应符合国家相应电气标准及技术规范的要求；

——对采用无线遥控和接近开关的要求；

——对剩余电流保护装置选用的要求；

——对多根钢丝绳传动的要求；

——对防雷接地要求做了修改；

——对低压配电系统接地型式做了修改。

i) 第7章 安全要求及安全设施

——增加了安全分析、安全评估和安全控制的内容；

——对原标准规定的防碰撞及缓冲装置、限速及限位装置、止逆装置、制动装置、安全带及安全压杠的要求进行了修改、完善和补充，使之更加具体；

——对乘人上方的安全距离做了规定；

——对转动平台与固定部分垂直方向的间隙做了规定；

——增加了对水上游乐设施安全方面的要求。

j) 第8章 制造与安装

对原标准制造与安装一章的有关条款进行了修订，纳入了本章并补充了大量内容，补充的主要内容如下：

——金属材料及标准件：包括对承重结构钢材的要求，对锻件铸件的要求；

——非金属材料：包括对玻璃钢件、橡胶材料、尼龙材料、聚氨酯材料力学性能的要求；

——重要零件加工；

——结构件：补充了结构件单元的划分及安装连接等内容；

——焊接：补充了焊接要采用适当工艺、变载荷角焊缝应采用全熔透结构等内容；

——螺栓及销轴连接：增加了高强度螺栓允许预紧力及拧紧力矩的值；

——补充了对设备基础的要求；

——增加了对装配和安装精度的要求。

k) 第9章 使用与管理

——增加了对游乐设施定期检验申报的要求；

——增加了对紧急事故救援预案、救援设施、救援演习的要求；

——增加了对钢丝绳报废的要求；

——原标准表7(提升链条的伸长量及磨损允许值)、表8(传动带的磨损状态)去掉。

l) 附录

——原附录A (游艺机各部分的说明)，进行了修改；

——原附录B (动载系数的选用与说明)去掉；

——原附录C (关于钢丝绳磨损状态的说明)去掉。

增加以下4个附录：

——附录A(资料性附录) 勇敢者转盘吊挂轴载荷计算实例；

——附录B(规范性附录) 关于表2“名称”一栏的说明；

——附录C(资料性附录) 过山车速度及加速度计算实例；

——附录D(资料性附录) 轨道横向倾角计算。

本标准由全国索道、游艺机及游乐设施标准化技术委员会提出并归口。

本标准起草单位：全国索道、游艺机及游乐设施标准化技术委员会、中国特种设备检测研究中心、温州市南方游乐设备总厂、中山市金马游艺机有限公司、天津乐园、上海游艺机工程有限公司、北京实宝来游乐设备有限公司、浙江省诸暨市巨马游艺机制造厂。

本标准主要起草人：刘志学、邢友新、张宏伟、沈勇、米学津、邓金镛、王幼飞、王洲、张晓宇、林泽钊、杨汉祥、王文琦。

本标准自实施之日起，同时代替GB 8408—2000。

本标准所代替历次版本发布情况为：

——GB 8408—1987；

——GB 8408—2000。

游乐设施安全规范

1 范围

本标准规定了游乐设施的技术要求和安全要求。

本标准适用于游乐设施的设计、制造、安装、改造、维修、检验、使用管理和监督管理。

本标准不适用于竞技体育设施及健身设施。

2 规范性引用文件

下列文件中的条款通过本标准的引用而成为本标准的条款。凡是注日期的引用文件，其随后所有的修改单(不包括勘误的内容)或修订版均不适用于本标准，然而，鼓励根据本标准达成协议的各方研究是否可使用这些文件的最新版本。凡是不注日期的引用文件，其最新版本适用于本标准。

GB/T 699 优质碳素结构钢

GB/T 983 不锈钢焊条

GB/T 985 气焊、手工电弧焊及气体保护焊焊缝坡口的基本形式与尺寸

GB/T 1243 短节距传动用精密滚子链和链轮(GB/T 1243—1997,eqv ISO 606:1994)

GB 2894 安全标志(GB 2894—1996,neq ISO 3864:1984)

GB/T 3077 合金结构钢

GB/T 3096 城市区域环境噪声标准

GB/T 3766—2001 液压系统通用技术条件(eqv ISO 4413:1998)

GB/T 4162—1991 锻轧钢棒超声波检验方法

GB 4706.1—2005 家用和类似用途电器的安全 第1部分:通用要求[IEC 60335:2004(Ed4.1),IDT]

GB/T 5117 碳钢焊条

GB/T 5118 低合金钢焊条

GB 5226.1 机械安全 机械电气设备 第1部分:通用技术条件(GB 5226.1—2002 ,IEC 60204-1:2000,IDT)

GB/T 6402 钢锻件超声波检验方法

GB 6829 剩余电流动作保护器的一般要求(GB 6829—1995 , eqv IEC 755)

GB/T 8918 钢丝绳(GB/T 8918—1996, eqv ISO 2408:1985)

GB 9667 游泳场所卫生标准

GB/T 12467.4 焊接质量要求 金属材料的熔化焊 第四部分 基本质量要求(GB/T 12467.4—1998,idt ISO 3834.4:1994)

GB 13495 消防安全标志(GB 13495—1992 , neq ISO 6309:1987)

GB 13955 剩余电流动作保护装置安装和运行

GB/T 16767 游乐园(场)安全和服务质量

GB 50005 木结构设计规范

GB 50007—2002 建筑地基基础设计规范

GB 50009—2001 建筑结构荷载规范

GB 50010—2002 混凝土结构设计规范

GB 50011—2001 建筑抗震设计规范

GB 50017—2003 钢结构设计规范
GB 50057—1994 建筑物防雷设计规范
GB 50169 电气装置安装工程接地装置施工及验收规范
GB 50202—2002 地基与基础工程施工质量验收规范
GB 50204—2002 混凝土结构工程施工质量验收规范
GB 50206 木结构工程施工质量验收规范
GB 50231—1998 机械设备安装工程施工及验收规范
GB J 65 工业与民用电力装置的接地设计规范
JB/T 4730 压力容器无损检测
JB/T 5000.12 重型机械通用技术条件 涂装

3 总则

3.1 游乐设施是指在特定的区域内运行，承载游客游乐的载体。包括具有动力的游乐器械，为游乐而设置的构筑物和其他附属装置以及无动力的游乐载体。

3.2 游乐设施的设计、制造、安装、改造、检验和使用管理，应执行本标准。

3.3 游乐设施的设计、制造、安装、使用必须保证人身安全。在中国境内使用的游乐设施均应符合本标准。

3.4 本标准未提到的其他要求，均应按国家有关标准、规范和规定执行。

4 基本设计规定

4.1 基本要求

4.1.1 游乐设施的设计应有设计说明书、计算书、使用说明书及符合国家有关标准的全套施工图。

4.1.2 高大游乐设施的设计，除考虑永久载荷、变载荷外，必要时还应考虑地震等特殊载荷及温度对整体结构的影响。

4.1.3 游乐设施及其辅助设施的设计，应计算正确、结构合理，能保证乘人安全。无法进行精确计算时，可采用实验数据验算。游乐设施设计应规定其整机及主要部件设计使用寿命，整机使用寿命不小于 23 000 h。

4.1.4 材料的选用应根据结构的重要性、载荷特征、结构形式、应力状态、连接方法和工作环境等因素综合考虑。

4.1.5 重要的机械零件所用的金属材料，其力学性能、热处理性能、焊接性能等均应满足工况要求。

4.1.6 当游乐设施载荷理论计算值与实际测试值有较大差别时，对理论计算结果应重新进行验算。

4.2 游乐设施载荷

4.2.1 永久载荷

其作用点、大小和方向不随时间变化而发生变化的载荷，如游乐设施中结构自重等，用 G_k 表示。

4.2.2 变载荷（用 Q_k 表示）

4.2.2.1 活载荷

指乘人本身的载荷，用 Q_1 表示，规定如下：

乘坐成人 1～2 人时按 750 N/人计算，2 人以上按 700 N/人计算。

儿童（身高不超过 1.2 m 或 10 岁以下）按 400 N /人计算。

4.2.2.2 乘人的支承和约束反力

在乘人支承物设计时，应考虑乘坐物在正常运行及启动、制动和紧急状况时乘人对扶手、支撑、脚蹬及靠壁等约束物处施加的力。这些力成人不应小于 500 N/人，儿童专用的游乐设施不应小于 300 N/人，用 Q_2 表示。

4.2.2.3 驱动力和制动力

驱动乘坐物运动的力或使其强行停止(或减速)运动的力,用 Q_3 表示。

$$Q_3 = a(m_1 + m_2)$$

式中:

a——启动/制动加速度;

m_1——被驱动部件的质量;

m_2——活载荷的总质量。

当移动部件的运动速度不超过 3 m/s 时,若没有进行精确的计算,则上述公式中的加速度值可取:$a = 0.7\ \text{m/s}^2$

4.2.2.4 摩擦力

相对运动物体之间在接触面上,由于摩擦产生的力,用 Q_4 表示。

$$Q_4 = fP$$

式中:

f——摩擦系数;

P——施加在摩擦面上的正压力。

4.2.2.5 惯性力

由于运动速度的变化(数值和方向)而产生的力,应按照满载进行计算,用 Q_5 表示。

$$Q_5 = ma$$

式中:

m——承受加速度的运动部件及活载荷的质量;

a——加速度。

4.2.2.6 碰撞力

在运动过程中发生碰撞的力,一般只验算直接发生碰撞的零部件,且假设发生在最不利的位置。应按照满载进行计算,用 Q_6 表示。

$$Q_6 = mg\sin\alpha$$

任何情况下碰撞载荷应:$Q_6 \geqslant 0.3\,mg$

式中:

m——承受碰撞部件及载荷的质量;

g——自由落体加速度;

α——碰撞角。

4.2.2.7 风载荷

风载荷分为工作状态载荷和非工作状态载荷。游乐设施的设计,按最大运行风速 15 m/s 计算工作状态下的风载荷。在静止状态下(非工作状态)应能承受当地气象数据提供的风载荷,风载荷用 Q_7 表示。风载荷的取值及计算方法参照 GB 50009 中的规定执行。

4.2.2.8 雪载荷

游乐设施的设计,在静止状态下应能承受雪载荷,积雪厚度不超过 80 mm 时,施加在游乐设施总体表面上的雪载荷,按照 0.2 kN/m² 的雪压进行计算。积雪厚度超过 80 mm 时,其载荷计算方法参照 GB 50009 中的规定执行,用 Q_8 表示。在无雪期运行或者有防止积雪措施时,可不考虑雪载荷。

4.2.3 特殊载荷

4.2.3.1 地震载荷

大型、高耸结构和建筑的游乐设施,设计时应考虑地震引起的载荷,用 T 表示。计算方法参照 GB 50011的规定执行。

4.2.3.2 **冲击载荷**

游乐设施在运动过程中有可能出现冲击，从而产生冲击载荷(如滑行车类中，可能来自于轨道连接处或磨损后轨道形成的凹坑)，设计时一般无法准确计算，因此，该类游乐设施进行强度计算时，其载荷(永久载荷及活载荷)必须乘以冲击系数 K(见表1)。

表1 冲击系数

类 别	速 度	冲击系数 K	举 例
在轨道和地面运行的游乐设施	⩾40 km/h	⩾2	过山车
	⩾20 km/h	⩾1.5	小滑行车
	⩾10 km/h	⩾1.3	小火车
	<10 km/h	⩾1.1	儿童电池车
旋转类游乐设施	⩾10 m/s	⩾1.5	大摆锤
	⩾5 m/s	⩾1.3	自控飞机
	⩾2 m/s	⩾1.1	转马
	<2 m/s	1.0	儿童转盘
注1：有组合运动时，其速度应取合成速度的最大值。 注2：非轨道和地面运行、非旋转运动的游乐设施参照表1执行。			

4.2.4 **载荷组合(计算实例参见附录A)**

4.2.4.1 根据不同的工况条件，将游乐设施结构中所承受的永久载荷与变载荷等组合成一个计算载荷，进行分析计算。

4.2.4.2 零件强度、刚度计算时应考虑下列载荷的组合：

$$P_1 = \sum K(G_k + Q_1) + Q_2 + Q_3 + Q_4 + Q_5 + Q_6 + Q_7$$

式中：

P_1——组合后的载荷；

G_k——永久载荷；

Q_1——活载荷；

$Q_2 \sim Q_6$——见4.2.2.2～4.2.2.6；

Q_7——风载荷(取风速⩽15 m/s)。

4.2.4.3 计算风速大于15 m/s游乐设施结构稳定性及抗倾覆时，考虑下列载荷的组合：

$$P_2 = \sum G_k + Q_7$$

式中：

P_2——组合后的载荷；

G_k——永久载荷；

Q_7——风载荷。

组合后的载荷 P_2 不应使结构产生永久变形。

4.2.4.4 游乐设施积雪时，计算其结构的稳定性，应考虑下列载荷的组合：

$$P_3 = \sum G_k + Q_8$$

式中：

P_3——组合后的载荷；

G_k——永久载荷；

Q_8——雪载荷。

组合后的载荷 P_3 不应使结构产生永久变形。

4.2.4.5 地震载荷组合

$$P_4 = \sum G_k + T$$

式中：

P_4——组合后的载荷；

G_k——永久载荷；

T——地震载荷。

组合后的载荷 P_4 不应使结构产生永久变形。

4.3 人员活动区域均布活载荷的取值

——站台、楼梯、出入口等站人的普通区域：3.5 kN/m^2；

——人群密集的看台、楼梯等站人的密集区域：5 kN/m^2；

——不对外开放的楼板、楼梯、出入口等站人的非开放区域：1.5 kN/m^2；

——若游乐设施规定了在一定区域的载客人数，则该区域的均布活载荷以载客人数的集中活载荷进行计算。

4.4 人员活动区域水平推力的取值

作用在游乐设施的栅栏、扶手、墙板等及其他类似地方水平方向的推力，其取值为：

——在人员不密集区域内，作用点在栅栏等的高点处：0.5 kN/m；

——在人员不密集区域内，作用点在栅栏等的一半高度处：0.1 kN/m；

——在人员密集区域内，作用点在栅栏等的高点处：1 kN/m；

——在人员密集区域内，作用点在栅栏等的一半高度处：0.15 kN/m；

——在非开放区域内，作用点在栅栏等的高点处：0.3 kN/m；

——在非开放区域内，作用点在栅栏等的一半高度处：0.1 kN/m。

4.5 设计计算

4.5.1 游乐设施的设计应根据具体结构作相应计算：应力计算、刚度计算、疲劳强度计算、稳定性计算、抗倾覆计算、防侧滑计算等。

4.5.2 应力计算

零部件及焊缝应进行应力计算，其承受的最大应力与材料极限应力的比值为安全系数，得出的安全系数 n，必须满足表 2 的要求。

$$n = \frac{\sigma_b}{\sigma_{max}} \geqslant [n]$$

式中：

σ_b——材料的极限应力；

σ_{max}——设计计算最大应力；

$[n]$——许用安全系数。

表 2 安全系数 *n*

名　　称	安全系数 n
重要的轴、销轴及重要焊缝	≥5
一般构件	≥3.5(脆性材料≥8)
“名称”一栏的说明见附录 B。	

4.5.3 疲劳强度计算

4.5.3.1 无限寿命计算

当循环载荷的最大计算应力小于材料的疲劳极限时，零部件为无限寿命，计算的疲劳安全系数。应满足表 3 的要求。

表 3 疲劳强度安全系数

零部件	n_{-1}（对称循环）	n_0（脉动循环）
材料较均匀，载荷及应力计算较精确	≥1.3	≥1.73
材料不够均匀，载荷及应力计算精度较差	≥1.5～1.8	≥2.0～2.4
材料均匀度很差，计算精度很差	≥1.8～2.5	≥2.4～3.3

4.5.3.2 有限寿命计算

当循环载荷的最大计算应力大于材料的疲劳极限时，用疲劳载荷谱计算零部件的使用寿命。

4.5.4 刚度计算

对游乐设施有变形要求的某些构件，应进行刚度计算。

4.5.5 稳定性计算

为防止结构失稳，对细长、薄壁结构件需要进行整体和局部稳定性计算。

4.5.6 防止倾覆计算

游乐设施运行中，有可能发生整体倾覆时应进行该计算。

$$\sum M_1 \geqslant \sum \gamma M_2$$

式中：

γ——安全系数，见表 4；

M_1——稳定力矩值；

M_2——倾覆力矩值。

4.5.7 防止侧滑计算

游乐设施运行中，有可能发生整体侧向滑移时应进行该计算。

$$\sum \mu N \geqslant \sum \gamma H$$

式中：

γ——安全系数（见表 4）；

μ——摩擦系数（见表 5）；

N——垂直载荷分量；

H——水平载荷分量。

表 4 防止倾覆及侧滑的安全系数 γ

载荷		安全系数 γ
1	静载荷为有利作用因素	1
2	静载荷为不利作用因素	1.1
3	风载荷为不利作用因素	1.2
4	除 2、3 项以外的其他载荷为不利作用因素	1.3

表 5 摩擦系数 μ

材料/材料	木材	钢	混凝土
木材	0.4	0.4	0.6
钢	0.4	0.1	0.2
混凝土	0.6	0.2	0.5
黏土	0.25	0.2	0.25
亚黏土	0.4	0.2	0.4
沙石	0.65	0.2	0.65

如果靠静摩擦不能保持稳定，应用地脚螺栓将结构与地面进行连接。其防侧滑计算也要计算地脚螺栓的作用，摩擦系数只取表5中的70%。

$$\sum \mu N + Z \geqslant \sum \gamma H$$

式中：

Z——地脚螺栓的水平承载能力。

4.5.8 重要的轴、销轴及焊缝除按4.5.2做应力计算外，宜按4.5.3做疲劳强度验算，两者都应满足给定的安全系数。对于难以拆卸的重要轴及销轴，应按无限寿命设计。

4.6 速度允许值

4.6.1 边运行边上下乘人的游乐设施，其运行速度应不大于0.3 m/s。

4.6.2 小火车类等游乐设施，其速度允许值见表6。

表6 速度允许值

序号	名 称	运行特点	运行速度/(km/h)	举 例
1	电池车类	在地面规定场地内运行	≤5	儿童电池车
2	小火车类	沿地面轨道运行	≤10	儿童小火车
3	碰碰车类	在固定场地上运行碰撞	≤10	碰碰车
4	赛车类	在地面规定线路上运行	≤20	小赛车
5	滑道	在槽内或轨道上运行	≤40	旱地滑道

4.7 加速度允许值（加速度及轨道倾角计算实例参见附录C、附录D）

4.7.1 为使乘人不受到伤害，游乐设施乘人的加速度应限制在一定的范围内，图1给出了人体空间坐标系，其允许加速度值见图2～图5（用实际加速度与重力加速度*g*的比值表示）。

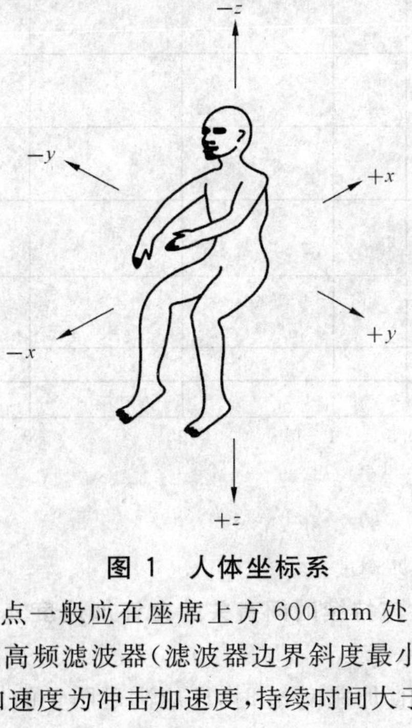

图1 人体坐标系

4.7.2 计算或测量加速度的参考点一般应在座席上方600 mm处。在测量加速度做加速度随时间变化的历程图时，应使用10 Hz低通高频滤波器（滤波器边界斜度最小6 dB/倍频程）。

持续时间小于等于0.1 s的加速度为冲击加速度，持续时间大于0.1 s的加速度为稳态加速度。

4.7.3 侧向加速度（*y*方向）

测量的侧向加速度，应符合图2的规定。测量的加速度信号按三角形记录。

4.7.4 垂直加速度（*z*方向）

测量的垂直加速度，应符合图3的规定。

如 0.3 s 允许的加速度极限值是 $a_z=-1.7\ g$ 和 $a_z=+6.0\ g$。

在有冲击载荷时，上述值应降低 10%。

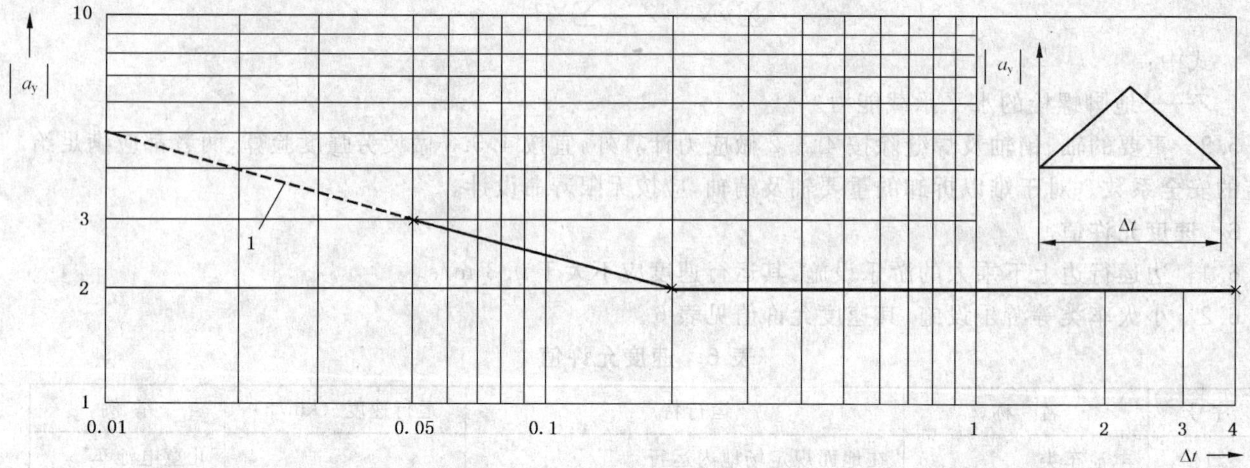

1——频率 10 Hz 以上的区域；

Δt——加速度持续时间(s)。

注：大于 4 s 的区域尚未证实，需进一步测试。

图 2　与持续时间有关的允许加速度 $a_y(g)$

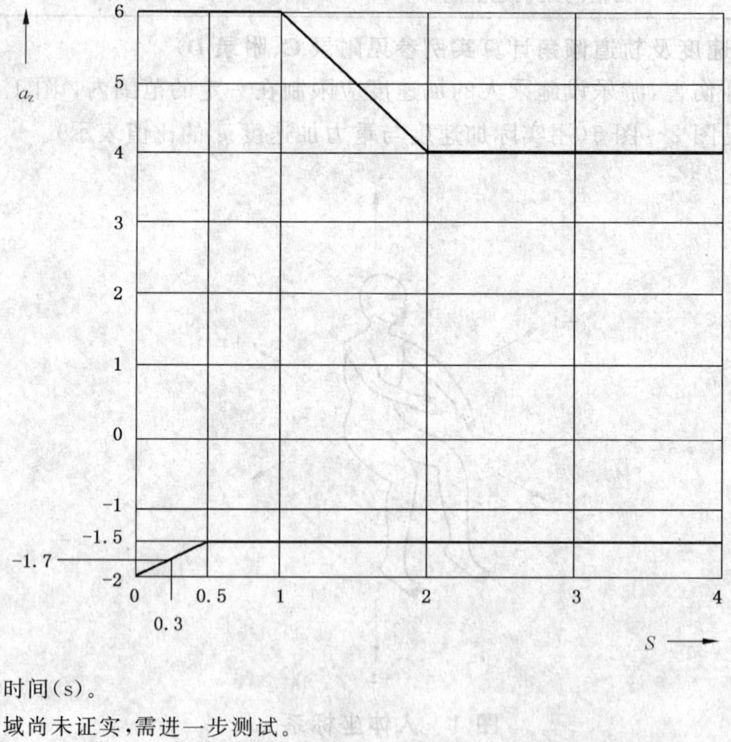

S——加速度持续时间(s)。

注：大于 4 s 的区域尚未证实，需进一步测试。

图 3　与持续时间有关的允许加速度 $a_z(g)$

4.7.5　加速度的组合

当同时存在侧向加速度 a_y 和垂直加速度 a_z 时，还应满足图 4 的比值 $a_y/[a_y]$ 和 $a_z/[a_z]$。其中，a_y、a_z 为侧向、垂直实际加速度值；$[a_y]$、$[a_z]$为侧向、垂直加速度允许值。

a_y 和 a_z 是在 0.3 s 时间内承受的最大加速度值，也就是在 0.3 s 时间差内出现的最大值，应进行合成。

图 5 给出了组合允许加速度值 a_y 和 a_z。

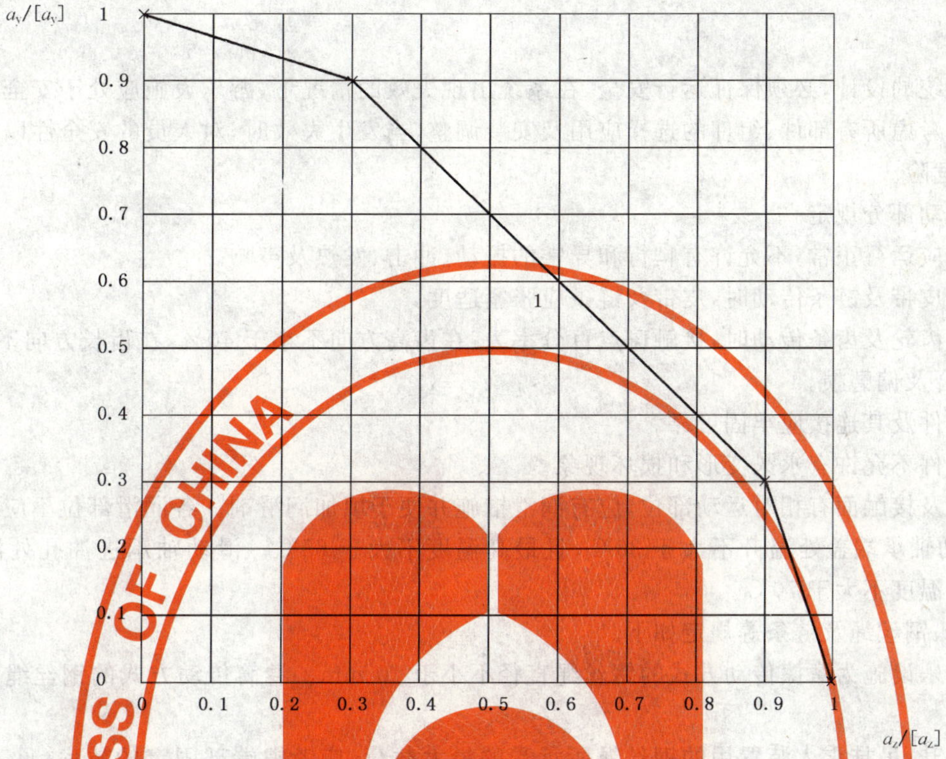

1——允许的区域。

图 4 加速度 a_y 和 a_z 的组合

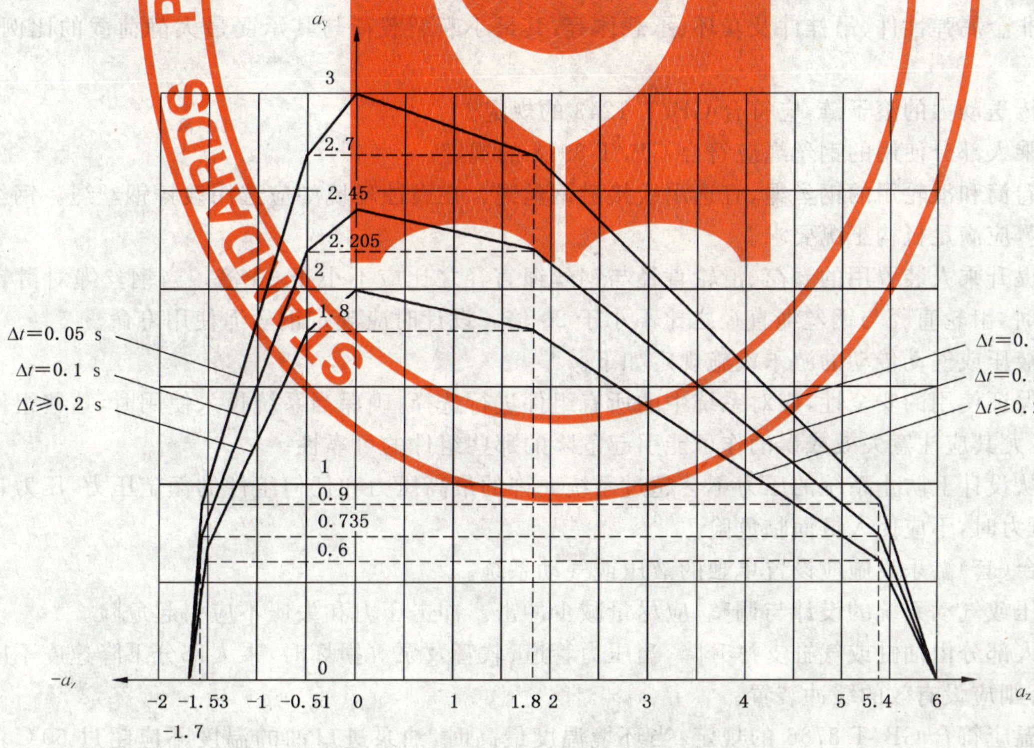

注：三条折线表示：当 a_z、a_y 同时存在时，在持续时间为 0.05 s、0.10 s、≥0.20 s 时，最大允许的加速度 a_z、a_y 值。

如：加速度持续时间为 0.05 s，当 a_z 值为 1.8 g 时，最大允许的 a_y 值为 2.7 g。

图 5 加速度 a_y 和 a_z 组合允许值（g）

5 传动系统

5.1 传动系统的设计，必须保证运行安全，在系统出现失效的情况下，游乐设施应处于安全状态。

5.2 设计应考虑所有部件、组件的选择应用及安装调整，当发生失效时，对人员的安全性以及对系统和环境产生的危险。

5.3 机械传动部分规定。

5.3.1 整机应运行正常，不允许有爬行和异常的振动、冲击、发热及声响。

5.3.2 采用皮带及链条传动时，皮带及链条应张紧适度。

5.3.3 采用齿轮及齿条传动时，接触斑点百分率为：在齿高方向不小于40%，在齿长方向不小于50%。不应有偏啮合及偏磨损。

5.3.4 零部件及其连接应牢固可靠。

5.3.5 零部件不允许有永久变形和损坏现象。

5.3.6 轴承及接触面有相对运动部位，应有润滑措施并便于填加润滑剂。各润滑部位不应渗油。

5.3.7 滚动轴承端盖处温升不大于30℃，且最高温度不大于65℃。滑动轴承进油孔处温升不大于35℃，且最高温度不大于70℃。

5.3.8 卷筒、钢丝绳及链条等规定如下。

5.3.8.1 游乐设施为摩擦传动方式的钢丝绳直径不小于10 mm。卷筒传动方式的钢丝绳直径不小于6 mm。

5.3.8.2 提升、吊挂乘人装置用的钢丝绳所承受的最大载荷，应考虑端部固定的效率(见表13)，钢丝绳最小断裂载荷与其承受最大静荷载的比例，应不小于10。

5.3.8.3 提升、吊挂乘人装置用的链条，其最小断裂载荷与其承受最大静荷载的比例，应不小于8。

5.3.8.4 非金属弹性件、吊挂件及套环、承载体等，其最小断裂载荷与其承受最大静荷载的比例，应不小于10。

5.3.8.5 传送动力的滚子链，应符合GB/T 1243的规定。

5.3.8.6 乘人部分使用的钢丝绳应符合GB/T 8918的规定。

5.3.8.7 卷筒和滑轮用的钢丝绳，宜选用线接触钢丝绳。在腐蚀环境中应选用镀锌钢丝绳。钢丝绳的性能和强度，应满足机构工况要求。

5.3.8.8 提升乘人装置用的卷筒、滑轮直径与钢丝绳直径之比应不小于30倍。当钢丝绳对滑轮包角不大于90°时，滑轮直径与钢丝绳直径之比不小于20倍。设计时应规定钢丝绳使用寿命。

5.4 采用液压或气动传动的游乐设施规定如下。

5.4.1 为保证使用的安全性，应对系统中的所有组件进行选择，确保当系统投入使用时，这些组件能可靠地运行。尤其应注意失效或误动作可能引起危险的那些组件的可靠性。

5.4.2 应从设计上防止系统的压力不会超过系统允许的最高压力和任何组件的额定压力，压力丧失或达到临界压力时，不应使人员面临危险。

5.4.3 每台(套)游乐设施应设置单独的液压或气动系统。

5.4.4 液压或气动系统的设计与调整，应尽量减少冲击。冲击压力和失压不应引起危险。

5.4.5 乘人部分由油缸或气缸支撑升降，当压力管道、软管及泵等损坏时，乘人部分下降速度不应大于0.5 m/s，否则应设有效的缓冲装置。

5.4.6 油温应符合GB/T 3766的规定：当环境温度最高时，油泵进口油的温度不应超过60℃。在环境温度最低时，设备应能正常工作。

5.4.7 液压或气动系统中，应设有不超过额定工作压力1.2倍的过压保护装置。

5.4.8 液压系统在装配前，接头、管路及油箱内表面必须清洗干净，不得有任何污物存在。使用的液压油应保证清洁无杂质。油箱密封良好。

5.4.9 气动系统安装完成后,应采用干燥的压缩空气进行彻底吹扫。

5.4.10 液压系统不应渗漏油。气动系统不应明显漏气。

5.4.11 液压缸的安装方式,应使负载的反作用力通过液压缸的中心线。安装时应注意和尽量减少(小)下列情况:

a) 由于推或拉载荷引起的液压缸结构的过度变形;

b) 引起侧向弯曲载荷;

c) 液压缸上下销轴应得到充分的润滑。

5.4.12 单作用活塞式液压缸,应设计排气口,并设置在适当位置,以避免喷射的液体对人员造成危险。

5.4.13 对设有充气式蓄能器的液压系统,规定如下。

5.4.13.1 在关机时应自动卸掉蓄能器的油液压力,或可靠地隔离蓄能器。在关机后仍需要压力的特殊情况下,可不满足该规定。

5.4.13.2 设有蓄能器的液压系统,应有文字警告标识,同样的内容也应标注在液压原理图上。

5.4.13.3 如果充气式蓄能器系统中的组件或管接头损坏会引起危险,应采取适当的防护措施。

5.4.14 管接头的额定压力,应不低于其所在系统部位的最高工作压力。

5.4.15 软管的总成应符合 GB/T 3766—2001 中 9.5 的要求。

5.4.16 液压系统调试,应符合 GB/T 50231—1998 中 7.0.5 的要求。

6 电气

6.1 电气系统

6.1.1 电气系统设计应正确合理,应符合国家相应电气技术规范、标准要求。

6.1.2 各种电气、电子元器件(如开关、接触器、继电器容量等)的设计选型应合理,应符合国家相应电气技术规范、标准要求。应能保证安全并满足运行工况。

6.1.3 导线的设计选型(如导线截面、绝缘强度等级及对环境温度适应性等)应正确,应符合国家相应电气技术规范、标准的要求。

6.1.4 安装在水泵房、游泳池等潮湿场所的电气设备以及使用非安全电压的装饰照明设备,应有剩余电流动作保护装置。剩余电流保护装置的技术条件应符合 GB 6829 和 GB 13955 的有关规定,其技术额定值应与被保护线路或设备的技术参数相匹配;用于直接接触电击防护时,应选用 0.1 s、30 mA 高灵敏度快速动作型的剩余电流保护器。在间接接触防护中,采用自动切断电源的剩余电流保护器时,应正确地与电网的接地型式相配合。

6.1.5 游乐设施在满载和设计允许偏载状态下,电动机电流应不大于电动机的额定电流。对于频繁起动的电动机选型应合理,起动电流宜不大于额定电流值的 4.5 倍。

6.2 控制系统

6.2.1 控制系统必须满足游乐设施运行工况和乘客安全。采用逻辑程序控制时,逻辑控制应合理可靠,能满足设备安全运行要求。

6.2.2 采用自动控制或连锁控制时应有维修(维护)模式,应使每个运动能单独控制。

6.2.3 采用自动控制或连锁控制,当误操作时,设备不允许有危及乘客安全的运动。

6.2.4 采用无线遥控和接近开关等控制时,应充分考虑发射和接受感应组件抵抗外界干扰能力和对工作环境的敏感性,并应有故障检测及信号报警系统。

6.3 限速和限位控制

6.3.1 有可能超速的游乐设施应设有防止超速的自动控制装置,控制装置应安全可靠。

6.3.2 游乐设施在运行中超过预定位置有可能发生危险时,应有限位控制和极限位置控制装置,控制装置应安全可靠。

6.3.3 用卷筒和曳引机传动的游乐设施,必须设有防止钢丝绳过卷和松弛的控制和极限位置控制装置，正常运行情况下操作员不可见的多根钢丝绳传动系统应有断绳检测控制装置。

6.4　安全防护

6.4.1　操作台上必须设置紧急事故按钮(必要时站台上也应设置)，按钮型式应采用凸起手动复位式。不允许由于按动紧急事故按钮而造成危险。

6.4.2　在安装、维护、检验时，需要察看危险区域或人体某个部分(例如手臂)需要伸进危险区域的设施，应有防止误起动控制装置，一般可采取下列措施：

a)　控制或连锁元件设置于危险区域，并只能在此处闭锁或启动；

b)　具有可拔出的开关钥匙。

6.4.3　游乐设施应设置用于起动前提示乘客注意安全的音响等信号装置。

6.4.4　乘客易接触部位(高度小于2.5 m或距离小于500 mm范围内)的装饰照明电压应采用不大于50 V的安全电压。

6.4.5　由乘人操作的电器开关应采用不大于24 V的安全电压，对于工作电压难以满足上述要求的设备，其开关的操作杆和操作手柄等类似结构，应符合GB 4706.1—1998中8.1.1、8.1.4、8.1.5、8.2的规定。

6.4.6　轨道带电在地面行驶的游乐设施，如儿童小火车等，轨道电压应不大于50 V。架空行驶的游乐设施，如架空列车等，滑接线高度低于2.5 m处应设置安全栅栏和安全标识。

6.5　电气安装

6.5.1　电气设备和元器件的安装及导线敷设等，应符合国家有关电气装置安装工程施工及验收规范的要求。

6.5.2　操作按钮和控制手柄等应有能保持长久的明显的中文标志，按钮、信号灯等颜色标识应符合GB 5226.1的规定。

6.5.3　室内游乐设施应有充足的照明和应急照明设备，照明照度应不低于60 lx，应急照明照度应不低于20 lx。

6.6　接地与避雷

6.6.1　低压配电系统的接地型式应采用TN-S系统或TN-C-S系统。

6.6.2　电气设备中正常情况下不带电的金属外壳、金属管槽、电缆金属保护层、互感器二次回路等必须与电源线的地线(PE)可靠连接，低压配电系统保护重复接地电阻应不大于10Ω。接地装置的设计和施工应符合GB J 65、GB 50169的规定。

6.6.3　高度大于15 m的游乐设施和滑索上、下站及钢丝绳等应装设避雷装置，高度超过60 m时还应增加防侧向雷击的避雷装置。引下线宜采用圆钢或扁钢，圆钢直径不应小于8 mm，扁钢截面不应小于48 mm^2，其厚度不应小于4 mm。当利用设备金属结构架做引下线时，截面和厚度不应小于上述要求，在分段机械连接处应有可靠的电气连接。引下线宜在距地面0.3 m～1.8 m之间装设断接卡或连接板，并应有明显标志。避雷装置的接地电阻应不大于30 Ω。避雷装置的设计和施工应符合GB 50057的规定。

6.6.4　电压有效值大于50V的带电回路与接地装置之间的绝缘电阻应不小于1 MΩ。

6.6.5　游乐设施不应设置在高压输配电架空线路通道内。

7　安全要求及安全设施

7.1　安全分析、安全评估和安全控制

7.1.1　游乐设施设计时应进行安全分析，即对可能出现的危险进行判断，并对危险可能引起的风险进行评估。安全分析的目的是识别所有可能出现的与游乐设施或乘人有关的一些情况，而这些情况可能对乘人和设施造成伤害。一旦发现在某个环节存在危险，应对其产生的后果，特别是对乘人造成的风险程度进行评估。

7.1.2 安全评估的内容包括危险发生的可能性及导致伤害的严重程度(受伤的概率、涉及的人员数量、伤害的严重程度、频率等)。评估范围包括:机械危险、电气危险、振动危险、噪声危险、热危险、材料有害物质的危险、加速度危险及其对环境引起的危险等。

7.1.3 对安全分析、安全评估的结果,必须提出有针对性的应采取的相应措施,以使风险消除或最小化,使风险处于可控状态。

7.1.4 游乐设施经过大修或重要的设计变更,也应进行新的安全分析、安全判断、风险评估程序。

7.1.5 游乐设施安装、运行和拆卸等期间的各个阶段也应进行安全分析和安全评估、危险判断。通过日常试运行检查等实施持续的监控,如存在风险可能性,必须提出应采取的相应措施,使风险处于可控状态。

7.1.6 游乐设施应在必要的地方和部位设置醒目的安全标志。安全标志分为禁止标志(红色)、警告标志(黄色)、指令标志(蓝色)和提示标志(绿色)等四种类型。安全标志的图形式样应符合 GB 2894、GB 13495 的规定。

7.2 安全保险措施

7.2.1 游乐设施在空中运行的乘人部分,整体结构应牢固可靠,其重要零部件宜采取保险措施。

7.2.2 吊挂乘人部分用的钢丝绳或链条数量不得少于两根。与座席部分的连接,必须考虑一根断开时能够保持平衡。

7.2.3 钢丝绳的终端在卷筒上应留有不少于三圈的余量。当采用滑轮传动或导向时,应考虑防止钢丝绳从滑轮上脱落的结构。

7.2.4 距地面 1 m 以上封闭座舱的门,必须设乘人在内部不能开启的两道锁紧装置或一道带保险的锁紧装置。非封闭座舱进出口处的拦挡物,也应有带保险的锁紧装置。

7.2.5 沿架空轨道运行的车辆,应设防倾翻装置。车辆连接器应结构合理,转动灵活,安全可靠。

7.2.6 沿钢丝绳运动的游乐设施,必须有防止乘人部分脱落的保险装置。保险装置应有足够的强度。

7.2.7 当游乐设施在运行中,动力电源突然断电或设备发生故障,危及乘人安全时,必须设有自动或手动的紧急停车装置。

7.2.8 游乐设施在运行中发生故障后,应有疏导乘人的措施。

7.3 防碰撞及缓冲装置

7.3.1 同一轨道、滑道、专用车道等有两组以上(含两组)无人操作的单车或列车运行时,应设防止相互碰撞的自动控制装置和缓冲装置。当有人操作时,应设有效的缓冲装置。

7.3.2 升降装置的极限位置,必要时应设缓冲装置。

7.4 止逆行装置

7.4.1 沿斜坡向上牵引的提升系统,应设有防止乘人装置逆行的装置(特殊运行方式除外)。

7.4.2 止逆行装置逆行距离的设计应使冲击负荷最小,在最大冲击负荷时必须止逆可靠。

7.5 限位装置

7.5.1 绕水平轴回转并配有平衡重的游乐设施,乘人部分在最高点有可能出现静止状态时(死点),应有防止或处理该状态的措施。

7.5.2 油缸或气缸行程的终点,应设置限位装置。

7.6 乘人安全束缚装置

7.6.1 游乐设施依据设备的性能、运行方式、速度及其结构的不同,必须设置相应形式的束缚装置。

7.6.2 当游乐设施运行时,乘人有可能在乘坐物内被移动、碰撞或者会被甩出、滑出时,必须设有乘人束缚装置(也用作约束乘人的不当行为)。对危险性较大的游乐设施,必要时应考虑设两套独立的束缚装置。束缚装置可采用安全带、安全压杠、挡杆等。

7.6.3 束缚装置应可靠、舒适,与乘人直接接触的部件有适当的柔软性。束缚装置的设计应能防止乘人某个部位被夹伤或压伤,应容易调节,操作方便。

7.6.4　束缚装置应可靠地固定在游乐设备的结构件上。在正常工作状态下必须能承受发生的最大作用力。

7.6.5　乘人装置的设计，其座位结构和型式，自身应具有一定的束缚功能。其支撑件尽量减少现场焊接。

7.6.6　束缚装置的锁紧装置，在游乐设施出现功能性故障或急停刹车的情况下，仍能保持其闭锁状态，除非采取疏导乘人的紧急措施。

7.6.7　安全带

7.6.7.1　安全带可单独用于轻微摇摆或升降速度较慢没有翻转没有被甩出危险的设施上，使用安全带一般应配辅助把手。对运动激烈的设施，安全带可作为辅助束缚装置。

7.6.7.2　安全带宜采用尼龙编织带等适于露天使用的高强度的带子，带宽应不小于 30 mm，安全带破断拉力不小于6 000 N。安全带与机体的连接必须可靠，可以承受可预见的乘客各种动作产生的力。若直接固定在玻璃钢件上，其固定处必须牢固可靠，否则应采取埋设金属构件等加强措施。

7.6.7.3　安全带作为第二套束缚装置时，可靠性按其独立起作用设计。

7.6.8　安全压杠

7.6.8.1　游乐设施运行时有可能导致乘人被甩出去的危险，则必须设置相应型式的安全压杠。

7.6.8.2　安全压杠本身必须具有足够的强度和锁紧力，保证游客不被甩出或掉下，并在设备停止运行前始终处于锁定状态。

7.6.8.3　锁定和释放机构可采用手动或自动控制方式。自动控制装置失效时，应能够用手动开启。

7.6.8.4　释放机构乘人应不能随意打开，而操作人员可方便和迅速地接近该位置，操作释放机构。

7.6.8.5　安全压杠行程应无级或有级调节，压杠在压紧状态时端部的游动量不大于 35 mm。安全压杠压紧过程动作应缓慢，施加给乘人的最大力：对成人不大于 150 N，对儿童不大于 80 N。

7.6.8.6　乘坐物有翻滚动作的游乐设施，其乘人的肩式压杠应有两套可靠的锁紧装置。

7.7　制动装置

7.7.1　当动力电源切断后，停机过程时间较长或要求定位准确的游乐设施，应设制动装置。制动装置在闭锁状态时，应能使运动部件保持静止状态。

7.7.2　游乐设施在运行时若动力源断电，或制动系统控制中断，制动系统应保持闭锁状态（特殊情况除外），中断游乐设施运行。

7.7.3　制动装置的制动力矩（力）应≥1.5 倍额定负荷力矩（力）。手控制动器操作手柄的作用力应为 100 N～200 N。

7.7.4　游乐设施视其运动形式、速度及其结构的不同，采用不同的制动方式和制动器结构（如机械、电动、液压、气动以及手动等）。制动器构件应有足够的强度，必要时停车制动器应验算疲劳强度。制动器的制动行程应可调节。

7.7.5　制动器制动应平稳可靠，不应使乘人感受明显的冲击或使设备结构有明显的振动、摇晃。制动加速度绝对值一般不大于 $5.0\ m/s^2$。必要时可增设减速制动器。

7.7.6　游乐设施车类的最大刹车距离，应限制在合理范围内。小赛车类不大于 7 m，在滑道内滑行的车不大于 8 m，脚踏车、内燃或电力单车等不大于 6 m，架空列车不大于 15 m。

7.8　对安全栅栏、站台及操作室的安全要求

7.8.1　游乐设施周围及高出地面 500 mm 以上的站台上，应设置安全栅栏或其他有效的隔离设施。室外安全栅栏高度不低于 1 100 mm，室内儿童娱乐项目，安全栅栏高度不低于 650 mm。栅栏的间隙和距离地面的间隙不大于 120 mm。应为竖向栅栏，不宜使用横向或斜向的结构。

7.8.2　安全栅栏应分别设进、出口，在进口处宜设引导栅栏。站台应有防滑措施。

7.8.3　安全栅栏门开启方向应与乘人行进方向一致（特殊情况除外）。为防止开关门时对人员的手造成伤害，门边框与立柱之间的间隙应适当，或采取其他防护措施。

7.8.4 游乐设施进出口的台阶宽度不小于240 mm，高度为140 mm～200 mm，阶梯的坡度应保持一致。进出口为斜坡时，坡度不大于1∶6。有防滑花纹的斜坡，坡度不大于1∶4。

7.8.5 游乐设施的操作室应单独设置，视野开阔，有充分的活动空间和照明。对于操作人员无法观察到运转情况的盲区，有可能发生危险时，应有监视系统等安全措施。

7.9 其他安全要求

7.9.1 边运行边上下乘人的游乐设施，乘人部分的进出口不应高出站台300 mm。其他游乐设施乘人部分进出口距站台的高度，应便于上下。

7.9.2 乘人部分的进出口，应设有门或拦挡装置，并须注意门开启方向的安全性。

7.9.3 凡乘人身体的某个部位，可伸到座舱以外时，应设有防止乘人在运行中与周围障碍物相碰撞的安全装置，或留出不小于500 mm的安全距离。当全程或局部运行速度不大于1 m/s处时，其安全距离可适当减少，但不应小于300 mm。从座席面至上方障碍物的距离不小于1 400 mm。专供儿童乘坐的游乐设施不小于1 100 mm。

7.9.4 凡乘客可触及之处，不允许有外露的锐边、尖角、毛刺和危险突出物等。

7.9.5 座席距地面最大高度5 m以下时，座舱深度不小于550 mm，座席靠背高度不小于300 mm。座席距地面最大高度5m以上时，座舱深度不小于800 mm，座席靠背高度不小于400 mm。当设有安全杠和安全带等设施时，可适当减少座舱深度。乘人座席宽度每人应不小于400 mm，专供儿童乘坐的每人应不小于250 mm。

7.9.6 游乐设施通过的涵洞，其包容面应采用不易脱落的材料，装饰物等应固定牢固。

7.9.7 高度20 m以上的游乐设施，在高度10 m处应设有风速计，风速大于15 m/s时，必须停止运行。

7.9.8 设有转动平台时，为防止乘人的脚部受到伤害，转动平台与固定部分之间的间隙，水平方向不大于30 mm。若平台高于站台面其垂直方向的间隙应适当，不应对乘人的脚部造成危险。

7.9.9 在地面上行驶的车辆，其驱动和传动部分及车轮应进行覆盖。

7.9.10 乘人部分必须标出定员人数，严禁超载运行。

7.9.11 放置游乐设施的游艺室，应分别设有进、出口。

7.9.12 游乐设施的建造必须符合国家有关防火安全的规定。在高空运行的封闭座舱，必要时应设灭火装置。

7.9.13 游乐设施产生的噪声对区域环境的影响，应符合GB 3096的规定。

7.10 水上游乐设施安全要求

7.10.1 各种型式的水滑梯应有足够的强度和刚度，必要时应进行应力试验。

7.10.2 水滑梯在乘人按规定姿势下滑时，不允许有翻滚、弹跳等异常现象。

7.10.3 在水滑梯的入口处，应设下滑方式标志牌。滑道起点处应设置规范下滑姿势的横杆。

7.10.4 游乐池同一时间容纳量，不应超过2 m^2/人。池壁应圆滑无棱角，池底应防滑。预埋件不应露出池底，否则应采取防护措施。

7.10.5 各种游乐池应分别设置，不可混用。

7.10.6 游乐池周围及池内水深变化地点，必须有醒目的水深标志。

7.10.7 水上各种游乐设施均应配备足够的救生人员和救生设备，并应设高位监视哨。

7.10.8 游乐池的水质应符合GB 9667要求。

7.10.9 水面上的各种游艇、碰碰船等必须限制在不同的水域内运行，不得混杂在一起。

8 制造与安装

8.1 一般规定

8.1.1 制造厂应具备健全的质量管理体系，应明确规定从原材料、外协件、外购件进厂到产品出厂等各个环节的质量要求。原材料、外协件、外购件都应具有证明质量合格的文件。

8.1.2 制造厂应具备基本的生产条件:完整的产品图样和技术文件;必需的加工制造手段及工艺装备;必要的检测手段;熟练的技术工人和一定数量的技术人员。

8.1.3 制造厂必须按有关标准规定,并按规定程序批准的产品设计图样和技术文件进行加工制造。设计图样和技术文件不得任意修改,修改应取得原设计者(单位)同意,修改内容应记录存档。

8.1.4 对重要零部件及焊缝必须进行探伤检验,非重要零部件也应按图样技术要求及有关标准进行检验。

8.1.5 新产品必须进行型式试验(每天不少于 8 h、累计时间不少于 80 h)、监督检验等有关试验,并记录存档。

8.1.6 每台产品出厂前,应根据设计图样和技术文件,并按有关标准要求进行检验,检验合格后方可出厂。

8.1.7 产品出厂时,应向用户提供产品使用维护说明书及有关图样,产品合格证及必要的备品备件和专用工具等。使用维护说明书及有关图样的内容,应具有指导使用、操作、维护及故障排除等功能。

8.2 金属材料及标准件

8.2.1 所采用材料应符合相应的国家标准和行业标准的规定。

8.2.2 重要的金属材料(优质碳素钢、合金钢等)应有材质合格的证明文件,必要时应取样复检。

8.2.3 下列情况的承重结构和构件不宜采用 Q235 沸腾钢:

8.2.3.1 焊接结构:

a) 直接承受动力载荷或振动载荷且需要验算疲劳的结构。

b) 工作温度等于或低于-20℃直接承受动力载荷或振动载荷,但可不验算疲劳的结构;承受静力载荷的受弯及受拉的重要承重结构。

c) 工作温度等于或低于-30℃的所有承重结构。

8.2.3.2 非焊接结构:工作温度等于或低于-20℃的直接承受动力载荷且需要验算疲劳的结构。

8.2.4 有色金属的耐磨性能、耐腐蚀性能、润滑性能均应满足工况使用要求。

8.2.5 锻件要求

8.2.5.1 锻件不允许存在白点、内部裂纹和残余缩孔。表面不允许有肉眼可见的裂纹、折迭和其他影响强度和外观的缺陷。

8.2.5.2 重要的锻件经超声波检验合格后方可加工。

8.2.6 铸件表面应平整,浇口毛刺、粘砂等应清除干净。不允许有裂纹、缩孔、孔洞及严重的残缺类缺陷(如欠铸、机械损伤等)。

8.3 非金属材料

8.3.1 选用的非金属材料,其力学性能、抗老化性能、环保性能等应满足工况使用要求。

8.3.2 木质材料应选用强度好、不易开裂的硬木,木材的含水率不大于 18%,用在重要部位的木质部件,必要时应进行阻燃及防腐处理。木结构的设计应符合 GB 50005 的规定,施工质量应符合 GB 50206 的规定。

8.3.3 高空座舱的门窗玻璃应采用不易破碎的材料

8.3.4 玻璃钢件

8.3.4.1 用于制作玻璃钢件的树脂应有良好的耐水性和良好的抗老化性。宜采用无碱玻璃纤维,纤维表面须有良好的浸润性。

8.3.4.2 玻璃钢制件应符合下列要求:

a) 不允许有浸渍不良、固化不良、气泡、切割面分层、厚度不均等缺陷;

b) 表面不允许有裂纹、破损、明显修补痕迹、布纹显露、皱纹、凸凹不平、色调不一致等缺陷,转角处过渡要圆滑,不得有毛刺;

c) 玻璃钢件与受力件直接连接时应有足够的强度,否则应预埋金属件;

d) 玻璃钢件力学性能应符合表 7 的规定。

表 7 玻璃钢件力学性能

项 目	指 标
抗拉强度/MPa	≥78
抗弯强度/MPa	≥147
弹性模量度/MPa	≥7.3×10^{3}
冲击韧度/J·cm^{-2}	≥11.7

8.3.5 驱动轮，支承轮采用橡胶或尼龙材料时，其力学性能应分别符合表 8 和表 9 的规定。采用橡胶充气轮时，充气压力应适度。

表 8 橡胶材料力学性能

项 目	指 标
抗拉强度/MPa	≥12
扯断伸长率/%	≥400
磨耗减量/$cm^{3}\cdot(1.61\ km)^{-1}$	≤0.9
橡胶与铁芯附着强度/MPa	≥1.30
硬度/邵尔 A 度(推荐值)	70～85

表 9 尼龙材料力学性能

项 目	指 标
抗拉强度/MPa	> 73.6
抗弯强度/MPa	>138
冲击韧度/J·cm^{-2}	>39.2
硬度/HB	>21
热变形温度/℃	>70

8.3.6 采用聚氨酯实心轮，其材料的力学性能应符合表 10 的规定：

表 10 聚氨酯材料力学性能

硬度/邵尔 A 度	300%定伸强度/MPa	断裂强度/MPa	断裂伸长率/%	永久变形/%	剥离强度/N/m
80±5	≥10	≥35	≥450	≤15	40×10^{3}
90±5	≥12	≥40	≥450	≤20	50×10^{3}
≥95	≥14	≥45	≥400	≤30	60×10^{3}

8.4 重要零件加工

8.4.1 机加工件的尺寸及其偏差、表面粗糙度、形位公差、热处理状态应符合图纸要求。

8.4.2 重要的轴和销轴，其配合面的表面粗糙度 Ra 值不应大于 1.6 μm。

8.4.3 重要的轴和销轴宜进行调质处理，硬度应符合 GB/T 699 和 GB/T 3077 的规定。调质后的零件，应进行探伤检验。

8.5 结构件

8.5.1 结构件的结构形式和加工工艺应考虑其受力条件，尽量减少结构的应力集中。

8.5.2 结构单元的划分，除应考虑其受力条件外，还应注意经济合理，便于运输、堆放、起重吊装和易于拼装。

8.5.3 结构件的安装连接应采用传力可靠、制作方便、连接简单、便于调整的结构形式。

8.5.4 乘人部分的支撑、轿厢、车辆等受力框架，应采用金属材料制成，在整体上应为坚固的结构。

8.6 焊接

8.6.1 焊缝连接应符合 GB 50017—2003 中 8.2 的规定。

8.6.2 焊接质量要求应符合 GB/T 12467.4 的规定。

8.6.3 焊缝坡口的基本形式和尺寸应符合 GB/T 985 的规定。

8.6.4 手工焊接用的焊条，应符合 GB/T 5117、GB/T 5118 和 GB/T 983 的规定。选用焊条的型号应与主体结构材料及焊缝所承受的载荷类型相适应。

8.6.5 直接涉及到人身安全的重要焊缝，应进行焊接工艺评定，严格按焊接工序作业指导书进行焊接，并进行探伤检验。

8.6.6 焊缝不应有漏焊、烧穿、裂纹、未焊透、严重咬边以及肉眼可见的气孔、夹渣等缺陷。所有焊瘤、熔渣等应清除干净。

8.6.7 直接承受变载荷的角焊缝，应采用全熔透结构。

8.6.8 结构件在焊接时要采用适当工艺，减少变形，必要时进行热处理，消除残余应力。

8.7 螺栓及销轴连接

8.7.1 重要的零部件采用螺栓连接时，应采取防止松动的措施。防松形式应根据不同工况合理选用。

8.7.2 地脚螺栓应采取防止松动的措施，并应符合 GB 50231—1998 第四章第一节的规定。

8.7.3 零部件用销轴连接时，应采取防脱落措施。

8.7.4 有预紧力要求的螺栓连接，应符合 GB 50231—1998 中 5.2.3 的规定。

8.7.5 高强度螺栓的装配应符合 GB 50231—1998 第五章第二节有关规定。

8.7.6 对于强度等级为 6.8、8.8 和 10.9 的螺栓，预紧螺栓和配合螺栓，轴向可传递的允许预紧力和力矩见表 11。

表 11 螺栓允许预紧力和拧紧力矩

螺栓规格	允许预紧力/kN			允许拧紧力矩/Nm		
	6.8	8.8	10.9	6.8	8.8	10.9
M8	14	16	23	21	25	35
M10	22	26	37	41	49	69
M12	31	37	50	70	84	120
M16	60	71	100	176	206	350
M20	94	111	160	338	402	600
M22	116	138	190	456	539	900
M24	135	160	220	588	696	1 100
M27	177	210	290	873	1 030	1 650
M30	216	257	350	1 177	1 422	2 200
M33	275	326	459	1 668	1 977	2 784
M36	323	328	510	2 134	2 524	3 340

8.8 设备基础

8.8.1 游乐设施的土建基础或建筑物必须按设计图样和技术文件施工，经有关部门验收合格后，方能安装。

8.8.2 游乐设施安装时，应根据设计图样和技术文件的要求，确立安装基准，安装基准经找正调平后，应进行测量和检验。

8.8.3 大型游乐设施的基础工程应符合 GB 50010、GB 50007 的规定。

8.8.4 基础的质量要求应符合 GB 50204、GB 50202 的规定。

8.8.5 大型游乐设施的基础尺寸和位置的允许偏差，应符合表 12 的要求。

表 12 基础允许偏差

项目		允许偏差/mm
坐标位置(纵、横轴线)		±20
不同平面的标高		−20
平面外形尺寸		±20
平面的水平度	每米	5
	全长	10
垂直度	每米	5
	全长	10
预埋地脚螺栓	标高(顶端)	+20
	中心距(在根部和顶部测量)	±2
预埋活动地脚螺栓锚板	标高	+20
	中心位置	±5
	水平度(带槽的锚板)每米	5
	水平度(带螺纹孔的锚板)每米	2

8.8.6 基础表面和地脚螺栓预留孔中的油污、碎石、泥土、积水应清除干净，地脚螺栓的螺纹和螺母应保护完好，放置垫铁部位的表面应处理平。

8.8.7 垫铁应符合 GB 50231—1998 第四章第二节有关规定。

8.8.8 地脚螺栓不宜用以承受地脚底部的水平反力，此水平反力由底板与混凝土基础间的摩擦力(摩擦系数可取 0.4)或设置抗剪结构承受。

8.8.9 基础不应有影响游乐设施正常运行的不均匀沉陷、开裂和松动等异常现象。移动式游乐设施的基础，应平整、坚实，符合设备安装要求。

8.8.10 需要预压的基础，应预压合格并应有预压沉降记录。

8.9 装配

8.9.1 所有进入装配的零部件(包括外购件、外协件)都应按有关检验规程检验合格后方可装配。装配前应按 GB 50231—1998 第五章第一节有关规定进行预处理。

8.9.2 各密封件在装配前必须浸透油。

8.9.3 装配前应对零、部件的主要配合尺寸，特别是过盈配合尺寸及相关精度进行复查。

8.9.4 有拧紧力矩要求的紧固件，应采用力矩扳手，并按规定的拧紧力矩紧固。

8.9.5 圆锥销装配时应与孔进行涂色检查，其接触率应大于配合长度的 60%，并应均匀分布。

8.9.6 螺栓、键、销轴、定位销等连接件的装配，应符合 GB 50231—1998 第五章第二节的有关要求。

8.9.7 滑动轴承、滚动轴承、离合器、制动器、联轴器、齿轮、链条、过盈配合件装配，应符合 GB 50231—1998 中第五章第三节、第四节、第五节、第六节、第八节中的有关规定。

8.10 安装精度要求

8.10.1 设备安装的基准面(如设备底座上表面)，其水平度公差不大于 1/1 000。

8.10.2 重要立柱安装定位后，对水平面的垂直度公差不大于 1/1 000。

8.10.3 轨距允许误差为－3 mm～5 mm。

8.11 钢丝绳端部安装

8.11.1 端部必须用紧固装置固定，其固定方法不同，端部的强度不同(用效率表示)。端部一般固定方法的效率应符合表13的要求。

表13 钢丝绳端部固定方法

固定方法	名 称	效率/%	备 注
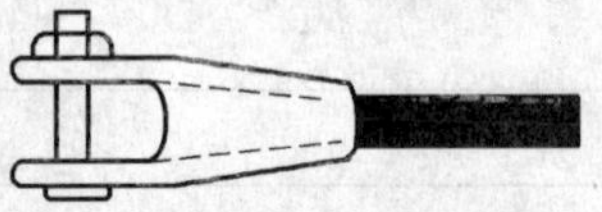	巴氏合金固定	100	一般称浇铸巴氏合金法
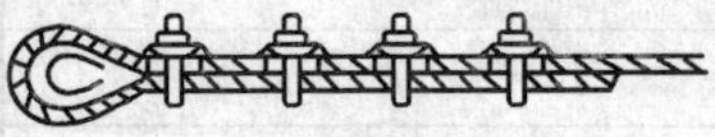	绳夹固定	80～85	绳夹加工不合适为50%以下
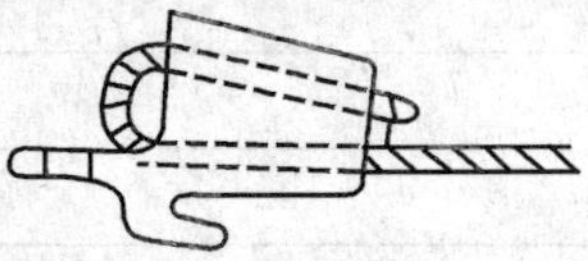	楔块固定	65～70	楔块加工不合适为50%以下
	桃形环编结法	80～90	钢丝绳直径/mm ϕ16以下 90% ϕ16～26 85% ϕ28～38 80%
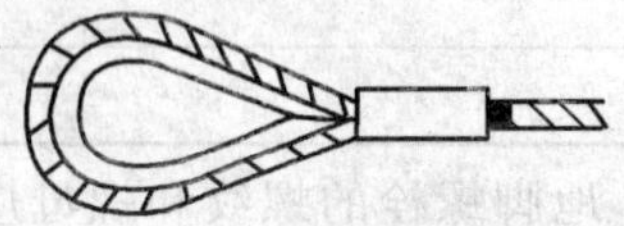	桃形环绳箍	90～100	

8.11.2 采用绳夹固定时，U形螺栓应由钢丝绳的短边套上，如图6所示。

图6 绳夹固定方法

8.11.3 重要部位钢丝绳直径与绳夹的数量和间距，应符合表14的要求。

表14 钢丝绳绳夹数量和间距

钢丝绳直径/mm	绳夹数量/个	绳夹间距/mm
<9	3	50
9～16	4	80～100
18	5	110
22	5	130
24	5	150
28	5	180
32	6	200
36	7	230
38	8	250

8.12 涂装

8.12.1 防腐涂装要根据不同的材料及不同的工作环境，采用相应的工艺及材料进行有效的防腐处理。

8.12.2 所有需要进行涂装的金属制件表面在涂装前必须将锈、氧化皮、油脂、灰尘等除去。焊接件需热处理的，则除锈工序应放在热处理工序之后进行。除锈方法、等级及适用范围按照 JB/T 5000.12 有关规定执行。

8.12.3 涂装施工要求按 JB/T 5000.12 有关规定执行。

8.13 检验

8.13.1 原材料进厂必须经检验部门检验合格方可入库，重要的材料应有质量证明文件，必要时还应进行力学性能和理化检验。

8.13.2 配套的标准机电产品，应有合格证、使用说明书等，必要时，要对其性能进行验证试验。

8.13.3 重要的零部件加工和组装，应严格按照工艺文件进行，进入下一道工序前，必须按有关标准和规定进行检验。

8.13.4 重要的焊缝在进入下一道工序前必须经检验合格后方可继续加工。

8.13.5 涉及到人身安全的重要的轴、销轴，应进行100%的超声波与磁粉或渗透探伤。涉及到人身安全的重要焊缝，应进行100%的磁粉或渗透探伤。超声波探伤方法和质量评定按 GB/T 4162 有关规定执行，检验质量等级不低于 A 级。厚度大于 250 mm 的零件超声波检验方法和质量评定按 GB/T 6402 有关规定执行，检验质量等级不低于 2 级。磁粉探伤方法与质量评定按 JB/T 4730 有关规定执行，检验质量等级不低于Ⅲ级。渗透探伤方法与质量评定按 JB/T 4730 有关规定执行，检验质量等级不低于Ⅲ级。有必要进行焊缝射线探伤的，其探伤方法与质量评定按 JB/T 4730 有关规定执行，检验质量等级不低于Ⅱ级。

8.13.6 整机安装完毕后，应进行详细检查，确认一切正常后，再进行空、满、偏载试验，并做好记录。

8.13.7 整机检验中的不合格项目，必须经整改复检合格后，方可出具产品检验合格报告。

8.13.8 制造厂应为用户培训操作、维修人员，做好对用户的售后服务，并及时向用户供应备品备件。

9 使用与管理

9.1 基本要求

9.1.1 使用单位选购大型游乐设施时，必须提供当地的气象、供电、地震和地质数据，供设计和生产单位校验。

9.1.2 游乐园(场)安全和服务质量应符合 GB/T 16767 的规定。

9.1.3 使用单位应按各种不同的游乐设施，分别制定有关操作运行和定期检查维护的详细规章制度。建立管理和维修人员的岗位责任制。选择经培训考试合格后的管理、操作和维修人员进行管理操作。

9.1.4 使用单位对各种游乐设施必须在每天运行前进行必要的检查，经检查无问题并试运转后方能正式运营，并应做好运营记录。

9.1.5 使用单位对各种游乐设施应每半年进行一次较全面的检查维护，检查情况、检修内容及处理结果应记录存档。

9.1.6 在游乐设施明显处应公布乘客须知。操作服务人员应随时向乘客宣传注意事项，制止乘客的危险行为。

9.1.7 使用单位对操作、管理和维修人员应定期进行业务培训和安全教育，经考试合格后发上岗证。

9.1.8 使用单位对非专供儿童乘坐的游乐设施，应根据不同机种及运行特点等，对儿童乘坐在年龄和身高上应有所规定。

9.1.9 当天气恶劣、设备发生故障及停电等紧急情况或有可能发生上述情况时，使用单位必须采取应急措施和停止运营。

9.1.10 使用单位应遵守定期检验制度，按有关规定及时申报。

9.2 紧急事故处理及救援

9.2.1 游乐设施运营单位必须制定紧急事故处理和救援预案，并定期进行实际操作演练。预案内容至少应包括下列几个方面：

——动力电源断电或设备发生故障，危及乘人安全时；

——突遇雷电、暴风雨、地震等自然灾害时；

——发生爆炸、火灾时；

——发生人身事故时；

——乘人突发急病时；

——与事故处理和救援有关的各种信息。

9.2.2 根据需要现场应配备必要的救援设施，如：备用发电机、内燃机、爬梯、安全走道、救援绳、急救药箱及灭火器等。对救援设施要经常检查，使之处于完好有效状态。

9.2.3 对有关人员必须进行培训，使之掌握紧急事故处理、救援知识和实际操作方法。

9.3 游乐设施的轨道、车轮、轴的检验应符合表15～表17的要求，超过允许值时应及时更换。

表15 轨道磨损允许值

轨道形状	磨损部位	允许值
型钢轨道	踏面、侧面	小于原厚度尺寸的20%
钢管轨道		小于原厚度尺寸的15%

表16 滑行车车轮的磨损允许值

种类	允许值
主车轮	小于原直径尺寸的2.5%，且最大不超过6 mm
侧轮和底轮	小于原直径尺寸的2.5%，且最大不超过4 mm

表17 重要轴磨损及锈蚀允许值

种类	允许值	检验周期
轴直径磨损量	小于原直径的0.8%，且最大不超过1 mm	一年测量一次
轴锈蚀量	打磨光后，小于原直径的1%（包括凹坑处），且最大不超过1 mm	一年测量一次

9.4 传动和提升用钢丝绳出现下列情况之一的，应报废：

——传动和提升用钢丝绳的断丝和磨损超过允许值时（见表18）；

——整根绳股断裂；

——钢丝绳的纤维芯或钢丝（或多层绳股的内部绳股）断裂，造成绳股显著减小时；

——由于外部腐蚀钢丝绳表面出现深坑，钢丝绳相当松弛时；

——经确认有严重的内部腐蚀时；

——出现笼形畸变时；

——绳股被挤出，这种状况通常伴随笼形畸变产生；

——局部直径严重增大或减小时；

——局部弯折、扭结或被压扁时；

——受特殊热力的作用，外表出现可识别的颜色时；

——超过设计及有关技术规程规定的使用寿命时。

表 18　钢丝绳的断丝和磨损允许值

磨损状态	允许值
钢丝破断呈均匀分布状态	每股在一个捻距内破断数为 3 根
钢丝破断虽呈均匀分布状态，钢丝磨损后的剩余断面积为原断面积的 80% 以下或严重腐蚀	每股在一个捻距内破断数为 2 根
钢丝在一处破断或特别集中在一股时	钢丝破断总数在一个捻距内，6 股为 10 根，8 股为 12 根
磨损后的钢丝绳直径	为原钢丝绳直径的 90% 以上

附　录　A
（资料性附录）
勇敢者转盘吊挂轴载荷计算实例

A.1　重力

勇敢者转盘座舱及乘人质量，总质量为 G。座舱重心至转轴距离为 L，座舱重力始终垂直地面。

A.2　向心力

座舱在运动过程中，向心力 n 的大小、方向始终在变化，最大向心加速度（用重力加速度 g 的倍数表示）：

$$a_{max} = \frac{v_{max}^2}{gR}$$

由此可求出最大向心力 n_{max}。

A.3　转盘与所受力几何关系（见图 A.1）

转盘与地面的夹角为 α，重力 G 与向心力夹角为 θ，座舱任一位置半径与转盘过中心的水平线夹角为 β。

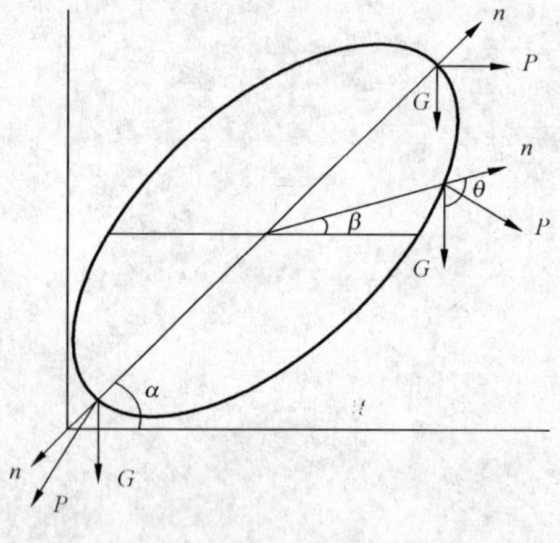

图 A.1　转盘与所受力几何关系图

A.4　重力和向心力的组合

因为向心力的大小、方向始终在变化，重力和向心力的夹角 θ 始终在变化，因此重力 G 和向心力 n 的合力 P 大小、方向始终在变化，求出最大合力 P_{max}。

角度关系是　　$\theta = 90° + \alpha\sin\beta$

合力　　$P = \sqrt{G^2 + n^2 + 2Gn\cos\theta}$

$$P_{max} = \sqrt{G^2 + n_{max}^2 + 2Gn_{max}\cos\theta_{min}}$$

附 录 B
（规范性附录）
关于表2“名称”一栏的说明

B.1 重要的轴和销轴：是指直接涉及到人身和设备安全的轴和销轴，如：游乐设施主轴，中心轴，乘坐物支撑轴，乘坐物吊挂轴，重要的传动轴，车轮轴，升降油缸（气缸）上下销轴，乘坐物升降臂上下销轴，肩式压杠轴，车辆连接器轴，防逆行，防倾翻装置的销轴等。

B.2 重要焊缝：是指直接涉及到人身安全的焊缝，如：乘坐物支撑件焊缝、升降油缸（气缸）上下支撑件焊缝、乘坐物吊挂点支撑件焊缝、轨道对接焊缝、车辆连接器焊缝、吊厢框架焊缝等。

B.3 一般构件：运动部件（重要的传动轴除外），不直接涉及人身安全的轴、支撑臂、立柱、框架、桁架、轨道等构件。

附 录 C
（资料性附录）
过山车速度及加速度计算实例

C.1 列车运行速度计算

计算列车从任意一点 i 到达 $i+1$ 点的速度，根据列车能量守衡定理：

C.1.1 i 计算点

动能 $$E_{id}=\frac{1}{2}\times 5mv_i^2$$

势能 $$E_{ip}=\sum_{j=1}^{5}mgH_{ij}$$

式中：

m——单车质量，共 j 辆车（取 5）；

v_i——i 计算点列车速度，单位为米每秒（m/s）；

g——重力加速度，$g=9.8\ \mathrm{m/s^2}$；

H_{ij}——i 计算点，j 辆车高度，单位为米（m）。

C.1.2 $i+1$ 计算点

动能 $$E_{i+1d}=\frac{1}{2}\times 5mv_{i+1}^2$$

势能 $$E_{i+1p}=\sum_{j=1}^{5}mgH_{i+1,j}$$

重力摩擦损失 $$E_{i、i+1g}=\frac{1}{2}mg\sum_{j=1}^{5}(\cos\gamma_{ij}+\cos\gamma_{i+1,j})fs_{i,i+1,j}$$

向心力摩擦损失 $$E_{i,i+1n}=\frac{1}{2}m\sum_{j=1}^{5}\left(\frac{v_i^2}{R_{ij}}+\frac{v_{i+1}^2}{R_{i+1,j}}\right)f\cdot s_{i、i+1,j}$$

式中：

v_{i+1}——$i+1$ 计算点，列车速度，单位为米每秒（m/s），j 辆车相同；

$H_{i+1,j}$——$i+1$ 计算点，j 辆车高度，单位为米（m），$j=1\sim5$；

$\cos\gamma_{ij}$——i 计算点，j 辆车法线（垂直轨道）方向余弦；

$\cos\gamma_{i+1,j}$——$i+1$ 计算点，j 辆车法线（垂直轨道）方向余弦；

$s_{i,i+1,j}$——j 辆车 i 和 $i+1$ 计算点，重心轨迹线弧长，单位为米（m）；

R_{ij}——i 计算点，重心轨迹线曲率半径，单位为米（m）；

$R_{i+1,j}$——$i+1$ 计算点，重心轨迹线曲率半径，单位为米（m）。

根据能量平衡：

$$\frac{1}{2}\times 5mv_i^2+\sum_{j=1}^{5}mgH_{ij}=\frac{1}{2}\times 5mv_{i+1}^2+\sum_{j=1}^{5}mgH_{i+1,j}-\frac{1}{2}mg\sum_{j=1}^{5}(\cos\gamma_{ij}+\cos\gamma_{i+1,j})fs_{i,i+1,j}-\frac{1}{2}m\sum_{j=1}^{5}\left(\frac{v_i^2}{R_{ij}}+\frac{v_{i+1}^2}{R_{i+1,j}}\right)fs_{i,i+1,j}$$

$$v_{i+1}^2=\frac{5v_i^2+2g\sum_{j=1}^{5}(H_{ij}-H_{i+1,j})-\sum_{j=1}^{5}\left|\left[g(\cos\gamma_{ij}+\cos\gamma_{i+1,j})+\frac{v_i^2}{R_{ij}}\right]fs_{i,i+1,j}\right|}{5+\sum_{j=1}^{5}\frac{fs_{i,i+1,j}}{R_{i+1,j}}}$$

C.2　曲线段加速度计算

$$a_{i+1}=v_{i+1}^2/R_{i+1}$$

式中：

a_{i+1}——$i+1$ 的加速度；

v_{i+1}——$i+1$ 的速度；

R_{i+1}——$i+1$ 的曲率半径。

附　录　D
（资料性附录）
轨道横向倾角计算

滑行类游乐设施在弯道滑行时，为了使轨道受力均匀，游人感觉舒适，轨道横向必须有倾角 α。在某一速度下，横向倾角 α 将使滑行装置不受侧向力。

D.1　沿轨道有纵向倾角时

$$\tan\alpha = \frac{v^2\cos^2\gamma}{R_h\left(g\cos\gamma + \dfrac{v^2}{R_v}\right)}$$ （由此可得出轨道横向倾角）

式中：

v——滑行装置速度，单位为米每秒（m/s）；

γ——沿轨道纵向倾角；

R_h——轨道水平半径；

R_v——轨道垂直半径（+凹，-凸）。

D.2　沿轨道无纵向倾角时

$$\tan\alpha = v^2 / R_h g$$ （由此可得出轨道横向倾角）

ICS 29.035.30
K 15

中华人民共和国国家标准

GB/T 8411.1—2008
代替 GB/T 8411.1—1987

陶瓷和玻璃绝缘材料 第1部分：定义和分类

Ceramic and glass insulating materials—Part 1：Definition and classification

(IEC 60672-1：1995，MOD)

2008-01-22 发布　　　　2008-09-01 实施

中华人民共和国国家质量监督检验检疫总局
中国国家标准化管理委员会　发布

前言

GB/T 8411《陶瓷和玻璃绝缘材料》目前包括以下3部分：

——第1部分：定义和分类；

——第2部分：试验方法；

——第3部分：材料性能。

本部分为GB/T 8411《陶瓷和玻璃绝缘材料》的第1部分。

本部分修改采用了IEC 60672-1：1995《陶瓷和玻璃绝缘材料，第1部分：定义和分类》(英文版)。

本部分的章条编号、标准结构与IEC 60672-1：1995完全对应。

本部分所采用的术语、符号、单位与IEC 60672-1：1995一致。

本部分与IEC 60672-1：1995的主要差异是：

a) 删除了IEC 60672-1：1995的前言；

b) 用小数点“.”代替了作为小数点的逗号“,”；

c) 在表1 C 100组中增加了C 121亚组，并增加表注说明与原分类的关系。

增加C 121亚组的原因是：C121中强度铝质瓷在我国大量使用，但IEC 60672将其粗略地归类为C120，实际使用时会产生不便。增加的C121亚组铝质瓷，技术参数对应于GB/T 8411.1—1987 Ⅳ类瓷的参数。

本部分代替GB/T 8411.1—1987《电瓷材料　第一部分：定义、分类和性能》中的定义和分类部分。

本部分与GB/T 8411.1—1987相比主要变化如下：

a) 在材料种类上，完全按IEC 60672-1的材料种类，从原标准的单一电瓷材料扩充为9类陶瓷绝缘材料和7类玻璃绝缘材料；

b) 将名词术语与同类专业或行业的统一，如“抗热震性”、“电气强度”等；

c) 材料分类的编号改为与IEC 60672相一致。

本部分由中国电器工业协会提出。

本部分由全国绝缘子标准化技术委员会(SAC/TC 80)归口。

本部分由西安电瓷研究所负责起草，西安西电高压电瓷有限责任公司、南京电器集团有限责任公司、湖南大学、抚顺电瓷制造有限公司、大连电瓷有限公司起草。

本部分主要起草人：谢清云、罗汉英、姚君瑞、袁枫、万隆、蔡克飞、张海滨、郭鹏。

本部分所代替标准的历次版本发布情况为：

——GB 8411.1—1987。

陶瓷和玻璃绝缘材料
第1部分:定义和分类

1 范围

GB/T 8411 的本部分适用于电绝缘用陶瓷、玻璃陶瓷、玻璃-云母和玻璃材料,本部分给出所用术语的定义,并按化学成分、品质特性及应用范围将不同类型的材料以列表方式按组分类。

2 规范性引用文件

下列文件中的条款通过 GB/T 8411 的本部分的引用而成为本部分的条款。凡是注日期的引用文件,其随后所有的修改单(不包括勘误的内容)或修订版均不适用于本部分,然而,鼓励根据本部分达成协议的各方研究是否可使用这些文件的最新版本。凡是不注日期的引用文件,其最新版本适用于本部分。

IEC 1006:1991 电绝缘材料玻璃转变温度测定方法。

3 术语和定义

下列术语和定义适用于 GB/T 8411 的本部分。

3.1

绝缘材料 insulating material

用于分隔具有不同电位导电部件的固体材料,其电导率低到可忽略的程度。

3.2

陶瓷绝缘材料 ceramic insulating material

烧结前成型的一种无机材料,其主要组成通常含有多晶硅酸盐、硅铝酸盐和简单或复杂氧化物,如钛酸盐。本定义也包含了某些非氧化物材料,如氮化铝。

3.3

玻璃绝缘材料 glass insulating material

一种无结晶体混合物无机材料,通常采用将氧化物熔融,然后完全固化的方法制成。

3.4

退火玻璃 annealed glass

从高温缓慢冷却而得到的玻璃,与所施加应力相比,其残余热应力低到可以忽略的程度。

3.5

钢化玻璃 toughened glass

一种预应力玻璃,其表面处于压应力状态,而内部处于张应力状态,内部完全处于压应力表层的保护之下。

3.6

玻璃陶瓷材料 glass-ceramic material

将整块玻璃或玻璃粉热处理制成的一种绝缘材料。这种处理使玻璃或玻璃粉中生成大量细小晶体,转变成一种多晶体。

3.7

玻璃结合云母材料 glass-bonded mica material

由玻璃结合细小天然或合成云母制得的一种绝缘材料,可以直接由玻璃融块结合天然云母制得,也可以通过晶化处理适当配制的玻璃陶瓷材料制得。

3.8

釉　glaze

通常指牢固熔接于陶瓷表面的平滑玻璃状表层，可通过将配制的粉末熔融在陶瓷表面而得到。釉中可能含有无机着色剂和/或乳浊剂。

3.9

孔隙　porosity

材料中存在的孤立或连续的空洞，通常为不连续的气孔。

3.10

总体积　bulk volume

由外形测得的总体积，包括开口和闭口气孔。

3.11

体积密度　bulk density

ρ_a

试样的质量除以试样总体积得到的商，总体积中包含开口和闭口气孔，单位为兆克每立方米（在数值上等于克每立方厘米）。

3.12

开口(显)孔隙率　open(apparent)porosity

ρ_a

开口气孔体积与总体积的比率，用百分比表示。

3.13

染料渗透性孔隙　dye porosity

用压力下染料渗透表征样品对液体的吸附现象，一般是整个或局部表面被染色。样品中的裂纹显现为明显的染料色线。应当区分因加工或其他原因引起，只在直接损伤面上的吸附与本体吸附，打碎试品便可区分这两种吸附。

3.14

抗热震性　resistance to thermal shock

ΔT

描述材料或部件在性能不降低情况下耐受温度快速变化能力的术语。这一特性通常用将加热后的样品放入冷水浴中的方法测定。本标准将规定尺寸的试样在不开裂的前提下能够耐受的最大温度差定义为材料或部件抗热震性，单位为K。

3.15

玻璃转变温度　glass transition temperature

T_g

以恒定速度加热，物料从低温刚性非平衡态到高温黏液态的转变，这种转变在热膨胀/温度曲线上表现为一转折点。玻璃转变温度定义为：以5 K/min的速度加热（IEC 61006），样品热膨胀曲线转折点处上下切线交点所对应的温度。

注：在玻璃转变温度下，物料的内应力在几分钟内完全消除，此时动态黏度大约为$10^{12.3}$ $Nm^{-2}s$。

4　陶瓷、玻璃、玻璃陶瓷和玻璃结合云母材料的分类

本部分依据材料的成分和性能进行分类，共有9组陶瓷材料，用字符“C”为头表示；7组玻璃材料，用字符“G”为头表示；一组玻璃陶瓷材料，用字符“GC”为头表示；一组玻璃结合云母材料，用字符“GM”为头表示。本部分分类广泛覆盖了各种材料类型，这些材料的性能参数能够满足它们目前所涉及的应用要求。GB/T 8411的第3部分列出了各类材料的性能及参数。表1到表4列出了材料的分类。

表 1 陶瓷绝缘材料

组	亚组	材料类型	组成	其他特性	主要用途
C100	碱金属铝硅酸盐瓷				
	C 110	硅质瓷 湿法工艺	石英基， 长石熔剂	不渗透 可无釉使用	高、低负荷耐张绝缘子
	C 111	硅质瓷 压制工艺	石英基， 长石熔剂	有一定的开口气孔 通常需上釉	低负荷耐张绝缘子
	C 112	方石英瓷 湿法工艺	含方石英，方石英由高硅黏土和/或煅烧氧化硅引入	不渗透 可无釉使用	高、低负荷耐张绝缘子
	C 120	铝质瓷	长石熔剂 氧化铝部分取代石英	不渗透 强度[a]＞110 MPa	高、低负荷耐张绝缘子
	C 121[b]	铝质瓷	长石熔剂 氧化铝部分取代石英	不渗透 强度[a]＞140 MPa	高、低负荷耐张绝缘子
	C 130	铝质瓷	非耐火材料，长石熔剂 氧化铝为主要的骨架颗粒	不渗透 强度[a]＞160 MPa	高、低负荷耐张绝缘子
	C 140	锂质瓷	锂长石、锂辉石或锂云母基	低膨胀系数	高抗热震性绝缘子
C200	镁硅酸盐瓷				
	C 210	低压滑石瓷	原顽辉石基	有一定的开口气孔， 强度＞80 MPa	高频绝缘子，电加热用绝缘子
	C 220	普通滑石瓷	原顽辉石基	不渗透，低损耗， 强度＞120 MPa	高频绝缘子，电加热用绝缘子，压铸件
	C 221	低损耗滑石瓷	原顽辉石基	不渗透，损耗很低， 强度＞140 MPa	射频绝缘子，电子元件、电容器用绝缘子，电加热用绝缘子
	C 230	多孔滑石瓷	原顽辉石基	开口孔隙率可达 35%	可加工绝缘子，可碎衬套
	C 240	多孔橄榄石瓷	正硅酸镁基	开口孔隙率可达 30%	电子管真空除气绝缘子
	C 250	致密橄榄石瓷	正硅酸镁基	不渗透，损耗很低， 上釉后强度高， 热膨胀系数大	真空包封件，尤其适合于铁基合金

[a] 上釉试样。

[b] IEC 60672-1 中没有此类瓷。原 GB/T 8411 中，将电瓷材料共分为Ⅰ、Ⅱ、Ⅲ、Ⅳ、Ⅴ类，分别对应于表中的 C111、C110、C112、C121、C130 五类瓷材料。

表 1（续）

组	亚组	材料类型	组　成	其他特性[c]			主要用途
				介电常数	介质损耗正切值	介电常数温度系数	
C 300	钛酸盐和其他高介陶瓷						
	C 310	氧化钛基	TiO_2 基	高	低	强负	电容器，尤其是高频电容器
	C 320	钛酸镁基	MgO/TiO_2 基	中到高	很低	弱正	电容器，尤其是高频电容器
	C 330	氧化钛和其他氧化物	TiO_2 基，含有其他氧化物	高	很低	弱负	电容器，尤其是高频电容器
	C 331	氧化钛和其他氧化物	TiO_2 基，含有其他氧化物	高	很低	强负	电容器，尤其是高频电容器
	C 340	Ca、Sr、Bi 氧化钛基	$CaO/Bi_2O_3/TiO_2$ 或 $SrO/Bi_2O_3/TiO_2$ 基	高	低	强负	电容器，尤其是高频电容器
	C 350	铁电钙钛矿基	$BaTiO_3$ 或其他钙钛矿基	350 到 3 000	中	与温度有关	高介电常数电容器
	C 351	铁电钙钛矿基	$BaTiO_3$ 或其他钙钛矿基	＞3 000	中	与温度有关	特高介电常数电容器

[c] 详细参数见 GB/T 8411 的第 3 部分。

组	亚组	材料类型	组　成	其他特性	主要用途
C 400	碱土金属铝硅酸盐和锆英石瓷				
	C 410	致密堇青石	高堇青石含量，玻化	开口孔隙率＜0.5%，低膨胀系数	熔断器绝缘子，加热元件支架，耐热震部件，特殊绝缘子
	C 420	钡长石基	高钡长石含量，玻化	开口孔隙率＜0.5%，低损耗	特殊绝缘子
	C 430	致密石灰石基	硅辉石或钙长石基	开口孔隙率＜0.5%	特殊绝缘子
	C 440	致密锆英石基	高锆英石含量	开口气孔率＜0.5%，低损耗，高强度	特殊绝缘子
C 500	多孔铝硅酸盐和镁铝硅酸盐瓷				
	C 510	铝硅酸盐基	无堇青石	抗热震	加热元件绝缘子，最高使用温度到 1 000℃
	C 511	镁铝硅酸盐基	低堇青石含量	抗热震，细小气孔	加热元件绝缘子，最高使用温度到 1 000℃
	C 512	镁铝硅酸盐基	低堇青石含量	抗热震，粗大气孔	绝缘子，最高温度到 1 000℃
	C 520	堇青石基	高堇青石含量	抗热震，细小气孔，低膨胀系数	线圈等的支架，最高使用温度到 1 200℃
	C 530	铝硅酸盐基	高氧化铝含量	抗热震，细小气孔，高耐火度	绝缘子，到 1 300℃，或更高
C 600	低碱莫来石瓷				
	C 610	莫来石瓷	高莫来石含量，50%～65%的 Al_2O_3，低碱	抗热震，耐火，不渗透	耐火绝缘子，炉管，热电偶用绝缘子

表 1（续）

组	亚组	材料类型	组　　成	其 他 特 性	主 要 用 途
	C 620	莫来石瓷	高莫来石含量，65%～80%的 Al_2O_3，低碱	抗热震，耐火，不渗透	耐火绝缘子，炉管，热电偶用绝缘子
C 700	高铝瓷				
	C 780	高铝瓷	80%～86%的 Al_2O_3，低碱	不渗透	一般用途，小到中型绝缘子
	C 786	高铝瓷	86%～95%的 Al_2O_3，低碱	不渗透	一般用途，小到中型绝缘子，基片
	C 795	高铝瓷	95%～99%的 Al_2O_3，极低碱	不渗透，低损耗	特殊用途和低损耗绝缘子及基片，金属化部件[d]
	C 799	高铝瓷	99%以上的 Al_2O_3，极低碱	不渗透，低损耗	特殊用途和极低损耗绝缘子及基片，钠蒸汽灯管[d]
C 800	非氧化铝单一氧化物瓷				
	C 810	氧化铍瓷	高 BeO 含量	不渗透，高导热率，低损耗	有热沉能力的特殊绝缘子
	C 820	氧化镁瓷	高 MgO 含量	高孔隙率	可碎衬套和其他绝缘子
C 900	非氧化物绝缘用陶瓷				
	C 910	氮化铝瓷	主要为 AlN	高导热率	绝缘热沉，基片
	C 920	氮化硼瓷	六方 BN	可加工	可加工套和其他绝缘子
	C 930	氮化硅瓷	Si_3N_4	多孔，抗热震，抗腐蚀	热电偶套，液体金属处理用保护套
	C 935	氮化硅瓷	Si_3N_4	致密，不渗透，抗热震	特高强度绝缘子

[d] 对某些等级的氧化铝瓷，尤其是用于透明灯管和高温金属化的氧化铝瓷，其强度往往低于其他等级的氧化铝瓷。

表 2　玻璃陶瓷绝缘材料

组	亚组	材料类型	组　　成	其 他 特 性	主 要 用 途
GC 100	玻璃陶瓷材料				
	GC 110	玻璃陶瓷	整体成核组成		各种绝缘子，一般热膨胀系数与金属匹配
	GC 120	玻璃陶瓷	烧结型，通常无成核剂		涂层、烧结体，一般热膨胀系数与金属匹配

表 3　玻璃结合云母绝缘材料

组	亚组	材料类型	组　　成	其 他 特 性	主 要 用 途
GM 100	玻璃结合云母材料				
	GM 110	玻璃结合云母	通常由天然云母和低熔点玻璃熔块制成	注射或热压材料	复杂形状低耐张用途绝缘子
	GM 120	玻璃结合云母	用玻璃陶瓷的方法使玻璃中形成合成云母	易用钢或碳质工具加工	原位成型，复杂形状，低耐张用途

表 4 玻璃绝缘材料

组	亚组	材料类型	组 成	其 他 特 性	主 要 用 途
G 100	钠钙硅玻璃				
	G 110	钠-钙-硅		热退火	工频绝缘子
	G 120	钠-钙-硅		热钢化	工频绝缘子
G 200	硼硅酸盐玻璃				
	G 220	抗化学腐蚀硼硅酸盐玻璃		抗腐蚀,低热膨胀	耐热震绝缘子
	G 231	硼硅酸盐玻璃		高电阻率,低损耗	低损耗绝缘子
	G 232	硼硅酸盐玻璃		高电阻率,中损耗	高压绝缘子
G 400	氧化铝-石灰石-氧化硅玻璃		低碱	中膨胀,低损耗	密封插头绝缘子
G 500	铅-碱-硅玻璃		中碱到低碱	高膨胀,低损耗	玻璃金属封接
G 600	钡-碱-硅玻璃		中碱到低碱	高膨胀,低损耗	玻璃金属封接
G 700	高硅玻璃				
	G 795	高硅玻璃	SiO_2 含量 95%～99%	低膨胀,耐火,抗热震	加热元件支架,辐射加热用玻璃管
	G 799	高硅玻璃	SiO_2 含量＞99%	低膨胀,耐火,抗热震	加热元件支架,辐射加热用玻璃管,灯管

ICS 29.035.30
K 15

中华人民共和国国家标准

GB/T 8411.2—2008
代替 GB/T 8411.2—1987

陶瓷和玻璃绝缘材料 第2部分:试验方法

Ceramic and glass insulating materials—
Part 2: Methods of test

(IEC 60672-2:1999 MOD)

2008-06-30 发布 2009-04-01 实施

中华人民共和国国家质量监督检验检疫总局
中国国家标准化管理委员会 发布

前　言

GB/T 8411《陶瓷和玻璃绝缘材料》分为三部分：

——陶瓷和玻璃绝缘材料　第1部分：定义和分类；

——陶瓷和玻璃绝缘材料　第2部分：试验方法；

——陶瓷和玻璃绝缘材料　第3部分：材料性能。

本部分为 GB/T 8411《陶瓷和玻璃绝缘材料》的第2部分。

本部分修改采用了 IEC 60672-2：1999《陶瓷和玻璃绝缘材料　第2部分：试验方法》(英文版)。

本部分的章条编号、标准结构与 IEC 60672-2：1999 完全对应。

本部分所采用的术语、符号、单位与 IEC 60672-2：1999 一致。

本部分与 IEC 60672-2：1999 的主要差异是：

a)　删除了 IEC 60672-2：1999 的前言；

b)　用小数点“.”代替了作为小数点的逗号“，”；

c)　在表3中增加注：“如果条件不允许，可用 20 mm 试样试验，相应的条件如夹具圆棒直径也改为 20 mm。”

近三十年来，我国瓷绝缘子业界所获得的弯曲强度数据都是基于直径为 20 mm 的试样。为了和 IEC 接轨并逐步向 IEC 试样过渡，本部分采纳 IEC 60672-2：1999 C 100 类瓷弯曲强度试样直径，即 10 mm 直径试样。考虑到在过渡期间原有试验数据的使用问题，以增加表注的方式说明同时可采用直径为 20 mm 的试样。

GB/T 8411—2008《陶瓷和玻璃绝缘材料》代替 GB/T 8411.2—1987《电瓷材料　第二部分：试验方法》。与 GB/T 8411.2—1987 相比主要变化如下：

——将原标准名称《电瓷材料》按照 IEC 60672 改为《陶瓷和玻璃绝缘材料》。

——为适应文本采标的需要，按照 IEC 60672 的结构，改原来的两部分为三部分。

——将 GB/T 8411 的适用范围从单纯的电瓷材料扩展到电气绝缘用陶瓷、玻璃陶瓷、玻璃结合云母和玻璃材料。

本部分代替 GB/T 8411.2—1987《电瓷材料　第二部分：试验方法》。

本部分与 GB/T 8411.2—1987 相比主要变化如下：

a)　删除了原标准中对拉伸强度、冲击弯曲强度、孔隙性、动弹性模量测量的测量方法；

b)　删除了原标准中对试验分类的内容；

本部分的附录 A 为规范性附录。

本部分由中国电器工业协会提出。

本部分由全国绝缘子标准化技术委员会(SAC/TC 80)归口。

本部分负责起草单位：西安电瓷研究所。

本部分参加起草单位：西安西电高压电瓷有限责任公司、南京电器集团有限责任公司、湖南大学、抚顺电瓷制造有限公司、大连电瓷有限公司。

本部分主要起草人：谢清云、罗汉英、姚君瑞、袁枫、万隆、蔡克飞、张海滨、郭鹏。

本部分所代替标准的历次版本发布情况为：

——GB/T 8411.2—1987。

陶瓷和玻璃绝缘材料
第2部分:试验方法

1 范围

GB/T 8411的本部分适用于电绝缘用陶瓷、玻璃陶瓷、玻璃结合云母和玻璃材料。本部分规定了试验方法,目的在于用这些方法测出试样所用材料的典型性能参数。在多数情况下,电绝缘陶瓷部件的尺寸和形状与试样相差很远,因此这些测试所得出的结果仅是实际部件特性的指导性参数。对试样成型和试样处理方法的要求在相关处讨论。

2 规范性引用文件

下列文件中的条款通过GB/T 8411的部分的引用而成为本部分的条款。凡是注日期的引用文件,其随后所有的修改单(不包括勘误的内容)或修订版均不适用于本部分,然而,鼓励根据本部分达成协议的各方研究是否可使用这些文件的最新版本。凡是不注日期的引用文件,其最新版本适用于本部分。

GB/T 1214.2—1985 游标类卡尺 游标卡尺

GB/T 1216—2004 外径千分尺(DIN 863-1:1999 MOD)

GB/T 1219—2000 几何量技术规范 长度测量器具:指示表 设计及计量技术要求(eqv ISO 463:1996)

GB/T 1408.1—1999 固体绝缘材料电气强度试验方法 工频下的试验(eqv IEC 60243-1:1988)

GB/T 1409—1988 测定电气绝缘材料在工频、音频、高频(包括米波波长)下介电常数和介质损耗因子的试验方法(eqv IEC 60250:1969)

GB/T 1410—1989 固体绝缘材料体积电阻率和表面电阻率的试验方法(eqv IEC 60093:1980)

GB/T 8411.1—2008 陶瓷和玻璃绝缘材料:第1部分:定义与分类(IEC 60672-1:1995 MOD)

GB/T 8411.3—2008 陶瓷和玻璃绝缘材料:第3部分:材料特性(IEC 60672-3:1997 MOD)

GB/T 10580—2003 固体绝缘材料在试验前和试验时采用的标准条件(IEC 60212:1971 IDT)

GB 10581—1989 固体绝缘材料在高温下绝缘电阻和体积电阻率的试验方法(eqv IEC 60345:1971)

IEC 61006:1991 电绝缘材料玻璃转变温度的测定方法

ISO 758:1976 工业用液体化学产品 在20℃时密度的测定

ISO 3534-1:1993 统计 词汇和符号 第1部分:概率和一般统计术语

ISO 7884-8:1987 玻璃 黏度和黏滞点 第8部分:转变温度的测定(热膨胀仪法)

3 试验总则

3.1 试样

试样制备条件应尽量和部件制造的正常条件接近,应制备足够试样以表征该正常条件。试样成型和表面处理方法会影响试验结果,因而试样制备所用的成型和表面处理方法应尽可能与部件制造所用方法相同。试验报告中应指明试样的制备方法。按本部分测得的所有数值仅适用于用所述方法制备的相同形状的试样,不适用于其他形状和尺寸的试样及陶瓷部件,也不适用于其他方法制造的试样及陶瓷部件。表1列出了每一种试验所需要的最少试样数量。

注:对于热钢化玻璃试样,玻璃的热预应力状态取决下列因数:

——玻璃转变温度范围之上和之下的热膨胀系数(参考IEC 61006);

——黏度/温度关系；

——热扩散率，即导热率(比热容×体积密度)；

——弹性特性；

——冷却起始温度；

——热传递系数；

——玻璃制品的厚度和形状。

同一种玻璃材料制成的不同厚度和形状的试样，尽管在同一条件下退火，也具有不同的退火程度。所以，不可能用一种特殊试样的性能代表具有其他形状和厚度的钢化玻璃制品的性能。由于退火玻璃件的物理特性与退火状态存在着依存关系，只能用玻璃件测定其退火物理特性。只要有可能，都推荐采用此方法。这一原则也适用于弯曲强度、抗热震性、体积电阻率和介质损耗因子的测定。

表1　各特性测试所需要的最少试样数量

章条	试验项目	试样数量	尺寸和形状
4	染料渗透	3	碎块或小件，见4.2
5	体积密度/开口孔隙率	3	碎块或小件，见5.2注
6	弯曲强度	10	见表3
7	弹性模量	3	棒形，应优先选择跨距和厚度之比＞50的试样，参考7.3
8	平均线热膨胀系数	2	满足测试仪器的要求
9	比热容	2	满足测试仪器的要求
10	导热率	2	满足测试仪器的要求，见10.2
11	热震	30	直径10 mm×长120 mm的圆棒
12	玻璃转变温度(T_g，仅用于玻璃)	2	满足测试仪器的要求
13	电气强度	10	13.3中所描述的圆片
14	耐受电压	10	13.3中所描述的圆片
15	相对介电常数/损耗因子	3	15章中所描述的圆片，符合GB/T 1409
16	体积电阻率	2	16章中所描述的圆片，符合GB/T 15081

3.2 试验报告

报告应包含下列内容：

a) 测试机构的名称；

b) 标准的引用；

c) 试验日期；

d) 试样标识，试样或被检测材料相关的内容(型号、生产厂家、成型方法、批号、生产日期等)；

e) 试验项目；

f) 试样的处理方法、形状、尺寸和被测试样数量(表1列出了每一种试验所需要的最少试样数量)；

g) 与测试或所进行试验相关的详细内容(参考每一试验方法中所列出的要求)；

h) 每一试样的测试结果；

i) 所有试样测试结果的算术平均值和标准偏差。

3.3 最低性能要求判定

将规定数量的试样测得的平均值与GB/T 8411.3—2000中列出的允许最大值、允许最小值或允许范围值进行比较，以判定材料是否满足了GB/T 8411.3—2000中列出的最低性能要求。

4 染料渗透性试验(液体吸收)

注1：此项测试的目的是检测连续交叉的气孔或微裂纹，从高压介质击穿的角度来看，这些连续交叉的气孔或裂纹会使材料达不到规定要求。本项试验适用于烧结玻璃产品，不适用于其他玻璃材料，同时也不能作为小型部件少量裂纹和气孔的日常检验方法。对于这类小件可选用较宽松的检测方法，如液体染料真空检测。

注2：对黑色材料，所选择的染料应当与被测材料的自然色形成一定的反差。荧光染料比较合适，但只能按4.4中要求使用。

4.1 试验设备

试验设备包括压力容器、高压泵和压力表，压力容器至少能耐受30 MPa的压力。试样浸入染料溶液中，染料溶液可以直接倒入压力容器，也可以倒入一个金属容器中，再将金属容器置于压力容器中，通过液压油推动金属容器的橡胶塞或活塞传递压力(如图1)。一台处理试样用烘箱，烘箱能保持120 ℃±5 ℃的温度。

注：也可以用高压容器中的染料溶液给试样直接加压。

图1 在金属容器中对染料溶液施加高压的装置

4.2 试样

用碎瓷块作试样，试样上釉面积或原始烧结面[1)]的面积不能超过试样总面积的25%，瓷块取自至少三个不同试样或部件。

---

1) 原始烧结面是指经烧结后未作任何处理的表面，一般瓷的原始烧结表面不吸水或吸水率较低。

4.3 染料

染料溶液典型浓度为1 g～3 g染料每升乙醇、工业酒精或其他合适的溶剂。

注1：较合适的无毒染料包括苍耳烷/三芳基甲烷混合物。

注2：在使用和处理有机染料和有机溶剂时要注意对健康的损害和对环境的污染。

4.4 试验方法

试样不能有油污或赃物，如有必要，应清洗。测试前试样应在120 ℃±5 ℃至少干燥3 h，然后破碎成适当尺寸的碎块。

将试样浸入染料溶液中。染料溶液可以直接倒入压力容器，也可以倒入一个金属容器中，金属容器用橡胶塞或活塞密封后，置入压力容器。压力容器内加压到不低于15 MPa，保压适当时间，使表压值和保压时间之乘积不小于180，时间的单位为小时(h)，表压的单位为兆帕(MPa)。保压完成后，将试样取出，用水清洗，干燥和破碎，用肉眼观察新鲜断面，检查是否有染料渗透的痕迹，该断面不应有渗透。在制样时，可能产生小裂纹，检查时应忽略此类渗透痕迹。

4.5 试验报告

除了3.2中所列a)项～i)项外，报告还应包括下列内容：

a) 表压，单位MPa；加压时间，单位h；

b) 试样的尺寸、形状和数量以及由试样制得的碎块情况；

c) 观察碎块的新鲜断面的结果：是否有染料渗透的痕迹。

5 体积密度和开口孔隙率(显气孔)

注1：下述方法不适合测定开口孔隙率低于0.5%的样品，这时测得的开口孔隙率数值不可靠。用第4章描述的染料渗透性试验更可靠。

注2：下述方法适合于测定材料的整体特性。尽管整个材料含有一些显气孔，但陶瓷部件的原始烧结表面可能不渗透。

注3：除了蒸馏水以外，还可以用其他液体介质进行测试。只要在称重时的温度下，该液体密度能精确地测量到±0.001 $mg \cdot m^{-3}$，如煤油、乙醇和其他低黏度有机液体。

注4：只要当事各方同意，可以用其他方法，如气体吸附法测量，但其测量结果与下述方法的结果无可比性。

5.1 试验设备

本试验需要下列设备和物品：

a) 液中重测量天平(能称量试样在液体中的表观质量的天平)，称量精度±0.01g。

b) 一根直径不超过0.2 mm的悬挂用脱脂金属丝。

c) 可选下列两种方法之一进行测试：

方法A：一气密性容器(钟罩或干燥器)与合适的真空泵连接，并能用适当的方法测量密闭容器中的压力和加入液体。

方法B：盛有沸水的容器，装有抗腐蚀的粗筛网，在筛网上放置试样，试样高于容器底部10 mm以上。

注：因为可能存在安全问题，在用可燃的有机液体时，不推荐采用方法B。

d) 干燥试样用烘箱。

e) 擦干用脱绒布。

f) 新鲜蒸馏水或去离子水，或其他合适液体(见上面注3)。

5.2 试样

测定至少进行三次。如果需测定开口孔隙率，每次测量至少需三片瓷碎块，三片瓷碎块的总重量应在50 g～80 g之间。上釉表面积或原始烧结表面积不超过总表面积的25%。瓷碎块应清洁、无油污，在测试前用刷子刷去浮尘，去掉可能脱落的碎片。

注：如需对单个质量在50 g以下的小瓷件测定密度，用下述方法测量的条件是：对于每件质量为3 g以上的试样，

称量的精度为±0.001 g；对于每件质量为 1 g～3 g 的试样，称量的精度为±0.000 1 g。对于每件质量为 1 g 以下的瓷件，下面给出的方法不适宜，此时应用几个瓷件同时测量，使测量质量大一些。瓷件的质量不能低于 0.1 g。

5.3 试验方法

将瓷块试样放入烘箱，并在 120 ℃±5 ℃条件下干燥 2 h 以上，直至达到恒重 m_O。

方法 A：将瓷块试样装入合适的器皿中，放入真空容器；密闭容器，抽真空到 3 kPa 以下，保持 5 min 以上；将真空容器和真空泵隔离，可观察到压力稳步回升；如果在 5 min 以内压力回升到 4 kPa 以上，说明样品还在继续排气；重新连接真空泵继续抽真空，重复这一操作直至隔离真空容器 5 min 后，其压力没有明显变化为止；在器皿中加入 23 ℃±2 ℃煮沸过的蒸馏水淹没试样，继续抽真空 5 min 以上；最后，隔离真空泵放入空气，从装水的器皿中取出试样。对低气孔率的材料，可在蒸馏水中放置 6 h 以上。

方法 B：将瓷块试样放入容器，用蒸馏水淹没，加热到沸点煮沸 30 min 以上；继续浸在水中冷却至室温，在蒸馏水中至少放置 6 h。

注：方法 A 和方法 B 测定开口孔隙率得出的结果可能不会完全相等，通常认为方法 B 从试样中去除空气的效果较差。

无论用哪种方法处理后，利用干净的细金属悬丝将瓷块试样在水中称量（m_w）。取出试样放入蒸馏水中，将悬丝放入水中，深度与称量试样时的深度一样，称得悬丝的重量 m_s。记录水温（T），精确到 0.1 ℃。将试样从水中取出，用潮湿的脱绒布擦掉试样表面的水，在空气中称得重量（m_h）。

5.4 结果计算

计算体积密度（ρ_a）和开口（显）孔隙率（p_a）如下：

$$\rho_a = \frac{m_o \times \rho_w}{m_h - m_w + m_s} \qquad p_a = \frac{m_h - m_o}{m_h - m_w + m_s} \times 100 \quad \cdots\cdots\cdots\cdots (1)$$

式中：

ρ_a——体积密度，Mg·m^{-3}；

p_a——开口气孔率，体积百分数，%；

m_o——试样干重，g；

m_w——试样和悬丝水中重，g；

m_s——与称试样浸入水中相同水位的悬丝水中重，g；

m_h——试样饱水时在空气中的质量，g；

ρ_w——水或其他浸没液体在温度 T 时的密度，Mg·m^{-3}。

温度 T 下蒸馏水的密度列于表 2。如果所用液体不是蒸馏水，其密度应按 ISO 758:1976 规定在与测定试样密度相同的温度下测定。

表 2 蒸馏水的密度

温度/℃	密度/ ρ_w/(Mg·m^{-3})	温度/℃	密度/ ρ_w/(Mg·m^{-3})
18	0.998 60	23	0.997 54
19	0.998 41	24	0.997 30
20	0.998 20	25	0.997 04
21	0.997 99	26	0.996 78
22	0.997 77		

5.5 试验报告

除了 3.2 中所列 a)项～i)项内容外，试验报告应当包含下列内容：

a) 所用方法（方法 A 或方法 B）；

b) 如果所用液体不是水，需指明液体；

c) 测定密度时的温度，单位℃；

d） 在测定温度下所用液体的密度，$Mg \cdot m^{-3}$；

e） 试样浸泡时间，h；

f） 每个试样密度测定结果值，$Mg \cdot m^{-3}$（精确到 0.01 $Mg \cdot m^{-3}$），和每个试样的开口气孔率结果，单位%（精确到 0.1%）。

6 弯曲强度

注：弯曲试验测得的断裂强度与很多因素有关，这些因素包括试样尺寸、试样横截面几何形状、表面处理、加载速率、环境湿度、夹具的几何形状和操作方法。测试结果表征被测材料的一般强度特性，不能直接用作为设计时的强度指标，但可以用于质量控制检查。若上述所列相关测试参数相同，也可以用来评价不同材料的强度水平。

6.1 试验设备

测试所需要的设备如下：

a） 材料试验机：能以恒定的加载速度或恒定的压头移动速度加力，能记录施加力的峰值，精度±1%；

注：ISO 7500-1 提供了材料试验机在张应力条件下对载荷记录线性度和分辨率的有关要求以及确定步骤，这些步骤也可以用在压力状态，弯曲强度测定就属于这种情况。

b） 试样加载夹具：几何形状和尺寸满足试验要求（参考 6.2 和表 3）；

c） 测微尺：符合 GB/T 1216—2004，试样尺寸测量应精确到±0.01 mm；

d） 测量显微镜，符合 GB/T 1214.2—1985 的百分尺或其他适宜的测量设备，用于测量试样支点中心和加载压头的距离，精确到±0.05 mm。

表 3 不同组别的陶瓷材料弯曲强度试样和试验夹具尺寸

组	亚组	试样尺寸/mm				方法 A 或 B	夹具尺寸/mm	
		长度 L	圆棒截面直径 d	半圆矩形截面 $h \times b$	长方形截面 $h \times b$		跨距	圆棒直径
C100	除 C111 所有亚组	120	10[a]	—	—	A	100	10[a]
	C111	120	—	10×8	10×10	A	100	10
C200	所有亚组	120	10	10×8	10×10	A	100	10
C300	所有亚组	50	5	—	3×4	A	40	5
C400	所有亚组	120	10	10×8	10×10	A	100	10
C500	所有亚组	120	10	10×8	10×10	A	100	10
C600	所有亚组	120	10	10×8	10×10	A	100	10
C700	所有亚组	50	5	—	3×4	A 或 B	40	5
C800	C810	50	5	—	3×4	A 或 B	40	5
	C820	120	10	—	10×10	A	100	10
C900	所有亚组	50	5	—	3×4	A 或 B	40	5
GC	所有亚组	50	5	—	3×4	A 或 B	40	5
GM	所有亚组	50	5	—	3×4	B	40	5
G	所有亚组	120	10	—	—	B	100	10

[a] 如果条件不允许，可用 20 mm 试样试验，相应的条件如夹具圆棒直径也改为 20 mm。

6.2 夹具

方法 A——三点弯曲

测试夹具或支持机构由两个用来支撑试样的相互平行的圆棒组成。试样平放在圆棒形支点上，加载压头在两支点中间对试样施力。两个支点圆棒应能绕其长轴自由转动，以使摩擦力的影响降低到最小，其中一个支点应能绕与试样长度方向平行的轴线摆动，以保证校直。加载压头的可转动方式应与支点相同，以使载荷均匀地施加在横跨于两支点上的试样上。支点圆棒、加载压头圆棒直径和两支点圆棒中心距(跨距)应符合表 3 规定，表面应光滑，无粗磨痕。加力方向应垂直于试样平面和/或支点圆棒所在平面，图 2 所示为典型的加载夹具组合。

方法 B——四点弯曲

测试夹具支持机构与方法 A 相同。两个加载压头的中心距为跨距的一半[见 6.4.1 中 c)项]，对称布置于两支点之间，对称度在±0.2 mm 以内，加力方向垂直于试样。两加载压头能绕其长轴自由转动，同时也能分别绕平行于试样长度方向的轴线摆动，以保证两个支点和两加载压头充分校直。

注：对圆形截面或半圆矩形截面(见图 3)试样，没有必要要求支点和压头绕平行于试样长度方向轴线摆动；对于表面经加工平整和平行的试样，方法 B 中的支点和压头也不需要绕平行于试样长度方向轴线摆动，但还应让其能够绕其长轴转动。

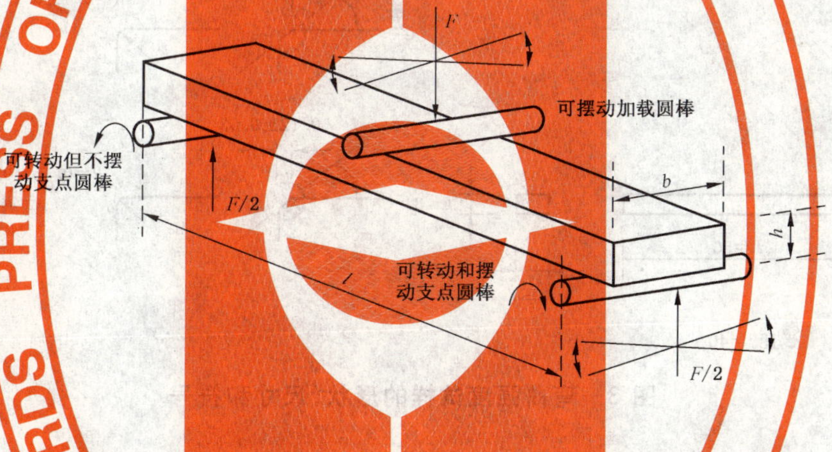

a) 方法 A——三点弯曲

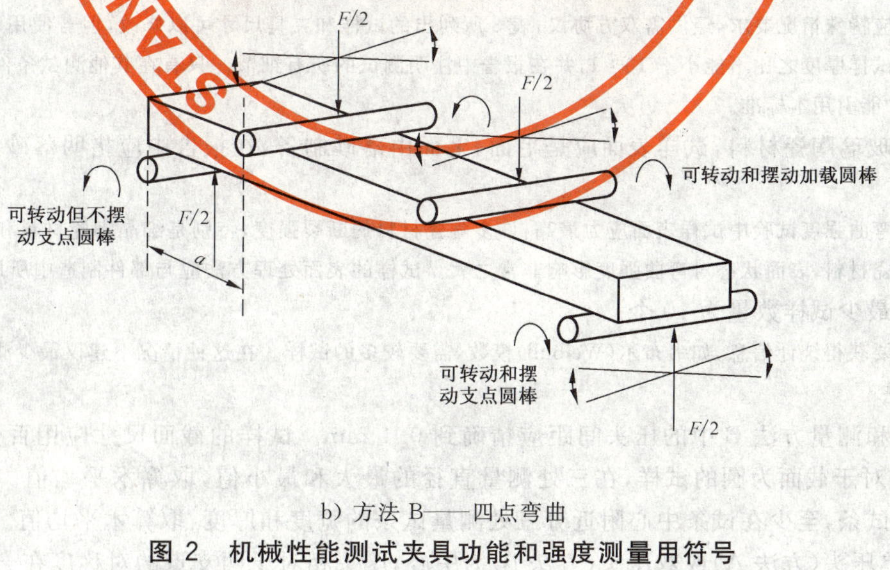

b) 方法 B——四点弯曲

图 2 机械性能测试夹具功能和强度测量用符号

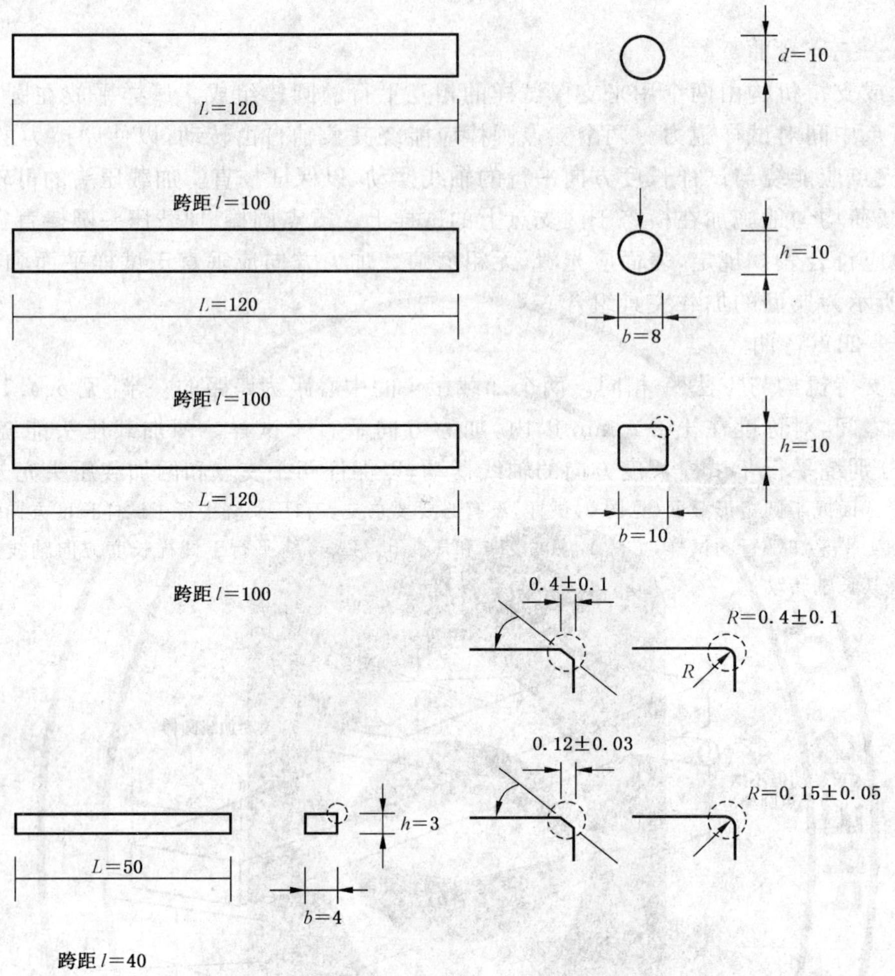

图 3　弯曲强度试样的形状、尺寸和符号

6.3　试样

依据材料的分类(参考 GB/T 8411.1—2008),试样应按表 3 和图 3 给出的尺寸制备。陶瓷试样的制备方法应与部件的制造方法相同,如等静压或挤制。需要注明表面处理方式,如磨、研磨、铣等。

注 1:为适应特殊情况要求,经供需双方协议,表 3 所列出的试样和夹具尺寸可以修改,但若使用 6.5 中的算式,跨距与试样厚度之比不能小于 10∶1,并在报告中注明测试的所有细节。只有在其他测试条件满足本试验要求时,才能引用本标准。

对玻璃和玻璃陶瓷材料,试样表面应是毛面,毛面由落砂制备,在报告中应指明落砂的量、速率和下落高度。

注 2:因为弯曲强度试验中试样表面应力最高,许多陶瓷材料的断裂强度,特别是细晶陶瓷材料和玻璃材料以及玻璃陶瓷材料,表面状态对弯曲强度影响非常之大。试样的表面处理方法应与部件制造中所用方法相同。

每次测试最少试样数量为 10 个。

注 3:如需要获得统计信息,如韦布尔(Weibull)模数,需要较多的试样。在这种情况下建议最少测定 30 个试样。

6.4　试验方法

测量跨距和测量方法 B 中的压头间距应精确到 0.1 mm。试样的截面尺寸应用百分尺测定,精确到 0.02 mm。对于截面为圆的试样,在三处测量直径的最大和最小值,取算术平均值。对截面为半圆矩形和矩形的试条,至少在试条中心附近分三处测量试条的宽度和厚度,取算术平均值。将试样横跨在两支点上,以单压头(方法 A)或双压头(方法 B)为中心,压头相对于两支点的对称度在±0.2 mm 以内。如未达到要求,重新安放试验机上的夹具。以 20 N·s^{-1}～50 N·s^{-1}的加载速率在一个压头(方法 A)

或等量地在两个压头(方法 B)上逐渐加载,直至试样断裂。记录峰值载荷,精度 1%。加载速度可以直接选定或通过选定合适的试验机位移速率来间接地选定。重复上述测定,测完同批的每一根试样。

6.4.1 测试的其他要求

a) 半圆矩形截面试样应在尺寸为 10 mm 的方向上施压,测试的施力方向也相同。

b) 长方形或正方形截面的试样应将长边倒 45°角或圆角,图 3 中标出了倒角尺寸和圆角半径。沿长度方向用磨削加工或抛光倒角。

c) 方法 B 中,内外跨距之比应为 1∶2,跨距的偏差应在表 3 给出跨距值的±2%之内。

d) 试样截面尺寸偏差如下:

直径:±5%之内,沿长度方向的均匀程度在±2%以内;

宽 b 或厚 h:表 3 给出值的±5%之内,试样表面应平整,平行度在±0.02 mm 以内。

e) 除了表 3 中规定只能用方法 B 测定外,GB/T 8411.3—2008 所给出的强度最低要求值是由方法 A 三点弯曲测得的值。四点弯曲测试结果(方法 B)一般比三点弯曲测得的结果低 10%～20%。

6.5 结果计算

每只试样的弯曲强度 σ_f 由下列各式计算:

方法 A——三点弯曲:

a) 圆形截面:

$$\sigma_f = \frac{8 \times F \times l}{\pi \times d^3} \qquad (2)$$

b) 半圆矩形截面:

$$\sigma_f = \frac{8 \times F \times l}{\pi \times b \times h^2} \qquad (3)$$

c) 长方形截面:

$$\sigma_f = \frac{3 \times F \times l}{2 \times b \times h^2} \qquad (4)$$

方法 B——四点弯曲:

a) 圆形截面:

$$\sigma_f = \frac{16 \times F \times a}{\pi \times d^3} \qquad (5)$$

b) 半圆矩形截面:

$$\sigma_f = \frac{16 \times F \times a}{\pi \times b \times h^2} \qquad (6)$$

c) 长方形截面:

$$\sigma_f = \frac{3 \times F \times a}{b \times h^2} \qquad (7)$$

式中:

σ_f——弯曲强度,MPa;

F——试样断裂时施加在试样上的合力,N;

l——支点间的距离(跨距),mm;

a——方法 B 中,压头到相邻支点的距离,mm;

d——圆形截面试样的直径,mm;

b——半圆矩形截面或长方形截面的宽,mm;

h——试样厚度(加载方向),mm。

6.6 试验报告

除了 3.2 中所列 a)项～i)项内容外，试验报告应当包含下列内容：

a) 所用方法(A 或 B)，如所用夹具不符合表 3 中列出的要求(参考 6.3，注 1)，则应标明夹具的尺寸，单位 mm；

b) 标明由载荷-时间曲线确定的加载速率，单位 $MPa \cdot s^{-1}$；

c) 与试样相关的详细情况，如具体的制备方法、表面处理方法等；

d) 试样数量；

e) 每根试样的测定值 σ_f，单位 MPa；

f) 平均强度值和标准偏差(ISO 3534-1:1993)，单位 MPa；

g) 如采用相关的统计技术分析数据，应给出具体的统计步骤和相应的结果。

7 弹性模量

注 1：下面所描述的是用静弯曲测定杨氏模量的方法，测定剪切模量和泊松比的其他可供选择的方法有敲击法、共振法、声速法。这些方法经商定也可以使用，但已超出本部分范围，在本试验的报告中不能引用。

注 2：试验假定试样是均匀、各向同性的线弹性材料，在孔隙率含量高时，本方法不再适用。

7.1 定义

7.1.1

杨氏模量 Yang's modulus

产生单位拉伸或压缩应变所需要的应力，通常也称为弹性模量。

7.1.2

静弹性模量 static elastic modulus

在等温条件下，施加静应力或准静应力所测得的杨氏模量。

7.1.3

动弹性模量 dynamic elastic modulus

非准静应力条件下，即在绝热条件下测得的弹性模量，如用敲击法、共振法、声速法等。

7.2 试验设备

本试验所需的设备包括：

a) 材料试验机：能以恒定的加载速度或恒定的压头移动速度对试样加力，能记录施加力的大小，精度 0.1%，分辨率优于 0.1 N。

注 1：ISO 7500-1 提供了材料试验机在张应力条件下对载荷记录线性度和分辨率的有关要求以及确定步骤，这些步骤也可以用在压力状态，如在弯曲模量测定中所遇到的就是这种典型情况。

b) 试验夹具：和三点或四点弯曲强度测定中所用的相同(参考 6.2)。支点和压头应能自由转动和摆动，以使轴向均衡加载。三点或四点弯曲均可采用，但如果使用应变片，则需采用四点弯曲。

注 2：对于表面经仔细加工平行的试样，可以不需要夹具摆动。

弯曲位移可以用下列两种方法之一进行测量：

方法 A

用线性位移传感器在支点间测定弯曲试样上两个(或三个)参考点之间位移差的方法。四点弯曲中，参考点指定为跨距中点和一个或两个加载点(如图 4)。三点弯曲中，参考点指定为跨距中点和一个或两个支点。如果用数字表测量，应符合 GB/T 1219—2000，精度达到 0.001 mm。如用其他仪器测定，精度应达到 0.001 mm，位移输出线性度应优于 0.01%，校正到 0.1%的精度。

方法 B

在给定的加载和卸载范围内，通过材料试验机表观压头位移，正确校正材料试验机柔度的方法(如

图4)。材料试验机柔度应当用至少15 mm厚的钢样或陶瓷样代替试样反复测量而确定。位移记录仪器,如图表记录仪,应通过对比记录的压头位移和实际位移进行校正。实际位移用数字表进行测量,数字表应符合GB 1219—2000,精度达到0.001 mm;或用精度达到0.001 mm的线性位移传感器测量,位移输出线性度应优于0.01%,校正到0.1%的精度。

注3:当给试样加力时,如果材料试验机和试验夹具不合适和没有可重复的刚度,本条方法B不准确。所用材料试验机的柔度不能超过0.01 mm·kN^{-1}。此外,这种方法中载荷位移的轨迹不会是直线,且加卸载线也不会重合,如图4的下半部分所示。

也可以采用测量因弯曲引起的表面应变的方法:

方法C

在试样表面上装一个或一个以上应变片的方法。此方法只适用于四点弯曲。应变片装在两加载点中点处的张应力面上(或两面都装),长度不得超过压头之间的跨距。应变片和配套的桥电路精度优于0.1%,并具有分辨小于10^{-5}应变的能力。

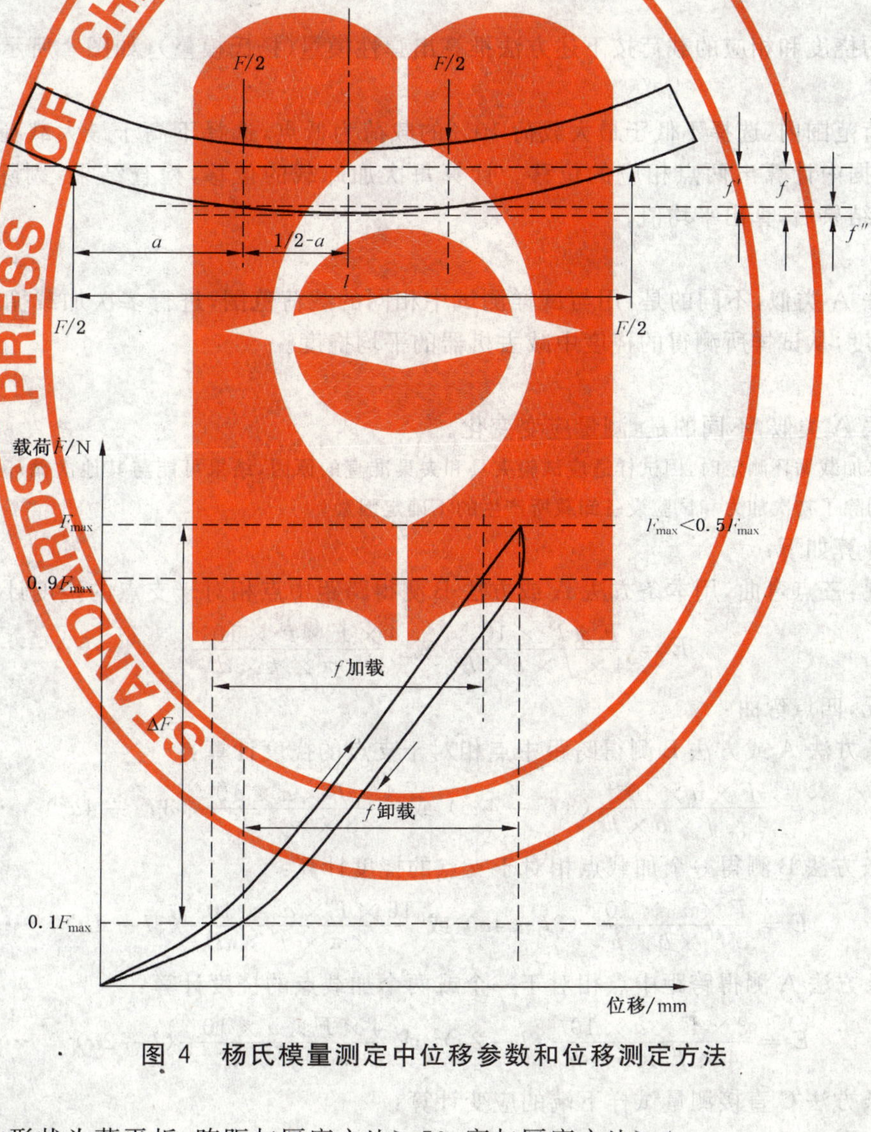

图4 杨氏模量测定中位移参数和位移测定方法

7.3 试样

优选试样的形状为薄平板,跨距与厚度之比>50,宽与厚度之比>4。

注:除非用应变计测量,表3中所给出的厚试样会出现较大的测量误差。圆截面试样的跨距与直径之比应>40,但不能用应变片法。

试样被加工成平面的长度至少比跨距长5 mm,平行面的平行度优于厚度h和宽度b的±1%,对于圆试条，则平行面的平行度优于圆棒直径 d 的±1%，长方形截面的试样不能倒边。对应变片法，试条表面应平整，两平行面平行度应在厚度的±1%之内。每种材料至少测定三个试样。

7.4 试验方法

在几个点上测量试样的厚度 h 和宽度 b，精确到 0.01 mm，取平均值。和测定强度一样，将试样依次放到试验夹具上，压头以恒定速度逐渐加载，位移速度在 0.001 $mm \cdot min^{-1}$～0.5 $mm \cdot min^{-1}$之间。按所选用的测试方法，记录位移或应变。当达到所选载荷的最大值后，试验机以与加载相同的速度卸载到零。

注 1：用不超过 $0.5\sigma_f$ 的应力 σ 和 6.5 中计算长方形截面试条强度的公式，可以计算出试条不折断的许用上限载荷。

注 2：应注意考虑材料试验机在加载和卸载中都存在滞后现象。

重复加卸载循环至少两次以上，直到得到可重复的结果，至少以同样的方法测定三根试条。不管 7.2 中方法 A 或方法 B，都用一个支点作为位移测量参考点测量位移。取下试条，换上对边平行的钢质或瓷质大试条，在相同的加载范围内重复加载循环，记录测得的挠度，至少测量三次。

7.5 结果计算

可用试样的挠度和相应的载荷按下述方法推算出弹性模量(杨氏模量)(如图 4 所示)。

方法 A

在所用载荷范围内，选择不低于最大载荷 10%的载荷为低点，选择不高于最大载荷 90%的载荷为高点，从记录数据中计算出两点相应的位移。计算每次加卸载的位移，检查结果，剔除与平均值相差5%以上的位移结果后，算出平均值。

方法 B

和本条方法 A 类似，不同的是，用与试样测试中相同的载荷范围，进行多次加载循环，以便测定试验机/夹具的挠度，从试样所测得的挠度中减去机器的平均挠度。

方法 C

和本条方法 A 类似，不同的是，测量应变变化。

注 1：第一次加载循环测定时，因试样适应试验夹具和夹具准直的原因，结果可能与其他次循环有很大差异，上述步骤剔除了初次加力和试验设备卸载所产生的不确定因素。

杨氏模量计算如下：

第一种情况：三点弯曲，用本条方法 A 或方法 B 测得跨距中点相对于支点的挠度计算：

$$E = \frac{F \times l^3 \times 10^{-3}}{4 \times f \times b \times h^3} \text{ 或 } \frac{4 \times F \times l^3 \times 10^{-3}}{3 \times \pi \times f \times d^4} \qquad (8)$$

第二种情况，四点弯曲：

a) 用本条方法 A 或方法 B 测得跨距中点相对于支点的挠度计算：

$$E = \frac{F \times a \times 10^{-3}}{4 \times f \times b \times h^3}(3f^2 - 4a^2) \text{ 或 } \frac{4 \times F \times a \times 10^{-3}}{3 \times \pi \times d^4}(3f^2 - 4a^2) \qquad (9)$$

b) 用本条方法 B 测得一个加载点相对于支点的挠度计算：

$$E = \frac{F \times a^2 \times 10^{-3}}{f' \times b \times h^3}(3l - 4a) \text{ 或 } \frac{16 \times F \times a^2 \times 10^{-3}}{3 \times \pi \times f' \times d^4}(3l - 4a) \qquad (10)$$

c) 用本条方法 A 测得跨距中点相对于一个或两个加载点的挠度计算：

$$E = \frac{3 \times F \times a \times 10^{-3}}{4 \times f'' \times b \times h^2}(l - 2a)^2 \text{ 或 } \frac{4 \times F \times a \times 10^{-3}}{\pi \times f'' \times d^4}(l - 2a)^2 \qquad (11)$$

d) 用本条方法 C 直接测量试样下端的应变计算：

$$E = \frac{3 \times F \times a \times 10^{-3}}{b \times h^2 \times \varepsilon} \qquad (12)$$

式中：

E——弹性模量(杨氏模量)，GPa(=10^3 $N \cdot mm^{-2}$)；

F——测定位移所选定的载荷高值和低值之差，N；

l——跨距，mm；

a——支点中心和相邻加载点垂直于加载方向上的距离，mm；

注2：四点弯曲中 $a=l/4$。

f——在选定的载荷范围 F 内，试样中点的平均挠度，mm；

f'——四点弯曲测试中，在选定的载荷范围 F 内，沿压头移动的竖直线方向测得的支点和加载点间试样的平均挠度，mm；

f''——四点弯曲测试中，沿压头移动的竖直线方向测得的跨距中点和加载点(如用两加载点，则是试样相对于两点的平均挠度)间试样的平均挠度，mm；

ε——由应变片测得的加载点间试样下平面的应变；

b——试样的宽度，mm；

h——试样的厚度，mm；

d——试样的直径，mm。

7.6 试验报告

除了3.2中所列a)项～i)项内容外，试验报告应当包含下列内容：

a) 所用试验方法：三点弯曲或四点弯曲(参考第6章)；测试位移所用的方法：方法A、方法B或方法C；

b) 试验机压头速度，$mm \cdot min^{-1}$；

c) 试样上所加的最大弯曲载荷，N；

d) 测定位移或应变所选的上限和下限载荷，N；

e) 每个试样的平均弹性模量(杨氏模量)，GPa(1 000 $N \cdot mm^{-2}$)，精确到1 GPa。

8 平均线热膨胀系数

8.1 试验设备

所用试验设备是通常的机械式热膨胀仪，可选用合适的商业化设备，但要满足下列要求：

a) 位移测量仪器的输出线性度为标称位移范围的0.5%；

b) 位移测量仪器处于温度能控制在±0.5 ℃的环境中；

c) 在以最大2 ℃·min^{-1}速率升温或降温时，试样的温度均匀性应在±5 ℃；

d) 在24 h内，位移测量仪器的输出应稳定在试样长度的0.01%内，位移的分辨率至少为试样长度的0.005%；

e) 测量温度为800 ℃以下时，试样槽和推杆材料为石英玻璃或高纯氧化铝瓷，对于更高的温度应使用高纯氧化铝瓷；

f) 记录试样温度的热电偶的精度应高于±0.5 ℃。

测量仪器只有达到上述参数才能保证线热膨胀系数的测定精度在100 ℃的温度间隔内优于±$0.5\times10^{-6}K^{-1}$。通常采用两类设备：一类是单试样直接测量设备；二是差示测量设备，即测量被测试样和参考试样长度变化差。

8.2 试样

试样长度满足试验设备要求，也能满足温度均匀性要求，为圆棒或方棒，至少应准备两根。为了使升温和降温过程中热滞最小，应优先选用截面积在30 mm^2 以下的试样。如果试样截面积大于此值，在报告中应加以说明。试样的两端形状应与设备相匹配，即加工成平头与圆头推杆相匹配，或加工成圆头与平头推杆相匹配。试样的长度应与用来校正设备的参考试样的长度相近似，或与差示方法中所用的参考比较试样的长度相近似。

8.3 试验方法

在测试前，设备应用适当的方法校正，比如用标准试样校正。按规定定期、或在设备发生变化、或怀疑高温部件损坏时，对设备进行校正。

放入试样，以升温和降温速率不超过 2 ℃·min^{-1}的速度，至少进行三次升温和降温循环，并记录表观线热膨胀。试样长度应近似于参考样的长度，热循环设定的最高温度至少应比测定线膨胀系数的温度高 20 ℃。

线热膨胀系数测定的的温度范围为 30 ℃～300 ℃、30 ℃～600 ℃、30 ℃～1 000 ℃，或经协商同意，选用其他任何测量范围。

注 1：测试温度范围受被测材料热稳定性的限制。对大多数玻璃和玻璃-云母材料，测量温度范围限制在30 ℃～300 ℃。如需要，线热膨胀系数可在 30 ℃～100 ℃内测定，在这种情况下，升温速率不能超过1 K·min^{-1}，设备也应在相同速率下校正。此外，加热起始温度应低于 30 ℃。

注 2：经协商测试温度范围可以改为与产品使用相适应的范围，从这种测试中推算出的数据不能认为符合本标准。

8.4 结果计算

用合适的 S、δ 和 α_{app} 校正值，计算出试样要求温度范围的平均线热膨胀系数：

$$\bar{\alpha}_s = -\frac{S \times \Delta\chi - \delta}{L_S \times \Delta T} + \bar{\alpha}_{app} \quad \cdots\cdots(13)$$

式中：

$\bar{\alpha}_s$——试样在 ΔT(℃)温度范围内的平均线热膨胀系数，K^{-1}；

L_S——室温下试样的长度，mm；

$\bar{\alpha}_{app}$——设备在 ΔT(℃)温度范围内的有效平均线热膨胀系数，K^{-1}；

S——设备灵敏度，每仪器输出单位(mm,V,等)；

$\Delta\chi$——测定温度范围内记录的位移，仪器输出单位(mm,V,等)；

δ——测定温度范围内基线的漂移，mm；

ΔT——测定温度范围，K。

设备常数 S、δ 和 α_{app} 用标准试样或其他方法校正时确定。

8.5 试验报告

除了 3.2 中所列 a)项～i)项内容外，试验报告应当包含下列内容：

a) 简要说明校验的具体步骤；

b) 所用升温速率，℃·min^{-1}；

c) 计算所用的温度间隔，℃；

d) 每个试样每次升温和降温循环所测得的平均线热膨胀系数，K^{-1}；

e) 产生明显偏离线性的原因，如含氧化硅材料的相变。

9 比热容

9.1 试验设备

比热容通常用专用设备进行测试，使用加热物体向较低温度处传热或差式量热的方法。比热容的测量重要的是，必须用校正过的热电偶或热电阻精确地测量和显示温度，以及必须用已知比热容的参考材料对设备进行校正，通常所用的材料是 α 氧化铝，测量的总精度优于 10 J·kg^{-1}·K^{-1}。

9.2 试样或试验材料

试样可以是按测试设备要求加工的试块，也可以是粒状或粉末状材料，至少测试两个试样。

9.3 试验方法

将试条或材料在 120 ℃±5 ℃条件下干燥至少 2 h，直至恒重。称量试条或材料精确到 0.1%。测量前应对每个试条或材料进行这一操作。

由试验设备正常操作方式测定结果可以计算出试样在冷却温度范围内的平均比热容，为此本标准规定所有材料冷却温度范围为 100 ℃～30 ℃。对 GB/T 8411.1—2008 中某些在高温下使用的材料，只要相关方协商一致，最高温度可以选到 800 ℃。

对每个试样或试验材料必须至少进行三次测试。

注：如果在不同的上限温度下进行足够多的测试，则任何温度下试样的准确比热容可通过曲线拟合算出。

9.4 结果计算

测试结果的计算应按测试设备要求的步骤进行，以 $J \cdot kg^{-1} \cdot K^{-1}$ 为单位，精确到 $10\ J \cdot kg^{-1} \cdot K^{-1}$。

9.5 试验报告

除了 3.2 中所列 a）项～i）项内容外，试验报告应当包含下列内容：

a） 所用设备的生产厂家和型号；

b） 校正的具体步骤；

c） 试样或材料处理的具体细节；

d） 每个试样或材料每次测定的测量温度范围℃、平均比热容的测定结果 $J \cdot kg^{-1} \cdot K^{-1}$。

10 热导率

10.1 试验设备

本部分涉及的瓷材料的热导率值覆盖了从小于 $1\ W \cdot m^{-1} \cdot K^{-1}$ 到大于 $150\ W \cdot m^{-1} \cdot K^{-1}$ 的整个范围，测定热导率的设备一般都只能覆盖其中的一部分。对于热导率大约在 $5\ W \cdot m^{-1} \cdot K^{-1}$ 以下的材料，要求薄板上的温度梯度高；对于热导率大约在 $50\ W \cdot m^{-1} \cdot K^{-1}$ 以下的中等热导率的材料，通常在参考样间加一个短圆柱的方法（比较试样法）测量；对于高热导率的试样，需要用长圆柱试样，直接用量热法测量。可以用测量材料热扩散率的方法代替热导率的测量方法，用下式计算出某一温度下的热导率：

$$\lambda = a \times \rho \times c_p \qquad (14)$$

式中：

λ——热导率，$W \cdot m^{-1} \cdot K^{-1}$；

a——热扩散率，$m^2 \cdot s^{-1}$；

ρ——密度，$kg \cdot m^{-3}$；

c_p——比热容，$J \cdot kg^{-1} \cdot K^{-1}$。

试验设备和试验方法的具体细节超出了本部分的范围，需要当事各方协商一致选择适当的方法。但是只有精度优于±10%，才能满足本标准的要求。

注：如有可能，应给出测试设备校正的证明。

10.2 试样

试样应按所用特定设备的要求制备。

对各向异性的材料，如挤制材料，应当注意保证测量在一恰当的方向进行。一般要求垂直于热流的表面应当磨平，平行度在 0.05 mm 以内。

10.3 试验方法

直接测量热导率时，在垂直于热流的两平行面间建立稳定均匀的温度梯度，记录两平行表面的温度，测量试样的横截面积。按加热法（如从输入的电功率计算）或冷却法（如水流量热仪）计算通过试样的热流速率。

如测量热扩散率，在薄试样的一面加热脉冲，记录脉冲到达另一面的时间。

无论用什么方法，除 C 500 类材料的测试温度范围在 30 ℃～800 ℃外，其他材料的热导率应是 30 ℃～100 ℃间的平均值。

注：如当事各方达成一致，测量的温度范围可以改变成适合于产品实际使用的范围，由此测量推算出的数据不应该认为符合本标准。

10.4 结果计算

结果的计算应符合所用测试方法规定的方法计算，包括用设备校正结果对测试结果的修正或其他系统误差的校正。

10.5 试验报告

除了3.2中所列a)项～i)项内容外，试验报告应当包含下列内容：

a) 材料型号和制样方法，包括相对于加工方向的取向细节；

b) 简述所用测试方法和校正方法的细节；

c) 所要求温度范围的热导率平均值，$W \cdot m^{-1} \cdot K^{-1}$。

11 抗热震性

注：本检测方法目的在于评定各种材料在水中急冷条件下的特性。在这种测试条件下获得的评定结果与在其他条件下得到的结果不同，也与具有不同截面试样的评定结果不同。为了得到使用条件下部件的抗热震特性，在热震检测中应模拟使用条件，这类检测超出了本部分的范围。

11.1 原理

将预先加热的试样放入水浴中快速冷却后，检查损伤。下面给出两种检查损伤的方法：

方法A：在急冷后，测量试条的弯曲强度，并与未经热震的试样相比，若经急冷后试条强度下降，表明发生了热震开裂。

方法B：在常压下按第4章进行染料渗透性检测，急冷后若出现明显裂纹，表明发生了热震开裂。这种方法只能用于开口孔隙率低于1%的材料。

11.2 试验设备

试验需要以下设备：

a) 能保证在100 mm×100 mm×100 mm空间内温度均匀的烘箱，并能控制温度波动在±2 ℃内；上限温度至少达到1 000 ℃，以满足本标准所有材料的要求。

b) 能保证在试样浸入后水温升高不会超过1K的水浴，水浴中的水温应在10 ℃～20 ℃之间。

c) 方法A中，强度测定设备的要求按第6章中要求。

11.3 试样

方法A和方法B的试样都是圆棒，直径10 mm，长120 mm。本实验所要求的最少试样数量为30，随机分成五组。

注：对直径为10 mm的试样，其热震特性受试样直径精确度影响不大。试样直径越小，使试样开裂的热震次数越多。其他形状的试样，尤其是有尖锐边角的试样，经受较少次数冷热循环就可能开裂。只要各方协商一致，也可以采用其他形状和尺寸的试样，但不符合本部分描述的程序，不作为本标准提出的试验方法。

11.4 试验方法

方法A

将至少五个试样放入烘箱，加热到某一温度并保温30 min：

对所有陶瓷材料、玻璃-陶瓷材料、玻璃-云母材料和钢化玻璃材料，加热到高于水浴水温100 K；

对所有非钢化玻璃材料，加热到高于水浴水温35 K。

当预计被测瓷材料抗热震性较好时，可以选用初始温度差高于100 K。

注：GB/T 8411.3—2008中列出的所有类别材料的抗热震指标可以作为选用起始温差的指南。

将热试样从烘箱中取出，迅速完全浸入水浴中，浸泡5 min，取出后在120 ℃±5 ℃的烘箱中干燥至少2 h，按第6章测量试样的弯曲强度。

同样测试未经冷热处理的第二组五根试样的弯曲强度。如果热震后试样的平均强度值低于未经处理试样的三分之二，则再取第三组五根试样重复上述测试过程，但加热温度降低50 ℃（对陶瓷和刚化玻璃试样)或 20 ℃(对玻璃试样)。

如果热震后的试样强度与未经冷热处理的相近,则将另一组五根试样加热温度升高 50 ℃(对陶瓷和钢化玻璃试样)或 20 ℃(对玻璃试样),重复上述测试过程。

如果以相差 50 ℃(对陶瓷和刚化玻璃试样)或 20 ℃(对玻璃试样)温度间隔进行热震后的试样强度变化值大于原始强度的三分之一时,应再取试样进一步测试中间温度差时的强度变化,以确定更接近强度突变点的温差。

试样加热温度和水浴温度之差是本项试验所测的抗热震性。某些材料,特别是粗晶或高气孔率材料,在临界温差时,强度可能没有突变,大多数随初始温度升高,强度缓慢下降。在这种情况下,选择试样热震后的强度与原始强度相比下降三分之一时的温差作为试样的抗热震性温差。

方法 B

这种方法只能用于开口孔隙率低于 1%的材料,不适合于多孔或粗晶材料。

用与方法 A 相同的步骤和相同的试样数量,不测定强度,而是用将热震后干燥的试样在适当的染料溶液中浸泡染色、清洗、干燥后,检查裂纹的方法代替。有色染料溶液(参考 4.4)适合于浅色试样,对黑色试样应用合适的专用紫外荧光染料。若产生裂纹,表明热震试样失效,用方法 A 中的步骤重复试验,以选择试样初始加热温度。

临界抗热震性定义为在一组五根试样中的任意两根试样上检测出开裂时的温度差。

注:对大多数低孔隙的材料,通过这种方法测定的温差与强度显著下降的温差几乎相同。

11.5 试验报告

除了 3.2 中所列 a)项~i)项内容外,试验报告应当包含下列内容:

a) 试样制造和表面处理细节;

b) 采用的方法(方法 A 或方法 B);

c) 如果采用方法 A,弯曲强度测定采用三点或四点弯曲;

d) 加热试样与水浴间,以及使强度与原始强度相比下降三分之一(方法 A)或使一组五根试样中有两根试样开裂(方法 B)的温差,℃。

12 玻璃转变温度(只对玻璃材料)

12.1 试验设备

本试验应按 IEC 61006:1991 规定的方法进行,使用与线热膨胀系数测定相同的设备(参考 8.1)。

12.2 试样

试样尺寸应适合使用的线热膨胀系数测量设备。在测试以前,试样应按 ISO 7884-8:1987 进行退火,即在高于预计转变温度 30 ℃的温度 T_g 下保持至少 30 min,以不超过 1 ℃ · min^{-1} 的降温速度降温,到预计转变温度 T_g 的 100 ℃以下,其后的降温速率无严格的要求。

12.3 试验方法

将每个试样依次放入线热膨胀系数测定仪中,以 5 ℃ · min^{-1} 的速率加热升温,记录线热膨胀。当记录仪上反映试样长度减小时(如图 5),停止加热,冷却试样。作热膨胀与温度的关系图,在转折点的上下画两条直线,延长两条直线使其相交,确定交点的温度,这就是本部分所测定的转变温度,此温度对应于玻璃动态黏度为 $10^{12.3}$ N · s · m^{-2}时的温度(IEC 61006:1991)。

应测试两个试样,取平均结果。如两试样结果相差大于 30 ℃,则用新试样重做试验直到结果相差在 30 ℃内。

12.4 试验报告

除了 3.2 中所列 a)项~i)项内容外,试验报告应当包含下列内容:

a) 试样的退火温度;

b) 每个试样的玻璃转变温度和平均值,℃,精确到 10 ℃。

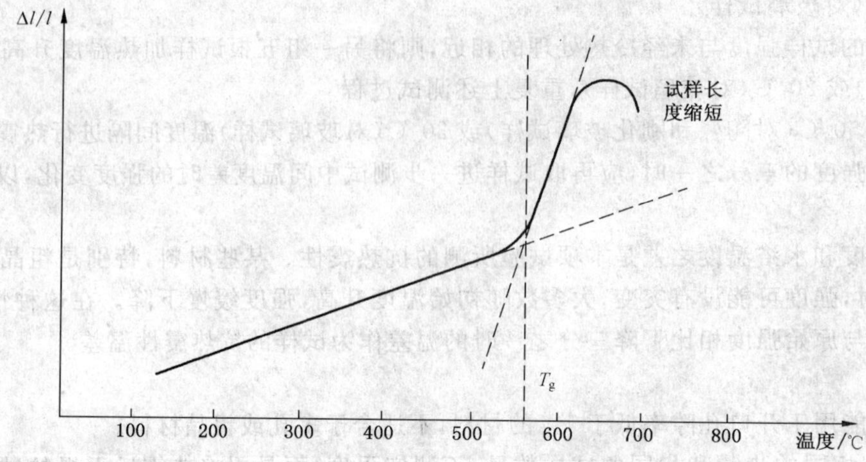

图 5　玻璃转变温度 T_g 测定曲线

13　电气强度

13.1　原理

在圆形试片上施加工频电压，逐渐升高电压直至击穿，有两种方法：

方法 A：将直接烧成的或加工成的薄圆片试样放在两钢制或铜制球间，在两球上施加电压。

方法 B：用一边有半圆球凹坑（压制或加工）的圆片试样（如图 6 所示），将一钢制或铜制球放入凹坑，另一面放在平板电极上，在两电极间施加电压。

注 1：这两种方法的测试结果不一致。方法 B 测得的结果可能较为分散，这种分散性取决于试样成型的方法。应优选方法 A。两种方法的测试结果都与制造方法有关。

注 2：击穿电压与材料击穿点的孔隙性有很大关系，影响电性能的孔隙和其他显微结构因素与制造方法有关。

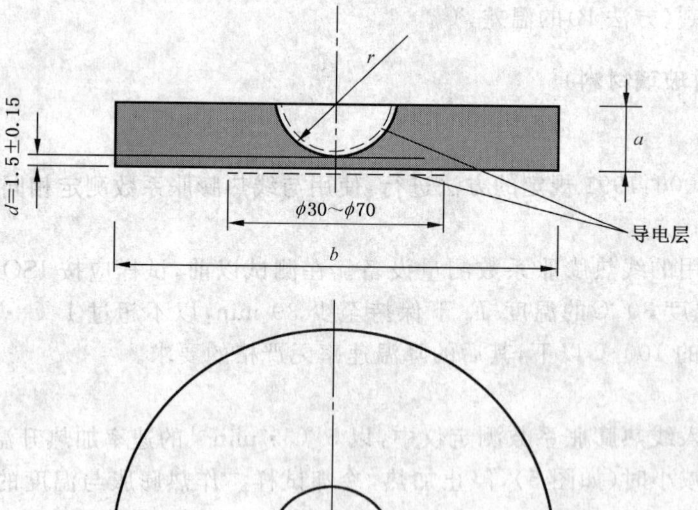

图 6　电气强度和耐受电压（试验方法 B）试样

13.2 试验设备

所用电气测试设备应满足 GB/T 1408.1—1999 的要求，方法 A 的常用布置如图 7 所示，其他设备包括：

a) 一台能在 120 ℃±5 ℃保温的烘箱；

b) 一个干燥器；

c) 符合 GB/T 1216—2004 的千分尺，方法 A 用平头测砧，方法 B 用圆头测砧。

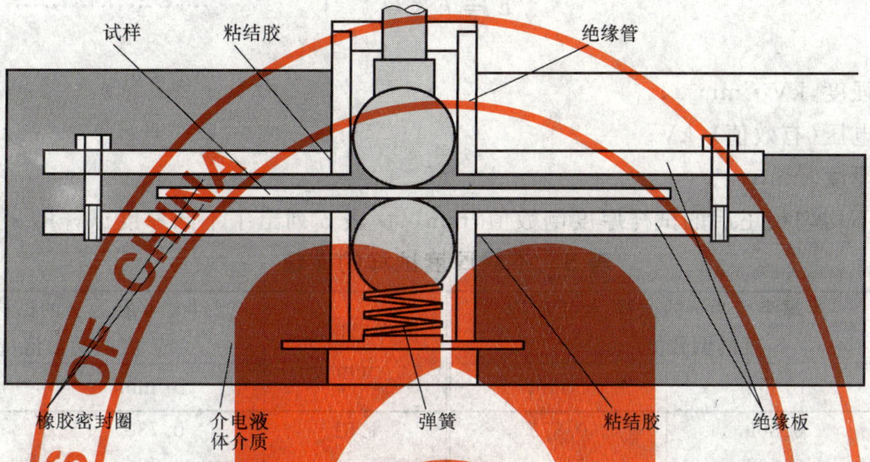

图 7 电气强度测定方法 A 的试样

13.3 试样

至少测定 10 个试样。

方法 A：圆片直径 80 mm，厚度 2.5 mm±0.5 mm，两面平行度±0.05 mm。

方法 B：圆片尺寸如表 4 中所示，圆片的一面有一半圆球形凹坑（如图 6 所示），凹坑的表面和相对的平面上应涂导电涂层。

表 4 方法 B 的试样尺寸（参照图 6）

尺寸 mm			球体直径 mm
a	b	r	
3～12	50～80	$10^{+0.5}_{-0.0}$	20
3～6	25	$5^{+0.5}_{-0.0}$	10

13.4 测量方法

按下述方法测量试样的厚度：在方法 A 中用带平头砧的千分尺在尽可能接近预计击穿点处测量试样的厚度，精确到±0.02 mm；在方法 B 中，用带球头砧的千分尺测量球形凹坑中心处的厚度，精确到±0.02 mm。

试样在 120 ℃±5 ℃的烘箱中保温 2 h，并在干燥器中冷却。测量在 15 ℃～35 ℃环境下进行。

将试样放在测试装置上，并浸入合适的介电介质中，介质的电阻率应足够大，以使测试能顺利完成。介质的电阻率应在试验报告中标明。

注：为防止试样边缘放电，介质的电阻率通常为：测量陶瓷试样时，10^8 Ω·m～10^{10} Ω·m；测量玻璃试样时，10^4 Ω·m～10^6 Ω·m。经当事各方同意，变压器油可以作为典型的使用介质。介质的电阻率可以用 IEC 60247 描述的方法测量。

快速升压至预计击穿电压的一半左右，然后以一定的速度升压，以保证试样在从加压开始算起的 10 s～20 s 内击穿，记录击穿电压。在测完要求的最低试样数量后，如果击穿的平均升压时间在要求的范围内，即使某些试样的击穿时间超出了范围，结果也符合要求。

13.5 结果计算

电气强度 E 由下式计算：

方法 A：

$$E=\frac{U}{d} \quad \cdots\cdots(15)$$

方法 B：

$$E=k\times U \quad \cdots\cdots(16)$$

式中：

E——电气强度，kV·mm^{-1}；

U——击穿电压(有效值)，kV；

d——试样厚度，mm；

k——电场不均匀校正后的试样厚度倒数值，mm^{-1}。表 5 列出了不同厚度试样的 k 值。

表 5 不同厚度试样的 k 值

试样厚度 d/mm	半球半径为 r 的试样，校正后厚度的倒数值/mm^{-1}		试样厚度 d/mm	半球半径为 r 的试样，校正后厚度的倒数值/mm^{-1}	
	10 mm	5 mm		10 mm	5 mm
1.35	0.809	0.879	1.51	0.730	0.801
1.36	0.803	0.874	1.52	0.726	0.797
1.37	0.798	0.868	1.53	0.722	0.792
1.38	0.793	0.863	1.54	0.717	0.788
1.39	0.787	0.858	1.55	0.713	0.784
1.40	0.782	0.853	1.56	0.709	0.780
1.41	0.777	0.848	1.57	0.705	0.776
1.42	0.772	0.843	1.58	0.701	0.772
1.43	0.767	0.838	1.59	0.697	0.768
1.44	0.762	0.833	1.60	0.693	0.764
1.45	0.758	0.828	1.61	0.689	0.760
1.46	0.753	0.823	1.62	0.685	0.756
1.47	0.748	0.819	1.63	0.681	0.752
1.48	0.744	0.814	1.64	0.678	0.749
1.49	0.739	0.810	1.65	0.674	0.745
1.50	0.735	0.805			

13.6 试验报告

除了 3.2 中所列 a)项～i)项内容外，试验报告应当包含下列内容：

a) 试样的制备方法；

b) 所用的方法是方法 A 或方法 B；

c) 所用介质和其电阻率 Ω·m；

d) 每个试样的电气强度有效值(r.s.m.)kV·mm^{-1}和击穿时间 s；

e) 电气强度的平均有效值和标准偏差，kV·mm^{-1}。

14 耐受电压

注：本项试验是第 13 章电气强度测试的替换方法。与测量短时击穿电压不同，此方法是在试样上施加一预定电压，在规定时间内试样不应失效。

14.1 试验设备

参考 13.2。

14.2 试样

用 13.3 中方法 B 试样，数量不少于 10 个。

14.3 试验方法

用 13.4 中描述的步骤干燥、测量和放置试样。

尽量快速将电压精确升到要求的数值，避免过冲。在该电压下保压 1 min。试验电压选择应由相关各方协商一致，如没有协定，应当使用 GB/T 8411.3—2008 所给的数值。

14.4 试验报告

除了 3.2 中所列 a)项～i)项内容外，试验报告应当包含下列内容：

a) 试样的制备方法；

b) 所用介质和其电阻率，Ω·m；

c) 每个试样的厚度，mm；

d) 预加耐受电压的有效值(r. s. m.)kV 及是否经由相关各方协商一致；

e) 每个试样是否通过试验。

15 相对介电常数、介电常数温度系数和损耗因子

15.1 试验方法

按 GB/T 1409—1988 中所描述的方法进行实验，如有必要可以用厘米和毫米级波长的电源。

注：本试验的温度范围需由相关各方商定。GB/T 8411.3—2008 中列出的相对介电常数和损耗因子测定可能仅在室温下进行。对于介电常数的温度系数，推荐测定室温到 100 ℃间介电常数变化的平均值。

15.2 试验设备

符合 GB/T 1409—1988 的任何设备。另外还要有：

a) 一台能在 120 ℃±5 ℃保温的烘箱；

b) 一个干燥器；

c) 符合 GB/T 1216—2004 的千分尺。

15.3 试样

试样和电极的形状应符合 GB/T 1409—1988 中 4.1 的要求，优选形状为直径不小于 60 mm、厚度在 1.5 mm～5.0 mm 之间的圆片，试样厚度的均匀性应在平均厚度的±1%之内，平均厚度应在整个试样面上系统测量。

注：GB/T 1409—1988 的试样尺寸有一定的灵活性，最小厚度的设定是为了得到大约 1% 的精度。除非设备的质量很好并完全屏蔽，厚度增加会使电容量下降，测量精度下降。该标准在电极的几何形状的选择上依据所用的方法也有一定的灵活性。

15.4 试验方法

用千分尺测量试样的厚度，精确到±0.01 mm，装上合适的电极，试样应在 120 ℃±5 ℃的烘箱中保温 2 h 后，然后放入干燥器冷却。

试验准备好后，从干燥器中取出试样，立即放入充满干燥空气的测试设备中，按试验要求升高或降低测试容器的温度，试验温度按 GB 10580—2003 表 1 选择(参考附录 A)。当试样的温度调到要求温度的±1 ℃后，按 GB/T 1409—1988 进行电测。

推荐测试频率为：

48 Hz～62 Hz；0.8 kHz～2 kHz 和 1 MHz。

注 1：经当事各方同意，也可以选用更高一些的测试频率。

至少应测试三个样。

注 2：在介电常数温度系数小的情况下，要用特殊的试验技术和方法。此时须经当事各方同意。

如需要温度与介电常数的关系，应用平滑曲线连接各数据点绘制介电常数和温度的关系曲线。如

需要介电常数温度系数，选定对应温度的两点，画一条弦线，查出介电常数，计算出温度系数如下：

$$TK_{\varepsilon}=\frac{(\varepsilon_{T_2}-\varepsilon_{T_1})}{\varepsilon_{T_1}(T_2-T_1)} \quad \cdots\cdots(17)$$

式中：

TK_{ε}——T_1 和 T_2 间的平均介电常数温度系数；

ε_{T_1}，ε_{T_2}——温度 T_1 和 T_2 时的介电常数；

T_1，T_2——测量范围上的低点和高点温度。

15.5 试验报告

除了 3.2 中所列 a)项～i)项内容外，试验报告应当包含下列内容：

a) 试样制备方法；

b) 试样的尺寸，mm；

c) 所用试验方法和电测设备的简要说明；

d) 测试用的频率，Hz；

e) 每个试样在每一温度下的介电常数和损耗因子；

f) 每一温度下的介电常数和损耗因子的平均值和标准偏差；

g) 如需要，每个试样的温度和介电常数的关系曲线，或用此曲线在需要温度点的斜率所确定的平均介电常数温度系数，K^{-1}。

注：在不同温度范围内测得的温度系数会有很大的差别。

16 体积电阻率

16.1 试验方法

本试验是在绝缘材料上施加直流电压 1 min 后，测定绝缘材料的体积电阻率。

注：如果预计有附带的现象，如极化，经各方同意，测试可以在交流工频电压下进行，但结果通常比在直流电压下的结果低得多。

16.2 试验设备

本实验应按 GB 10581—1989 进行，需要下列设备、器皿和量具：

a) 一台能在 120 ℃±5 ℃保温的烘箱；

b) 一个干燥器；

c) 符合 GB /T 1216—2004 的千分尺。

16.3 试样

所用试样和电极形状应符合 GB 10581—1989 的第 2 章的要求，优选形状为直径不小于 60 mm、厚度在 1.5 mm～5.0 mm 之间的圆片，试样厚度的均匀性应在平均厚度的±1%之内，平均厚度应在整个试样面上系统测量。

注：GB 10581—1989 的试样尺寸有一定的灵活性，厚度的允许偏差较大(小于平均厚度的 5%)。为方便起见，本部分中体积电阻率测量用与介电常数测量(第 15 章)相同的试样。

采用三电极系统，被保护的内电极直径至少应为试样平均厚度的 10 倍，外保护电极的宽度至少应和试样的厚度一样，内电极和保护电极的间隙至少 1 mm，未保护电极的直径应和保护电极的外经相等。

16.4 试验方法

按 GB 10581—1989 第 4 章装好电极，将试样在 120 ℃±5 ℃的烘箱里干燥至少 2 h，然后放在干燥器中冷却，测试时依次将试样放入测试设备，升温到所需要的测试温度。

按 IEC 60093 中的方法加 100 V 或 500 V 的电压，1 min 后，记录电压和流过的电流。

注：如果当事各方同意也可以用其他电压值。

按需要升高温度，重复上述试验。按 GB 10581—1989 第 6 章要求，应在要求的最高温度点测试以后，降温并重新在室温下测量，以验明测试结果是否有变化。

应至少测试两个试样。

16.5 $T_{\rho 1}$ 和 $T_{\rho 0.01}$ 的测定

如果需要，用人工曲线拟合的方法大约估算温度 $T_{\rho 1}$ 和 $T_{\rho 0.01}$，$T_{\rho 1}$ 和 $T_{\rho 0.01}$ 分别为电阻率下降到 1 MΩ·m 和0.01 MΩ·m 时的温度。为此，测试的温度范围应当足够宽，以保证测试最低电阻率值低于 $T_{\rho 1}$ 或 $T_{\rho 0.01}$ 时的值。

以电阻率(MΩ·m)的 $\log_{10}$ 值为纵坐标、温度(℃)为横坐标，用测量数据点画出一条光滑的曲线，读出电阻为 1 MΩ·m 和 0.01 MΩ·m 处相应温度 $T_{\rho 1}$ 或 $T_{\rho 0.01}$。

16.6 试验报告

除了 3.2 中所列 a)项～i)项内容外，试验报告应当包含下列内容：

a) 简要描述所用测试设备；

b) 施加电压值 V，直流或交流；

c) 在加热时每个试样每一温度(℃)下的电阻率值，(Ω·m)；

d) 如果需要，电阻率为 1 MΩ·m 对应的温度 $T_{\rho 1}$，单位℃；电阻为 0.01 MΩ·m 对应的温度 $T_{\rho 0.01}$，单位℃。

附 录 A
（规范性附录）
试验的标准温度条件

为了帮助本标准本部分的使用者在测定介电常数和介电常数温度系数时确定试验条件，从GB 10580—2003 表 1 中摘录出标准温度列于表 A.1。

表 A.1 试验的标准温度条件

指定测试温度/℃	偏差/℃	指定测试温度/℃	偏差/℃
见注 1	见注 2	见注 1	见注 2
−65	±3	130	±2
−55	±3	155	±2
−40	±3	180	±2
−25	±3	200	±3
−10	±3	220	±3
20	±2	250	±3
23	±2	275	±5
27	±2	320	±5
40	±2	400	±4
55	±2	500	±10
70	±2	630	±10
90	±2	800	±20
105	±2	1 000	±20
120	±2		

注 1：为 GB/T 10581—1989 中推荐温度，只要当事各方同意，可选择在标准范围内的其他温度。

注 2：在特殊情况下，可用更小的偏差，如±1。

ICS 47.020.50
U 47

中华人民共和国国家标准

GB/T 8413—2008
代替 GB/T 8413—1996

CZY 型船用自吸离心式油泵

Marine self-priming centrifugal-oil pump CZY-type

2008-03-03 发布 2008-09-01 实施

中华人民共和国国家质量监督检验检疫总局
中国国家标准化管理委员会 发布

前　言

本标准代替 GB/T 8413—1996《CZY 型船用自吸离心式油泵》。

本标准与 GB/T 8413—1996 相比，主要变化如下：

——增加了对泵的外观要求；

——增加了对轴封的安装、使用和性能的要求；

——增加了轴封安装处泵轴的要求；

——增加了铸件质量和铸件修补要求；

——增加了对材料的要求。

本标准由中国船舶重工集团公司提出。

本标准由中国船用机械标准化技术委员会甲板机械及机舱辅机分技术委员会归口。

本标准起草单位：中国船舶重工集团第七〇四研究所。

本标准主要起草人：陈文毅。

本标准所代替标准的历次版本发布情况为：

——GB 8413—1987、GB 8414—1987、GB/T 8413—1996。

CZY 型船用自吸离心式油泵

1 范围

本标准规定了 CZY 型船用自吸离心式油泵(以下简称泵)的产品分类、技术要求、试验方法、检验规则以及标志、包装、运输和贮存。

本标准适用于船舶输送汽油、煤油、轻柴油等油类介质自吸离心式油泵,也可适用于用来输送海水、淡水(被输送液体温度不高于 80℃)的自吸离心式水泵的产品设计、生产和试验验收。

2 规范性引用文件

下列文件中的条款通过本标准的引用而成为本标准的条款。凡是注日期的引用文件,其随后所有的修改单(不包括勘误的内容)或修订版均不适用于本标准,然而,鼓励根据本标准达成协议的各方研究是否可使用这些文件的最新版本。凡是不注日期的引用文件,其最新版本适用于本标准。

GB/T 191 包装储运图示标志(GB/T 191—2000,eqv ISO 780:1997)

GB/T 569 船用法兰 连接尺寸和密封面

GB/T 1176—1987 铸造铜合金技术条件(neq ISO 1338:1977)

GB/T 1220—2007 不锈钢棒

GB/T 1348—1988 球墨铸铁件

GB/T 3214 水泵流量的测定方法

GB/T 3216 回转动力泵 水力性能验收试验 1 级和 2 级(GB/T 3216—2005,ISO 9906:1999,MOD)

GB/T 4423—2007 铜及铜合金拉制棒

GB/T 5231—2001 加工铜及铜合金化学成分和产品形状

GB/T 5661—2004 轴向吸入离心泵 机械密封和软填料用空腔尺寸(ISO 3069:2000,MOD)

GB/T 9239.1—2006 机械振动恒态(刚性)转子平衡品质要求 第 1 部分:规范与平衡允差的检验(ISO 1940-1:2003,IDT)

GB/T 10832 船用离心泵、旋涡泵通用技术条件

GB/T 11352—1989 一般工程用铸造碳钢件(neq ISO 3755:1975)

GB/T 13306 标牌

GB/T 13384 机电产品包装通用技术要求

GB/T 16301—2008 船舶机舱辅机振动烈度的测量和评价

CB/T 43 船用铸铁法兰

CB/T 45 船用铸铜法兰

CB 1146.8 船用设备环境试验与工程导则 倾斜和摇摆

CB 1146.9 船用设备环境试验与工程导则 振动

CB* 3345—1988 船用泵轴的机械密封

JB/T 8097 泵的振动测量与评价方法

JB/T 8098 泵的噪声测量与评价方法

3 产品分类

3.1 型号表示方法

□ C Z Y-□

- □ —— 泵的额定扬程，m
- Y —— 输送介质为油，加脚注 t 为其他输送介质
- Z —— 自吸
- C —— 船用
- □ —— 吸入口通径，mm

3.2 产品型号示例

泵吸入口通径为 100 mm、扬程为 63 m、输送介质为海水的船用自吸离心式油泵标记为：

GB/T 8413—2008 100CZY$_t$-63

3.3 基本参数

CZY 型船用自吸离心式油泵的基本参数应符合表 1 的规定。

表 1 CZY 型船用自吸离心式油泵的基本参数

泵型号	流量 Q/ m^3/h	扬程 H/ m	转速 n/ r/min	必需汽蚀余量 (NPSH)r/m	效率 η/%
40CZY-20	6.3	20	2 950	3.5	43
40CZY-25		25			40
40CZY-32		32			37
50CZY-40		40			35
50CZY-25	12.5	25			50
50CZY-32		32			46
50CZY-40		40			43
50CZY-50		50			41
65CZY-25	25	25	2 950	4	61
65CZY-32		32			58
65CZY-40		40			56
65CZY-50		50			52
65CZY-63		63			49
80CZY-25	50	25			65
80CZY-32		32			64
80CZY-40		40			63
80CZY-50		50			60
80CZY-63		63			58
80CZY-80		80			56
100CZY-40	100	40			67

表 1（续）

泵型号	流量 Q/ m^3/h	扬程 H/ m	转速 n/ r/min	必需汽蚀余量 (NPSH)r/m	效率 η/%
100CZY-50	100	50	2 950	4	66
100CZY-63		63			65
100CZY-80		80			63
150CZY-50	200	50	1 450	5	64
150CZY-63		63			63
150CZY-80		80			60
200CZY-50	400	50			71
200CZY-63		63			69
200CZY-80		80			67

注 1：表中的必需汽蚀余量为泵内不安装止回阀时所测的数值。

注 2：表中值系指常温清水作为介质的参数。

4 设计和结构

4.1 叶轮

4.1.1 当轴旋转时，轴上的螺纹旋向应使螺母处于拧紧状态。

4.1.2 叶轮密封环处外圆的径向跳动不应超过表 2 的规定。

表 2 外圆的径向跳动

单位为毫米

叶轮密封环处外圆直径	≤50	＞50～120	＞120～260	＞260～500	＞500～800
径向跳动	0.05	0.07	0.08	0.09	0.13

4.2 轴

4.2.1 泵轴应设计成刚性轴，泵的最高转速应比轴的第一临界转速低 20%。

4.2.2 装配机械密封处的轴部位要求按 CB* 3345—1988 第 4.4 条规定。

4.3 轴承

4.3.1 泵的滚动轴承在额定转速下的设计计算寿命不应小于 10 000 h。泵的轴径与额定转速的乘积 $D \cdot n_{sp}$＞30 000 mm · r/min 或泵的轴功率与转速的乘积 $P \cdot n_{sp}$＞2 000 000 kW · r/min 时应采用的滑动轴承。

4.3.2 轴承应采用钙钠基或锂基润滑脂以及性能不低于所述种类的润滑脂润滑。当轴承内径与额定转速的乘积 $D \cdot n_{sp}$＞16 000 mm · r/min 时，采用稀油润滑。

4.4 轴承体

轴承体或轴承盖上应有注油孔，流量大于 200 m^3/h 的泵应考虑轴承测温孔。

4.5 轴封

4.5.1 泵的轴封应采用机械密封，也可根据用户要求采用软填料密封或能满足使用要求的其他密封结构。

4.5.2 泵内用于安装机械密封或软填料密封的空腔尺寸应符合 GB/T 5661—2004 的表 1 和附录 C 表 C.1 的规定。

4.5.3 机械密封压盖上的安装静环辅助密封处的要求按 CB* 3345—1988 第 4.4 条规定。

4.6 联轴器

一般采用挠性联轴器，联轴器的选用应能传递配带动力的最大扭距，联轴器的许用转速应与配带动力转速相适应，两半联轴器的同轴度应不超过制造厂所给的极限值，联轴器应有防护罩。

4.7 底座

泵的底座的结构应有足够刚度。

4.8 密封环

泵体上应配设可拆卸的密封环，密封环应可靠的固定在泵体或叶轮上，密封环的密封间隙应符合表3的规定。

表3 密封间隙

单位为毫米

密封环内径	≤75	>75～110	>110～140	>140～180	>180～220	>220～280
名义直径间隙	0.25	0.30	0.35	0.40	0.45	0.50

4.9 连接法兰

泵的进口和出口连接法兰应符合GB/T 569、CB/T 43或CB/T 45的有关规定。

4.10 油孔和泄油螺塞

泵体的最高部位应有注油孔，泵体底部应有泄油螺塞。

4.11 原动机

油泵在输送易燃易爆介质时所配原动机应采取防爆或隔离措施。

5 要求

5.1 外观

5.1.1 泵的所有外表面都不应有铸造和加工等缺陷。

5.1.2 铸件应无缩孔、砂眼、裂纹和其他缺陷。

5.1.3 铸件分型面的飞边及浇冒口的残余部分应铿平，铸件表面应用打磨、钳工修理、喷砂、喷丸等处理方法清理。

5.1.4 装配前，铸铁件的流道表面应涂防锈油漆。

5.2 材料

泵用材料按输送介质的要求列于表4。制造厂应对每一种型号的泵主要零件的材料在供应技术条件中加以明确规定。在选材时允许选用使用性能不低于表4规定的其他材料。如有特殊要求，用户可在订货时明确。

表4 泵用材料

零件名称	输送介质为油或淡水		其他介质	
	材料牌号	标准号	材料牌号	标准号
泵体 泵盖	QT450-10	GB/T 1348—1988	ZCuZn16Si4 ZCuSn3Zn8Pb6Ni1 ZCuSn10Zn2	GB/T 1176—1987 GB/T 1176—1987 GB/T 1176—1987
叶轮	ZCuZn16Si4	GB/T 1176—1987	ZCuZn16Si4 ZCuSn3Zn8Pb6Ni1 ZCuSn10Pb1	GB/T 1176—1987 GB/T 1176—1987 GB/T 1176—1987
泵轴	2Cr13	GB/T 1220—2007	1Cr18Ni9 1Cr17Ni2 00Cr18Ni10	GB/T 1220—2007 GB/T 1220—2007 GB/T 1220—2007
轴套	QAl9-4	GB/T 4423—1992	QAl9-4	GB/T 4423—2007
密封环	ZCuSn10Pb1	GB/T 1176—1987	ZCuSn10Pb1 ZCuZn16Si4	GB/T 1176—1987 GB/T 1176—1987

表 4（续）

零件名称	输送介质为油或淡水		其他介质	
	材料牌号	标准号	材料牌号	标准号
托架	QT450-10	GB/T 1348—1988	ZCuZn16Si4 QT450-10	GB/T 1176—1987 GB/T 1348—1988
联轴器	ZG35 QT450-10	GB/T 11352—1989 GB/T 1348—1988	ZG35 QT450-10	GB/T 11352—1989 GB/T 1348—1988
流道内紧固件	HSn62-1	GB/T 5231—2001	HSn62-1 1Cr18Ni9	GB/T 5231—2001 GB/T 1220—2007

5.3 耐压

泵的受压零件应承受最高工作压力 1.5 倍，零件表面不应有渗漏或冒汗现象。

5.4 平衡

5.4.1 静平衡

泵旋转零件（包括离心叶轮和联轴器等）作静平衡时，静平衡的精度为 GB/T 9239.1—2006 中的 6.3 级，允许的静平衡力矩应符合式(1)：

$$M_1 < e \cdot G \quad \cdots\cdots(1)$$

式中：

M_1——静平衡力矩，单位为牛顿米(N·m)；

e——允许偏心距的数值，单位为米(m)，允许偏心距 e 可按 GB/T 9239.1—2006 中的 6.3 级精度；

G——旋转零件的重力的数值，单位为牛顿(N)。

5.4.2 动平衡

泵的旋转零件（包括离心叶轮和联轴器等）作动平衡时，动平衡的精度为 GB/T 9239.1—2006 中的 6.3 级，允许动平衡允许力矩 M_2(N·m)应符合式(2)：

$$M_2 < \frac{1}{2} e \cdot G \quad \cdots\cdots(2)$$

5.5 性能

5.5.1 运转性能

5.5.1.1 泵在设计流量点的 50%～120%范围内，应运转平稳，无异常振动和噪声。

5.5.1.2 轴承体外表测得的轴承温度不应超过 75℃，轴承温升不应超过 35℃。

5.5.1.3 机械密封处的液体泄漏量应符合表 5 的规定。

表 5 机械密封允许泄漏量

密封处轴径/mm	允许泄漏量/(mL/h)
≤50	≤3
>50	≤5

5.5.1.4 软填料密封处的液体应保证有一定的泄漏量，泄漏量应不超过 3 mL/min。

5.5.2 水力性能

应给出在额定转速下对应于流量的扬程、效率、轴功率特性曲线，并在特性曲线上给出泵的允许工作范围。还应提供介质的黏度下的扬程、效率、轴功率特性曲线。水力性能应满足 GB/T 3216 C 级精度要求。

5.5.3 汽蚀性能

应给出在额定转速下对应于流量的必需汽蚀余量的特性曲线，并在特性曲线上给出泵的允许工作范围。还应向用户提供介质的黏度下的必需汽蚀余量的特性曲线。汽蚀性能试验应满足 GB/T 3216

C级精度要求。

5.5.4 自吸性能

泵应具有自吸能力。在标准管路(见7.11.1)条件下,进口直径小于150 mm的泵在垂直高度6 m时,从泵启动到开始排水的平均自吸时间为150 s,进口直径不小于150 mm的泵在垂直高度5 m时,从泵启动到开始排水的自吸时间为120 s。

5.5.5 振动性能

5.5.5.1 对于刚性安装的泵,振动烈度等级满足JB/T 8097—1999的C级规定值。

5.5.5.2 对于弹性安装的泵,振动烈度等级满足GB/T 16301—2008的C级规定值。

5.5.6 噪声性能

泵的噪声测试方法按照JB/T 8098—1999,结果满足C级规定值。

5.6 环境适应性

泵在以下环境条件下都应能正常工作。

5.6.1 环境条件

a) 温度:机舱0℃～50℃,露天甲板－25℃～45℃;

b) 最高吸入压力不大于0.1 MPa;

c) 湿度:空气相对湿度不大于98%并含有少量油雾和盐分。

5.6.2 倾斜与摇摆

按照CB 1146.8的规定。

5.6.3 环境振动

按照CB 1146.9的规定。

6 检验规则

6.1 检验分类

泵的检验分为型式检验和出厂检验。

6.2 检验时机

具有下列情况之一时,泵应进行型式检验:

a) 每种规格的首制泵;

b) 转厂生产的首制泵;

c) 设计、结构、材料和工艺有重大修改并可能会影响到重要性能的泵;

d) 停产后5年恢复生产的泵;

e) 出厂检验结果与上次型式检验有较大差别的泵;

f) 国家质量监督机构提出进行型式检验要求的泵。

6.3 型式检验

6.3.1 泵的型式检验项目和顺序按表6。

表6 检验项目

序号	检验项目	型式检验	出厂检验	技术要求条号	试验方法条号
1	外观	●	●	5.1	7.2
2	材料	●	●	5.2	7.3
3	耐压	●	●	5.3	7.4
4	平衡	●	●	5.4	7.5
5	运转	●	●	5.5.1	7.6

表 6（续）

序号	检验项目	型式检验	出厂检验	技术要求条号	试验方法条号
6	水力性能	●	●	5.5.2	7.7
7	汽蚀性能	●	●	5.5.3	7.8
8	自吸	●	●	5.5.4	7.9
9	振动	●	—	5.5.5	7.10
10	噪声	●	—	5.5.6	7.11
11	倾斜与摇摆	●	—	5.6.2	7.12
12	环境振动	●	—	5.6.3	7.13
注：●必检项目；—不检项目。					

6.3.2　泵的型式检验的样品数量为 1 台。

6.3.3　泵的型式检验全部项目符合要求，判定泵的型式检验合格。若有不符合要求项目，允许加倍取样复验一次，所有项目需重新试验。若复验仍有不符合要求的项目，则判定泵型式检验不合格。

6.4　出厂检验

6.4.1　泵的出厂检验项目和顺序按表 6。

6.4.2　泵的出厂检验应逐台检验。

6.4.3　泵的出厂检验全部项目符合要求，判定泵的出厂检验合格。若有不符合要求项目，允许加倍取样复验一次，所有项目需重新试验。若复验仍有不符合要求的项目，则判定泵出厂检验不合格。

7　试验方法

7.1　试验装置

试验装置、设备、试验介质、试验条件及测量精度等应符合 GB/T 3216 的有关规定。

7.2　外观检查

泵在试验之前应进行外观检查，结果应符合 5.1 的要求。

7.3　材料检查

检查并核对泵的所有材料的牌号和材质说明书，结果应符合 5.2 的要求。

7.4　耐压试验

7.4.1　耐压零件应进行耐压试验，压力应为最高工作压力的 1.5 倍，保压时间不少于 10 min，结果应符合 5.3 的要求。

7.4.2　铸件耐压试验结果不符合要求，允许用焊补方法修补零件，但禁止用堵塞、敲击等办法修补受压铸件上的缺陷，焊补后的受压零件应在消除应力后重复进行水压试验，试验压力应为最高工作压力的 1.7 倍，保压时间不少于 10 min，结果应符合 5.3 的要求。

7.5　平衡试验

平衡试验按 GB/T 10832 规定进行，结果应符合 5.4 的要求。

7.6　运转试验

泵在额定流量下进行运转试验。在型式试验时，运转试验时间为 4 h。在出厂试验时，运转试验时间不少于 1 h，结果应符合 5.5.1 的要求。

7.7　水力性能试验

7.7.1　泵型式试验时，水力性能试验方法按 GB/T 3216 的规定，流量按 GB/T 3214 的规定进行测量，泵额定点的流量和扬程的允差按 GB/T 3216 的 C 级精度进行考核，结果应符合 5.5.2 的要求。

7.7.2　泵出厂试验时，水力性能试验应测定额定转速时泵在 50%、100% 和 120% 三个额定流量下的扬程、轴功率和效率。在泵的额定转速和100%额定流量点下，按GB/T 3216的C级精度进行考核。结果应符合5.5.2的要求。

7.8 汽蚀性能试验

7.8.1 泵型式试验时，汽蚀性能试验只在50%、100%和120%额定流量3个工况点进行。汽蚀性能试验按GB/T 3216的C级精度的规定进行，只有额定流量点的必需汽蚀余量为考核值，结果应符合5.5.3的要求。

7.8.2 泵出厂试验时，汽蚀校核试验只确认泵在额定转速、额定流量及规定的必需汽蚀余量条件下不产生汽蚀。结果应符合5.5.3的要求。

7.9 自吸试验

7.9.1 自吸试验的标准吸入管路为垂直直管6 m，吸入管路上不设置阀门。

7.9.2 进行自吸试验时，转速偏差为额定转速的±5%。

7.9.3 首次起动前泵内需充满水，试验应反复进行3次，每次均测定从泵起动到开始排出水为止的时间。结果应符合5.5.4的要求。

7.9.4 最大自吸高度试验可按GB/T 10832的规定方法进行。

7.10 振动测试

7.10.1 泵振动测试的条件是：

a) 额定转速允差±5%；

b) 额定流量允差±5%。

7.10.2 按JB/T 8097规定进行泵的振动测量与评价，结果应符合5.5.5的要求。

7.11 噪声测试

7.11.1 泵噪声测试的条件是：

a) 额定转速允差±5%；

b) 额定流量允差±5%；

c) 泵内无汽蚀现象。

7.11.2 按JB/T 8098规定进行泵的噪声测量与评价，结果应符合5.5.6的要求。

7.12 倾斜与摇摆试验

7.12.1 泵应以±22.5°，周期3 s～14 s和±7.5°，周期4 s～10 s的条件在摇摆台上进行横摇和纵摇试验，试验方法按CB 1146.8规定进行。

7.12.2 在条件有限的情况下，允许用固定倾斜试验代替横摇试验，固定倾斜试验的倾角为22.5°。

7.12.3 试验结果应符合5.6.2要求。

7.13 环境振动试验

环境振动试验按GB 10821规定进行，试验结果应符合5.6.3要求。

8 标志、包装、运输及贮存

8.1 标志

8.1.1 泵的标牌用耐腐蚀材料制成，并应固定在明显的位置上。尺寸应符合GB/T 13306的规定，内容包括：

a) 制造厂名称和商标；

b) 泵的名称及型号；

c) 流量；

d) 扬程；

e) 转速；

f) 必需汽蚀余量；

g) 配用功率;

h) 重量;

i) 出厂编号及出厂日期;

j) 检验标记。

8.1.2 泵的旋转方向要在显著的位置上用经久耐磨且十分明显的箭头表示。

8.1.3 泵的备件及附件应带有标签,标出图纸名称及所属泵的编号。

8.2 包装

8.2.1 国内订货产品的包装应按照 GB/T 191 和 GB/T 13384 的规定。

8.2.2 泵进出口及其他孔眼均应用堵板或堵塞封住。

8.2.3 泵应在组装后可靠地固定在箱内,备件及附件也应可靠地固定在箱内,以防运输中碰撞损坏。

8.2.4 随泵供应的文件资料应封于防潮的文件袋内。

8.3 运输

8.3.1 泵组应能适用于各种运输工具运输。

8.3.2 泵组在运输过程中应防止雨水和灰尘进入机内。

8.3.3 泵组应轻装轻卸,防止碰撞敲打和跌落。

8.4 贮存

8.4.1 包装箱应存放在不会受到日晒、雨淋或积水浸蚀的地方,包装箱要垫平放稳,不与地面直接接触。

8.4.2 泵的有效油封期为 12 个月,应按期检查,必要时重新油封。

ICS 75.180.01
E 90

中华人民共和国国家标准

GB/T 8423—2008
代替 GB/T 8423—1997

石油钻采设备及专用管材词汇

Glossary of oil field drilling and production equipment and oil country tubular goods terminology

2008-08-28 发布　　2009-03-01 实施

中华人民共和国国家质量监督检验检疫总局
中国国家标准化管理委员会　发布

前言

本标准代替 GB/T 8423—1997《石油钻采设备及专用管材词汇》。

本标准与 GB/T 8423—1997 的主要差异如下：

——按 GB/T 1.1—2000 对编排格式进行了修改；

——各章节都有新术语增补；

——新增一章“采油自动化装备与系统”；

——对 GB/T 8423—1997 中的少量文字错误和其他不妥之处进行了修正。

本标准由全国石油钻采设备和工具标准化技术委员会(SAC/TC96)提出并归口。

本标准负责起草单位：中国石油集团钻井工程技术研究院江汉机械研究所。

本标准参加起草单位：中国石油天然气集团公司管材研究中心、石油工业标准化研究所、宝鸡石油机械有限责任公司。

本标准起草人：谢守平、刘峰、曾永锋、贺会群、葛明君、王敏谦、杨玉刚。

本标准所代替标准的历次版本发布情况为：

——GB/T 8423—1987，GB/T 8423—1997。

石油钻采设备及专用管材词汇

1 范围

本标准规定了石油勘探开发中钻井、采油设备和工具及专用管材的词汇。

本标准适用于石油勘探、钻井采油工程、机械设计、制造和使用等应用领域,对这些常用词汇的理解与使用。

除另有说明外,均为名词。

2 钻机

2.1

钻机 drilling rig

石油与天然气勘探和开发中钻井作业的联合作业机组。主要包括动力设备、传动系统、起升系统、旋转系统、循环系统、井架和底座、控制系统以及配套设备。

2.1.1

顿钻钻机 cable tool drilling rig

依靠钻柱、钻头自重不断冲击破碎岩石的钻机。适用于低压浅油气层钻井。

2.1.2

旋转钻机 rotary drilling rig

由钻柱加压,通过转盘、井下动力或顶部驱动钻井装置旋转钻具破碎岩石的钻机。

2.1.3

液压钻机 hydraulic drilling rig

采用液压动力和传动,用液缸和液马达作为起升和旋转系统的执行机构,通过液-电控制或液-液控制的钻机。

2.1.4

机械传动钻机 mechanical drive drilling rig

由1台或几台内燃机提供动力,通过机械传动系统(如链条、链轮、V带、齿轮、离合器和轴等)将动力传递给各工作机的钻机。

2.1.5

液力传动钻机 hydrodynamic drive drilling rig

在机械传动系统中,装有液力传动元件(液力变矩器或液力偶合器)的钻机。

2.1.6

电动钻机 electrical drive drilling rig

用交流或直流电动机驱动各工作机的钻机。

2.1.6.1

交流变频电动钻机 variable-frequency AC drive drilling rig

采用交流变频电动机驱动的钻机,其调速范围宽,可实现无级调速和数控恒钻压自动送钻。

2.1.6.2

可控硅整流直流电驱动钻机 AC-SCR-DC drive drilling rig

利用交流发电机发电或由电力网供给的交流电,经可控硅整流后供直流电动机驱动工作机的钻机。

2.1.7

中深井钻机　medium-deep well drilling rig

采用直径为 114 mm(4½ in)钻杆、名义钻深范围为 1 500 m～4 000 m、最大钩载为 900 kN～2 250 kN的钻机。

2.1.8

深井钻机　deep-well drilling rig

采用直径为 114 mm(4½ in)的钻杆、名义钻深范围为 4 000 m～7 000 m、最大钩载为 2 250 kN～4 500 kN的钻机。

2.1.9

超深井钻机　ultra-deep well drilling rig

采用直径为 114 mm(4½ in)钻杆、名义钻深范围为 7 000 m 以上、最大钩载为 4 500 kN 以上的钻机。

2.1.10

斜直井钻机　slant hole drilling rig

钻井作业时,井架可倾斜 0°～45°的钻机。用于钻自井口开始井眼轨迹为斜直井段的定向井。需采用特殊的钻杆立放和装卸装置。

2.1.11

小井眼钻机　slimhole drilling rig

完钻井径小于常规完钻井径的钻机。一般用于钻井井径为 152 mm(6 in)或小于 152 mm(6 in)的井,并可用于老井加深或侧钻。

2.1.12

轻便钻机　portable drilling rig

适用于浅井且易于搬迁的轻型钻机。包括水文钻机、岩心钻机和地震钻机等。

2.1.13

车装钻机　truck-mounted drilling rig

钻井联动机组安装在载重汽车底盘上,本身自带驱动装置的钻机。一般用于浅井、中深井和小井眼钻井,也可用于修井。

2.1.14

自行式钻机　self-propelled drilling rig

柴油机和传动装置装在底盘上,可以分别驱动底盘行走或驱动钻井装置作业的钻机。

2.1.15

滩海钻机　shoal drilling rig

内陆水域钻机

适用于滩海、内陆湖泊及沼泽地带钻井作业的钻机。

2.1.16

海洋钻机　offshore rig

具有防潮湿、霉菌和盐雾等功能,适用于海上钻井作业的钻机。

2.1.17

沙漠钻机　desert drilling rig

柴油机、发电机组、电动机、电控系统、固控系统和空气处理装置均配有防风防砂和防凝、冷却装置,钻台、二层台和机房设有防风保温篷的钻机,适用于沙漠地带钻井。

2.1.18

自动化钻机　automated drilling rig

由计算机控制钻井全过程，装有井口操作机械化和自动排放等装置的钻机。

2.1.19

模块化钻机 modular drilling rig

采用模块结构的组装式钻机，由主机区、泵组区、动力区、底座区、钻井液净化区等5区8大系统的多个安装模块组成。

2.1.20

拖挂式钻机　trailerized drilling rig

采用半挂车行车制动、半挂车转向控制、液压盘式刹车和液力传动箱的钻机，兼有车装钻机和橇装模块化钻机的优点。

2.1.21

直升机吊运钻机　helicopter transported drilling rig

采用直升机吊装和运输的钻机，适用于沼泽、热带雨林等偏远复杂地区的钻井作业。

2.1.22

液缸升降式钻机　hydraulic cylinder-lifting type drilling rig

用液缸替代绞车进行提升，下放钻柱和自动送钻的钻机。

2.1.23

软管钻机　flexorig

用连续软管代替单节钻杆以组成钻杆柱，并采用井下动力钻具，带动钻头转动的旋转钻机。

2.1.24

激光钻机　laser drilling rig

利用高能激光发生器发出的能量进行钻井的钻机。

2.1.25

橇装钻机　skid-mounted drilling rig

安装在橇形底座上的钻机。

2.1.26

钻机控制系统　control system of drilling rig

控制原动机、钻井绞车、钻井泵和转盘启动、调速与制动以及气、液、电线路等的系统。

2.1.26.1

钻机液压控制系统　hydraulic control system of drilling rig

钻机传动离合和变速及制动机构用液压执行机构和液压元件完成的控制系统。

2.1.26.2

钻机气动控制系统　pneumatic control system of drilling rig

钻机传动离合和变速及制动机构由气动元件控制的系统。

2.1.26.3

钻机电控制系统　electric control system of drilling rig

钻机传动离合和变速及制动机构均用电气元件控制的系统。

2.1.26.4

钻机机械控制系统　mechanical control system of drilling rig

钻机传动离合和变速及制动机构均用机械方式控制的系统。

2.1.26.5

钻机联合控制系统　compound control system of drilling rig

采用机-电-气-液等混合方式控制钻机传动离合和变速及制动机构的系统。

2.1.26.6

钻井控制台　drilling control console

装有集中控制显示仪表及操作机构的司钻操作台。

2.1.26.7

钻机冷启动装置　cold-start unit for drilling rig

通过动力机带动小型压缩机产生压缩空气的橇装式装置。动力机、压缩机及其他附件均安装在同一橇座上，并设置密闭的隔音护罩。

2.2

有关钻机的基本概念　general terms derived from drilling rig

2.2.1

天车最大载荷　maximum load of crown block

天车滑轮在全部穿绳(包括快绳和死绳)情况下各段钢丝绳最大拉力的总和。

2.2.2

大钩载荷　hook load

作用在大钩上，由钻柱、套管柱等形成的力。

2.2.3

最大钩载　maximum hook load

根据材料强度和规定的安全系数确定的设备能承受的最大载荷，也就是钻机在最多绳数下，大钩所能提升的最大载荷，包括静载荷和动载荷。

2.2.4

游动系统最大载荷　maximum load of travelling system

最大钩载加上游车、游动钢丝绳及大钩的重力，即全部有效绳(快绳和死绳除外)的最大拉力总和。

2.2.5

最大钻柱载荷　maximum drilling string weight

在规定井深条件下，钻柱在空气中的质量，国际上一般按 114.3 mm(4½ in)钻杆，30 kg/m 计算，如 ZJ40 钻机最大钻柱质量为 120 t。

2.2.6

钩载储备因数　reserve factor of hook load

最大钩载与最大钻柱载荷的比值。

2.2.7

钢丝绳安全因数　safety factor of drilling line

钢丝绳破断拉力与钢丝绳最大静载荷的比值。

2.2.8

起升特性曲线　hoisting characteristic curve

起升载荷随起升速度变化的关系曲线。

2.2.9

钻机总功率　total power of drilling rig

为驱动钻机和辅助设备所配备的动力机功率的总和。

2.2.10

钻机名义钻深　nominal drilling depth

钻机在规定的钻井绳数下,使用规定的钻柱所能达到的钻井深度。

2.2.11

名义钻深范围　nominal range of drilling depth

钻机在规定的钻井绳数下,使用规定的钻柱时钻机的经济钻井深度范围。

2.2.12

钻机移运性　portability of drilling rig

钻机搬迁的难易程度。

3　井架和底座

3.1

井架　derricks or masts

用于安放天车,悬挂游车、大钩和吊环、吊卡、大钳等起升设备和工具,并用以起下和存放钻杆、油管、抽油杆或套管等的钢架结构。

3.1.1

塔形井架　tower-shaped derrick

横截面为正方形或矩形的四棱截锥形空间桁架结构的井架。一般由许多单一构件用螺栓连接组成,并在井场高空组装和拆卸。

3.1.2

A 形井架　A-mast

指整体结构由 2 个等截面的柱状桁架或管柱式井架大腿通过天车、二层台等构成"A"字形的空间结构井架。井架大腿下段有 1 对人字架或撑杆,用于起放井架、保持井架纵向稳定性。井架在井场地面组装、整体起升、分段运输。

3.1.3

前开口式井架　open face cantilever mast

K 形井架

指前扇敞开或大部分敞开、截面为"Π"形的空间桁架结构井架。两侧分片或分块焊成若干段,背部为桁架杆系。井架下段后部有 1 对人字架或撑杆,用于起放井架,并保持井架前后的稳定性。井架分段在井场水平组装、整体起升。

3.1.4

桅形井架　mast

正面与侧面一般均为矩形、前扇上部敞开的空间桁架结构井架。井架各段均焊成一整体,各段间用销子或螺栓连接,在井场水平组装、整体起升、分段或整体运输。工作时向井口方向倾立,需要用绷绳保持其稳定性。对于车装钻机或修井机,桅形井架多做成伸缩式或折叠式。

3.1.5

轻便橇装式井架　portable skid-mounted type mast

采用焊接或销组装成一整体的四腿车装或拖装式井架。可分为前开口式和桅形 2 种。

3.1.6

井架安装车　derrick erecting truck

安装或拆卸塔形井架的专用车。由传动系统、操纵系统、绞车滚筒、机架和车身等组成。

3.1.7

垂升式井架　bootstrap mast

在钻台上垂直套装的井架。

3.1.8

伸缩式井架　telescoping derrick

能利用滑轮钢丝绳系统或液压系统整体竖立的轻便井架。通常井架上节插在下节内，起升时用钢丝绳或液压系统将上节升起至最大高度。

3.2

井架组成部分　derrick component parts

3.2.1

井架绷绳　derrick guyline

防止井架倾倒的钢丝绳。一般有4～8根，从井架顶部和二层台与地表成一定角度固定于地面的绷绳锚上。

3.2.2

绷绳锚　guyline anchor

埋于井场地表下面、用以固定井架绷绳的锚桩。一般由混凝土、金属或木头制成。

3.2.3

天车台　water table

连接井架顶部、供安装或维修天车用的框架式工作台。

3.2.3.1

天车台人字架　gin pole

装在天车台上的人字形起吊支架，用于安装、拆卸和维护天车。

3.2.4

二层台　racking platform

供井架工起下钻具操作和支承钻杆立根上端的平台。通常在井架上有两三个不同高度的安装位置，以适应不同长度立根操作的需要。

3.2.4.1

指梁　finger broad

设在井架二层台上的指状臂梁，用以约束立根盒中的立根。

3.2.5

死绳固定器　dead-line anchor

固定游动系统钢丝绳死绳端的装置。

3.2.6

起升绳　raising line

井架水平安装后，整体立放用的钢丝绳。

3.2.7

井架大门　window opening

井架下部正前方(井架面对井场一侧)的开口。便于将钻杆和套管等吊上钻台。

3.2.8

井架大腿　derrick leg

井架结构中起主要支承作用的立柱，一般为2条或4条。

3.2.9

方钻杆操作台　kelly platform

进行方钻杆旋接操作的小平台。一般是沿井架梯子上行的第一级小平台。

3.3

有关井架的基本概念　general terms derived from derrick

3.3.1

天车台开孔　water table opening

天车台内缘,允许天车通过的净宽度。

3.3.2

二层台有效高度　available height of racking platform

从钻台平面到二层台台面的垂直距离。

3.3.3

二层台容量　capacity of racking platform

二层台(安放在最小有效高度上)所能存放钻杆、油管或悬挂抽油杆的数量。通常用一定尺寸的钻杆、油管或抽油杆的总长度来表示。

3.3.4

井架公称高度　nominal height of derrick

塔形井架的公称高度指从井架大腿底板底面到天车台梁底面的垂直高度;前开口式井架和A形井架的公称高度是指井架下底支脚销孔中心到天车台梁底面的垂直高度;桅形井架的公称高度是指基础面到天车台梁底面的垂直高度。

3.3.5

井架有效高度　available height of derrick

钻台面到天车台梁底面的垂直高度。

3.3.6

井架上底尺寸　derrick top size

与天车台梁底面相连接的井架各相连大腿中心轴线之间的水平距离。

3.3.7

井架下底尺寸　derrick base size

塔形井架紧贴钻台面各相邻井架大腿中心轴线之间的水平距离;A形井架和桅形井架下支脚耳孔中心线之间的水平距离。

3.3.8

井架大门高度　height of window opening

塔形井架大门高度是指钻台面到大门顶面的垂直高度。

3.3.9

井架起立载荷　erection load on mast

起升或下放井架时,井架本体及底座所承受的最大载荷。

3.3.10

井架最大额定大钩静载荷　maximum rated static hook load of derrick

在规定游动绳数和死绳固定位置条件下,井架内不排放钻杆、抽油杆和没有风载情况下,井架能承受的最大静载荷。

3.3.11

风载　wind load

风压作用在井架及立根垂直承风面上的总载荷。

3.3.12

立根水平载荷 setback horizontal load

立根自重以及立根所承受的风载在二层台上所产生的水平方向的作用力。

3.3.13

井架恒载 dead load on derrick

长期作用在井架上的不变载荷。包括井架自重及安放在它上面的各种设备和工具(如天车、吊钳和立管等)的重力。

3.3.14

工作绳作用力 working line force

最大钩载作用于快绳和死绳所产生的拉力的合力。

3.3.15

井架绷绳载荷 guyline load

绷绳施加在井架上的载荷。

3.3.16

井架绷绳图 guyline diagram

为保持井架的承载能力和稳定性及立根稳定所需绷绳拉力而绘制的受力图,包括绷绳布置的方案图。

3.3.17

地震载荷 earthquake load

对于在地震区工作的井架所需考虑的地震附加作用力。

3.3.18

井架作用力 derrick acting force

井架所受的各种载荷通过井架与底座的连接点作用到底座上的力。

3.4

底座 substructure

用于安装钻机部件、承受大钩载荷、旋转载荷和立根载荷并满足钻井工艺和搬迁要求的钢架结构平台。主要有井架底座、联动机组底座及泵底座。

3.4.1

井架底座 derrick substructure

用以安装井架、绞车和转盘等的底座。

3.4.1.1

箱式底座 box type substructure

由一对分开且平行的、用销和梁连接组成的矩形箱体的井架底座。底座同时可用作水箱、材料库等。

3.4.1.2

叠箱式底座 box-on-box type substructure

由几层箱式结构组成的井架底座。

3.4.1.3

拖橇式底座 skid and trailer type substructure

上下各有一对船形构件,中间用支架和杆件连成一整体的井架底座。直接放在地面上可作为一个滑橇,装上车轮就构成一个拖车框架,用以实现钻机整体拖运。

3.4.1.4

车装式底座　truck-mounted substructure

由卡车或拖车的车身及其附属操作台组成的底座。可作为钻井或修井设备的底座。

3.4.1.5

弹弓式底座　slingshot substructure

双升式底座

利用平行四边形连杆机构，将钻台和已起立的井架同时旋升至工作位置的底座。

3.4.1.6

旋升式底座　swing up substructure

与井架共用一套起升系统，以平行四边形结构起升的底座。

3.4.1.7

附加底座　vertical extension substructure

为增加转盘支承大梁下面的有效高度，在原有底座下面所附加的一层底座。

3.4.2

联动机组底座　power package substructure

用于安装动力机组的金属结构底座。

3.4.3

泵底座　pump substructure

用于安装钻井泵的金属结构底座。可用于泵的整体拖运。

3.5

底座组成部分　substructure component parts

3.5.1

钻台　derrick floor

装于井架底座上，作为钻工操作台面的金属地板。

3.5.2

立根盒　pipe setback

钻台上排放和容纳立根的装置。

3.5.3

大鼠洞　rat hole

在转盘一侧用来放置水龙头与方钻杆联接件的管洞。

3.5.4

小鼠洞　mouse hole

在转盘前面存放并连接单根用的管洞。

3.5.5

转盘大梁　rotary table beams

用于安装转盘并承受转盘载荷的大梁。

3.6

有关井架底座的基本概念　general terms derived from substructure

3.6.1

井架底座高度　substructure height

自底座下平面至钻台面的垂直距离。

3.6.2

井架底座有效高度　available substructure height

自底座下平面至转盘梁底面之间的垂直距离。

3.6.3

井架底座载荷　load on substructure

作用于底座上的载荷，包括底座恒载、立根盒载荷、转盘载荷、工作载荷、风载、动力载荷和地震载荷等。

3.6.4

井架底座恒载　dead load on substructure

长期作用在底座上的不变载荷，包括底座及安放在它上面的设备和工具的重力。

3.6.5

井架底座工作载荷　working load of substructure

安放在底座上的设备，在工作过程中作用于底座上的除恒载之外的载荷。

3.6.6

立根盒载荷　pipe setback capacity

存放管柱时，作用在立根盒上的最大载荷。

3.6.7

井架底座基础载荷　derrick foundation load

井架底座基础所承受的井架、井架底座及其他设备的重力和井架最大安全载荷的总和。

3.6.8

井架底座基础载荷图　foundation load diagram

井架底座基础的支承上标明载荷分布大小的图。

4　驱动与传动系统

4.1

内燃机驱动系统　internal combustion engine drive system

以柴油机或天然气发动机为动力驱动工作机的系统。

4.1.1

发动机超速保护装置　engine overspeed protector

安装在发动机进气管道上，当发动机转速达到设定值时自动切断进气实现紧急停机，从而达到保护发动机目的的装置。这种装置还具有手动紧急停机的功能。其控制系统既可采用气动控制方式，亦可采用液动控制方式。

4.2

电驱动系统　electric drive system

用电动机驱动工作机的系统。

4.2.1

直-直流电驱动系统　DC-DC drive system

用直流发电机通过直流电动机来驱动工作机的系统。

4.2.2

交-直流可控硅电驱动系统　AC-SCR-DC drive system

利用交流发电机发电或将电力网的交流电经可控硅整流后供给直流电动机驱动工作机的系统。

4.2.3

交流电驱动系统　AC drive system

用电网电源或自行发电,供给交流电动机驱动工作机的系统。

4.2.4

交流变频电驱动系统　variable-frequency AC drive system

将交流电经变频器变频后供给交流电动机驱动工作机的系统。

4.2.5

机电混合驱动系统　mechano-electrical compound drive system

由发动机和电动机分别驱动各工作机的系统。

4.3

联合驱动系统　unitized drive system

各动力机组并车后,按各工作机的动力需要统一分配使用的驱动系统。

4.4

单独驱动系统　individual drive system

各工作机分别用各自的发动机驱动的系统。

4.5

分组驱动系统　group drive system

动力的组合介于单独驱动和联合驱动之间,部分工作机单独驱动,部分工作机联合驱动。

4.6

动力传动系统　power transmission system

用以将动力传递、分配给各工作机的系统,包括离合减速、并车、反转和变速机构等。

4.6.1

机械传动系统　mechanical transmission system

由万向轴、减速器、离合器、V带、正车箱、倒车箱、传动链条和轴等组成的传动和分配动力的系统。

4.6.1.1

带传动系统　belt transmission system

采用V带作为主传动副进行动力机组的并车、中间传动并带动钻井泵的系统。

4.6.1.2

链传动系统　chain transmission system

采用套筒滚子链作为主传动副进行动力机组的传动、并车和变速的系统。

4.6.1.3

万向轴-锥齿轮传动系统　universal joint-bevel gear transmission system

用万向轴和锥齿轮将多台发动机并车,联合驱动各工作机及辅助设备的系统。

4.6.2

液力传动系统　hydrodynamic transmission system

在发动机和工作机之间装有液力变矩器或液力偶合器的传动系统。

4.6.3

液压传动系统　hydraulic transmission system

通过液压泵、液压阀和液压管线驱动液压马达或液缸来带动各工作机的传动系统。

4.6.4

液力变矩器　hydraulic torque converter

能随载荷的变化而自动调速的液力传动装置。一般由泵轮、涡轮及导轮组成,用于恒功率调速传动中缓和冲击、消除振动。

4.6.4.1

变矩器补偿系统　compensate system of torque converter

补偿变矩器中传动液的漏失和压力损失，对传动液进行强制冷却的装置。

4.6.5

液力偶合器　fluid coupling

通过主动轴带动泵轮，使传动液获得能量后输给涡轮，带动从动轴工作的传动装置。由泵轮和涡轮两个叶轮盘组成，可缓和冲击、消除振动。分为单腔、双腔、限矩和调速偶合器等多种型式。

4.6.5.1

可调液力偶合器　adjustable fluid coupling

借助调节传动液的充满度，以得到不同输出转速和转矩的偶合器。

4.6.5.2

不可调液力偶合器　unvariable speed fluid coupling

正常工作转矩下，不能人为调速的偶合器。

4.6.6

离合器 clutch

主、从动件在同轴线上传递动力或运动时，具有挂合和摘离功能的传动元件。

4.6.6.1

齿形离合器　toothed clutch

靠内外齿的啮合与分离来实现主动件与从动件的挂合和摘离的离合器。

4.6.6.2

牙嵌离合器　jaw clutch

靠凹凸牙嵌的接合连接主动件与被动件的离合器。

4.6.6.3

超越离合器　overrunning clutch

利用主从动部分的速度变化或旋转方向的变换自行摘离的离合器。

4.6.6.4

气胎离合器　tyre type pneumatic frictional clutch

压缩空气通过气动元件控制气胎及摩擦片，径向抱合摩擦毂的传动元件。

4.6.6.5

通风型气离合器　ventilating clutch

压缩空气通过气动元件控制气室及闸瓦，径向抱合摩擦毂的传动元件。其气室不承受转矩，装有摩擦片的闸瓦结构有利于散热。按气室结构可分为气胎式和膜片式等。

4.6.6.6

盘式气离合器　disk type pneumatic frictional clutch

通过气室充、排压缩空气，推动环状平面摩擦片沿轴向移动，实现主动件与从动件的挂合或摘离的离合器。

4.6.7

套筒滚子链　bush roller chain

由金属销轴、套筒、滚子及链板等构成链节，用链节连接起来的条状传动链条。

4.6.8

爬坡链　load roller chain

从低底座向高底座工作机传递动力的传动链条。

4.6.9

链条箱　drive chain case

用于强制润滑和保护链条,由金属板制成的密闭箱体。

4.6.10

惯性刹车　inertia brake

切断动力源时,用于迅速刹住从动件旋转运动的刹车。

5　钻机旋转系统

5.1

转盘　rotary table

通过方钻杆带动钻柱旋转,并承受钻柱和套管柱重力的装置。主要由水平轴总成、转台总成、主轴承和转盘体等部件组成。

5.1.1

转盘体　table base

支承水平轴主轴承和转台总成的箱式壳体。

5.1.2

转台　turntable

借助主轴承坐在转盘体上的台状铸钢件。其上部中间有方孔,用来安装大方补心。其台肩下方装配有采用静配合的大锥齿轮。转台承受钻柱或套管柱的全部重力或大锥齿轮旋转时产生的作用力。

5.1.3

大方补心　master bushing

由上方下圆且垂直对称的两部分组成,靠台肩坐于转盘开口处的转盘部件。其中可放置卡瓦或传递转盘转矩的方钻杆补心。

5.1.4

转盘制动机构　rotary table locking device

在转盘水平轴上装有制动棘爪,通过棘爪和大小锥齿轮制动转台,或用销子直接锁紧转台的机构,以便卸钻头或用井底动力钻具钻井时承受钻具的反转矩。

5.1.5

转盘反转矩释放装置　anti-torque release unit

转盘离合器摘开时,为控制转盘的反向旋转而安装的控制装置。其作用是控制转盘的反向转矩缓慢释放,以保证设备和人身安全。

5.2

有关转盘的基本概念　general terms derived from rotary table

5.2.1

转盘开口直径　table opening diameter

不带大方补心的转盘中心开孔直径。

5.2.2

转盘最大静载荷　maximum static load of rotary table

转盘上能承受的最大载荷。应与钻机的最大钩载相匹配。

5.2.3

转盘转速　rotary table speed

转盘旋转的速度。转盘钻井时等于钻头的转速。

5.2.4

转盘最高转速　maximum table speed

转盘允许使用的最高转速。

5.2.5

转盘额定功率　rated power of rotary table

转盘水平轴允许输入的最大功率。

5.3

水龙头　swivel

上部与大钩的主体相连、下部通过方钻杆与钻柱相连接，在循环钻井液的同时悬挂钻柱，并允许钻柱旋转的部件。

5.3.1

提环　swivel bail

通过销孔与水龙头壳体两侧相连的环梁。挂在大钩的主钩上，承受钻机最大钻柱载荷。

5.3.2

冲管　swivel washpipe

位于中心管上部钻井液密封盒内、自鹅颈管将高压钻井液引入中心管的专用短管。

5.3.3

水龙头中心管　swivel stem

水龙头中的转动承载管件。其台肩坐在主轴承上，其下端借助于短节与方钻杆相连接。

5.3.4

鹅颈管　swivel goose neck

水龙头上端连接水龙带的弯头。其外形似鹅颈。

5.3.5

双鹅颈管　double swivel goose neck

采用两套地面管线、立管和水龙带时所用的“T”字形鹅颈管。适用于大排量钻井液钻井。

5.3.6

两用水龙头　double function swivel

接单根时能完成旋扣作业的水龙头，是将水龙头和接单根旋转短节结合成一体的钻井装置。

5.3.7

动力水龙头　power swivel

靠自身的马达使齿轮副旋转，从而驱动中心管、钻柱和钻头旋转的水龙头。

5.3.8

顶部驱动钻井装置　top drive drilling system

由电动机（交、直流）或液马达，通过齿轮副驱动水龙头中心管、钻柱和钻头旋转钻进，并带有管子上卸扣装置、平衡反转矩装置和防喷阀的钻井系统。

5.3.9

侧部驱动钻井装置　side drive drilling system

通过机械传动，将在钻台上获得的动力经井眼一侧的垂直驱动轴和齿轮副驱动水龙头中心管、钻柱及钻头旋转钻进，并带有管子上卸扣装置、平衡反转矩装置和防喷阀的钻井系统。

5.3.10

套管钻井装置　casing drilling system

利用套管本身旋转带动钻头，并以套管作为钻井液循环通道实现钻进。

5.4

有关水龙头的基本概念 general terms derived from swivel

5.4.1

水龙头最大静载荷 maximum swivel static load

水龙头的主轴承、提环与中心管所能承受的最大静载荷,应与最大钩载相匹配。

5.4.2

水龙头最高转速 maximum swivel rotary speed

与转盘最高转速相匹配的许用最高转速。

5.4.3

水龙头最大工作压力 maximum working pressure of swivel

循环钻井液时,鹅颈管和冲管能承受的最大许用压力。

5.4.4

中心管内径 inner diameter of swivel stem

中心管的通孔直径。

6 钻机起升系统

6.1

起升系统 hoisting system

用以悬持、起升、下放钻柱、套管柱、油管柱或抽油杆柱,并可起放井架的系统。主要由绞车及其驱动和传动系统、井架、游动系统组成。

6.2

游动系统 travelling system

起升系统中的复滑轮提升装置。由天车、游车、大钩和钢丝绳等构成。

6.2.1

天车 crown block

装在井架天车台上,由几个滑轮组成的定轴滑轮组件。

6.2.2

游车 travelling block

悬于天车下面,在井架中上下运动的滑轮组。滑轮数一般比天车的少1个。

6.2.3

大钩 hook

悬挂水龙头并借助吊环、吊卡来悬挂钻柱、套管柱、油管柱和抽油杆柱等的吊挂部件。其主钩用于悬挂水龙头,副钩用于悬挂吊环。

6.2.4

游车大钩 hook block assembly

游车与大钩构成一体的起升部件。

6.2.5

钻井钢丝绳 wireline

游动系统中使用的钢丝绳。

6.2.6

死绳 dead line

游动系统中,由死绳固定器至天车轮的一段钢丝绳。它只承受拉力,但不运动。

6.2.7

快绳　fast line

游动系统中，从天车轮到绞车滚筒的一段钢丝绳。在整个游动系统中运动速度最快，故称快绳。

6.2.8

钻井钢丝绳检测装置　wireline detection device

对钻井钢丝绳工况恶劣时出现的断丝和磨损的检测装置，利用它可以对钢丝绳的缺陷进行定量检测，借此评估其使用寿命并及时报废处理。主要由检测传感器、脉冲编码器、信号处理系统、计算机系统、钢丝绳定量分析软件和声光报警系统等组成。

6.3

有关游动系统的基本概念　general terms derived from travelling system

6.3.1

游动系统有效绳数　number of effective travelling line

游动系统中，除快绳和死绳之外的工作绳数。

6.3.2

游动系统最多绳数　maximum number of travelling line

钻机配备的轮系所能提供的最大有效绳数。

6.3.3

钻井绳数　number of wireline

用于正常起下钻柱及钻进时的有效绳数。

6.3.4

钢丝绳直径　diameter of wireline

钢丝绳外接圆的直径。

6.3.5

快绳拉力　fast line pull

快绳通过游动系统拉动大钩载荷所需的力。

6.4

绞车　drawworks

利用滚筒缠放钢丝绳，控制大钩运动速度和载荷的设备。主要由滚筒、刹车机构和传动部件组成。

6.4.1

双滚筒绞车　double drum drawworks

装有主滚筒和捞砂滚筒的绞车。

6.4.2

单轴绞车　single shaft drawworks

滚筒装在轴上，猫头直接装在滚筒轴的两端，采取绞车外变速的绞车。对于新型无猫头的交流变频电驱动绞车，单轴绞车是指由电动机通过减速箱直接驱动滚筒轴的绞车。

6.4.3

双轴绞车　double shaft drawworks

装有滚筒轴和猫头轴，采取绞车外变速的绞车。

6.4.4

三轴绞车　three shaft drawworks

装有滚筒轴、猫头轴和传动轴的绞车。

6.4.5

多轴绞车　multishaft drawworks

装有四轴以上的绞车。

6.4.6

开式绞车　open drawworks

绞车外体只带有机架和护罩，无自动润滑装置的一类绞车。

6.4.7

密闭绞车　closed drawworks

装有强制润滑系统，可对传动件实现密封和润滑的绞车。

6.4.8

猫头绞车　catworks

在高钻台重型钻机中，安装在钻台底座上代替绞车猫头轴的轻便绞车，有时兼带传动转盘。

6.4.9

气胎离合器换挡绞车　drawworks with air tube clutch for shifting

完全依赖气胎离合器换挡的绞车，有整轴式和分轴式 2 种类型，即分别采用在中间轴和输入轴两端加装气胎离合器的传动方式。

6.5

绞车组成部分　drawworks component parts

6.5.1

滚筒　drum

卷筒

绞车上用于缠绕钢丝绳并传递动力的圆筒形转动件。由滚筒体、轮辐和刹车毂（盘）等组成。

6.5.2

刹车毂　brake rim

装于滚筒端轮辐上，具有耐热和耐磨性的轮形特种铸钢（或锻钢）件。与刹车块或刹带配套组成摩擦制动副。

6.5.3

捞砂滚筒　sand reel

安装在猫头轴中间位置上的滚筒。可用于捞砂作业中捞取岩心筒、下放仪器或辅助提升作业等。

6.5.4

排绳器　wireline guide

引导钢丝绳均匀地缠绕于滚筒上的机械装置。

6.5.5

稳绳器　wireline stabilizer

消除快绳横向摆动的装置。

6.5.6

滚筒轴　drum shaft

用于安装滚筒、传递动力的轴。一般在其上面还装有滚筒离合器和主刹车等部件。

6.5.7

猫头轴　cat shaft

端部装有猫头，并用以带动猫头的轴。一般位于绞车传动轴和滚筒轴之间的上方。

6.5.8

猫头 cathead

装于绞车侧面的小卷筒。用于拉大钳、吊放单根钻杆和套管等重物。

6.5.8.1

死猫头 dead cathead

固定在轴端的猫头。靠棕绳与猫头的摩擦力来操作。

6.5.8.2

行星猫头 planetary cathead

通过行星齿轮机构传动的猫头。猫头绳固定在猫头上,可以实现正、倒转。

6.5.8.3

摩擦猫头 frictional cathead

通过摩擦片传递动力的猫头。

6.5.9

绞车控制器 drawworks controller

控制绞车刹车的装置。其结构原理是将刹车气缸直接联接到带刹车的刹车转轴上,利用钻机配备的压缩空气源作为刹车气缸的动力源来驱动带刹车制动滚筒。

6.6

刹车机构 brake mechanism

用于控制和制动滚筒,实现调节钻压、下送钻具、控制下钻速度以及悬持钻具的机构。由主刹车和辅助刹车组成。

6.6.1

主刹车 main brake

直接控制和制动滚筒的刹车。

6.6.1.1

带刹车 belt brake

通过刹带上的刹车块与刹车毂之间的摩擦力来控制滚筒转速的刹车。主要由刹车毂、刹车杠杆、刹带、刹车块和平衡梁组成。

6.6.1.2

单杠杆刹车机构 single linkage brake mechanism

由刹把、刹车曲轴组成的刹车机构,其增力倍数较小。

6.6.1.3

双杠杆刹车机构 double linkage brake mechanism

在两套单杠杆之间,用连杆将它们铰接在一起组成的刹车机构,以扩大其增力倍数。

6.6.1.4

刹车杠杆 brake linkage

用以将刹把上的操作力放大,控制滚筒转速的杠杆机构。由刹把、气刹车、刹车曲轴、连杆等机构组成。

6.6.1.5

刹把 brake handle

控制主刹车的司钻操作手柄。

6.6.1.6

刹车曲轴 brake crank shaft

将刹把的力和运动传给刹带,拉拽刹带活动端曲拐转动的曲轴。

6.6.1.7

气刹车　pneumatic brake

通过扭转刹把手柄来调节司钻阀、调定气缸中的气压，以带动刹车曲轴控制刹车机构的刹车。

6.6.1.8

刹带　brake band

内表面一定间距内装有若干刹车块的环状弹簧钢板。两端用销子连接，其中一端固定在平衡梁上，另一端为活动端，通过刹车杠杆作用，使刹车块抱紧或脱开刹车毂。

6.6.1.9

刹车块　brake block

由耐热、耐磨和高摩擦因数材料模压或编织模压而成的弧形块状构件。用螺栓固定在刹带上。

6.6.1.10

平衡梁　equalizer bar

两端各与一条刹带相连，用以调节和补偿2个刹带作用力不均的梁。

6.6.1.11

盘式刹车　disk brake

由刹车轮盘和多个刹车块与液压系统（或气动系统）组成的主刹车。一般有工作刹车、应急刹车和驻车刹车。

6.6.2

辅助刹车　auxiliary brake

利用电磁力或水力阻尼作用等构成制动转矩，控制钻具下放速度、减少主刹车磨损的装置。主要有水刹车和电磁涡流刹车等。

6.6.2.1

水刹车　hydromatic brake

利用转子在有定子的水室内运转产生的制动转矩，以减缓钻具下放速度的辅助刹车。

6.6.2.2

电磁涡流刹车　magnetic eddy current brake

利用转子在定子可控磁场中转动切割磁力线，产生电涡流所形成的反转矩，以消耗下钻能量、控制下钻速度的辅助刹车。按冷却方式可分为水冷和风冷2种。

6.6.2.3

磁粉刹车　magnetic powder brake

定子与转子间装有羰基镀膜铁粉，用以增加刹车制动转矩的电磁刹车。

6.6.2.4

防碰天车　crown block saver

在起钻过程中，用来预防由于故障或误操作而造成游车碰撞天车的自动紧急制动装置。

6.7

有关绞车的基本概念　general terms derived from drawworks

6.7.1

刹车毂直径与宽度　diameter and width of brake rim

主刹车刹带所抱住的外圆的直径为刹车毂直径，所抱住的宽度为刹车毂的宽度。

6.7.2

滚筒直径与滚筒长度　diameter and length of drum

滚筒的外圆直径为滚筒直径。两轮辐（盘）所限定的长度为滚筒的长度。它们是绞车的主要几何参数，可决定绞车的外廓尺寸和滚筒的缠绳容量。

6.7.3

制动能力　brake capacity

刹车装置在滚筒的安全下放转速下，能产生的最大制动转矩。

6.7.4

快绳倾角　fleet angle

钢丝绳缠绕至滚筒端缘时，快绳与天车快绳滑轮中心铅垂线间的夹角。

6.7.5

滚筒绳槽　drum groove

为便于整齐排绳，在绞车滚筒面上加工成的排绳槽。

6.7.6

增力倍数　multiple of linkage force

刹车杠杆力的放大倍数。

6.7.7

刹车包角　braking wrap angle

当制动绞车滚筒时，刹车毂被刹带围抱住的角度。

6.8

液压下套管机　casing jacking system

由液压泵驱动举升液缸，下卡盘固定不动，上卡盘随液缸上下运动，依次卡住或松开套管柱来完成套管起下作业的钻机增力装置。该装置可增加钻机的起升能力，适用于超深井钻机下套管。

7　钻井液循环系统

7.1

钻井泵　mud pump

在高压下向井底泵送钻井液，用以冷却钻头、携带岩屑，同时可作为动力液驱动井底动力钻具的容积式往复泵。按结构可分为双缸双作用、三缸单作用和三缸双作用等几种形式。

7.1.1

偏置式钻井往复泵　mud pump with offset crank shaft

曲柄轴心低于或高于十字头中心与缸套中心的连线的往复泵。

7.1.2

液压驱动式钻井泵　hydraulic mud pump

用变排量液压泵和动力油缸等代替机械传动的钻井泵，可无级调节泵排量。

7.1.3

灌注泵　charging pump

为改善泵的吸入性能，在泵吸入管处设置的低压填充用离心泵。

7.1.4

地面高压管汇　standpipe manifold

可实现单双泵排出和单双泵短循环放空，连接钻井泵出口与立管的一组管线。

7.1.5

钻井水龙带　rotary hose

循环系统中连接立管和水龙头的挠性高压软管。

7.2

泵的组成部分　pump component parts

7.2.1

动力端　power end

将输入泵的动力传递到活塞杆的机械传动部分。由泵输入轴、齿轮、曲柄连杆机构、轴承和壳体等组成。

7.2.1.1

泵输入轴 input shaft of pump

带有V带轮(或链轮)和小齿轮的旋转部件,可将发动机经V带(或链条)传送的动力通过小齿轮传给输出轴。输入轴两端结构尺寸相同,V带轮(或链轮)可在左端或右端安装,便于井场布置。

7.2.1.2

泵输出轴 output shaft of pump

通过从动齿轮将输入轴传来的动力传给连杆,以带动连杆运动的部件。其上有带动连杆的偏心轮或曲柄。结构形式有空心曲拐、曲柄或直轴加偏心轮等形式。

7.2.1.3

十字头 crosshead

用于连接连杆和介杆并在机座导板上往复滑动的起导向作用的滑块。

7.2.1.4

介杆 intermediate rod

用于连接活塞杆及十字头的中间传力杆。

7.2.2

液力端 fluid end

泵给液体增压和输送液体的部分。由泵头、缸套、活塞或柱塞、泵阀装置、密封装置、空气包和歧管等部件组成。

7.2.2.1

泵头 pump cylinder block

阀箱

泵工作时承受高压液体和其他载荷反复作用的壳体,是液力端的主要零件。液力端的吸入阀、排出阀、缸套及吸入管和排出管均安装在泵头上。双作用泵泵头每缸有2个吸入阀腔和2个排出阀腔,单作用泵每缸只有1个吸入阀腔和1个排出阀腔。

7.2.2.2

缸套 cylinder liner

为防止缸体与活塞直接接触而被磨损,在缸体内镶装与活塞相配合的金属衬套,以形成密封的工作容积。通过更换不同内径的缸套,可以改变泵的排量。

7.2.2.2.1

陶瓷缸套 ceramic liner

具有耐磨、耐腐蚀和耐压性能的组合缸套,其外部为金属套,内部为陶瓷套(用工程陶瓷材料制成),二者组合成一完整的钻井泵缸套。

7.2.2.3

活塞 piston

装于泵缸套内与缸套保持滑动密封,由橡胶或其他密封材料与钢心组成的部件。通过往复运动,可实现工作液吸入和排出过程。

7.2.2.4

活塞杆 piston rod

一端装有活塞,另一端与介杆或十字头连接的金属杆。用于将动力传至活塞做往复运动。

7.2.2.5

泵阀装置 valve assembly

允许液体单向通过的液力闭锁机构。由阀体、阀座、弹簧、密封圈、导向杆(套)等零件组成。根据其功能,可分为排出阀和吸入阀。

7.2.3

空气包　pulsation chamber

连接在钻井泵排出管或吸入管上,内腔装有橡胶隔膜的密闭容器。其内充有一定压力的气体(多为氮气),形成一气垫,用以吸收或减弱钻井泵在工作中产生的排量不均度和压力波动。分为吸入空气包和排出空气包。

7.2.4

安全阀　relief valve

为保证泵安全工作,使泵排出压力不超过某一允许值而设置的放空阀。

7.3

有关钻井泵的基本概念　general terms derived from drilling pump

7.3.1

泵的理论流量　pump theoretical displacement

单位时间内泵的1个或几个液缸通过泵排出口排出的理论液体量。仅与缸套的几何尺寸和泵速有关。

7.3.2

流量　flow rate

单位时间内通过泵排出口的液体量。与缸套的几何尺寸、泵速、容积效率有关。

7.3.3

冲程　stroke

泵工作时,活塞从起点到终点所移动的距离。

7.3.4

充满因数　fullness coefficient

泵内获得能量的液体流量与理论平均流量的比值。

7.3.5

泵压和压头　pump pressure and pressure head

泵排出口处的液体压力叫泵压。其大小取决于外载,一般由泵出口处的压力表读数表示。单位质量液体所具有的压能叫压头,常以液柱高度表示。

7.3.6

最大泵压　maximum pump pressure

泵采用最小缸套时所能达到的最高压力。

7.3.7

额定泵压　rated pump pressure

泵所允许的最大工作压力。

7.3.8

转化压头　transfer head

排出过程中,泵缸套排出室内单位质量液体所获得的能量。

7.3.9

有效压头　effective pressure head

泵的转化压头减去泵内各项水力损失压头后所剩下的压头,或泵排出口处单位质量液体实际获得的能量。

7.3.10

泵速　pump speed

活塞或柱塞每分钟往复运动的次数。

7.3.11

输入功率　input power

泵输入轴上的功率。

7.3.12

额定输入功率　rated input power

泵输入轴上所允许输入的最大功率。

7.3.13

机械损失功率　mechanical loss power

克服齿轮传动、轴承、活塞、盘根和十字头等产生的机械摩擦所消耗的功率。

7.3.14

转化功率　transfer power

泵的输入功率减去机械损失功率后所剩余的功率。

7.3.15

容积损失功率　volumetric loss power

获得能量的高压液体从活塞与缸套间的间隙、活塞杆密封处或阀与阀座间的间隙漏失所消耗的功率。

7.3.16

水力损失功率　hydraulic loss power

液体在泵内流动时，克服沿程和局部阻力所消耗的功率。

7.3.17

有效功率　effective power

水功率

泵的转化功率减去容积损失功率和水力损失功率后所剩余的功率。

7.3.18

转化效率　transfer efficiency

在额定输入功率情况下，泵的有效功率与转化功率的比值。

7.3.19

机械效率　mechanical efficiency

泵的转化功率与额定输入功率的比值。

7.3.20

容积效率　volumetric efficiency

泵的实际平均流量与单位时间泵内获得能量的液体量的比值。

7.3.21

水力效率　hydraulic efficiency

在额定输入功率情况下，泵的有效压力与转化压头的比值。

7.3.22

泵效率　pump efficiency

泵的有效功率与输入功率的比值。

7.3.23

最大允许吸高　maximum permissible suction lift

当吸入池低于泵缸中心线时，为保证钻井泵正常吸入，泵缸中心线与吸入池液面之间允许的最大垂直距离。

7.3.24

水击　hydraulic impact

由于泵缸内液流不连续或液流与活塞运动不同步而引起的液体与活塞端面互相撞击的现象。

7.3.25

吸入过程　suction process

活塞从泵缸内一止点开始移动，缸内容积增大的一侧形成负压，液体在大气压力或灌注泵压力作用下打开吸入阀进入缸内，直到活塞移到另一止点为止的过程。

7.3.25.1

灌注吸入　charged suction

为改善泵的吸入性能，使吸入罐(池)的液面高于泵缸中心线的吸入方式(淹没吸入)或利用灌注泵造成正压头，将液体注入到泵缸内的吸入方式。

7.3.25.2

非灌注吸入　uncharged suction

当吸入池液面在泵缸中心线以下时，液体在大气压力作用下进入泵缸内的吸入方式。

7.3.26

排出过程　discharge process

活塞从泵缸内一止点开始移动，缸内容积减小的一侧液体受挤压，压力升高并推开排出阀进入排出管，直到活塞移到另一止点为止的过程。

7.3.27

缸径　cylinder diameter

泵缸套内径的公称尺寸。

7.3.28

泵吸入口直径　pump intake diameter

泵吸入管内径的公称尺寸。

7.3.29

泵排出口直径　pump exit diameter

泵排出管内径的公称尺寸。

7.3.30

泵吸入口中心高度　center height of pump intake

从泵的安装基础平面至吸入管中心线的垂直距离。

7.3.31

泵排出口中心高度　center height of pump exit

从泵的安装基础平面至排出管中心线的垂直距离。

8　钻井液固相控制系统

8.1

钻井液固相控制系统　solids control system for drilling fluid

用来控制钻井液固相含量，改善和保证钻井液性能的系统。由振动筛、除砂器、除泥器、除气器、离心机和搅拌器等固控设备组成，简称固控系统。

8.1.1

海上钻井液固相控制系统　solids control system for drilling fluid on offshore platform

海洋平台修井和侧钻打调整井作业的钻井液固相控制系统，它由处理罐、吸入罐、备用罐、振动筛、除气器、除砂除泥一体机、搅拌器、灌注泵、转输泵及管线和阀门等组成5级净化流程，采用模块化设计。

8.2

整体式固相控制系统　integrated solids control system

全部固控设备组装在一个橇装式底座上的固控系统。

8.3

钻井液监控系统　monitoring system for drilling fluid

监测、控制钻井液性能、体积和流量的装置。

8.4

振动筛　shale shaker

利用振动筛分原理进行固-液分离的装置。由激振器、筛箱、筛网、隔振弹簧等组成。

8.4.1

单轴惯性振动筛　single shaft inertia shale shaker

椭圆振动筛

激振轴两端配有偏心块或激振轴为偏心轴构成惯性激振器的振动筛。轴承中心与V带轮中心共一轴线。工作时，传动V带随筛箱振动而伸缩，筛箱侧壁各点振动轨迹为长轴方向各异，振幅大小不同的椭圆。

8.4.2

直线振动筛　reciprocating line shale shaker

筛箱各点运动轨迹为直线的振动筛。

8.4.3

自定中心振动筛　self-centering shale shaker

圆振动筛

指V带轮中心位于轴承中心和偏心块质心之间，且通过偏心块与参振部件合成质心的惯性振动筛。工作时，传动V带长度保持不变，筛箱侧壁各点振动轨迹一般为大小相同的圆。

8.4.4

平动椭圆振动筛　elliptical motion shale shaker

振动筛工作时，筛框作平面平行椭圆运动。

8.4.5

电磁振动筛　electromagnetic shale shaker

由电磁激振器驱动的振动筛。

8.4.6

双层振动筛　tandem shale shaker

同一筛箱上间隔地装有2层粗细不同筛网的振动筛。

8.4.7

双联振动筛　dual shale shaker

由2台相同的振动筛并联组装在公共底座上的振动筛，用以处理大流量钻井液。

8.4.8

旋转滚筒振动筛　rotary drum shale shaker

集旋转、滚动和振动等运动于一体，采用筒式筛网(不锈钢细筛网)的振动筛，主要由旋转筒体、支撑传动装置、振动底座和固定底座组成。

8.4.9

振动筛组成部分　shale shaker component parts

8.4.9.1

激振器　vibrator

产生周期性变化的激振力,使筛箱总成等部件持续振动的装置。有惯性激振器、电磁激振器、液压和气动激振器。

8.4.9.2

层叠式筛网　layer vibrating screen

为提高细筛网的使用寿命,其下面衬以粗筛网,用机械方法或粘结剂将它们贴合在一起,张紧在筛箱上的筛网。

8.4.9.3

自洁式筛网　self-cleaning vibrating screen

在某些双层振动筛的筛网之间放有若干聚胺酯清洁环或蛋形球的筛网。振动筛工作时,不断振击筛网,以使筛网清洁。

8.4.9.4

隔振弹簧　vibration absorbing spring

隔离振动并支承筛箱的弹簧。振动筛中常用螺旋弹簧、板弹簧或橡胶弹簧。

8.4.9.5

振动筛橡胶减振器　rubber shock absorber of shale shaker

限制筛箱共振振幅,使之较平衡地度过共振区的装置。一般用橡胶制成。

8.4.9.6

导流孔板　hole plate for diversion

将钻井液均匀展布在筛面上的孔板。

8.4.9.7

振动筛旁通阀　by-pass valve of shale shaker

从井内返出的钻井液,有时不需筛分处理而直接引入循环系统,使振动筛短路的阀门。一般为蝶阀。

8.4.9.8

钻井液缓冲盒　drilling fluid cushion box

接收从井内返出的钻井液,使之以较宽的液面、较低的流速经导流孔板流向筛面的容器。

8.5

除气器　degasser

利用降低液面压力、使液体展为薄层或发生冲击等措施,使钻井液中的气泡或溶解气聚合并逸散的装置。

8.5.1

常压除气器　atmospheric degasser

在常压下除去气侵钻井液中气体的气-液分离装置。

8.5.2

低真空除气器　low-vacuum atmospheric degasser

综合真空除气器和除气器的工作原理而设计的除气器。适用于密度小、黏度低的钻井液除气。

8.5.3

喷射式真空除气器 jet type vacuum degasser

利用喷射泵抽吸,排出已除气钻井液的真空除气器。

8.5.4

离心式真空除气器 centrifugal type vacuum degasser

利用离心压力排出已除气钻井液的真空除气器。

8.5.5

抽气机 vacuum fan

排放除气罐已分离气体的设备。

8.5.6

闭式除气系统 closed degassing system

除去井口至振动筛之间钻井液中有毒气体的全密闭装置。

8.5.7

气体分离器 gas separator

排除钻井液中游离气体的装置。

8.6

钻井液旋流器 drilling fluid hydrocyclone

利用离心沉降原理进行固-液相分离的圆柱圆锥复合筒装置。

8.6.1

除砂器 desander

从钻井液中清除粒度为 $D_{50}>74\ \mu m$ 固相的旋流器。

8.6.2

除泥器 desilter

从钻井液中清除粒度为 $D_{50}>25\ \mu m$ 固相的旋流器。

8.6.3

微型旋流器 microcyclone

超级旋流器

从钻井液中清除粒度 $D_{50}>15\ \mu m$ 固相的旋流器。

8.6.4

砂泵 slurry centrifuge pump

泵送钻井液至旋流器、除砂器的离心泵。

8.7

钻井液清洁器 drilling fluid cleaner

旋流器组与细筛网振动筛的组合装置,用于回收重晶石和钻井液。

8.7.1

矩形钻井液清洁器 rectangular drilling fluid cleaner

旋流器组和矩形细筛网振动筛的组合装置。这类振动筛为端部供液。

8.7.2

圆形钻井液清洁器 circular drilling fluid cleaner

旋流器组和圆形细筛网振动筛的组合装置。圆形筛为中心供液。

8.7.3

多功能旋流清洁器 multi-function hydrocyclone cleaner

多功能旋流器与细筛网振动筛的组合装置。

8.7.4

撇油装置　skimming plant

用于欠平衡钻井作业中钻井液净化处理，可将从井内循环出来的钻井液中所含原油分离出来，以恢复和保持钻井液的良好性能。

8.7.4.1

浮力撇油装置　buoyancy skimming plant

利用浮力原理撇去欠平衡钻井作业中因负压作用侵入井筒并混入钻井液中的地层原油的装置。撇油器将浮在撇油室上部的原油撇去并排入计量罐，而砂泵将沉于底部的钻井液输出。

8.8

离心机　centrifuge

利用离心力把悬浮液或浮浊液中的固-液相组分或轻、重组分分开来的装置。可分为离心过滤、离心沉降和离心分离等类型。

8.8.1

螺旋沉降离心机　screw decanting centrifuge

利用水平安装的转鼓与其内部的螺旋输送器的高速旋转及二者的转差，进行固-液分离和排除固相的装置。

8.8.2

筛筒式离心机　screen pot centrifuge

外壳固定，内装有筛筒，由动力机驱动旋转以实现固-液分离的装置。

8.8.3

无级调速离心机　stepless speed-regulating centrifuge

钻井和修井作业中对钻井液进行固相控制的装置，有变频无级调速和液压无级调速两种形式，其监控系统能实时监控离心机的运行参数，使之始终保持最佳运行状态。

8.9

阳极钻井液净化器　anode cleaner

根据静电吸附原理，清除钻井液中带负电荷固相颗粒的装置。

8.10

水力分散器　hydrodisperser

2股高速液流在工作腔内相互冲击，使固相颗粒均匀分散在液相内的装置。

8.11

钻屑处理机　cuttings processor

收集和净化从油基钻井液中分离出来的钻屑的装置。上有振动筛，下有洗涤罐。

8.12

钻井液枪　drilling fluid mixing gun

利用高速喷射液流搅拌钻井液的装置。

8.13

钻井液搅拌器　drilling fluid agitator

不断搅拌翻滚钻井液，使其组分和性能均一的装置。

8.14

钻井液磁棒　drilling fluid magnetic bar

置于钻井液罐内，利用磁力吸附钻井液内铁屑的磁棒。

8.15

钻井液混合漏斗　drilling fluid mixing hopper

利用泵出液体的喷射所产生的抽汲作用进行固-液混合的装置。由锥形漏斗及三通喷嘴构成。分立式和卧式2种。其叶片有平叶片和斜叶片等。

8.16

钻井液池　drilling fluid pit

存储、配制或净化钻井液的坑、池或容器。

8.16.1

充气式快速接头　aerated quick connector

用于固控系统钻井液罐(泥浆罐)与罐之间的快速连接,由外壳、内胎和气门嘴等组成。

8.17

钻井液槽　drilling fluid ditch

钻井液自井口返出后,靠自流引至振动筛并流回钻井液池的明渠。

8.18

沉砂罐　settling tank

利用钻井液固相与液相的密度差来分离液、砂的液罐。

8.19

振动沉淀罐　shaking settling tank

综合应用筛孔筛分、振动沉淀和过滤分离原理,以实现固-液分离的组合装置。该装置为截锥容器,锥面装有筛网,钻井液从顶部注入。振动时,即产生沉降、筛分和过滤作用,固相由底部定时排出。

8.20

钻井液再利用系统　drilling fluid reutilization system

将废弃的钻井液经振动筛粗净化,再通过旋流器和离心机细净化,被滤出的固相颗粒当作填料用于建筑;水可用来浇灌农田,离心机排出的黏稠状钻井液经干燥处理后再经自动粉碎分装包装供以后钻井再利用。这一系统由输送、净化、干燥和自动粉碎包装4大模块组成。

8.21

自动捞屑清洗机　automatic cuttings bailing and cleaning device

钻井作业中可连续捞取岩样并予以清洗的装置。可实现机械化岩屑录井,还可任意设定取样间隔捞取和清洗出连续的岩屑样柱体。

8.22

钻屑回注系统　backfilling system of drilling cuttings

海上钻井作业中,将钻屑从固控设备传送到处理设备内,通过研磨、剪切和筛选使钻屑满足回注要求,由高压注入泵将其注入地层内的设备。主要包括钻屑回收与输送、处理与储存、分选和回注4大分系统。

8.23

有关固相控制系统的基本概念　general terms derived from solids control system

8.23.1

固相控制　solids control

为提高和保证钻井液的性能,消除有害固相,保持和添加有用固相的过程。

8.23.2

钻井液处理率　treating rate of drilling fluid

固控设备处理钻井液量与循环量的比值。

8.23.3

处理量　treating capacity

固控设备正常处理钻井液时的最高流量。

8.23.4

中分点　D_{50} cut point

在额定工况下，级分离效率为50%所对应的固相粒度。

8.23.5

抛掷指数　throwing index

钻屑在筛面上的法向速度幅值与重力加速度在筛面上的法向分量之比。它表明钻屑在筛面上跳离的能力。

8.23.6

筛面倾角　tilting angle of screen

筛面与水平面之间的夹角。

8.23.7

参振质量　mass of vibration

振动筛中参加振动的质量，包括隔振弹簧以上各零部件质量及含屑钻井液质量。

8.23.8

液流终止点　end-point of drilling fluid

钻井液在筛面上消失点。该点与入口距离一般为筛面全长的3/4。

8.23.9

过筛速度　velocity through screen

钻屑通过筛面的平均速度。

8.23.10

临界粒度　critical size

钻屑颗粒接近所用筛网开孔尺寸的粒度。一般为筛网开孔尺寸的0.75～1.25倍。

8.23.11

筛孔尺寸　dimension of screen hole

筛孔在经、纬方向上的长度。

8.23.12

筛网开孔率　net hole rate of screen cloth

筛网总开孔面积与总面积之比值。

8.23.13

筛网导液率　conductivity of screen cloth

筛网过液能力的指标。它与筛网开孔率的平方成正比，与网丝表面积之比的平方成反比，与筛网厚度成反比。

8.23.14

除气效率　degassing efficiency

含气钻井液经除气处理后的气体清除率。一般可根据除气前后钻井液的相对密度来确定。

8.23.15

旋流器公称直径　nominal diameter of hydrocyclone

旋流器圆柱筒的内径。

8.23.16

转向点　turning point

液体在旋流器内自上而下，再自下而上螺旋运动的转折点。

8.23.17

分离点　separating point

旋流器工作时，能从钻井液中全部分离出的固相颗粒的最小颗粒粒度值。

8.23.18

分离特性曲线　separating characteristic curve

在不同工作压力下，旋流器分离点的变化曲线。

8.23.19

分离效率曲线　separating efficiency curve

在一定工作压力下，钻井液内各级粒度的固相颗粒经旋流器处理后的级分离效率所构成的曲线。

8.23.20

空气柱　air column

旋流器正常工作时，轴心线附近形成的与液流旋向相反的螺旋低压气区。

8.23.21

离心过滤　centrifugal filtering

液体通过过滤介质和带小孔的转鼓被甩出，固相截留于鼓内的过程，适于分离固相含量高、粒度大的悬浮液。

8.23.22

离心沉降　centrifugal decanting

依靠悬浮液中固、液相密度差实现分离的过程。适合分离密度差值大、固相粒度小和浓度低的悬浮液。

8.23.23

离心分离　centrifugal separating

靠离心力将2种密度不同而又互不相溶的液体所形成的浮浊液及含微量固相的悬浮液分离澄清的过程。

8.23.24

分离因数　separating factor

固相颗粒在离心力场中所受离心力与重力之比。一般可达数百至数万。

8.23.25

脱水区　dehydrated zone

沉降的固相经离心挤压后干燥的区段。一般在锥筒小端。

8.23.26

沉降区　decanting zone

固液分离后液相所在的区段，一般在锥筒大端。液相内残留的固相颗粒在此区段做进一步沉降分离。

9　钻井井控系统

9.1

钻井井口设备　drilling wellhead equipment

在钻井过程中用来控制井喷和井涌的装置。由套管头(或底法兰)、防喷器组和四通等组成。

9.1.1

防喷器 blowout preventer(BOP)

安装在四通或套管头上，在钻井、完井、试井和修井作业时用以控制油(气)井井喷的装置。

9.1.1.1

闸板防喷器 ram type blowout preventer

以闸板为密封部件，通过液压推动活塞和闸板，封住管柱之间的环形空间的防喷器，也可剪断管柱，实现全封井口。由壳体、闸板和液缸等组成。

9.1.1.2

单闸板防喷器 single ram type blowout preventer

在壳体内仅装有1副闸板的防喷器。一般用来封住管柱之间的环形空间，以控制井喷。

9.1.1.3

双闸板防喷器 double ram type blowout preventer

在壳体内装有2副闸板的防喷器。一般1副为管子闸板，1副为全封闸板，可以在井内有无钻杆的情况下进行封井，以控制井喷。

9.1.1.4

三闸板防喷器 triple ram type blowout preventer

在壳体内装有3副闸板的防喷器。一般装有2副不同规格的管子闸板和1副全封剪断闸板，可在有无管柱的情况下进行封井，也可剪断管柱，实现全封。

9.1.1.5

旋转防喷器 rotary blowout preventer;rotating control devices (RCD)

能自封方钻杆和钻杆，并能随着方钻杆的旋转密封井内压力的装置。可以在井内有压力的情况下继续钻进。由壳体、胶心、旋转筒和方补心等组成。

9.1.1.5.1

高压旋转防喷器 high-pressure rotary blowout preventer

欠平衡钻井的关键井控设备。主要由壳体总成、旋转总成和钻具密封总成等组成。

9.1.1.5.2

旋转防喷器液压油温度控制系统 hydraulic oil temperature controller of rotary blowout preventer

用于解决旋转防喷器液压油温度过高或过低问题的油温调控装置。主要由热敏电阻、智能数显调节仪、电加热器和电磁水阀组成。

9.1.1.6

环形防喷器 annular blowout preventer

万能防喷器

以环形胶心为密封部件，通过液压推动活塞来挤压环形胶心，密封井内不同尺寸和形状的管柱之间环形空间的装置。当井口无管柱时，也可全封井口。由壳体、环形胶心、支承筒、活塞和顶盖等组成。

9.1.1.7

手动闸板防喷器 manual ram type blowout preventer

用人工旋转手轮，带动丝杆转动来开关闸板的防喷器。

9.1.1.8

高温防喷器 high temperature blowout preventer

工作温度高于121 ℃的防喷器。

9.1.1.9

可变径闸板防喷器 variable bore ram blowout preventer

闸板采用内嵌金属骨架的可变径胶心、能在一定范围内对不同尺寸的钻具进行密封的闸板防喷器。

9.1.2

钻井四通　drilling spool

上下两端具有法兰或卡箍，并有供连接辅助管线用的2个旁通连接口的连接部件。其主通径不小于防喷器通径。

9.1.3

喇叭口短节　bell nipple

连接在防喷器上部，内径不小于防喷器通径的引导短管。

9.1.4

防喷器系统节流阀　choke valve of BOP system

通过改变节流截面面积，以控制放喷时井液流量的阀。

9.1.5

井口节流阀　wellhead throttle

在欠平衡钻井或高压气井的压井过程中，设置在井口控制井底压力的阀门。

9.2

防喷器控制系统　control system of blowout preventer

操作防喷器组开关的控制设备。包括远程控制台、远程辅助控制盘、司钻防喷控制台和控制管汇等。

9.2.1

远程控制台　BOP remote control panel

远离井口，用来直接操纵防喷器组动作的装置。由泵、蓄能器、阀和油箱等部件组成。

9.2.2

远程辅助控制盘　auxiliary remote control panel of BOP

从远距离操纵远程控制台上的阀门换向的控制盘，是安全辅助设备。

9.2.3

司钻防喷控制台　driller's BOP console

司钻从钻台上操纵远程控制台，从而使防喷器关闭或打开的控制装置。安置在便于司钻操作的地方。

9.2.4

控制管汇　control manifold

防喷器控制系统至防喷器之间的气、液管线的统称。

9.2.5

蓄能器-机泵装置　accumulator-pump unit

为防喷器组和液动闸阀提供足够压力和排量的液压能装置，是防喷器控制系统的重要组成部分。包括电动液压泵组、气动液压泵组(或手动柱塞泵)、蓄能器控制阀和管汇等。

9.2.6

蓄能器　accumulator

用来储存供操作防喷器用液压油能量的氮气储存装置。常数个并联使用。

9.2.7

压井管汇　kill manifold

在平衡钻井作业中，用于向井内泵入加重钻井液，以平衡地层压力，防止井喷的控制管汇。

9.2.8

节流管汇　choke manifold

防喷器关闭时，用于节流降压，有目的地放喷或压井用的管汇。由节流阀、阀门、三通或四通、仪表及管线组成。

9.2.8.1

节流管线阀　chokeline valve

连接在防喷器组上且作为防喷器组的一个部件的液动阀，用以控制流向及节流管汇的液流量。

9.3

防喷器组成部分　blowout preventer component parts

9.3.1

闸板　ram

闸板防喷器壳体中靠液压活塞或丝杠旋转的推力，执行封隔全井或管柱之间环形空间以控制井喷的封闭组件。由橡胶心子、闸板体和盖板等组成。

9.3.2

全封闸板　blind ram

在井内无管柱时，可实现全面封闭井口的闸板副。

9.3.3

管子闸板　pipe ram

半封闸板

尺寸与管子外径相配合，能环抱管子以封闭管柱之间环形空间的闸板副。

9.3.4

变径闸板　variable bore ram

特殊形式的管子闸板副，可在一定范围内封闭不同尺寸的管柱。

9.3.5

剪切闸板　shear ram

带有切割刀的全封闸板副。当关闭闸板时，依靠剪力将井内管柱挤扁进而剪断，实现井口全封闭。

9.3.6

环形胶心　packing unit of annular BOP

环形防喷器的主要封闭部件，由骨架和硫化在骨架上的橡胶组成。当活塞向上移动时，受顶盖的挤压而变形，抱紧钻具实现封井，也可全封井口。按结构可分为锥形和球形2种。

9.3.7

二次密封装置　secondary seal unit

当防喷器液压活塞密封失效时能使活塞重新获得密封的装置。

9.3.8

管子插头　pipe guide

使钻具对正井口，平稳地通过防喷管下入井中，防止钻具擦伤胶心的装置。

9.3.9

自封头　self seal head

胶心内径与相应的管柱外径相匹配，靠井内压力实现自封的井口防喷装置。随着压力的增大，能使胶心抱紧钻具而密封钻具外的环形空间。在中、低压力下，用来密封井内起下的油管或钻杆。

9.4

钻杆内防喷控制装置　inside blowout preventing control valve; drill string non-return valves

钻柱中专用于防止井喷的应急控制阀。

9.4.1

钻杆止回阀　check valve of drilling pipe

装在钻柱最下端、位于钻头之上只允许钻井液向下流动，防止回流的阀。

9.4.2

投入式止回阀　throw-in type check valve

临时起作用的止回阀。阀的工作筒装在钻柱中，具有钻井液循环通道，当井喷或井涌时可将阀心从钻柱内投入，通过泵压坐封在工作筒内，以阻止井液回流。

9.4.3

钻杆内防喷器　inside blowout preventer

与钻杆联接的单向阀。当井喷或井涌时，把它抢接在钻柱上，关闭钻柱内通道，以防止井液喷出。

9.4.4

上部方钻杆旋塞阀　upper kelly cock

介于水龙头接头下端和方钻杆上端之间的二位二通手动旋塞阀。当井喷时，将它关闭可封住钻柱内的压力。

9.4.5

下部方钻杆旋塞阀　lower kelly cock

介于方钻杆下端与钻杆上端或方钻杆保护接头上端之间的二位二通手动旋塞阀。其外径与钻杆接头外径相等。当井喷时，将它关闭以封住钻柱内的压力。

9.4.6

井下封井器　downhole shut-in device for underbalanced drilling

全过程欠平衡钻井作业的井下控制工具，利用这种工具能完成钻进、起下钻、完井、电测各施工环节的全过程欠平衡作业。

9.5

防喷器试压堵塞器　pressure testing tool for blowout preventer

下入套管内，封住紧靠防喷器组下面的井筒或套管头和油管头，对防喷器组、连接法兰和管汇进行压力试验的工具。

9.6

防喷器试压装置　pressure testing installation for blowout preventer

在防喷器安装使用之前对其实施检测的特种装置。主要由安全防护系统、摄像监视系统和数据采集系统组成。

9.7

自动灌注钻井液装置　automatic filling unit of drilling fluid

当钻柱从井内起出时，为补偿起出钻柱时所空出的环空容积，自动向井内添补钻井液的灌注装置。

9.8

有关井控系统的基本概念　general terms derived from well control system

9.8.1

防喷器公称通径　drift diameter of blowout preventer

防喷器安装在井口时钻具能够通过的直径。

9.8.2

防喷器最大工作压力　maximum working pressure of blowout preventer

防喷器各部件在适用介质工况下允许的最大工作压力。

9.8.3

防喷器强度试验压力　strength testing pressure of blowout preventer

防喷器进行强度试验时所规定的压力。

9.8.4

控制系统公称压力 nominal pressure of control system

控制系统及元件在额定工作条件下的压力。

9.8.5

蓄能器总容量 total capacity of accumulator

蓄能器组可储存气体的最大容积。

9.8.6

蓄能器有效排液量 effective discharge volume of accumulator

蓄能器在允许或规定的压力范围内所能排出的液体量。

10 固井和完井系统

10.1

固井设备 cementing equipment

固井作业所配备的整套机械设备。包括固井车、固井管汇车、固井仪表车、散装水泥罐车和供水车等。

10.1.1

散装水泥车 truck-mounted container for bulk cement

运灰车

固井作业中,装载、运送散装水泥并能自动装卸的车装设备。

10.1.1.1

储灰罐 cement storage tank

运灰车上储装散装水泥的罐。

10.1.1.2

气灰分离器 air-cement separator

分离水泥中空气的立式圆柱形密闭容器。

10.1.2

供水车 water supply truck

固井作业时,向固井车供水的罐车。车上装有储罐、立式柱塞泵或离心泵。

10.1.3

背罐车 tank-transport truck

倒运储灰罐的专用车辆。

10.1.4

固井车 cementing truck

水泥车

用于注固井水泥浆的泵车。由装于汽车底盘上的传动装置、固井泵、混合器等构成。

10.1.4.1

固井泵 cementing pump

水泥泵

用于注水泥浆的高压泵。

10.1.5

水泥混合漏斗 mixing cement hopper

调配水泥浆的漏斗。水泵提供的压力液流经漏斗底部喷嘴高速喷出形成局部真空,将吸入漏斗内的水泥粉与水混合成水泥浆。

10.1.6

水泥浆混合装置 slurry mixer

固井作业时，将水和水泥按比例混合后供给固井泵的装置。分液力混合和机械搅拌式混合2类。

10.1.6.1

水泥搅拌器 cement blender

用机械搅拌方式混合水泥浆的设备。

10.1.6.2

混合泵 mixing pump

向水泥混合装置提供高压水，混配水泥浆的泵。

10.1.6.3

喷射混合器 jet blender

在固井作业中，运用射流原理配制水泥浆的装置。

10.1.7

固井混浆车 slurry mixing truck

固井作业时，向固井泵提供水泥浆的专用车。其二次混合装置可控制水泥浆的密度误差。

10.1.8

低压分配器 low pressure water distributor

将清水经低压胶管分送至各固井水泥车的装置。

10.1.9

高压分配器 high pressure water distributor

固井泵组泵出的高压水泥浆的汇集装置。可使水泥浆经止回阀，通过水泥头注入井中。

10.1.10

固井管汇车 cementing manifold truck

装有连接井口装置和固井水泥车用的低、高压管汇系统的专用车。

10.1.11

固井碰压系统 bumping system for well cementing

能显示碰压，实施任意井段选择性注水泥固井的装置。主要由胶塞投放器、抗冲击碰压座及顶替胶塞组成。

10.1.12

自灌浆循环盲管 automatic grouting and circulating blind tube

漏失井固井和裸眼顶部注水泥固井、筛管顶部注水泥固井作业中，防止下套管时发生井漏的固井工具。由本体、阻流板、内套和关井套组成，能实施自动灌浆和实现套管内密封。

10.1.13

脉冲振动固井装置 pulsation vibrating type cementing device

注水泥作业结束后，用于井口对候凝水泥浆施加压力脉冲使环空水泥浆保持运动状态，防止其在凝固过程中胶凝失重和环空气窜，并改善水泥浆一、二界面胶结质量的装置。主要由气源、脉冲发生器、脉冲油压仪、振动频率和振幅控制机构、加压机构和记录仪等组成。

10.1.14

内管固井工具 inner pipe cementing tool

用于从钻柱向井底注水泥从套管外环空返出的固井工具。主要由插座(包括球筐、浮球、承托环、限位杆和喇叭口)和带密封圈的插头组成。插头接在钻柱的最下端,插座嵌装在套管底部。适用于套管直径较大,封固段较长油井的固井作业。

10.2

完井设备　completion equipment

10.2.1

砾石注入搅拌装置　positive injection gravel blending unit

用来配制砾石填充液的装置。

10.2.2

防砂管柱　sand control string

装于地层出砂层段,防止地层砂进入生产油管内的管柱。主要由防砂装置、信号筛管、盲管及充填工具等组成。按是否有充填物分为滤砂管防砂管柱和充填防砂管柱。

10.2.2.1

滤砂管防砂管柱　sand control filter string

主要由滤砂器等组成而没有充填物的防砂管柱。

10.2.2.2

充填防砂管柱　sand control packing string

由防砂管柱和充填物组成的管柱。常用的充填物有砾石、陶粒、粒状塑料、玻璃球、果壳和果核等。

10.2.2.3

压裂充填防砂管柱　fracturing-packing sand control string

具有缝端脱砂压裂与砾石充填防砂双重功能的完井防砂管柱。用于出砂严重且砂粒粒度不均的油气井的防砂作业。

10.2.2.4

双层预充填筛管防砂管柱　concentric-screen sand control string

由双层预充填筛管(内筛管和外筛管及其间充填的砾石形成3层防砂屏障)所构成的防砂管柱。包括封隔器、扶正器、安全接头、双层预充填筛管和丝堵等。

10.2.2.5

防气防砂管柱　sand-gas control string

既能消除气体对井下抽油泵的影响,又能防止抽油泵发生砂卡的管柱。主要由闭式气锚、重力式防气装置和激光割缝筛管3部分组成。

10.2.2.6

降液面管柱　tubing string for reducing liquid level in well bore

负压射孔时利用井筒降低液面的工作管柱。

10.2.3

永久封层完井系统　permanent sealing type completion system

海上高压油气藏开发完井作业系统。由永久式封隔器总成、插入密封总成、滑动扶正定位器、补偿器和井口防喷阀组成。

11　井口设备

11.1

井口装置　wellhead

安装于井口,用于控制液(气)流压力和方向、悬挂油管并密封油、套管环形空间的装置。由套管头、油管头、防喷器组(或采油、采气树)和四通等组成。

11.1.1

自喷井口装置　flowing wellhead

通过井口节流器控制油井自喷产量和压力的采油井口装置。

11.1.2

抽油井口装置　pumping wellhead

带有抽油光杆盘根盒的低压井口装置。

11.1.2.1

偏心抽油井口装置　eccentric wellhead

用带有测试孔的偏心法兰和接箍式油管挂代替常规抽油井口的油管头和油管挂,使井筒中的油管柱紧靠套管内壁一侧,与套管孔径不同心的井口装置,是抽油井环空测试的关键辅助设备。可分为固定式偏心井口、单转偏心井口、双转偏心井口和多功能偏心井口等。

11.1.2.2

无管抽油井口装置　tubingless wellhead

油管挂不悬挂油管柱而带抽油杆(管)柱导向短节的抽油井口装置。

11.1.2.3

旋转井口装置　rotary wellhead

防止井下油管偏磨的抽油井口装置。它通过地面人力定时定量转动来带动井下油管柱转动,用以改变油管与抽油杆的偏磨面,使磨损面均匀分布。由外壳、油管悬挂器、蜗轮、蜗杆等组成。通过转动蜗杆即可带动蜗轮转动,进而带动油管挂和油管柱转动。

11.1.3

有杆螺杆泵抽油井口装置　wellhead of screw pump

通过地面驱动装置使抽油杆旋转,带动井下螺杆泵抽油的井口装置。

11.1.4

水力活塞泵抽油井口装置　wellhead of hydraulic piston pump

带有水力活塞泵井口捕捉器及动力液进出通道的抽油井口装置。

11.1.5

电动潜油泵井口装置　wellhead of electric submersible pump

油管挂中心线偏离井口中心线、装有电动潜油泵动力电缆防喷盒的抽油井口装置。

11.1.6

热采井口装置　thermal recovery wellhead

用于蒸汽吞吐、蒸汽驱或热水循环采油的井口装置。

11.1.7

双管采油井口装置　dual tubing wellhead

在1口井内能并列悬挂2根油管柱的井口装置。

11.1.8

多管采油井口装置　multiple tubing wellhead

在1口井内能并列悬挂3根或3根以上油管柱的井口装置。

11.1.9

压裂井口装置　fracturing wellhead

专门用于压裂作业的高压井口装置。

11.1.10

酸化井口装置 acidizing wellhead

用于酸化作业,能耐酸液腐蚀的井口装置。

11.1.11

注水井口装置 waterflooding wellhead

用于控制注水井注入量的井口装置。

11.1.12

低温井口装置 low temperature wellhead

用于高寒地区或注二氧化碳的井口装置。

11.1.13

采气井口装置 gas production wellhead

通过井口节流器控制气井产量和压力的井口装置。要求耐硫化氢腐蚀。

11.1.14

修井井口装置 workover wellhead

修井作业时防止井场环境污染的井口装置。主要由近井口托盘、油管外壁清洗器、卸开油管防喷盒、油管堵头、油水收集槽和循环器等组成。

11.2

井口设备组成部分 wellhead component parts

11.2.1

采油树 christmas tree

用于控制生产井的产量和压力,安装在油管头上部连接法兰上的树状采油装置。由井口总阀、出油阀、清蜡阀、出油三通或四通、井口节流器和防喷管等组成,可分为单翼和双翼等。

11.2.1.1

多管采油树 multiple-string christmas tree

悬挂2根或2根以上油管柱的采油树。采油树上的阀门与油管柱数量配套,是双管或多管采油气井口装置中的部件。

11.2.2

套管头 casing head

安装在套管柱顶部,用于悬挂各层套管和密封套管间的环形空间的部件,可分为单级、双级、三级和组合式套管头等。

11.2.2.1

热采套管头 thermal production casing head

用于稠油热采井预应力固井的套管头。由上接头、压盖、本体、套管悬挂器、双公短节及附件等组成。

11.2.3

油管头 tubing head

安装在最上层套管头或油层套管顶部,用于悬挂油管柱和密封油管与套管的环形空间的部件。

11.2.4

套管挂 casing hanger

坐入套管头壳体内,用以悬挂套管柱和密封套管环形空间的装置。一般分为卡瓦式和坐入式两种。

11.2.5

油管挂 tubing hanger

坐入油管头四通内,用来悬挂油管柱和密封油管柱与套管柱环形空间的装置。

11.2.6

多油管挂　multi-tubing hanger

在1口井内,可同时悬挂2根或2根以上油管柱的油管挂。

11.2.7

电潜泵油管挂　electric tubing hanger

可安装旋转电缆接头,密封潜油电缆,适用于电潜泵采油的油管挂。

11.2.8

偏心油管挂　off-center tubing hanger

通过一平面球轴承坐落在套管法兰或套管四通法兰上,偏离套管中心线的油管挂。适用于环空测井。

11.2.9

抽油光杆防喷盒　stuffing box for polished rod

密封油管与光杆环形空间的井口动密封装置。主要由密封填料和压紧机构组成。

11.2.9.1

两用光杆防喷盒　double-duty stuffing box for polished rod

既能作常规抽油光杆防喷盒使用,又能在注气时悬挂抽油杆柱的光杆防喷盒。

11.2.9.2

自动纠偏光杆防喷盒　offset-correction polished rod stuffing box

具有自动纠偏功能的光杆密封装置,主要由纠偏部分、光杆扶正保护部分和填料密封部分组成。

11.2.9.3

递进式光杆防喷盒　progressive feeding type stuffing box for polished rod

可在不停抽、不拆卸密封盒的情况下补给填料的光杆防喷盒。由旋转盖、条形填料、压盖、填料盒、调心体组件和连接头组成。

11.2.9.4

多功能抽油光杆防喷盒　multi-function stuffing box for polished rod

能自动补偿盘根磨损、自动调节光杆与井口对中,且更换盘根时无须停机操作的防喷盒。主要由调整螺杆、弹簧、端盖、弹簧压帽、活塞和盘根组成。

11.2.9.5

调心式抽油光杆防喷盒　self-aligning stuffing box for polished rod

密封井口偏斜较大油井的抽油光杆与油管环形空间的动密封装置。它采用三级密封结构和耐磨盘根,其整体联接在一偏心接头上。

11.2.9.6

抽油光杆调偏防喷盒　bias-adjustable stuffing box for polished rod

用于抽油机悬点垂直投影与井口不同心、抽油杆轴线平行偏离井口或轴线相对于井口歪斜的调偏防喷装置,分法兰式、自位球接式、自动对中式和组合式等。

11.2.10

钢丝绳防喷盒　wireline stuffing box

密封井口钢丝绳的防喷装置。有填料密封型和液压皮囊型等。

11.2.11

油管防喷盒　tubing stuffing box

用于起下油管或旋转油管时密封井口压力的装置。通常装在半封闸板防喷器和全封闸板防喷器之间，分液压油管防喷盒和旋转油管防喷盒等，适用于液压不压井作业。

11.2.12

井口保护器　wellhead protector

安装在采油井口中的衬管保护装置，供高压压裂、酸化作业时保护井口。

11.2.13

双填料井口防喷盒　dual-packing type stuffing box of wellhead

具有两组填料和在两者之间设有流体通道的井口密封装置。下部盘根保证井口密封，上部盘根为备用密封，漏失的流体被导入侧向流道。主要由端盖、上部支承、上部填料、中心支承、下部填料、下部支承、接头等组成。

11.2.14

清蜡防喷盒　wireline stripper

装于采油树最上部，既可使清蜡钢丝通过，又可防止漏油的密封装置。

11.2.15

防喷罩　oil saver

起油管卸单根时防止井液喷溅的工具。

11.2.16

井口节流器　wellhead restriction

井口装置中直接控制井液产量的部件。

11.2.16.1

可调节流器　adjustable choke

通过调节节流器孔径大小来控制油井产量的针形节流阀。

11.2.16.2

固定节流器　positive choke

装有可更换节流油嘴的井口节流器。可通过更换具有不同节流孔径的油嘴来控制油井产量。

11.2.16.3

油嘴　choke

装在固定式井口节流器中的有节流通孔的短节。

11.2.17

投球器　ball sealer thrower

连续分层压裂、酸化过程中进行转层作业时用于井口投堵塞球的装置。

11.2.18

井口热胀补偿器　heat expansion compensator of wellhead

防止套管受热使热采井口抬高的补偿装置。分球接式和伸缩式2种。

11.2.19

套管封井器　casing shut-in device

封井和放油的主要功能部件。主要由端盖、主体、密封垫、钢碗盘根、单流阀、回位弹簧、工作筒和丝堵等组成。

11.2.20

井口定压放气阀　pressure constant gas bleed valve

用于高气液比油井井口定压放气的阀门，它可以减少气锁，改善抽油井工作状况。

12 试井、试油设备

12.1

试井车 well testing truck

用于油、水、气井测试井压和井温、探测砂面、取样等作业，以钢丝绞车或电缆绞车为主要部件的车装设备。

12.1.1

钢丝滚筒 wireline reel

用于缠绕钢丝，通过钢丝起下测试压力计和温度计等井下仪器的滚筒。

12.1.1.1

滚筒排绳器 wireline wrapping device on drum

能对试井车（包括捞砂车、捞油车）的滚筒实施自动换向、整齐紧密排绳的装置，主要由传动机构、工作机构和换向机构3部分组成。

12.2

试井井架车 well testing derrick truck

用于起下井下试井仪器、生产测井仪器，起吊、安装井口防喷装置并向井口注高压密封油脂的工程车。由井架、液压动力绞车、注润滑脂装置、液压系统和数据采集处理系统等组成。

12.3

防喷管 lubricator

装在自喷井采油树清蜡阀以上，用于压力计和温度计或其他用钢丝下井的工具串作业时的压力缓冲区和仪器通过井口的过渡区的防喷装置。

12.4

试井加重杆 well testing sinker bar

试井时与下井仪器相连接的金属棒，以加重下井仪器，使之便于下井。可分为普通加重杆、可过电缆加重杆和附在电缆上的加重杆等。

12.5

试油加重杆 production testing sinker bar

用实心圆钢制成的长杆。试油作业时与抽子相连接，以增加其质量，便于抽子下行。

12.6

试油防喷器 production testing blowout preventer

装在采油树清蜡阀上，用于起下钢丝绳或电缆时紧急关闭井口，防止井喷的装置。

12.6.1

试油气动防喷器 pneumatic blowout preventer for production testing

试井作业时用于密封抽汲钢丝绳和井口以防井喷的密封装置。由活塞、缸体、密封胶筒、气动开关和弹簧等构成。

12.7

环空测试车 annulus testing truck

在抽油井正常生产条件下，从油-套的环形空间起、下测试仪器，测取产层剖面参数的车装设备。

12.8

抽子 swab

在井中用钢丝绳带动上下活动，抽汲井内液体的带活门的抽汲活塞。

12.9

井口多参数计量器　wellhead multi-parameter gauger

用于试油作业中录取含水率、流量、温度和压力等数据的计量装置。主要由测试模块、数据采集模块和气体分离模块3部分组成,可实现连续自动计量。

12.10

作业井试压装置　pressure testing system for well in operation

与作业机液压源连接,通过换向阀控制液压做往复运动,从而交替地吸入和排出试压介质,实现对井内油管柱试压的装置。

12.11

液缸式单井流量计　hydraulic flow meter for single oil well

由机械和液压机构组成的原油产量计量装置,它依靠油井本身的压力执行计量操作,不需要内置和外接电源。

12.12

高压油气井三相计量仪　three-phase gauger for high pressure oil well

精确测定高压凝析油气井油气水产量的计量装置,主要适用于高压油气井的试油过程,可以获得油气水资料及其样品和油气井的产能指数。

13 自喷井采油设备

13.1

井场加热炉　wellsite heater

用于井场原油加热降黏及井口供热的设备。

13.1.1

水套加热炉　jacket heater

以水为传热媒体经水套间接加热原油的加热装置。

13.1.2

盘管加热炉　direct fired heater

在炉膛内用燃烧的天然气直接加热盘管内油流的加热炉。

13.2

锅炉车　mobile steam generator

油田专用车装锅炉。由锅炉、供水泵、空气压缩机等组成。主要用于清除油管、抽油杆、井架油污和油井结蜡以及临时解冻保温等。

13.3

油气分离器　oil-gas separator

用于分离原油中的水、气与固相杂质的卧式或立式圆柱形压力容器。其主要部件有分离装置、捕集器、液面控制器和安全阀等。

13.3.1

沉降式油气分离器　settling oil-gas separator

利用重力沉降原理对油、气进行分离的装置。

13.3.2

旋转式油气分离器　rotary oil-gas separator

利用旋风筒产生的高速旋流,使油、气在离心力的作用下进行分离的装置。

13.3.3

加热分离器　heated separator

兼有加热、分离和缓冲作用的油气分离器。

13.3.4

螺旋式油气分离器　screw type oil-gas separator

利用螺旋叶片产生的离心力对油气混合物进行分离的装置。有常规闭式结构和开式结构两种，前者只适用于产量高、油气比较低的油井，后者适用于油气比高(250 m^3/t～1 500 m^3/t)的油井。主要由上接头、外管、螺旋叶片、中心管和下接头组成。

13.3.5

计量分离器　measuring separator

井流在离心力的作用下，油水被甩到容器壁上，通过重力沉降进行气、液分离，气体通过压差流量计计量，液体一般用容积式流量计计量的分离器。

13.3.6

湿式螺杆压缩机　wet type screw compressor

用于分离原油中伴生天然气的容积式压缩机。由主机、电动机、分离器、油泵、油冷却器和控制系统组成。

13.3.7

称重式油井计量仪　weighing oil-well metering device

可在线连续计量油井产量的计量装置，它不受压力、温度、密度、黏度、含砂、含蜡和含气等因素的影响。主要由计量分离系统、数据采集系统、计算机系统和多重保护系统等组成。

13.3.8

脱水器　water separator

通过机械、物理、化学或电的方法将原油中的水分离并排出的卧式或立式罐形装置。

13.4

油管柱　tubing string

用油管构成的井下管柱，以作为开采油气的通道。

13.5

分层配产管柱　separate stratum production string

用于控制和分配同一井中各油层产量的油管柱。按油管柱的数目分为单管分采和双管分采管柱。由油井封隔器、配产器和油管等组成。

13.6

隔水采油管柱　water-exclusion production string

用于套损生产井防止套管破损段及上部层位水倒灌污染油层的采油管柱。

13.7

压控开关找堵水管柱　water locating and plugging string with pressure-controlled switch

由压控开关与封隔器配套组成的可根据地面指令进行分层找水、分层试采和分层堵水的管柱。封隔器将油层分隔成若干层段，每一层段内下入一压控开关，在生产状态下根据指令实现任意层段的开或关。压控开关由工作筒、开关器、信号接收器、数据存储器、检测电路、电动机和锂电池等组成。

13.8

井下安全阀　downhole safety valve

能起闭井内油管通道的阀。

13.9

压差安全阀　pressure-differential safety valve

井下压差超过设定值时，通过加载使节流嘴关闭的安全阀。可分为提升阀和止回阀等。

13.10

清蜡绞车　paraffin scraping hoist

用于起下刮蜡器的钢丝绞车。分电动和手动 2 种。

13.11

井下安全控制系统　downhole safety control system

用于各种自喷井和电潜泵生产井的井下安全防喷装置，主要由井下安全阀、加厚短节、液控管线和扶正器等组成。

13.12

电热电缆绞车　electrothermal cable drawworks

缠绕电热电缆或带井下电热器动力电缆的车装电缆绞车。用于清蜡作业。

13.13

清蜡电热电缆　paraffin electrothermal cable

悬挂在油管内，利用通电后缆心本身所产生的热能进行清蜡的电缆。

13.14

热油(水)清蜡车　hot oiling truck

通过将油罐内的油(水)加热并注入井中进行热油(水)循环清蜡的车装设备。由泵、加热器、阀门和管件等组成。

14　人工举升设备

14.1

抽油机　pumping unit

通过抽油杆柱带动井下抽油泵往复工作的地面设备。

14.1.1

游梁抽油机　beam pumping unit

曲柄做旋转运动，通过四连杆机构使游梁和驴头上下摆动，带动抽油泵往复工作的抽油机。按结构型式可分为常规、前置和异相 3 种。

14.1.1.1

常规游梁抽油机　conventional beam pumping unit

驴头和曲柄连杆机构分别位于支架前后，且曲柄销孔中心与旋转中心连线和曲柄长度方向中心线相重合的游梁抽油机。平衡方式可分为曲柄平衡、游梁平衡和复合平衡 3 种。

14.1.1.2

前置式游梁抽油机　front-mounted beam pumping unit

驴头和曲柄连杆机构均位于支架前面的游梁抽油机。平衡方式有曲柄平衡和气动平衡 2 种。

14.1.1.3

弯游梁抽油机　pumping unit with bending walking beam

动力传动部件、底座、支架、连杆横梁、曲柄装置、驴头等构件均与常规游梁式抽油机相同，不同的是其游梁为弯曲状，尾轴承座位于游梁上部，在弯游梁的尾部设置有一定数量的平衡块以满足不同井况的需要。

14.1.1.4

异相游梁抽油机 phased beam pumping unit

驴头和曲柄连杆机构分别位于支架前后，曲柄销孔中心与旋转中心连线和曲柄长度方向中心线不重合，且上、下冲程所用时间不相等的游梁抽油机。平衡方式有曲柄平衡、游梁平衡和复合平衡 3 种。

14.1.1.5

矮型游梁抽油机 low profile beam pumping unit

将游梁和驴头合并成一个部件的抽油机。适用于小冲程抽油。

14.1.1.6

双驴头抽油机 dual horsehead pumping unit

在常规游梁抽油机后臂末端装有一近似驴头的部件，横梁与后臂之间用柔性件相连的抽油机。从下死点开始，上冲程时后臂长度越来越短，连杆长度越来越长；下冲程则与此相反。可起到改善转矩系数曲线等作用。另一种是在常规游梁抽油机后臂末端增加类似驴头和悬绳器的部件，悬绳器下部吊挂有平衡铁块。

14.1.1.7

旋转驴头游梁抽油机 swing horsehead beam pumping unit

游梁抽油机工作时，驴头可绕与游梁支承轴平行的轴旋转的抽油机。与具有相同游梁摆角和前臂长度的抽油机相比，光杆冲程有较大增加。

14.1.1.8

带传动抽油机 belt drive pumping unit

用带传动代替减速器齿轮减速传动的游梁抽油机。

14.1.1.9

车装抽油机 trailer mounted pumping unit

将抽油机安装在可运移底盘上的抽油机。适用于非长期性抽油的油井、无电源地区油井的试油或采油以及间歇抽油的油井。

14.1.1.10

斜直井抽油机 slant hole pumping unit

适用于井斜角为 0°～45°斜直井的抽油机。可分为无级可调倾角、有级可调倾角和固定倾角 3 类；按结构型式可分为游梁式和非游梁式 2 种。

14.1.1.11

游梁式双井抽油机 beam pumping unit for double wells

用 1 台抽油机通过导向滑轮架同时带动 2 口油井抽油的抽油机。驴头上行，第 1 口井抽油；驴头下行时，动力通过钢丝绳经导向轮带动第 2 口井抽油。适用于相距较近的 2 口井抽油。

14.1.1.12

游梁平衡抽油机 beam-balanced pumping unit

游梁后臂装有平衡重的常规式游梁抽油机。

14.1.1.13

曲柄平衡抽油机 crank-balanced pumping unit

曲柄装有金属块平衡重的常规式游梁抽油机。

14.1.1.14

气动平衡抽油机 air-balanced pumping unit

游梁与气缸连杆相连，通过气缸中气压的变化平衡上、下冲程载荷的游梁抽油机。

14.1.1.15

复合平衡抽油机　compound-balanced pumping unit

游梁后臂和曲柄均装有金属块平衡重的游梁抽油机。

14.1.1.16

摆锤式复合平衡抽油机　pendulum compound-balanced pumping unit

在常规游梁式抽油机的支架和游梁上安装有摆动平衡装置的节能型抽油机。其摆动平衡装置由小支架、轴承座、摆杆、滚轮和副平衡块组成。小支架安装在抽油机的支架上，并通过顶端轴承座与摆杆相连，副平衡块安装在摆杆尾部。

14.1.1.17

连杆联动变矩抽油机　torque-converting beam pumping unit with auxiliary linkage

其主要结构是在支架上安装1对副连杆，利用副连杆推动安装在游梁尾部的尾梁，使连接杆的尾梁上部相对于游梁位置发生变化，从而改变悬点加速度和曲柄扭矩，达到改善平衡效果，提高电动机效率和节能的目的。

14.1.1.18

摆杆式游梁抽油机　swing-rod beam pumping unit

大载荷长冲程节能抽油机。它将曲柄摇杆机构与常规游梁抽油机四连杆机构相结合，在曲柄外侧增设2个摆杆，摆杆中部空心槽内嵌有上下轨道；曲柄销内侧与曲柄联接，外侧安一滚轮。当曲柄旋转时，滚轮在轨道上往复运动，促使摆杆上下摆动带动连杆运动实现驴头上下冲程。

14.1.1.19

偏轮式游梁抽油机　offset-wheel beam pumping unit

在游梁尾部加装一独特偏轮的长冲程六连杆机构节能型抽油机，其偏轮与中央轴承座之间增设1副操纵杆，偏轮与游梁尾部、横梁、操纵杆之间及操纵杆与中央轴承座之间均采用轴承副硬联接方式。

14.1.1.20

下偏杠铃复合平衡游梁式抽油机　compound balance beam pumping unit with deviated balance weight

改进游梁平衡重设计的复合平衡游梁式抽油机，即将传统复合平衡游梁式抽油机游梁平衡重的质心相对于游梁中心线下偏一定的距离。

14.1.2

无游梁抽油机　blue elephant

不用游梁即可将原动机的旋转运动转换成光杆上下往复运动的抽油机。可分为有柔性件和无柔性件2类。

14.1.2.1

曲柄连杆抽油机　crank-guide blue elephant

采用常规游梁抽油机的横梁、连杆和减速器等部件，用柔性件代替游梁和驴头的抽油机。

14.1.2.2

链条抽油机　chain pumping unit

通过链条及滑道连杆换向，带动往返架上、下运动，并牵动光杆上、下运动的抽油机。由传动、换向、平衡悬吊机架和控制系统等部分构成。可分为气动平衡和重力平衡抽油机2种。

14.1.2.3

塔架增程抽油机　tower type enlarged stroke pumping unit

曲柄连杆机构将电动机旋转运动传给增程机构，增程机构将其较短的往复运动放大，带动光杆上下往复运动的抽油机。由电动机、减速器、曲柄连杆机构、塔架和增程机构等组成。平衡方式有旋转平衡(曲柄平衡)、重力平衡和气平衡3种。

14.1.2.4

宽带抽油机　load-belt pumping unit

采用柔性宽带,在特殊滚筒上反复缠放,实现光杆上下运动的抽油机。

14.1.2.5

气动抽油机　pneumatic pumping unit

以气体压力推动活塞运动来带动光杆往复运动的抽油机。由主气缸、平衡系统、空气压缩机和气控系统等组成。

14.1.2.6

液压抽油机　hydraulic pumping unit

用液压换向并推动立于井口的液缸活塞带动光杆上下往复运动的抽油机。由主液缸、蓄能器和液压泵等组成。

14.1.2.7

数控抽油机　numerical control pumping unit

运动参数由数控系统随机调整的抽油机。由机架、平衡重锤、传感器、减速器、系统管理控制器和逆变器等构成。

14.1.2.8

链式液压抽油机　chain-hydraulic pumping unit

在原链式抽油机基础上采用双平衡和液压支柱方式设计的抽油机。它主要由导轮、配重箱、液压单体支柱、变量油泵、蓄能器、溢流阀、手动换向阀、液动换向阀、外配重箱和导向轮等组成。

14.1.2.9

滚筒式双井抽油机　drum type double well pumping unit

用缠绕钢丝绳的滚筒带动2口抽油井同时工作的抽油机。2滚筒同轴且固定在一起,2根钢丝绳分别缠绕在各自的滚筒上。抽油时,一个滚筒缠绕钢丝绳,另一个滚筒放送钢丝绳,使2口井上、下冲程交替进行。缠绕直径相同时,光杆冲程相等;缠绕直径不同时,光杆冲程不相等。

14.1.2.10

钢丝绳抽油机　wireline pumping unit

采用钢丝绳将旋转运动转换成直线运动,带动光杆上下运动的抽油机。

14.1.2.11

直线电动机抽油机　linear motor driven pumping unit

由地面低速大推力永磁直线同步电动机提供动力,电动机动子直接驱动抽油杆柱做往复运动的大冲程抽油机。

14.1.2.12

电动机换向智能抽油机　motor-reversing type pumping unit

电动机正反转动、驱动同轴连接的摆线针轮减速器,带动摩擦轮正反转动,使抽油杆柱上下往复运动而抽汲油液的抽油机。

14.1.2.13

滚筒式智能抽油机　friction roller intelligent pumping unit

在原有电动机换向智能抽油机基础上设计的采用交流变频控制器和双层式内减速摩擦滚筒的抽油机。

14.1.2.14

渐开线节能抽油机　involutes energy-saving pumping unit

采用刚性与柔性相结合的传动方式，利用渐开线变径天轮结构实现节能降耗的抽油机。

14.1.2.15

双变径轮式抽油机　dual variable-diameter wheel pumping unit

由游梁式抽油机改造而成的大载荷、长冲程、低冲次节能型抽油机。它主要由曲柄摇杆机构和柔性摆杆增程轮机构2部分构成。增程轮机构由变径主动轮和变径被动轮构成，摆杆与变径主动轮之间采用柔性连接以实现主机运动。

14.1.2.16

圆柱链矮型超长冲程抽油机　low profile super-long stroke pumping unit with cylinder chain

采用圆柱链轮传动、机身矮(不超过2 m)，冲程可达数十米的抽油机。主要由一特制圆柱链、表面开有螺旋式半圆柱形凹槽的链轮、表面开有半圆柱形凹槽的盘状轮、传动系统、弹簧平衡系统和电动机组成。

14.1.2.17

齿形胶带-钢丝绳复合驱动抽油机　toothed rubber belt-wireline compound drive pumping unit

在电动机换向抽油机基础上，在滚筒上增加2条缠绕式钢丝绳；将配重设计成两体：上体为可调配重，下体为快换配重；使用齿形胶带以防打滑的抽油机。

14.1.3

采油车　oil production truck

专用于油田采油作业的特种车辆，主要用于油井作业。

14.1.3.1

桅杆式采油车　mast type production truck

用于边缘井、低产井生产的采油设备。主要由桅杆式井架、绞车、前后支架、自动控制系统、自动排绳系统、角传动箱、储油罐、井口装置及汽车底盘组成。

14.1.3.2

多功能采油车　multifunction oil production truck

一机多用的自走式采油装置，它不仅能完成采油作业，而且还具有对稠油井和结蜡井进行加热通井的功能，适用于低产井、低渗透率井、零散井和边远井的采油作业。主要由载重车底盘、井架、天车、发电机组、带泵箱、采油绞车、电缆绞车、悬挂系统、操纵系统、液气线路系统等组成。

14.2

抽油机组成部分　pumping unit component parts

14.2.1

抽油机支架　pumping jack

对于游梁抽油机，支架为支承游梁的型钢结构件，除承受驴头、游梁、横梁、连杆等部件的自重外，还要承受悬点载荷和连杆力的作用；对于无游梁抽油机，支架为钢结构件，要承受2倍的悬点载荷和重力往复平衡力。

14.2.2

游梁　walking beam

装在抽油机支架上，做上下摆动的钢结构梁。其前端装有承受井下载荷的驴头。

14.2.3

驴头　horsehead

装在游梁近井口端带弧面的构件。在游梁摆动的情况下，垂直于水平面的弧面切线与井口中心线始终重合。圆弧面的圆心始终为游梁的摆动中心。

14.2.4

悬绳器 bridle

连接钢丝绳、悬挂光杆且能安装动力仪测取示功图的悬重装置。

14.2.4.1

复合悬绳器 dual duty mule-head hanger

既具有悬绳器的功能，又能减振和防止抽油杆发生偏磨的装置。

14.2.4.2

旋转悬绳器 rotary bridle

借助抽油机上下冲程所产生的力缓慢转动进而带动抽油杆柱也缓慢转动的悬绳装置。其作用是防止抽油杆扶正器与油管发生偏磨。

14.2.5

平衡系统 balance system

用于减小原动机和减速器的转矩波动、降低峰值转矩的装置。游梁抽油机平衡系统可分为游梁平衡、曲柄平衡、复合平衡和气动平衡 4 种；无游梁抽油机平衡系统可分为气动平衡、曲柄平衡和重力往复平衡 3 种。

14.2.5.1

平衡重 counterbalance

均衡动力机转矩的重物。可分为游梁平衡重和曲柄平衡重两类。

14.2.6

超高转差电动机 ultra-high slip motor

转差率在 12%以上，在一定转速范围内，转速可随转矩增大而减小、转矩减小而增大的鼠笼式电动机。

14.2.7

抽油机胶带张紧器 rubber belt tightener

防止抽油机胶带打滑空转而使用的胶带张紧装置。

14.2.8

抽油机耦合器传动系统 coupler drive system for pumping unit

通过电动机加装液力耦合器直接与抽油机减速器连接，把传统的胶带传动变为齿轮硬性传动的机构。由调参控制箱、整体式底座、高启动力矩调速电动机、液力耦合器、传动轴和专用减速器组成。

14.2.9

抽油机电控刹车系统 electric control brake system for pumping unit

可实现电脑联网远程数据采集和工作运行全程自动控制的抽油机刹车装置。主要包括电磁转换部分、传动部分和固定支撑部分。当电磁转换部分接收到刹车信号后，电磁铁吸合，通过传动部分将刹车片锁紧，从而实现远程自动电控刹车。

14.2.10

稀土永磁同步电动机 rare earth permanent magnetic-synchronic motor

与异步电动机一样由定子和转子 2 部分组成，不同的是在转子鼠笼条内嵌入有稀土永磁钢，使励磁由原来依靠定子边励磁变为转子边稀土永磁钢励磁，变异步电动机为同步电动机。

14.2.11

抽油机多功能保护器 multipurpose protector for pumping unit

具有防抽油杆偏磨、防脱扣、减震、保护抽油泵以及过载自动保护功能的装置。它能使抽油机载荷保持平稳，避免抽油杆疲劳断脱。

14.2.12

齿轮减速器 gear reducer

抽油机输出动力的关键部件。由齿轮、齿轮轴和轴承组成。

14.2.13

电磁离合器天然气机组 magnetic clutch-gas engine set

可代替电动机作抽油机动力的装置，它可直接利用现场天然气资源。通过调整机组输入电流的大小来调整机组的输出转速，从而可调节抽油机的冲次。主要由天然气机、发动机、公共底盘、转差式电磁离合器和小型交流发电机等组成。

14.2.14

抽油机冲程调整装置 stroke controlling device of pumping unit

通过调整抽油机的冲程，提高游梁抽油机效率的调参装置。

14.3

抽油杆 sucker rod

有杆泵抽油用的两端加粗且带有联接螺纹的杆件。

14.3.1

光杆 polished rod

位于抽油杆柱顶端、外表面光滑的钢杆。通过它把整个杆柱挂在悬绳器上，并与井口防喷盒保持动密封。

14.3.1.1

超高强度抽油光杆 ultra-high strength polished rod

力学性能比D级抽油光杆高一定数量级的具有超高强度和抗弯耐磨的抽油光杆。

14.3.2

抽油杆柱 sucker rod string

由抽油杆连接组成的杆柱。分单一和组合2种。

14.3.3

加重抽油杆 sinker bar

加重抽油杆柱的短节。用于克服摩擦阻力，提高柱塞下行速度。

14.3.4

连续抽油杆 continuous rod

能缠绕在滚筒上的整根抽油杆。

14.3.4.1

碳纤维连续抽油杆 carbon fibre coiled rod

中间无接箍，仅两端有钢接头，可缠绕在滚筒上的带状抽油杆。其心部增强材料为碳纤维。

14.3.5

空心抽油杆 hollow sucker rod

带有中心通孔的抽油杆。可为抽汲稠油、高凝油、高含蜡原油时进行电加热、注入热介质和化学剂工作液等提供循环通道。

14.3.5.1

空心抽油杆扶正器 hollow sucker rod centralizer

按一定间距安装在空心抽油杆柱上防止空心抽油杆与套管发生偏磨的扶正工具，采用耐磨材料制成。

14.3.6

增强塑料抽油杆　reinforced plastic fiberglass sucker rod

玻璃钢抽油杆

杆体为增强塑料，两端为钢接头的抽油杆。

14.3.7

增强塑料-钢复合抽油杆柱　reinforced plastic fiberglass-steel compound sucker rod string

将增强塑料抽油杆和钢抽油杆按一定数量和直径组合而成的抽油杆柱。

14.3.8

超高强度抽油杆　ultra-high strength sucker rod

力学性能比D级抽油杆高一定数量级的具有超高强度和抗弯耐磨的抽油杆。

14.3.9

钢丝绳抽油杆　wireline combined sucker rod

由钢丝绳和常规加重杆组成的连续抽油杆。

14.3.10

高扭矩防脱抽油杆　high-torque anti-decoupling sucker rod

传递扭矩大、可任意方向旋转、不会发生脱落的专用于大排量、高扬程螺杆泵的抽油杆。

14.3.11

防偏磨抽油杆　anti-eccentric wear sucker rod

在圆钢轧制过程中增加凸形阻挡式加强筋，在加强筋上锁定固定套组成固定器，在两固定器之间安装有扶正防偏磨装置，即构成防偏磨抽油杆。

14.3.12

电加热抽油杆装置　sucker rod electric heating device

电缆从悬接器端下入空心抽油杆柱的终端，与之构成回路，通电后将空心杆体加热的装置。由空心杆、电缆、传感器、悬接器、实心杆和电控柜等组成。适用于稠油井和结蜡井。

14.3.13

抽油杆接箍　sucker rod coupling

两端带有内螺纹、用于连接抽油杆的接头。

14.3.14

抽油杆双向护箍　bilateral protector for sucker rod

既能保护抽油杆接箍又能保护油管内壁的工具，表面涂有一层耐蚀减磨的铬镍金属粉末，其摩擦阻力低，而耐磨性却是普通接箍的10倍以上。

14.3.15

抽油杆磁粉探伤仪　magnetic particle flaw detector

用于检测抽油杆缺陷的仪器。由电源控制柜、主机、暗室和紫光灯组成，主机又由夹持装置、工件夹持机构、转动机构、磁悬液喷洒与回收系统、磁化线圈等组成。它可与涡流、漏磁检测装置配套使用。

14.4

有杆抽油泵　subsurface sucker rod pump

通过抽油杆柱带动或驱动柱塞抽汲井液的泵。主要包括柱塞泵(由柱塞、泵筒、固定阀和游动阀等部件组成，可分为管式泵和杆式泵)、螺杆泵等。

14.4.1

管式抽油泵　tubing pump

泵筒连接在油管柱下端，随油管柱下入井中，柱塞与抽油杆柱下端连接在一起，在泵筒内工作的抽油泵。

14.4.1.1

整筒管式抽油泵　full liner tubing pump

与抽油泵柱塞配合的泵筒为一整体的抽油泵。

14.4.1.2

组合管式抽油泵　combined liner tubing pump

与抽油泵柱塞配合的缸筒由多节衬套组装在外管内的抽油泵。

14.4.1.3

双作用管式抽油泵　double acting tubing pump

1个往复循环能够完成2次排液、2次吸液的抽油泵。由主泵体、压差补偿器和脱接器3部分组成。

14.4.1.4

可捞式双固定阀抽油泵　fishable double-standing valve type pump

带有2只固定阀，且其中一只为可捞式固定阀的管式抽油泵。

14.4.1.5

防偏磨管式抽油泵　anti-eccentric wear tubing liner pump

能使抽油杆柱不受柱塞和泵筒之间半干摩擦力和游动阀打开时需克服的液流阻力的影响，抽油杆柱始终处于拉应力工作状态而不会发生失稳变曲的管式泵。

14.4.1.6

活塞环型管式抽油泵　piston ring type tubing pump

其活塞由硬质弹性活塞环、中间软活塞环和活塞体组成的具有防气防砂功能的管式抽油泵，它适用于深井采油作业。整泵由泵筒、活塞总成和底阀总成组成，活塞总成包括活塞、防沉砂帽、活塞护套、上下游动阀；底阀总成包括固定式阀、投捞式底阀、防落物帽。

14.4.1.7

防砂耐磨抽油泵　anti-sand abrasion resisting pump

采用防砂和耐磨技术制造的无衬套整筒管式抽油泵。主要由泵筒、柱塞、进出油阀组件、上下刮砂环、功能接头和沉砂尾管等组成。

14.4.2

杆式抽油泵　rod(insert) pump

泵外工作筒连接在油管柱下部，泵筒和柱塞与抽油杆柱下端连接一起下井，插入泵外筒中的抽油泵。检泵作业时不需起出油管的抽油泵。按结构可分为定筒顶部固定、定筒底部固定和动筒底部固定3种。

14.4.2.1

定筒杆式抽油泵　stationary barrel rod pump

泵筒固定在泵外筒上，工作时柱塞等游动组件做往复运动的杆式泵。

14.4.2.2

动筒杆式抽油泵　traveling barrel rod pump

柱塞和固定阀一起固定在泵外工作筒上，泵筒做往复运动的杆式泵。适用于含砂多的油井。

14.4.2.3

双作用杆式抽油泵　double acting rod pump

柱塞上下行程均能吸油和排油的杆式泵。

14.4.2.4

整筒杆式抽油泵　one-piece barrel rod pump

与柱塞配合工作的泵筒为一整体的杆式抽油泵。

14.4.2.5

注抽两用抽油泵　subsurface pump for steam injection and oil pumping

既能注汽又能转换用于抽油的井下泵。

14.4.3

分采泵　series dual pump

以1根抽油杆柱带动2个串联的抽油泵，用于同时开采2个油层的抽油装置。

14.4.4

无油管抽油泵　tubingless sucker rod pump

空心抽油杆既当抽油杆又当出油通道，泵筒固定在套管上的抽油泵。

14.4.5

双层阀抽油泵　dual valves pump

防止发生气锁和水击现象而装有2层阀的抽油泵。

14.4.6

磁性阀抽油泵　magnetic plunger oil pump

利用阀的磁性来防止间隙漏失的抽油泵。

14.4.7

环阀泵　annular valve pump

柱塞上的游动阀装有1套装在拉杆外圆上的环形阀，其他泵阀为球阀的抽油泵。适用于含气井和稠油井。

14.4.8

倍程泵　self-enlarged stroke rod pump

通过自身结构可成倍增加泵冲程的抽油泵。适用于大排量强采的高含水井。

14.4.9

防砂卡抽油泵　anti-sand rod pump

防止油液中沉砂和浮砂进入泵筒卡阻柱塞的抽油泵。

14.4.9.1

热采沉砂泵　anti-sand pump for thermal recovery

用于含砂稠油井热采作业的采用沉砂结构防止砂卡砂堵的抽油泵。主要由外油管、柱塞总成、扶正套、泵筒、泵筒接箍、内油管、固定阀总成、外接箍和入油接头等组成。

14.4.10

稠油抽油泵　heavy oil pump

一般为泵隙较大，适用于开采高黏度原油的抽油泵。

14.4.10.1

液力反馈式抽油泵　hydraulic feedback subsurface pump

采用机械强制性启闭阀和启闭柱塞、液力反馈及空心抽油杆电热开采技术的专用于抽采稠油的抽油泵。主要由进油阀、工作泵筒、工作柱塞、出油阀、反馈泵筒和反馈柱塞等组成。

14.4.10.2

防砂卡稠油抽油泵　anti-sand heavy oil pump

用于出砂严重的稠油井采油的抽油泵，能有效防止砂卡。由双短泵筒、长柱塞和阀组件组成。

14.4.11

双柱塞抽油泵　double plunger pump

由上下2个柱塞构成的抽油泵。当柱塞下行时，产生一个向下的推力帮助克服阻力，从而改善柱塞工作条件。适用于开采稠油。

14.4.12

悬挂式加固抽油泵　pendent-type reinforced subsurface pump

泵悬挂在外加固管内，以防止泵筒因坐封和解卡时造成偏磨和变形的多层开采泵。

14.4.13

柱塞串联式抽油泵　plunger tandem type oil pump

专用于深井高黏稠油开采的抽油泵。它能克服稠油井杆柱下行困难、吸入阀和排出阀关闭滞后或阀体关闭不严及杆柱产生偏磨等问题。由泵筒总成、柱塞总成和固定阀总成等组成。

14.4.14

接力式抽油泵　relay type pump

安装在常规抽油泵之上，与其配套使用，将井液分级举升到井口的抽油泵，由短泵筒、长柱塞、双游动阀组件等组成。

14.4.15

射流增压管式抽油泵　jet booster rod pump

把管式泵与水力射流泵结合在一起，利用部分排出液进行射流灌注的有杆抽油泵。

14.4.16

杆式离心抽油泵　electric centrifugal rod pump

地面电动机通过抽油杆柱将动力传到井下的潜油离心抽油泵。

14.4.17

杆管两性抽油泵　rod-tubing type oil pump

无固定阀，适用于抽采稠油，具有防砂卡、防气锁、不动管柱正循环压井兼泄油器功能的抽油泵。由上游动阀总成、泵筒、活塞、进油排气孔、泵筒下接头、下游动阀总成、下阀压帽、加长管、限位器等组成，其下部连接沉砂尾管。

14.4.18

杆式螺杆抽油泵　surface drive progressive cavity pump

地面电动机通过抽油杆将动力传到井下，从而带动井下抽油泵工作的螺杆泵装置。

14.4.18.1

串联多相螺杆泵　tandem multiphase screw pump

采用多相泵技术，由两级单螺杆泵串联而成的容积式抽油泵。

14.4.18.2

插入式螺杆泵　inserted screw rod pump

不用起出油管即可安装和取出的螺杆泵。

14.4.18.3

单头单螺杆抽油泵　single-head single-screw pump

由单线螺杆转子和二线内螺旋面定子组成的螺杆泵(螺杆衬套副为 1：2)。

14.4.18.4

双头单螺杆抽油泵　dual-head single screw pump

由双线螺杆转子和三线内螺旋面定子组成的螺杆泵(螺杆衬套副为 2：3)。

14.4.18.5

螺杆泵地面驱动装置　surface drive for screw pump

驱动杆式螺杆抽油泵进行抽油作业的动力机构，主要由传动变速部分、防反转机构、支撑部分和密封部分组成。

14.4.19

深抽减载装置　load-reducing device for deep well pump

适用于深抽井的辅助采油工具，由柱塞管、上下密封管、减载活塞、脱接器和提升短节等组成，通常安装在常规抽油泵的上端，通过脱接器与抽油杆柱下部相连，在油套压差作用下，上行时产生向上的升举力，带动下部抽油杆柱上行，从而显著减轻抽油机悬点载荷和降低能耗。

14.4.20

防偏磨抽油泵　eccentric abrasion resisting rod pump

防止抽油泵柱塞或井下杆柱发生偏磨的抽油泵。分为反馈式防偏磨抽稠油泵、大流道整筒式防偏磨抽稠油泵、柱塞底部加重式防偏磨抽油泵、双冲程平衡式防偏磨抽油泵及液力平衡式防偏磨抽油泵等。

14.4.21

封闭式负压抽油泵　closed negative pressure oil pump

利用负压原理工作的没有固定阀的抽油泵，主要由泵筒、加长管和柱塞组成。其柱塞上行时，柱塞上部的液体排到地面，在柱塞下部形成一负压区，达到一定负压后，柱塞让开进液孔，产液进入负压区，泵筒内充满液体。柱塞下行时堵塞进液孔，游动阀打开，柱塞下行至下死点时，泵筒内的液体全部进入柱塞上部空间。柱塞上行则又将柱塞上部的液体排到地面。

14.4.22

串联式三腔抽油泵　tandem three-chamber pump

为适应油井动液面下降，难以实现大泵深抽而开发的有3个腔室的抽油泵。主要由上泵筒、上柱塞、上排出阀、密封装置、空心连杆、中间排出阀、中间进油阀、下泵筒、下柱塞和下进油阀等组成。密封装置将上、下两泵分隔成3个工作腔，在1个往复冲程中完成2次吸油和2次排油动作。

14.4.23

自旋转柱塞抽油泵　self-rotary plunger oil pump

柱塞能自动旋转可防止柱塞与泵筒结垢和偏磨的抽油泵。柱塞由旋转器驱动旋转，旋转器由动套和旋转轴组成，二者分别刚性联接在柱塞和抽油杆上。

14.5

抽油泵组成部分　subsurface sucker rod pump component parts

14.5.1

泵筒　pump barrel

与抽油泵柱塞配合工作的缸筒。共分2种：一种为组合泵筒，由外管、衬套和接头组成；另一种为无衬套的整体泵筒，又可分为厚壁筒和薄壁筒2种。

14.5.2

柱塞　plunger

与抽油泵泵筒或衬套配合工作的、内腔有一定流道的空心柱。

14.5.3

衬套　barrel liner

装在泵筒内的1组与柱塞外径相配合的短缸筒。

14.5.4

游动阀　travelling valve

排出阀

装在柱塞中与柱塞一起上下运动的阀。

14.5.5

固定阀　standing valve

吸入阀

阀座固定在泵筒上不动的阀。

14.5.5.1

旁通式固定阀　by-pass standing valve

用于全井生产的防堵塞固定阀，泵下无需接封隔器。主要由上接头、外筒、旁通单流阀和下接头组成。其中旁通单流阀筒上和外筒内腔形成环空，使落物通过环空沉积到尾管内。

14.5.5.2

口袋式固定阀　sack-like standing valve

主要用于泵下接封隔器封层的油井，由上接头、外筒、阀球、阀座支撑短节和下接头组成。下管杆过程中，落物通过阀罩上的锥体沉积到外筒和隔离短节的环空内而不会堵塞固定阀。

14.6

有关有杆抽油装置(抽油机)的基本概念　general terms derived from sucker rod pumping system

14.6.1

光杆冲程　stroke of polished rod

光杆上、下往复运动时的位移。

14.6.2

光杆位置　position of polished rod

从光杆下死点算起的位移占全冲程长度的百分数。通过该值可以在示功图上测出曲柄转角对应的悬点载荷，并由此计算出抽油机曲柄轴的转矩。

14.6.3

悬点加速度　acceleration of polished rod

悬绳器或光杆上下往复运动的加速度。

14.6.4

悬点载荷　polished rod load

悬绳器悬挂光杆处承受的光杆拉力。

14.6.5

额定悬点载荷　rated polished rod load

悬绳器悬挂光杆处承受的光杆拉力的额定值。

14.6.6

最大悬点载荷　maximum polished rod load

光杆在上冲程时所承受的峰值载荷。在示功图上为悬点载荷曲线的峰值。

14.6.7

最小悬点载荷　minimum polished rod load

光杆在下冲程时所承受的载荷。在示功图上为悬点载荷曲线的最小值。

14.6.8

悬点载荷转矩　torque of polished rod load

悬点载荷在曲柄轴上所产生的转矩。

14.6.9

转矩系数　torque factor

悬点载荷转矩与悬点载荷的比值。

14.6.10

平衡系统转矩　balance system torque

平衡系统在曲柄轴上所产生的转矩。适用于曲柄平衡和复合平衡。

14.6.11

最大平衡系统转矩　maximum balance system torque

曲柄在水平位置时平衡系统在曲柄上所产生的转矩。适用于曲柄平衡和复合平衡。

14.6.12

净转矩　net torque

悬点载荷转矩与平衡系统转矩之和。

14.6.13

额定转矩　rated torque

悬点载荷转矩与平衡系统转矩之和的额定值。

14.6.14

结构不平衡重　structural unbalance weight

将两连杆与曲柄销分开，在悬点上施加的能使游梁处于水平位置的力。该力方向向上时为负，向下时为正。

14.6.15

示功图　dynamometer card

在抽汲过程中，用动力仪记录的悬点载荷随悬点位移变化的闭合曲线。

14.6.16

静载示功图　static dynamometer card

悬点加速度为零时的示功图。

14.6.17

抽油杆旋紧转矩　tightening torque of sucker rod

防止抽油杆联接螺纹松脱并保证抗拉强度所需的最小旋紧转矩。

14.6.18

抽油杆柱的中和点　neutral point of sucker rod string

在抽油过程中，抽油杆应力等于零的点，即正、负应力的转换点。

14.6.19

泵的上、下冲程　up-down stroke of pump

光杆及抽油杆柱带着泵柱塞向上运动的过程称作泵的上冲程，向下运动的过程称作下冲程。

14.6.20

泵挂深度　setting depth of pump

从井口油管头法兰至井内抽油泵柱塞下游动阀之间的距离。

14.6.21

泵的沉没度　submergence depth of pump

抽油泵吸入阀在井内动液面以下的深度。

14.6.22

静液柱质量　hydrostatic column weight

油井中泵柱塞以上，液柱断面积等于柱塞面积减去抽油杆截面积的液柱质量。

14.6.23

泵隙　fit clearance of plunger

柱塞与泵筒（或衬套）之间的配合间隙。其大小直接关系到泵的漏失和磨损，应根据泵挂深度和原油性质等选定。

14.6.24

泵的漏失　pump leakage

柱塞与泵筒间隙处及固定阀和游动阀密封处的泵内液体泄漏。

14.6.25

柱塞冲程　plunger stroke

柱塞在井下工作时,上下往复运动的最大位移。

14.6.26

冲程损失　stroke loss

光杆冲程与柱塞冲程之差。

14.6.27

超冲程　over stroke

由于抽油杆柱的动载而产生的附加柱塞冲程。

14.6.28

气锁　gas locking

抽油泵内进入大量低压自由气体后,吸入阀和排出阀不能打开,使抽油泵无法正常工作的现象。

14.7

无杆抽油泵　rodless pump

不借助于抽油杆传递动力的抽油泵之统称。如电动潜油离心泵、射流泵、水力活塞泵和振动泵等。

14.7.1

电动潜油泵　electric submersible pump(ESP)

潜没在井液中用潜油电动机驱动的离心泵,简称电潜泵。

14.7.1.1

潜油离心泵　submersible centrifugal pump

细长轴串接上百级的叶轮、导轮,由油管悬挂于井中的抽油泵。

14.7.1.1.1

防磨防砂潜油离心泵　anti-sand and antiwear submersible centrifugal pump

用于高含砂油井的能防止砂卡和磨损的潜油离心泵。

14.7.1.2

潜油电动机　submersible electric motor

驱动潜油离心泵的密闭、绝缘电动机。

14.7.1.3

电潜泵电缆　electric cable of submersible pump

电动潜油泵用的耐温、耐油、防腐及气密性高的井下铠装动力电缆。

14.7.1.4

活塞式保护器　piston protector

利用活塞将电动机内充绝缘液与井液隔离,并补偿电动机内充液体积变化的保护装置。

14.7.1.5

胶囊式保护器　rubber sacked protector

利用橡皮囊防止井液进入电动机内,并补偿电动机内充液体积变化的保护装置。

14.7.1.6

重液隔离式保护器　heavy liquid insulated protector

利用充满高密度的惰性隔离液(氟油)防止井液进入电动机,并补偿电动机内充液体积变化的保护装置。

14.7.1.7

沉淀式保护器 settling protector

用于补偿和平衡电动机内润滑油的损失,防止井液进入电动机并承受泵的轴向载荷的装置。主要由机械密封装置、沉淀室、补偿管及止推轴承等组成。

14.7.1.8

电潜泵泄油阀 drain valve of ESP

装在启动单流阀的上面,用以起油管时使油管内液体流入井中的阀。

14.7.1.9

电潜泵单流阀 check valve of ESP

装在电潜泵上部打捞短节中,只允许液体向上流动的阀,以保证潜油电动机容易启动,防止停泵时液体从油管内泄入井筒。

14.7.1.10

电潜泵气体分离器 rotary gas separator of ESP

安装在潜油离心泵第一级叶轮前面,将气体从混合液中分离出的装置。按分离方式分为重力式和离心式油气分离器。

14.7.1.11

电潜泵控制柜 control panel of ESP

控制电潜泵运行,具有安全保护功能并能记录工作电流、电压、井下压力和温度及井口流量等参数的装置。

14.7.1.12

电潜泵测压阀 pressure testing valve of ESP

由工作筒与测压堵塞器组成的测压装置。当投入的压力计与测压阀对接时,油套管连通,可测出电潜泵入口压力。

14.7.2

电动潜油螺杆泵 electric submersible screw pump

由潜油电动机、保护器和单螺杆泵组成的机组,适用于高黏度或高含气井抽油的电动潜油泵。

14.7.2.1

电动潜油双螺杆泵 electric submersible double screw pump

由井下潜油电动机驱动的双螺杆泵。

14.7.3

射流泵 jet pump

将地面高压动力液通过喷嘴高速喷出形成低压区吸入井筒原油,原油与动力液混合后进入扩散管,经降速升压后流至地面实现抽油的泵。主要工作部件由喷嘴、喉管和扩散管组成。其特点是无运动部件,泵吸入端和排出端之间需安装封隔器。可分为滑套式射流泵和油管封隔式射流泵等。

14.7.4

振动泵 oscillating-column pump

地面发振器使油管做上、下短幅振动,带动油管内的多级球及球座跳动,促使井底液体沿油管上升的抽油泵。

14.7.5

水力活塞泵系统 hydraulic piston pump system

由地面动力泵向井下供给高压动力液体,推动井下液压马达的活塞做上下往复运动,从而带动抽油泵工作的设备总称。

14.7.5.1

开式动力液系统　open power fluid system

水力活塞泵液压马达排出的乏动力液与井中抽出的井液混合后一起返到地面的系统。

14.7.5.2

闭式动力液系统　closed power fluid system

水力活塞泵液压马达排出的乏动力液始终不与抽出的井液相混，分别通过各自的通道返回地面的系统。一般采用水基动力液。

14.7.5.3

水力活塞泵　hydraulic piston pump

由液压马达、活塞泵和换向滑阀 3 个主要部件组成的泵。

14.7.5.4

地面控制井下安全阀　surface-controlled subsurface safety valve

从地面控制井下活塞，使阀开启或关闭，从而控制井下压力的安全阀。其回收方式有油管回收和钢丝绳回收 2 种。

14.7.5.5

无杆水力采油装置　hydraulic rodless pumping device

针对油田开发后期油井液面降低，泵挂加深导致抽油机载荷及冲程损失增大，杆管偏磨严重等问题使用的采油装置。它采用动筒式结构，由进液筛管、上下接头、外管、上下缸筒、长活塞、下活塞、顶球杆、排液接头和排液阀等构成。

14.8

气举设备　gas-lift equipment

用于气举采油的一整套装置。由气体压缩机、配气管汇、注入管柱、气举阀和分离器等组成。

14.8.1

连续气举设备　continuous gas-lift equipment

由数个合理分布的连续气举阀和末端阀构成的气举采油管柱。

14.8.2

间歇气举设备　intermittent gas-lift equipment

由间歇气举阀及间歇气举控制器构成的周期性气举采油管柱。

14.8.3

活塞气举设备　piston gas-lift equipment

靠自由运动的活塞在油管内进行气举的采油管柱。主要由自由移动式活塞、井下缓冲弹簧装置和油管止动器等部件组成。

14.8.4

柱塞气举设备　plunger gas-lift equipment

靠柱塞推动上部液柱向上运动，防止气体窜流，减少液体回落的特殊间歇气举采油管柱。由井下油管卡定器、缓冲弹簧、刷式柱塞、井口防喷器和捕捉器等组成。

14.8.5

（气举井）管柱试压装置　tubing string pressure testing device

用于测定气举阀上部油管密封性，以防注气渗漏形成气串的试压装置，由试压接头和试压投捞器组成。

14.9

气举设备组成部分　component parts of gas-lift equipment

14.9.1

气举阀　gas-lift valve

阀开启的给定压力由弹簧或充气波纹管来调定，可根据套管压力或油管压力的大小自动控制开关的井下压力调节器。一般固定或投放于井下油管的一定深度，是气举系统的关键部件。

14.9.1.1

连续气举阀　continuous gas-lift valve

能随注气压力的变化改变节流孔的大小，以保证适当注气量的气举阀。

14.9.1.2

间歇气举阀　intermittent gas-lift valve

能迅速开闭且一经打开便能立即在短时间内注入足够气量的气举阀。

14.9.1.3

波纹管气举阀　bellows gas-lift valve

以充气波纹管作为控制元件，启动压力作用在波纹管上，由波纹管的伸缩带动阀杆开、闭的气举阀。

14.9.1.4

弹簧加压气举阀　spring-loaded gas-lift valve

启动压力作用在弹簧上，靠弹簧力控制开、闭的气举阀。

14.9.1.5

套管压力气举阀　casing-pressure operated gas-lift valve

进气口与油、套管环空相通的气举阀。阀的开关由套管压力来控制。

14.9.1.6

油管压力气举阀　tubing-pressure operated gas-lift valve

进气口与油管相通的气举阀。阀的开关由油管压力大小来控制。

14.9.1.7

可调气举针阀　adjustable needle valve for gas-lift

可从地面快速调节阀孔大小，采用锁紧螺钉防止振动引起阀孔变化的控制阀。

14.9.1.8

气量控制阀　gas volume control valve

利用上下气流的波动，保持注气量基本不变的控制阀。适用于气举采油的地面控制。

14.9.1.9

间歇气举控制器　gas-lift intermitter

安装在间歇气举井的进气管线上，用来控制和调节注气时间、注气循环周期和注气量的控制器。

14.9.1.10

气举电子控制器　electronic controller for gas-lift

控制或调节注气时间、循环周期和注气量的微处理控制器。适用于柱塞气举和间歇气举。

14.9.1.11

气举马达阀　motor valve for gas-lift

采用压力平衡结构，使常开状态的阀门迅速关闭的大排量阀。

14.9.2

气举心轴　gas-lift mandrel

在气举阀工作筒中安装有阀体、阀座和执行元件的心轴。分为常规心轴和侧袋心轴 2 种型式。

14.9.2.1

常规心轴　conventional mandrel

与油管柱相连接的固定式气举阀的心轴。

14.9.2.2

侧袋心轴　side-pocket mandrel

与侧袋式气举阀工作筒配套连接在油管柱上，且可用钢丝绳打捞的气举阀心轴。

14.9.2.3

油管回收气举心轴　tubing retrievable gas-lift mandrel

维修作业时,可用油管起出的气举心轴。

14.9.3

气举活塞　free piston for gas-lift

与油管孔径相配,在油管柱内能上下自由移动的筒形活塞。

14.9.4

开式气举管柱　open gas-lift string

高压气体从油套管环空注入,井液从油管返出的不带封隔器的气举管柱。只适用于连续气举。

14.9.5

半开式气举管柱　half-open gas-lift string

高压气体从油套管环形空间注入,井液通过封隔器与油套管环形空间隔开并从油管返出的气举管柱。适用于连续气举和间歇气举。

14.9.6

闭式气举管柱　closed gas-lift string

装有封隔器并防止套压作用于油层回压阀的气举管柱。适用于间歇气举。

14.9.7

汇集室气举管柱　chamber gas-lift string

在油管下端接有桶形汇集室的气举管柱。适用于井下压力低、采油指数高的井。

14.9.8

双管气举管柱　double tubing gas-lift string

油井中装有2根结构不相同的平行管柱。每根管柱分别采用连续气举和间歇气举方法开采2个不同的油层。

14.9.9

封隔式气举管柱　packer type gas-lift string

由上下2个封隔器和1个气举阀组成的管柱。气体由环形空间通过气举阀进入油管,双封隔器所封隔油层的井液通过油管采出。

14.9.10

环空出油气举管柱　annulus gas-lift string

气体从油管注入,井液从油套管环空采出的气举管柱。适用于产量很高、超出油管合理排量的油井。

14.9.11

启动压力　starting pressure

刚使井口液体喷出的气举压力。它的大小与气举管柱的构造、气举阀放入的深度和静液面的位置有关。

14.9.12

气举井双笔记录仪　double-pen recorder for gas-lift well

通过测量和记录井口油套压力来分析和判断气举井工作状态的仪器,可对气举井投产和排液过程实施连续监测,以确定气举井合理注气量和制定相应的管理措施。

14.10

生产管柱　production string

机械采油井内作为开采油气通道的油管柱。

14.10.1

分层同采工艺管柱　separate-layer simultaneous production string

两层分层同采的工艺管柱，根据不同的要求可设计成分采混出工艺管柱和分采分出工艺管柱，其相应的分采泵设计成分采混出泵和分采分出泵，并采用低坐封力封隔器。

14.10.2

张力锚管柱　production string with tension anchor

采用张力锚锚定的管柱，其特点是液力锚定，单向锁紧机构自锁及下放旋转解封。

14.11

捞油设备　oil bailing equipment

用于低产油井或非长期性生产的油井采油作业的装置。

14.11.1

捞油抽子　oil bailing swab

装有滑动密封筒或浮动阀的捞油装置，通过胶筒实现与套管之间的密封，用钢丝绳完成抽子上提或下放，可1次捞取1段油柱。

14.11.2

捞油机　oil bailing machine

主要由底座、滚筒、减速器、电动机、支撑梁、钢丝绳、钢丝绳密封器、抽子和带有单片机的自动控制系统组成，可预先设定捞油深度、作业间隔和捞油次数，自动进行捞油作业。

14.11.3

捞油车　oil bailing truck

由越野车底盘和捞油系统组成的车载捞油机。捞油系统包括动力传动系统、机械捞油装置和测控操作系统3部分；底盘加装有取力器或分动箱，以提供捞油动力。

14.11.4

自封式防碰井口装置　self-sealed anticollision wellhead

可防止抽汲工具（抽子）与井口发生碰撞和抽汲液泄漏的抽汲井口装置，它由井口三通、无级调节防碰机构、液压自封式盘根盒和卡套式钢丝绳清洁器组成。

15　压裂、酸化设备

15.1

压裂车　fracturing truck

用于向井内注入高压压裂液，以压开地层的车装设备。由运载汽车、动力装置、传动装置和压裂泵组等组成。可分为单机单泵和双机双泵2种。

15.1.1

压裂泵　fracturing pump

用于油层水力压裂作业的泵，通常为高压柱塞泵。

15.2

橇装式压裂泵组　skid-mounted fracturing pump group

由压裂泵、传动装置和动力机组成的橇装式机泵组。

15.3

酸化压裂车　acid fractuting truck

以酸作为压裂液用于油层压裂的车装设备，主要工作部件（泵、阀、管道）采用耐酸材料制成。

15.3.1

酸化压裂泵 acid fracturing pump

泵注酸液的耐酸压裂泵。

15.3.2

多层酸化封隔器 multizone acidizing packer

中、低渗透层段单层或多层酸化作业用封隔器。主要由上接头、坐封活塞、中心管、弹簧、弹簧套筒、锥体、胶筒、胶筒套体、洗井开关和下接头等组成。

15.3.3

可取式压裂桥塞 retrievable fracturing bridge plug

用于薄差油层压裂施工的专用桥塞。右旋下放管柱坐封，右旋上提管柱解封，而左旋上提管柱丢手。该工具可多次重复坐封和解封。

15.3.4

双级坐封连通器 dual-stage setting connector

用于井下酸化、解堵、没套分注、堵水采油作业的坐封连通工具，它与压差式封隔器组合成工艺管柱，不仅可保证压差式封隔器充分坐封，而且在1.5 MPa～3.0 MPa低压下可连通作业层段。主要由上下接头、割缝钢球、密封圈、割缝滑套、连接套、坐封钢球、坐封滑套和调节弹簧等组成。

15.4

压裂管柱 fracturing string

向井内注入高压压裂液，以压开地层的作业管柱。由喷砂器、喷嘴、封隔器、油管锚和油管等组成。

15.4.1

分层压裂管柱 separate layer fracturing string

能对油井进行分层压裂的井下管柱。

15.5

酸化压裂管柱 acid fracturing string

用于酸化-压裂联合作业的施工管柱。

15.5.1

分层酸化压裂管柱 separate stratum acidizing-fracturing string

不动管柱就能酸化压裂多个油层的压裂工艺管柱。

15.6

酸化管柱 acidizing string

将酸液注入地层，消除堵塞物或增大缝隙，以改善流体在岩层中流动的施工管柱。主要由酸化封隔器、节流器和油管柱等组成。

15.6.1

分层酸化管柱 separate stratum acidizing string

将多级封隔器按设计深度逐级下入井下并坐封丢手，再下入带有滑套开关的插管密封总成管柱，构成分层酸化管柱，可将油层分隔开实施分层酸化。

15.7

酸泵拖车 acid pumping tractor

向酸化压裂泵灌注酸化压裂液的拖车。车上装有由动力机、传动装置、耐酸泵、吸入和排出管汇组成的灌注系统。

15.7.1

酸泵 acid pump

用于配制或泵送酸化压裂液的耐酸泵。

15.8

酸罐车　acid transport trailer

用于向井场供酸，兼有配酸、储酸并向酸泵供酸功能的罐车。

15.9

井下排酸解堵器　downhole flushing tool

用于酸化并排酸的工具，能将酸化后进入地层的残余酸液和反应物及时返排出来，以防地层受到伤害，影响酸化效果。由工作筒和工作筒心 2 部分组成。

15.10

混砂车　fracturing blender truck

用于配制压裂液（前置液、携砂液和替置液）并向压裂泵供液的车装设备。主要由供液系统、输砂系统、混合搅拌系统和计量仪表等组成。

15.10.1

混砂机　fracturing blender

向基液中加入支撑剂及化学添加剂，混合配制压裂液的设备。

15.10.2

输液泵　transfer pump

将储罐中的压裂液输送到混砂罐内所用的泵。多为离心泵或齿轮泵。

15.11

混砂罐　mixing tank

混合配制压裂液的罐。

15.11.1

水力混砂器　hydraulic mixer

靠喷射压裂液来混合支撑剂及添加剂的混合装置。

15.11.2

叶片混砂器　paddle mixer

通过旋转的叶片来混配压裂液的装置。适用于混配高黏度的压裂液。

15.12

压裂砂泵　fracturing slurry pump

向压裂泵吸入管汇供给压裂液的泵。

15.13

螺旋输砂器　screw conveyer

通过螺旋叶片的旋转运动，使支撑剂在导壳内沿螺旋槽推进或举升的设备。主要由筒身和螺旋叶片构成。

15.14

气力输砂器　pneumatic conveyer

靠高速气流携带或抽汲来输送支撑剂的装置。有风吸式、风压式和混合式 3 种。

15.15

自动混合器　automixer

用气力输送支管向流动的压裂液中加入干粉添加剂，并进行混配的管路装置。

15.16

添加剂控制器　polymer handle

控制压裂液中添加剂含量的装置。

15.17

均化器 evener

串联于管路中促使压裂液或固井液均化的密闭容器。可分为水力均化器和叶片均化器 2 种。

15.18

橇装式混砂机组 skid-mounted fracturing blender

配制压裂液并将压裂液供给压裂泵的橇装设备。

15.19

复式混合器 compound blender

把水力混合器与均化器组合在一起的混合器。

15.20

压裂管汇车 fracturing manifold truck

装有酸化压裂管汇的专用车。

15.21

运砂车 sand transport truck

装运并向混砂车供支撑剂的车装设备。由车装砂罐和输砂器等组成。

15.22

供液车 tank truck

罐车

向井场运送液体的专用车。车上装有储罐、立式柱塞泵或离心泵。

16 修井设备

16.1

修井设备 well servicing equipment

排除油井和井下设备的故障，使之恢复正常生产而采用的各种设备和装置。主要包括起升设备、液体循环设备和旋转设备等。

16.1.1

洗井车 well washing truck

将冲洗液注入井中冲洗井中砂粒或进行替液作业的车装设备。由底盘、洗井泵、检测工具和控制冲洗过程的安全阀、连接井口以及泵和容器的洗井管汇构成。

16.1.1.1

洗井管柱 well-flushing string

利用封隔器密封油套环空防止洗井液从油套环空和油管内进入地层的管柱。由液压封隔器、侧向旁通补偿器和过压式固定阀组成。

16.1.1.2

油井防污染管柱 anti-pollution string in oil well

既能防止油井生产作业时造成地面环境污染，又能避免洗井时洗井液污染地层的管柱。检泵时它随油管一起下入井内，置于油层顶界以上，动液面以下。这种防污染管柱适用于井斜角≤25°、原油黏度≤3 500 mPa·s 的油井。

16.1.1.3

水气分离器 water-gas separator

洗井作业中将井口排出的高压水气混合液进行分离的装置，由进液管、三级减压帽、排气管、排液管、排渣阀和容器罐组成。

16.1.1.4

洗井器　well-flushing device

既能热洗清蜡、防止油层污染，又能洗井解堵的装置。

16.1.1.5

排气洗井装置　venting well flushing device

具有排气功能的洗井装置。由上接头、活塞杆、压帽、扶正套、弹簧、密封圈、阀座、阀体和下接头组成，用于有气锁现象的电潜泵井。

16.1.1.6

油层防堵保护器　reservoir anti-plugging protector

可将注入井中的洗井液与油层隔离开来，从而使油层免遭污染堵塞的装置。由自封封隔器和生产、洗井转换阀2部分组成。

16.1.1.7

井下双向流动阀　downhole bidirectional flow valve

既能使油井在洗压井作业时地层不被洗井液或压井液所污染，又能确保在需要对油层进行酸化压裂处理时将处理液挤入地层的阀门。阀的下部分是一与油井防砂丢手封隔器型号相配的密封插头；中部为同心夹层通道，内通道是一单流阀，外通道是一滑套开关；上部分为打捞头，配套有打捞筒。

16.1.1.8

替浆酸洗工具　slush-displacement acid cleaning tool

在水平井裸眼筛管防砂完井后用来对裸眼井段砂岩地层实施小型酸化（酸浸），以解除钻井液对地层造成严重污染伤害的辅助工具。包括洗井阀总成、洗井胶碗封隔器、扶正器和油管泄油器等。

16.1.1.9

高压射流解堵装置　high-pressure jet blocking-remover

能对近井地带油水层堵塞段进行解堵的装置。主要由井下过滤器、扶正器、旋转阻尼器、旋转喷头和自振空化喷嘴等组成。

16.1.1.10

井下液压激振器　downhole hydraulic vibrator

利用液压射流附壁效应所产生的压力振荡清除近井地带油层堵塞和污染的工具，其核心部件为双稳射流元件。这种工具不仅可用于油井防垢、除垢，还可用于近井地带油层造缝、扩缝以及原油防蜡、降黏等。

16.1.2

洗井液处理车　washing fluid treating truck

用于对各种洗井液（包括油井、注水井和冲砂井等）进行处理，使其能达到排放或回注标准的专用车，并可用于洗井液处理后的回注。由机械杂质分离装置、油水分离装置、过滤装置、洗井泵以及动力设备等组成。

16.1.3

低能井洗井装置　well washing device for low energy well

用于低能、低产和低含水油井中可防止洗井液污染油层的洗井装置。主要由中心管、皮碗式胶筒、密封胶圈、胶筒滑道、挡环、球体、球座和上下接头组成。

16.1.4

油套连通式洗井装置　communicating well flushing device

能防盗气、保证油套连通以确保油套压平衡的洗井装置。主要由本体、单向阀和单向密封胶筒组成。还可直接进行反洗井作业。

16.1.5

修井井架　pumping mast

采油井架

安装在油、水井旁边的固定式轻便井架。用于油、水井维修作业时支承提升设备,进行各种井下作业。

16.1.6

通井机　tractor hoist

用于起下油管、抽油杆或打捞、抽汲及通井等作业的车装或拖拉机装的绞车设备。

16.1.6.1

履带通井机　crawler-mounted tractor hoist

修井作业的绞车安装在履带拖拉机底盘上的通井机。

16.1.6.2

轮式通井机　wheeled tractor hoist

修井作业的绞车安装在轮胎式底盘上的通井机。有自行式和牵引式2种。

16.1.7

修井机　workover rig

用于起下作业(起下油管、抽油杆、钻杆)和旋转作业(扩孔、重钻等)并与井下工具配套进行修井的设备。

16.1.7.1

不压井修井机　snubbing unit

具有自封式及闸板式防喷器组和密闭加压装置的修井机。

16.1.7.1.1

油管加压吊卡　tubing elevator under pressure operation

主体内表面有与接箍上下端面相配合台肩的闭锁环式油管吊卡。与加压装置配合使用具有强行下油管和有控制地起出油管的功能,适用于井内压力较低的情况。

16.1.7.1.2

油管分段加压吊卡　double tubing elevator under pressutre operation

油管加压吊卡和反卡瓦式吊卡配合使用的总称。当井内压力高时,具有将整根油管进行分段压入井内并防止油管弯曲的功能。

16.1.7.2

液压不压井修井机　hydraulic snubber

以液压为动力驱动防喷器开、闭和起下管柱的不压井修井机。

16.1.7.3

自行式修井机　self-propelled workover rig

柴油机和传动装置装在自行底盘上,可分别驱动底盘行走或修井装置进行作业的修井机。

16.1.7.4

车装修井机　truck-mounted workover rig

修井作业装置安装在载重汽车底盘上,其动力来自底盘变速箱动力输出口的修井机。

16.1.7.5

斜直井修井机　slant hole workover rig

井架与井口中心线之间的夹角可在0°～45°之间调整的修井机。主要用于斜直井的修井作业。

16.1.7.6

液压蓄能式修井机　hydraulic energy-storing workover rig

应用液压蓄能原理设计的节能型修井机。主要由动力油泵、多腔组合式油缸、力挡控制阀组、高压蓄能系统、液压驱动阀组及其他辅助部件组成。

16.1.8

液压绞车　hydraulic winch

用液压马达驱动的通用绞车。

16.1.9

(修井作业用)管柱起下装置　tripping unit for well servicing

修井作业中用于起下管柱的设备;在充分利用原有主要修井设备(如通井机、井架、液压钳等)的基础上,还增设有专用的筒式吊卡、动力卡瓦、防溢流罩等部件。

16.1.10

高温不压井作业装置　high-temperature snubbing system

用于高温工况下的注水井、高压注水井的注水作业和欠平衡钻井作业的不压井作业装置。由防喷器组、过渡管、强行起下装置、编程传感记录系统、电和(或)液动力控制系统、冷却系统、作业平台、监测记录控制房、液压装运橇组等组成。

16.1.11

修井机井架　mast of workover rig

车装式轻便井架。

16.1.12

修井作业井控装置　well control device for well servicing operation

修井作业中用以控制井喷的装置,如起杆防喷器、起管防喷器和修井用井口防喷器等。

16.1.13

连续油管作业机　coiled tubing unit

把连续油管下入油井的生产管柱内进行各种作业的设备。由连续油管滚筒、排管装置、油管导向器、注入头、液压动力系统和自行式底盘车等部分组成。

16.1.13.1

连续油管滚筒　coiled tubing reel

用于缠绕连续油管的滚筒。滚筒轴的旋转由液压马达控制,在起下连续油管时均能保持油管上有一恒定的拉力,以使连续油管下井时不产生弯曲,起油管时可缠紧。

16.1.13.2

排管装置　level wind assembly

使连续油管均匀缠绕在滚筒上,并可自动显示连续油管下井深度的装置。

16.1.13.3

连续油管导向器　coiled tubing guider

将油管滚筒上拉出的连续油管弯曲到合适角度并引入推送器的装置。导向器为一 90°弧形框架且装有很多滚柱的机构。

16.1.13.4

连续油管注入头　coiled tubing injector

由液压马达带动 2 根相对布置的链条,借助链节间的鞍形卡块卡紧连续油管,通过卡块产生的推力实现油管起下的动力装置。主要为起下油管提供动力、控制油管的起下速度并支承油管的重力。

16.1.13.5

连续油管防喷器　coiled tubing blowout preventer

与连续油管作业机配套使用的井口防喷器。由全封防喷器、半封防喷器、油管切割器和油管挂 4 部分组成。

16.1.13.6

连续油管柱　coiled tubing string

无接头且可缠绕在滚筒上的整根油管柱。

16.1.14

连续抽油杆作业机　continuous rod unit

由作业车、焊接车及其拖带的抽油杆拖车组成的联合作业机组。作业车通过抽油杆推送器将连续抽油杆下入或起出生产管柱;焊接车装有对焊机及热处理装置,用于抽油杆间或抽油杆与光杆之间的焊接。

16.2

修井辅助设备　auxiliary unit for well servicing

除修井动力设备、井架、提升设备、旋转设备和循环冲洗设备以外的用于修井的一些设备。

16.2.1

注氮泵装置　nitrogen pumping unit

将低压液氮转换成高压氮气,与连续油管装置和不压井装置一起进行替液、酸洗、压裂等增产作业的装置。由三缸往复泵、供液泵、氮气蒸发器和控制装置及仪器组成。

16.2.2

立放运井架车　derrick building truck

用于立、放修井井架的工程车。有的车还有运送井架的功能。

16.2.3

螺旋地锚车　earth auger truck

为井架绷绳打螺旋地锚桩的工程车。

16.2.4

液压打拔桩机　hydraulic pile-driving and -pulling machine

修井前后,用于打、拔固定井架的地锚桩的车装设备。由传动装置、液压动力机构、重锤机构和重锤离合机构等组成。

16.2.5

机械化油管拉排装置　mechanizing pulling machine

起下油管柱时,用于拉排油管的装置。由液压升降油管滑道及滑轮系统等组成。

16.2.6

化学剂注入车　chemicals injection truck

运送化学剂、配制工作液、控制注入速度(注入量)并进行油井防蜡、清蜡、降粘、脱水等作业的车装设备。

16.2.7

可钻进式抽砂泵　drillable sand pump

用于油田冲砂,可替代正反冲砂工艺的工具。主要由砂铲、沉砂筒和泵主体 3 部分组成。

16.2.8

修井机作业监视器　well servicing monitor

用于修井作业时监控修井机作业过程,防止发生撞车的装置,能显示钻柱提升高度,具有灯光提示和报警功能。由壳体、蜗轮蜗杆、显示仪表、光耦、光电电路等组成。

16.2.9

气囊式液压旋转封井器　hydraulic rotating shut-in device

修井作业中,用于反循环冲洗作业时封住油套环形空间且允许旋转和提放管柱的封井工具。主要由壳体、气囊、胶筒、中心管、密封压盖、推力轴承和扶正轴承等组成。

17　油田注水设备

17.1

水处理设备　water treating equipment

在油田注水作业中,除去注入水中的溶解气体、悬浮固相和分散油等所用设备的统称。

17.1.1

撇油罐　skimmer tank

使污水中的游离油滴在浮力的作用下,浮至液面,并被采集、输送出去的筒形容器。

17.1.2

含油污水处理车　oily waste water cleaning truck

用于注水井洗井作业,可将从油管返出的含油污水进行净化处理,再通过套管回注,以实现洗井液重复利用。

17.1.3

平行板分离器　parallel plate separator

由一组彼此平行且不重合的倾斜板构成的油水分离装置。含油污水通过两板间的空隙,油滴上浮,聚结在上方斜板的下侧面,并沿板面流动,直达液面;而密度较大的颗粒则沉积在下方斜板的上侧面,并沿板面下滑,集中在容器底部。可分为平行板扰流器和波纹板分离器2种。

17.1.3.1

平行板扰流器　parallel plate interceptor

聚结板为表面光滑平整的平行板分离器。平行板一般倾斜45°～60°,以防止泥砂淤结在板上。

17.1.3.2

波纹板分离器　corrugated plate separtor

聚结板板面呈波纹状的平行板分离器。

17.1.4

油水旋流分离器　oil-water hydrocyclone separator

利用高速旋流产生离心力场实现油水分离的设备。

17.1.4.1

井下油水分离器　downhole oil-water separator

用于井下油水分离的装置,一般为静态旋流分离器。

17.1.4.2

动态水力旋流器　dynamic hydrocyclone

外壳旋转式水力旋流器

高效油水分离装置。主要由转筒、密封盖、进液筒、溢流管等组成。

17.1.4.3

井下油气旋流分离器　downhole oil-gas hydrocyclone separator

用于高含气油井的油气分离装置,主要依靠离心力来促使油气两相的分离。

17.1.5

蛇形管分离器　snake pipe pack

利用湍流促使通过蛇形管的油滴碰撞、聚结增大，实现油水分离的装置。常与其他油水分离器配合使用。

17.1.6

气浮装置　flotation cells

将气体分散成细小气泡、加速油滴上浮的装置。可分为溶解气浮、机械式分散气浮和喷射器式分散气浮3种类型。可以采用天然气或其他惰性气体作工作介质。

17.1.6.1

溶解气浮装置　dissolved gas flotation cells

含油污水在压力(一般为0.310 MPa～0.345 MPa)作用下与气体接触，当通过泵时，气体被剪切成细小分散的气泡，迅速溶解于水中；当压力释放时，附着有气泡的油滴和悬浮固相迅速从水中分离出来，在液体表面形成浮渣，以便被撇去的装置。

17.1.6.2

转轮式分散气浮装置　rotor type dispersed gas flotation cells

通过带环流叶片的转轮将气体吸入，使之与含油污水混合的装置。一般由4个串联的气浮室组成，含油污水依次进入其中，以提高分离效率。

17.1.6.3

喷射式分散气浮装置　eductor type dispersed gas flotation cells

通过喷射器将净化水泵入气浮室，在喷射器喷嘴周围形成局部负压，使气体流入喷射器与水混合，在气浮室中产生气泡的装置。气浮室通常多于3个。

17.1.7

深层过滤器　deep bed filter

利用粒状介质俘获悬浮颗粒的设备。过滤作用产生于一定深度范围内的介质层。

17.1.7.1

普通粒级层过滤器　conventional graded bed filter

内装多层滤料的容器。滤料多为砂粒、无烟煤和碳等，按颗粒大小依次分层排列，粗粒滤料位于最底层。水的过滤方向通常是自上而下，反洗时净水流向则自下而上。

17.1.7.2

深床逆流式过滤器　deep bed upflow filter

滤料颗粒按从小到大、从上至下的顺序分层排列，过滤和冲洗方向自下而上且全部粒级层均参与过滤的过滤装置。

17.1.7.3

深床正流式过滤器　deep bed downflow filter

可含一种或多种滤料，滤料颗粒按从大到小、从上至下的顺序分层排列，过滤和冲洗方向自上而下且全部粒级层均参与过滤的过滤装置。清洗时先自下而上用空气吹扫滤床、扩松滤料，再注入净化水进行反洗。

17.1.7.4

双向流过滤器　dual flow filter

综合正流和逆流2种过滤功能的多滤料过滤器。滤料以颗粒大小和相对密度排列，水从2个方向同时进行过滤。经过滤的水由滤床中部的出口排出。

17.1.8

表面过滤器　surface filter

过滤作用仅发生在过滤元件表面，悬浮固相以滤饼形式沉积的过滤装置。

17.1.8.1

硅藻土过滤器　diatomaceous earth filter

将具有一定吸附能力的硅藻土与水混合，置于承托网上所构成的能吸附悬浮固相及乳化杂质的表面过滤器。

17.1.8.2

筒式过滤器　cartridge filter

过滤元件通常为金属丝网、纤维丝、陶瓷或窄缝金属筒的筒状容器。过滤精度按间隙大小确定，一般在 0.5 μm 以上。

17.1.9

地面液体过滤器　surface liquid filter

能将对油井有害的固相颗粒从洗井液中分离出来的地面过滤装置。由外壳、筛管、螺母和钢丝层构成。

17.1.10

高效三相分离器　high-efficiency three-phase separator

利用沉降原理对油气水混合液进行三相分离的装置，用于处理油田高含水期的注聚合物采出液和高稠含水采出液。

17.1.11

井下气液分离回注系统　downhole gas-liquid separating and reinjection system

在水淹天然气井的生产过程中能将井下天然气中的水分离出来并直接回注到地层中去的全套系统。由地面涡轮机、井下回注螺杆泵、气液分离器、防砂装置和地面监控系统组成。

17.2

注水设备　water injection equipment

将达到注水标准的水经储存、升压、计量后注入井下的整套设备。

17.2.1

注水泵　water injection pump

用于向地层注水的高压泵。适用于持续运行的工况。

17.2.1.1

液压式增压注水泵　hydraulic boosting injection pump

能增加注水压力的注水泵，采用液缸驱动、液压控制方式，具有冲程长、冲次低、工作平稳和安全可靠等特点。

17.2.1.2

三缸式增压注水泵　triplex boosting injection pump

用于油田增压注水的卧式三缸柱塞泵。其特点是注水压力高、排量大。输注介质为清水或经过处理的油田污水。

17.2.1.3

磁传动增压注水泵　magnetic driven booster pump

采用磁力传动技术将高压动密封变为静密封的增压注水泵，磁力传动器是其核心部件。主要由内磁转子及外磁转子、隔套、传动轴、轴承和内磁支架组成。

17.2.2

注水管柱　water injection string

对注水井进行注水的井下管柱。

17.2.2.1

分层注水管柱　separated layer water injection string

利用分层注水封隔器和配水器进行分层注水作业的管柱。

17.2.2.2

反洗井注水管柱　backwashing injection string

可随时对注水井反复洗井和进行多层注水作业的注水管柱。

17.2.2.3

多功能注水管柱　multi-purpose water injection string

采用液压投捞方式，具有分层测试、层间注水调配和防砂功能的注水管柱。由油管、封隔器、特制配水器（由工作筒和堵塞器构成）和底球组成。

17.2.2.4

自验封分层注水管柱　self-sealing examination injection string

自验封封隔器、伸缩补偿器、空心配水器和泄压式底球组成的注水管柱，用于分层注水作业。

17.2.3

恒流量注水器　constant flow water injector

用于注水井进行恒流量注水作业的注水工具，能有效防止对注水层超注或欠注。

17.2.4

注入止回阀　injection check valve

当停止注水或出现回流时，能自动关闭的注水止回阀。

17.2.4.1

管柱伸缩补偿器　expansion joint of water injection string

用于分层注水管柱中补偿第一级封隔器以上管柱因管内外流体压力、温度等因素发生变化时产生的伸缩变形量。主要由上接头、缸体、备帽、平衡塞、中心管、释放剪钉、解封套、卡瓦、下接头和密封圈等组成。

17.2.5

注水循环阀　water injection circulating valve

正常注水作业时起止回作用，洗井时可进行反循环，不压井作业时可起油管堵塞器作用的油管底部阀。

17.2.6

（注水井）多功能井口控制器　wellhead multi-purpose controller

既能有效阻止意外停注时地层水携砂倒灌，又能替代地面阀门控制注水井注水时的井口装置。主要由端盖、三通、连接套、水嘴、陶瓷球和球座等组成。

17.2.7

双层注水分流器　dual-zone injection flow-diverter

用于注水井双层分流注水作业的工具，利用这种工具可以组成分层注水管柱。

17.2.8

井下注水增压器　downhole injection booster

用于提高井下注水压力的井下增压装置。它包括过滤器、换向阀组、换向机构、液压缸、空心活塞杆、增压柱塞和增压缸筒等。

17.2.9

喷注式声波增注器　jet acoustic boosting injector

用于油田注水作业能提高水驱效率的增注工具。这种增注器利用声波振动解堵,可有效减轻注水井堵塞和提高配注量。

17.2.10

注水井双向锚　bidirectional anchor for water injection string

用于锚定分层注水管防止其在注水过程中上下蠕动的装置,一般与注水封隔器同时使用,并对其进行轴向定位。

17.3

配水设备　water distribution equipment

控制和调节注水量的设备。一般分为单井和多井配水设备。

17.3.1

单井配水设备　single-well water distribution equipment

控制和调节单井注水量的设备。适用于行列注水井。

17.3.2

多井配水设备　multiwell water distribution equipment

控制和调节2口以上注水井注水量的设备,分为正常注水和旁通备用2部分。

17.3.3

分层配水管柱　separate layer water distribution string

对注水井进行分层定量配水的井下装置。主要由封隔器、配水器和循环阀等组成。按配水器结构分为固定式、活动式、偏心式和液力投捞式等分层配水管柱。

17.3.4

限压分水装置　pressure-limiting flow diverter

对低压井和高压井同时注水时用以控制低压井注水量的装置。

18　提高采收率设备

18.1

热采设备　thermal recovery equipment

用于高黏油加热开采的设备总称。包括火烧油层设备和油层注蒸汽设备等。

18.1.1

油层注蒸汽设备　steam injection equipment

用蒸汽吞吐或蒸汽驱的方法开采高黏油的设备。包括蒸汽发生器、注汽管线、水处理装置、注蒸汽井口装置和井下隔热管等。

18.1.1.1

地面蒸汽发生器　surface steam generator

热采锅炉

用于稠油开采的高压、高温供汽设备,由给水系统、炉体盘管、燃烧器和控制系统等组成。

18.1.1.2

地面活动注汽管线　surface mobile steam injection line

采用卡箍式或球形接头将热采锅炉与热采井口连接起来的注汽管线。由内管、两层超细玻璃棉、外壳和两端的波纹补偿器等组成。用于隔热保温和热胀补偿。

18.1.1.3

全自动电热蒸汽发生器　automatic electrothermic steam generator

可用于清洗钻杆螺纹油污、清除油管结蜡和扫线作业的自动供蒸汽设备。主要由蒸汽发生系统、供水设备和电气控制3部分组成。

18.1.1.4

全自动节能燃气火管炉　automatic fuel gas-saving firetube furnace

以油田天然气为燃料,用于深层特稠油开采的地面加热设备。主要由加热炉主体、智能控制柜和气路控制系统组成,可替代井口电加热器及水套炉。

18.1.1.5

热力除氧器　thermal oxygen eliminator

用于遏制湿蒸汽发生器(注汽锅炉)氧腐蚀、防止其氢脆爆裂的除氧装置。

18.1.1.6

热膨胀补偿器　thermal expansion compensator

注汽过程中,用于补偿注汽管线内外管伸缩量不等的装置。由活动弯头和活动管柱构成。

18.1.1.7

稠油分离器　heavy oil separator

采用波纹板组、分离减速装置和溢流除砂机构将稠油中的水、气分开的装置。

18.1.1.8

稠油电脱水器　electric dehydrator of heavy oil

对稠油进行脱水处理的装置。与普通电脱水器相比,增设了电极板和上层挡油板,电极板间距由罐内调节改为罐外调节。

18.1.1.9

诱导气浮选机　induced air floating assembly

通过向稠油污水中压气(即诱导气),使稠油附着在分散的小气泡上而浮向污水表面的稠油污水处理设备。其关键部件为空气压缩机和曝气板。

18.1.1.10

井下电加热系统　bottom-hole electric heating system

通过铠装电缆向安装在近生产层的加热元件进行加热的一整套装置。适用于稠油井和结蜡油井。

18.1.1.11

井下蒸汽发生器　downhole steam generator

注蒸汽热力采油中,在井底产生蒸汽并注入油层的装置。

18.1.1.12

井下油管加热装置　downhole tubing heating device

利用井下油管柱作热源体加热油管柱内的液体以利于升举采出的加热装置,用于含蜡油井、高凝油井和稠油井的生产。

18.1.1.13

隔热油管柱　heat insulated tubing string

注蒸汽采油时,为减少热量损失,防止套管和水泥环受高温变形损坏而使用的隔热保温油管柱。由隔热油管和附件组成。常用的有内波纹管补偿隔热管柱、外波纹管补偿隔热管柱、预应力隔热管柱和液体隔热管柱。

18.1.1.14

内波纹管隔热管柱　heat insulated tubing of inner-corrugated expansion joint

双层同心管柱的内管用波纹管连接在外管上，以补偿内外管受热不等所产生的伸缩量，而外管之间用螺纹连接所构成的隔热管柱。

18.1.1.15

外波纹管隔热管柱　heat insulated tubing of outer-corrugated expansion joint

双层同心管柱的外管用波纹管与内管相连，而内管间用螺纹连接形成的隔热管柱。

18.1.1.16

预应力隔热管柱　prestress heat insulated tubing string

内管先被拉伸产生预应力后再与外管焊接，然后在内、外管环形空间内充填隔热材料，外管间用螺纹连接，使内、外管在注蒸汽过程中基本同步伸长或收缩的隔热管柱。

18.1.1.17

液体隔热管柱　liquid heat insulated tubing string

在油、套管环形空间内注入导热系数很低的隔热液体，使油管具有隔热作用的管柱。

18.1.1.18

隔热管滑动接头　slip joint for insulated tubing string

用以补偿管柱中整个隔热管柱伸缩量的伸缩接头。

18.1.1.19

蒸汽流量调节阀　steam-flow regulating valve

用于热采井中调控注入地层蒸汽流量的控制阀。

18.1.2

火烧油层设备　fire flooding equipment

采用火烧油层方法采油时，使井底油层区域产生稳定燃烧线的装置。包括井下燃烧器、气体火焰燃烧器、井下点火器、装有电缆和钢丝绳的绞车和供氧设备等。

18.1.2.1

井下燃烧器　downhole burner

燃料和空气的混合物经带孔尾管进入燃烧室点火燃烧，以加热井底油层的装置。由带喷管的集气室、喷雾器、燃烧装置等构成，可分为喷射式、混合式和无火焰式3类。

18.1.2.2

井下点火器　downhole fire lighter

用于加热井下油层的装置。地面设备包括车装变压器、控制台和绞车等，井下设备由密闭圆柱筒和管状电加热元件组成。

18.1.2.3

氧气罐车　oxygen truck

由车装压力容器和氧气管道泵及控制系统组成的供氧设备。适用于给井下燃烧器供氧。

18.1.3

热采封隔器　thermal packer

用于热采注入井和生产井特殊作业条件的封隔器。其密封件由耐高温橡胶、石墨或延展性较好的金属等耐热材料制成。

18.2

混相驱采油设备　miscible flooding equipment

18.2.1

液氮车　liquid nitrogen truck

集液氮储运、泵注及转换装置于一体的车装设备。能把低压液氮转换成高压液氮或高压常温氮气，常用于压裂酸化预处理、混相驱、油井失火抢险等作业。由液氮储罐、高压液氮泵、液氮蒸发器和底盘等组成。

18.2.2

氮气发生车　nitrogen generation truck

从空气中制取氮气的车装设备。

18.2.3

制氮注氮组合装置　nitrogen generating and injection unit

为适应油田开采完井、修井和其他各种作业的需要所推出的现场制氮、注氮装置。主要由空气压缩机、氮气发生器、氮气增压机、化学剂注入和计量系统组成。

18.2.4

二氧化碳罐车　carbon dioxide truck

二氧化碳保温车

用于运送罐装低温高压液态二氧化碳的车装设备。

18.2.5

二氧化碳泵车　carbon dioxide pump truck

用于泵送低温二氧化碳液体的泵车。

18.3

化学驱采油设备　chemical flooding equipment

向油层加注化学药剂以提高驱油效率的设备。有聚合物驱油设备、聚碱二元驱油设备和活性剂驱油设备等。

18.3.1

调剖堵水车　water profile control and shutoff truck

向井中加注调剖剂或堵水剂，以调整吸水剖面、堵塞油层过水通道的车装设备。主要由配料和混拌装置、高压注入泵等组成。

18.3.1.1

液压调剖堵水泵　hydraulic profile control and shutoff pump

调剖堵水作业中用于向井内注入调剖剂和堵水剂的输入泵。主要由液压振荡器、往复泵、油源泵、电动机、液压控制系统和底座支架等组成。

18.3.2

堵水管柱　water shutoff string

用于井下封堵高含水产水层的油管柱。分为机械堵水和化学堵水管柱，二者也可综合使用。

18.3.2.1

分层堵水管柱　separate-zone water plugging string

在分层开采作业中用于分层找水和堵水的管柱。主要由过泵阀、三通阀、封隔器、找水开关等组成。

18.3.3

机械堵水管柱　mechanical water shutoff string

使用封隔器、配产器及其配套的控制工具来封堵高含水产水层的管柱，可用于分层采油、找水、卡堵水、试油、测试及不压井作业等。按油井类别分为自喷井和机械采油井堵水管柱。

18.3.4

机械采油井堵水管柱　water shutoff string for artificial lift system

在各种机械采油井中用于卡堵水的管柱。卡堵层段的管柱一般丢手在井内，以便在井内安装各类抽油机械设备及其生产管柱。

18.3.5

化学堵水管柱　chemical water shutoff string

将堵水化学剂经油井注入到高渗透出水层段的施工管柱。生产时需要换生产管柱。

18.3.6

注水调剖管柱　profile control string of water injection well

用于注水井调整吸水剖面的井下施工管柱。可分为分层和笼统剖面调整管柱。

18.3.7

调剖堵水橇装设备　skid-mounted water shutoff and profile control equipment

集配料、混拌、泵送、控制等装置于一体，用以调整吸水剖面，堵塞油层过水通道的橇装设备。

18.3.8

注聚合物装置　polymer injection facility

完成聚合物从粉剂到溶剂的混拌、溶解、熟化、散热、过滤和泵注等多道工序的处理装置。适用于堵水、调剖、聚合物驱油等多项作业。

18.3.8.1

配液装置　solution system

配制聚合物母液的装置，是注聚合物装置的核心部件。由输粉、输液、计量和混拌等部分构成。

18.3.8.2

添加剂装置　additives feeder assembly

向聚合物原液中添加各种药剂，进行除氧、杀菌、追踪等作业的装置。由药剂罐、计量筒和计量泵等组成。

18.3.8.3

熟化罐　mixing tank

搅拌罐

将聚合物粉剂与水混合后的原液继续搅拌，使之充分溶解的装置。

18.3.8.4

静态混合器　static mixer

混合器中的机械构件静止不动，不同溶液通过这些构件时，速度和方向发生变化，从而达到混合目的的装置。

18.3.8.5

聚合物交联配注装置　polymer-crosslinked fluid preparing and injecting installation

用于配制聚合物交联剂混合液和将其注入井下的橇装组合式装置。主要由聚合物分散溶解单元、罐群单元、喂入单元、配注单元、计算机动态监控单元组成。

18.3.8.6

微流量交联剂自动分配系统　automatic distribution system for microflow crosslinking agent

在聚合物驱油施工中能小流量精确分配交联剂的装置。主要由工业控制器、计量泵、电磁阀和交联剂储罐等组成。

18.4

超声波采油系统　ultrasonic oil recovery system

产生高频声波辐射给油层，疏通泄油通道，增加油井产量的设备。

18.4.1

机械式超声波采油装置　mechanical ultrasonic oil recovery unit

由动力驱动成对的偏质心转子，产生振荡脉冲，并通过导声介质把声能传给近井地层的装置。

18.4.2

水声换能器　hydroacoustic transducer

利用液体产生声能，使岩层产生微小裂缝的装置。可分为水力冲击振荡器、高频水声多孔发生器和薄片式水声换能器等。

18.4.3

电声换能器 electroacoustical transducer

由地面设备产生高频交流电压传输给井下换能器，转换成高频声波振荡，使井筒内流体产生谐振从而向地层辐射的装置。可分为磁致伸缩换能器、压电陶瓷换能器和电容振荡器。

18.4.4

热声组合超声装置 thermoacoustic combination unit

利用电热或电磁波先加热井筒及近井油层，再用声波进行激励以降低原油黏度的装置。可分为电磁波-声波驱油系统和井下热声装置。

18.4.5

超声波采油车 ultrasonic oil recovery truck

利用大功率超声波设备所产生的超声波对油井和注水井进行处理的机电一体化装置。主要由换能器、传输电缆、超声波发生机和绞盘等组成，装于经专门改装的大型车体上。作业时，换能器对准含油地层或注水层，超声波即可辐射入地层之中。

18.4.6

波场采油设备 wave fields oil recovery equipment

利用产生的高频声波、高压气体或强电磁场来疏通油层泄油通道，增加油井产量的设备。

18.4.7

电液压脉冲发生器 electro-hydraulic pulse generator

靠发生器在井下液体中高压放电，产生定向传播的压力脉冲，选择性地处理注入水难以波及到的油层或薄油层，实现增产增注的装置。

18.4.8

高能气体发生器 high-energy gas generator

利用火药或火箭推进剂快速燃烧，产生大量高温、高压气体，在井壁形成径向多裂缝体系，实现油水井增产增注的装置。

18.5

自振解堵增油器 self-vibrating broken-down oil stimulator

用于解除近井地带堵塞，提高低渗透油层能量的装置。主要由胶质密封器、单向止回阀、主筛管、振动片组、延时激励阀和辅助筛管组成。这种装置不仅能增大油层渗流能力，而且可随时解除油井塞。

18.6

井下泵效增强器 pump efficiency booster

可显著提高低渗透油井抽油泵泵效的装置，能有效克服因泵挂深地层供液能力差导致的抽油泵充满系数低的问题。

18.7

井下射流增效装置 downhole jet flow stimulator

采用气液混合射流技术提高油井生产效率的装置。它可有效地防止气锁发生，不仅能用于有杆泵抽油井，也可用于气举井、电潜泵采油井等。

18.8

多相混输螺杆泵 multiphase screw pump

能有效降低井口回压，提高单井产量的容积式输送泵。在输送介质过程中，既能使多相流体介质温度升高，降低介质黏度，又能减小管道系统压力，降低并自动稳定井口回压。主要由定子、螺杆、万向节、连杆、三通、拉杆和轴承座等部件组成。

18.9

井下低频水力振动器　low frequency hydraulic vibrator

利用高压脉冲水流所产生的横向水力冲击波和自身的纵向位移振动波来扩延近井带地层裂缝，解除地层堵塞，提高渗透率的井下工具。这种井下工具不仅能提高油井采收率，而且可实现注水井增注和降低注水压力。

18.10

有杆助抽泵　rod booster pump

能承担井口回压、减少抽油泵漏失量和提高抽油泵效率的助抽装置。主要由工作筒、柱塞、标枪阀、排油罩和中心杆组成。整泵安装在一悬挂套中，悬挂套与井下油管联接，中心杆与井下抽油杆相联，与抽油泵柱塞同步运动。

18.11

(定向井)旋转射流解堵器　rotary jet blocking-remover

利用高压水力喷射冲击和剪切双重作用对定向井近井地带进行解堵的工具。由自振空化喷嘴、滑动冲管扶正器、冲管连接头等组成。

19　钻井工具

19.1

钻头　drill bit

钻井过程中用于破碎岩石、穿透岩层的工具。

19.1.1

牙轮钻头　cone bit

通过钻头的旋转、牙轮的滚动以及切削齿的冲击、压入和滑动剪切来破碎岩石的钻头。由牙轮、牙爪、储油补偿系统和喷嘴等零部件组成。按结构可分为有体式和无体式钻头；按牙轮数量可分为单牙轮、双牙轮、三牙轮和多牙轮钻头；按其用途可分为全面钻进和取心牙轮钻头；按其切削齿可分为镶齿牙轮钻头和钢齿牙轮钻头；按轴承结构又可分为滚动和滑动轴承钻头；按密封结构可分为密封和非密封钻头。按密封材料可分为橡胶密封和金属密封钻头。

19.1.1.1

镶齿牙轮钻头　tungsten carbide insert bit

在牙轮齿孔内镶装硬质合金齿的牙轮钻头。其齿形有楔形、锥形、球形和勺形等。在牙轮背锥面上常镶装有平头齿以保径。

19.1.1.2

钢齿牙轮钻头　steel tooth bit

切削齿由牙轮钢体经过铣削加工而成的牙轮钻头。齿形多为楔形，外排齿还有“T”形、“Γ”形和“Π”形等。

19.1.1.3

密封轴承钻头　sealed bearing bit

装有轴承密封元件和储油补偿系统的牙轮钻头。

19.1.1.4

滑动轴承密封牙轮钻头　sealed journal bearing bit

牙爪轴颈为滑动轴承密封的牙轮钻头。

19.1.1.5

滚动轴承密封牙轮钻头　sealed ball and roller bearing bit

牙爪大轴或小轴为滚动轴承的牙轮钻头。

19.1.1.6

空气冷却滚动牙轮钻头 air cooled roller bearing bit

轴承采用空气冷却，用于气体钻井的牙轮钻头。

19.1.1.7

金属密封轴承牙轮钻头 metal sealed bearing bit

轴承采用金属面密封，适用于高转速钻分井、深井或高温钻井的牙轮钻头。

19.1.2

刮刀钻头 blade drag bits

依靠刮刀片刮削、剪切破碎岩石的钻头。按刀翼的数量分为两翼、三翼或多翼刮刀钻头；按刀翼形状可分为阶梯式、非阶梯式刮刀钻头；按用途则可分为全面钻进式和取心式刮刀钻头；按切削齿材料又可分为硬质合金和金刚石刮刀钻头等。

19.1.3

金刚石钻头 diamond bit

用颗粒状金刚石或金刚石复合片刮削、剪切破碎岩石的钻头。由上体、钢心、胎体(或下体)、金刚石、喷嘴等零配件组成。采用烧结或焊接的工艺方法使其成为一体式钻头。按用途可分为全面钻进和取心金刚石钻头；按切削齿材料可分为天然金刚石钻头、人造聚晶金刚石复合片(PDC)钻头及热稳定聚晶金刚石钻头；按钻头体材料及制造方法可分为钢体式及胎体式金刚石钻头；按切削齿的镶装方式又可分为孕镶式、表镶式及潜铸式金刚石钻头。

19.1.3.1

天然金刚石钻头 natural diamond bit

用天然金刚石作切削刃来破碎岩石的钻头。金刚石颗粒直接烧结在碳化钨胎体上，适用于中硬至极硬地层。

19.1.3.2

热稳定聚晶金刚石钻头 thermal stable polycrystalline diamond compact bit(TSP bit)

用人造热稳定性聚晶金刚石作切削刃的钻头。其热稳定聚晶片直接烧结在碳化钨胎体上。这种聚晶金刚石可耐 1 200 ℃高温，适用于中硬至硬地层。

19.1.3.3

聚晶金刚石复合片钻头 polycrystalline diamond compact bit(PDC bit)

切削齿用人造聚晶金刚石和碳化钨基片组成复合片的钻头。其冠部形状有抛物线形、双锥形、长锥形、短锥形、鱼尾形和阶梯形等。适用于软至中硬地层。

19.1.3.4

钢体聚晶金刚石复合片钻头 steel body PDC bit

在合金钢钻头体上钻孔，将复合片柱齿用冷压或焊接方法固定在孔内的金刚石钻头。

19.1.3.5

胎体聚晶金刚石复合片钻头 matrix body PDC bit

将复合片钎焊于用碳化钨粉末烧结的胎体冠部齿穴中的金刚石钻头。

19.1.3.6

表镶式金刚石钻头 diamond set bit

用手工或机械方式将金刚石颗粒按一定方向嵌入钻头体孔内的钻头。

19.1.3.7

孕镶式金刚石钻头 impregnated diamond bit

由金刚石孕镶块、粉末冶金胎体和钻头钢体烧结而成的金刚石钻头。金刚石颗粒分层孕镶在钻头胎体中，多层排列。适用于硬至极硬地层。

19.1.4

取心钻头　coring bit

钻头的中心为圆孔，只能破碎井底外环部分的岩石以获取岩心的钻头。按结构和切齿材料分为刮刀、金刚石、牙轮和硬质合金取心钻头等。

19.1.4.1

牙轮取心钻头　cone coring bit

依靠牙轮齿破碎井底外环部分的岩石以获取岩心的取心钻头。由内牙轮、外牙轮、牙轮轴和钻头钢体等组成。

19.1.4.2

刮刀取心钻头　drag coring bit

依靠刮刀片切削作用破碎井底外环部分岩石以获取岩心的取心钻头。由硬质合金块或金刚石聚晶块、刮刀片、钻头上体和下体等组成，可分为有水眼和无水眼2种。

19.1.4.3

金刚石取心钻头　diamond coring bit

依靠金刚石作切削元件破碎井底外环部分岩石以获取岩心的取心钻头。

19.1.5

其他钻头　other bits

19.1.5.1

顿钻钻头　cable bit

由钢丝绳带动，冲击井底破碎岩石的类似錾子的钻头。

19.1.5.2

扩眼钻头　reaming bit

带扩眼牙轮或刀块的钻头。用于扩大已有井眼的直径，必要时，可带领眼钻头。

19.1.5.3

偏心钻头　eccentric bit

带有偏心块的钻头，或用于扩眼，钻出大于钻头直径的井眼。

19.1.5.4

冲击旋转钻头　rotary-percussion bit

一边按常规方式旋转切削岩石，一边以高频冲击为主，旋转切削为辅联合破碎岩石的钻头。冲击锤位于钻头上方，可由空气、液体或高频声波来驱动。

19.1.5.5

套管钻头　casing bit

用于套管钻井，钻头体由合金材料制造，刀翼上镶有PDC切削齿。

19.1.5.6

液动冲击器　hydraulical knocker

用于旋转冲击钻井的钻头，它安装在钻头的上部，以钻井液为动力产生震击力，驱动钻头破碎岩石。

19.1.5.7

气动冲击器　air knocker

用于旋转冲击钻井的钻头，它安装在钻头的上部，以空气为动力产生震击力，驱动钻头破碎岩石。

19.1.6

钻头组成部分　component parts of bit

19.1.6.1

钻头体　bit body

为有体式钻头的本体。上端螺纹与钻柱连接，下部与牙爪相连接。

19.1.6.2

牙轮　cone

带有牙齿和内孔的锥状体。其内孔与牙掌轴颈组成轴承副，并由锁紧零件固定于牙爪轴颈上。牙轮分单锥和复锥两种。单锥牙轮仅由主锥和背锥组成；复锥牙轮由主锥、副锥和背锥组成。

19.1.6.3

牙爪　bit leg

支承牙轮用的零件。其上有牙爪轴颈。

19.1.6.4

齿圈　tooth row

牙轮锥体上的环状齿排，用以铣齿或钻铰齿孔。靠近牙轮背锥的齿圈为外排齿圈或第一排齿圈；与第一排齿圈相邻的齿圈为第二排齿圈；由外往内，依此类推。

19.1.6.5

储油补偿系统　lubricant compensate system

储存和补充润滑脂并能平衡轴承内腔压力的装置。主要由压盖、压力补偿膜和保护杯等构成。

19.1.6.6

牙轮滚动轴承　roller bearing

由滚柱与牙掌轴颈面和牙轮内孔面的配合跑道组成。钻头工作时伴随牙轮滚动，起支承牙轮和承受牙轮径向反力的作用。

19.1.6.7

牙轮滑动轴承　journal bearing

牙爪轴颈柱面与牙轮内孔面组成的滑动副。起支承牙轮的作用。

19.1.6.8

第一道止推轴承　first thrust bearing

由牙爪小轴与之配合的牙轮底孔组成的止推轴承。

19.1.6.9

第二道止推轴承　second thrust bearing

由牙爪小轴台肩面及与之配合的牙轮大孔组成的止推轴承。

19.1.6.10

浮动套轴承　floating ring bearing

由牙爪轴颈、浮动套和牙轮内孔组成的牙轮轴承。

19.1.6.11

牙轮保径面　cone gage surface

指牙轮背锥面。背锥面往往都堆焊有硬质合金或镶有平头合金齿，以保持钻头直径。

19.1.6.12

硬质合金齿　tungsten carbide tooth

由硬质合金制成的多种不同形状的切削元件。

19.1.6.13

刮刀片　blade

刮刀钻头切削和破碎岩石的主要部件。由刀片基体及镶焊或烧结在其上的硬质合金块或金刚石齿组成。

19.1.6.14

铣齿　milled tooth

在牙轮锥体上铣削加工出的牙轮齿。齿面上通常敷焊有耐磨材料以增加其耐磨性。

19.1.6.15

钻头喷射系统　jet system of bit

用于提高钻井液喷射速度的装置。由喷嘴、喷嘴座、挡圈和密封环等组成。

19.1.6.16

聚晶金刚石复合片　polycrystalline diamond compact (PDC)

在高温高压下，由人造聚晶金刚石薄层与碳化钨基体压制而成的复合片，镶装在钻头体冠部，用作钻头破碎岩石的切削元件。

19.2

有关钻头的基本概念　general terms derived from drilling bit

19.2.1

牙轮轴线移轴距　cone centerline offset

牙轮轴线与钻头轴线之间的最短距离，又称偏移值，其大小根据岩石特性确定。用于低硬度、软地层的钻头其偏移值较大。

19.2.2

牙轮轴倾角　journal angle

牙轮轴线与钻头轴线的夹角。轴承倾角的大小影响到轴承受力状况和牙轮的空间体积。一般软地层钻头的倾角较大，硬地层的较小。

19.2.3

钻头直径　bit diameter

由钻头中心到牙轮外排齿最远位置形成的外接圆的直径。

19.2.4

钻头水力参数　bit hydraulic parameters

能反映钻井液流能量和喷嘴损耗能量的水力学参数。如喷嘴直径、钻头压力降、水功率、喷射速度和冲击力等。

19.2.5

井底遮盖系数　bottom hole coverage coefficient

三个牙轮各齿圈上牙齿宽度和与井底接触母线的长度之比。

19.2.6

复合片后倾角　back rake angle of compact

聚晶金刚石复合片顶面与平行于钻头轴线的直线构成的夹角。该角是切削齿向后倾斜的角度。

19.2.7

复合片旁峰角　side rake angle of compact

聚晶金刚石复合片顶面与通过并垂直于钻头轴线的直线构成的夹角。

19.2.8

冠部轮廓　crown profile

即钻头头部形状。切削齿固定其上，包括出露齿的轮廓。金刚石钻头轮廓形状有：鱼尾形、弹道形、刮刀形、深锥形、浅锥形、平拱形和圆形等。

19.2.9

喷嘴倾角　nozzle angle

喷嘴与钻头轴线倾斜的角度。

19.2.10

总液流面积　total flow area

钻井液通过的流道总面积。对于装喷嘴的PDC钻头，为所装喷嘴出口面积的总和；对于天然金刚石和 TSP 钻头，它包括流道的截面积、流道数量和齿露出高度与地层之间所形成的截面积之总和。

19.3

钻台工具　tools on drilling floor

起、下钻作业时钻台上使用的工具。

19.3.1

吊钳（大钳）　tong

拧紧和卸开钻柱或套管柱螺纹的工具。根据用途分钻杆大钳和套管大钳等。

19.3.1.1

动力大钳　power tong

钻井中用于对各种尺寸的钻杆或套管进行上、卸扣的自带动力的大钳。

19.3.1.2

钻杆大钳定位器　tong positioner

用于控制钻杆大钳自动定位以进行钻杆上卸扣作业的定位装置。

19.3.2

吊卡　elevator

提升、下放和悬持钻柱、套管柱或油管柱的工具。一般与吊环配合使用。有对开式、侧开式和闭锁环式等。

19.3.3

吊环　elevator links

在大钩的副钩与吊卡之间成对使用的联接件。按结构形式分单臂、双臂两类。

19.3.4

卡瓦　slip

卡紧和悬持井内管柱的工具。工作时，卡瓦需坐入转盘补心内或套管卡盘中。按卡瓦体数量分为三片式、四片式及多片式卡瓦；按夹持对象分为钻杆卡瓦、套管卡瓦、油管卡瓦和钻铤卡瓦等。

19.3.4.1

动力卡瓦　power slip

自带动力的卡瓦。接钻杆单根或起、下钻时，坐于转盘方瓦内将钻柱卡住，以便上卸钻杆螺纹。

19.3.4.2

安全卡瓦　safety slips

起下钻过程中，防止无台肩管柱（如钻铤）滑入井内的工具。由若干卡瓦牙板、卡瓦牙套铰接而成，通过拧紧螺母来夹紧管柱。

19.3.4.3

气动卡瓦　pneumatic slip

以气缸为动力的钻杆卡瓦。主要由气控接头、气缸、卡瓦座、卡瓦体、导向杆、支撑盘、刮泥盘、托盘和连杆等组成。

19.3.5

旋扣器　spinner

快速上、卸管柱螺纹的工具。但管柱螺纹的拧紧与卸开，仍需大钳来完成。

19.3.5.1

气动旋扣钳　pneumatic spinner

由气马达驱动快速上卸钻柱、套管柱螺纹的工具。但钻柱、套管柱螺纹的拧紧与卸开仍需大钳来完成。

19.3.5.2

方钻杆旋扣器　kelly spinner

装于水龙头下部、由动力驱动方钻杆旋转的工具。用以完成接单根时的上、卸螺纹作业。

19.3.6

方钻杆补心　roller kelly bushing

钻井时靠台肩坐于转盘开口处的大方补心中,通过内方孔或滚轮驱动方钻杆旋转的装置。

19.3.7

提升短节　lift sub

提升或下放无台肩钻具用的工具,一端为外螺纹,另一端带台肩。有时为便于提升还装有提环。

19.3.8

方钻杆防溅阀　mud saver

在接单根或起钻卸开方钻杆时,防止方钻杆内的钻井液溅流到钻台上的工具。

19.3.9

钻杆旋转工具　drill pipe spinner

方钻杆不在转盘内时,能将转盘转矩传给钻杆的工具。主要用于爆炸松扣、套铣、起下钻遇阻卡时倒划眼等作业。

19.3.10

钻杆刮泥器　pipe wiper

起钻时用于刮除粘附在钻杆外壁上钻井液的专用工具。

19.3.11

钻柱防磨保护套　anti-wear sheave for drill string

在水平钻井施工中用以保护井下钻柱免遭磨损的工具。安装在钻柱连接接头附近。

19.3.12

井下套管阀　downhole casing shut-off valve

用于全过程欠平衡钻井作业的安装在套管上的截止阀,作为技术套管的组成部分下入井下。由外筒、内部滑动心轴、阀板、阀座和阀板复位机构组成。在阀板处于关闭状态能隔离井下油气与压力层,在开启状态允许钻具组合通过,能保证安全起下钻作业和钻井作业。

19.4

稳定器　stabilizer

扶正下部钻具,使钻头围绕设计的井身轴线作旋转运动,并能减小摆动、减缓冲击震动的工具。它是防斜钻具(如满眼钻具、钟摆钻具)的重要组成部分。在定向钻井中,根据安置的数量和位置的不同,还可以起增斜、稳斜和降斜的作用。包括可换套稳定器、整体螺旋稳定器和整体直接稳定器等。

19.4.1

变径稳定器　variable gauge stabilizer

井下闭环旋转导向智能钻井系统中的执行机构,由测控系统、活塞、推杆和可调稳定块等组成。

19.4.2

V型满眼稳定器　V-type packed hole stabilizer

采用双心几何原理设计,能通过小直径井眼、可使钻柱在较大直径井眼内得到扶正并减小振动的稳定器。

19.5

减振器　vibration absorber

缓冲和吸收钻井过程中钻具产生的冲击震动的工具。一般尽可能靠近钻头安装。

19.5.1

液压减振器 hydraulic vibration absorber

用液压油或硅油作减振介质的减振器。

19.5.2

碟簧减振器 dished spring vibration absorber

用碟簧作减振元件的减振器。

19.5.3

橡胶减振器 rubber vibration absorber

用橡胶作减振元件的减振器。

19.5.4

双作用钻具减振器 double acting vibration absorber

可同时吸收纵振和扭振的减振器。

19.5.5

机械式减振器 mechanical shock absorber

用于欠平衡空气钻井作业的井下减振工具。主要由扭矩传送机构、提升机构、减振机构、刚度调整机构、密封机构和连接机构等组成。

19.6

钻柱旁通阀 by-pass valve of drillstring

装于钻柱中，旁通钻井液的阀。用于钻头水眼堵塞时的循环或压井作业。

19.7

扩孔器 hole opener

用于套管以下裸眼井段扩孔的工具。接在钻铤和钻头之间，有时也接在扩孔钻头与钻铤之间。

19.7.1

随钻扩眼器 reamer while drilling

用于扩大井眼的工具，它与普通规格的钻头配合钻进，可以获得比钻头尺寸大的井眼。

19.7.2

同心式随钻扩孔器 concentric reamer while drilling

以焊接方式将4～6个牙掌牙轮对称地固定在一个中空的本体上，其外径尺寸与待钻井眼尺寸相同，扩孔器通过短节连接在钻柱底部的领眼钻头上，通过随钻同心扩孔达到一次钻成大井眼的目的。其中，领眼钻头、扩孔器的牙轮、齿型及布齿方式均根据地层硬度进行选择。

19.7.3

液压式PDC扩孔器 hydraulic PDC reamer

采用PDC切削片的三刀翼式钻后扩孔器。这种扩孔器不工作时的外径为152 mm，工作时外径为216 mm。主要由活塞总成、弹簧、刀片3部分组成。

19.8

井下事故处理工具 tools for downhole troubleshooting

19.8.1

震击器 jar

应用震击力进行井下管柱防卡和解卡的工具。分为两类：一类为连接在钻柱中的随钻震击器，在正常钻井时用；另一类为打捞震击器，处理井下事故时用。

19.8.1.1

随钻震击器 rotary jar

随钻柱一起下井工作，一旦遇卡可马上进行上击或下击的震击器。分为机械式、液压式和液压机械式等。

19.8.1.2

上击器　super fishing jar

能产生向上震击力的打捞震击器。

19.8.1.3

液压-机械式上击器　hydromechanical upward jar

采用双工作腔(液腔与震击腔)和液压随动机械自封的上击器。

19.8.1.4

地面下击器　surface bumper jar

接在打捞钻柱的地面以上部分，能够产生向下震击力的打捞震击器。

19.8.1.5

下击器　bumper jar

能够产生下击力的打捞震击器。可分为两种：一种在非油润状态下工作，称开式下击器；另一种在油润状态下工作，称闭式下击器。

19.8.1.6

机械式活环震击器　mechanic tubular jar

进行上击和下击，完成解卡、打捞和释放工具等作业的震击器。能分别与上、下击释放提升器配合使用，由上活环和下活环组成。

19.8.1.7

震击加速器　jar accelerator

能量存储装置，可使震击器释放出更大的冲击力。通常接在上击器上部使用。

19.8.1.8

爆炸松扣工具　string shot back-off assembly

用爆炸的方法促使卡点以上第一个接头螺纹松扣，收回卡点以上部分钻柱的工具。由提环、防磁外壳、磁定位器、加重杆、雷管、导爆索和引鞋等组成。

19.8.1.9

测卡仪　free-point indicator

确定钻柱卡点位置的装置。包括接头定位器、振荡器和传感器等部件。

19.8.1.10

套管解卡装置　casing stuck releasing device

用于下套管作业中解除井下套管遇阻遇卡的装置。由钻杆接头、胶封总成、阀总成和引导管总成组成。

19.8.1.11

液压升举解卡装置　hydraulic releasing tool for stuck pipe

针对井下钻柱发生卡钻事故而设计的依靠井口升举力解卡的装置。主要由液压台架主机、操作控制柜、高压管线、钻杆卡瓦及液压转盘组成。

19.8.2

打捞工具　fishing tools

用于对井下落物进行打捞处理的工具。按打捞井下落物的类别可分为绳类、零部件类、杆类、管类和井下仪器等打捞工具。

19.8.2.1

印模　impression block

了解井内落鱼鱼顶形状的辅助打捞工具。通常由钢心及打印铅模构成。

19.8.2.2

打捞内钩　internal fishing hook

倒钩在捞绳矛双臂内部的称内钩。用于从套管内或油管内部打捞各种绳类及其他落物的工具。分为死钩形内钩和活钩形内钩。

19.8.2.3

打捞外钩　external fishing hook

倒钩在捞绳矛外部称外钩。用于从套管内或油管内部打捞各种绳类、提环、空心短圆柱体、短绳套等落物。分为死钩形、活钩形、偏心形和单钩形外捞钩。

19.8.2.4

内外组合钩　combination hook

将内钩和外钩按工作需要进行不同组合而成的工具。分为对称组合型、长短组合型和阶梯型等。

19.8.2.5

打捞筒　overshot

用来打捞钻具的专用工具。呈圆筒状，上有螺纹与钻杆相连，下有引鞋用来把鱼头拨入筒内。

19.8.2.6

弹簧打捞筒　spring overshot

用来打捞井中在接头处断脱的钻杆、钻铤等直径较大的落鱼的打捞工具。

19.8.2.7

卡瓦打捞筒　releasing and circulating overshot

利用卡瓦在筒体螺旋槽内运动，抓卡落鱼的打捞工具。可循环、可退出、可倒扣，按结构可分为篮式卡瓦和螺旋卡瓦打捞筒。

19.8.2.8

短鱼顶打捞筒　short catch releasing overshot

用来打捞鱼顶距卡点很近或鱼顶在接箍(接头)以上长度很短的落鱼的工具。由上接头、控制环、篮式卡瓦、筒体和引鞋等零件组成。

19.8.2.9

开窗打捞筒　overshot with slot

在薄管壁上凿成向内开有至少3个爪的打捞筒。用于打捞长度较短的管状、柱状落物或具有卡取台肩落物的工具，由筒体和上接头2部分组成。

19.8.2.10

沉屑打捞篮　boot basket

将大直径套管内环形空间中磨铣时洗井液带不出的较大钻屑收集、提出井外的工具。由钻杆、沉屑管和接头等组成。

19.8.2.11

反循环打捞篮　reverse circulation junk basket

利用打捞工具筒体与套管形成的环形空间进行局部反循环，打捞井底质量较轻、散碎落物的工具。主要由上接头、筒体、阀体、篮筐、铣鞋等部件组成。按铣鞋结构可分为普通套铣型和一把抓反循环打捞篮。

19.8.2.12

一把抓　catchall

下端加工成爪形齿的薄壁管短节，靠钻压把爪形齿向内压弯变形来抓捞碎物的打捞工具。

19.8.2.13

液力碎物打捞篮　hydraulic junk basket

利用液力推动活塞将下部指形爪压弯抓捞井底碎物的打捞工具。

19.8.2.14

随钻打捞杯　rotary fishing cup

在钻进过程中用于打捞碎物的开口向上的杯状打捞工具。

19.8.2.15

打捞矛　spear

利用卡瓦牙板卡紧落鱼内部，将落鱼取出的矛状打捞工具。

19.8.2.16

可退式打捞矛　releasing spear

卡住落鱼内壁进行打捞的可退式打捞工具。落鱼被卡提不出来时，打捞矛可退出。由心轴、圆卡瓦、释放环、引鞋等组成。

19.8.2.17

水力捞矛　hydraulic spear

采用液压为动力，从落鱼孔内打捞各种大直径管类落鱼的工具。由上接头、筒体、活塞、活塞锥杆、弹簧、卡瓦及锥体等组成。

19.8.2.18

滑块卡瓦打捞矛　full circle releasing spear

用于打捞具有内孔的落鱼，又可对遇卡落鱼进行倒扣作业的工具。由上接头、矛杆、卡瓦、锁块及螺钉等组成。

19.8.2.19

捞绳矛　rope spear

打捞落井钢丝绳或电缆的带倒钩的矛形工具。

19.8.2.20

打捞引鞋　fishing guide

引导打捞工具顺利进入井内的流线型带孔管体。可分为直筒形、喇叭口形和拨钩形等。

19.8.2.21

磁力打捞器　fishing magnet

用带中心通孔的永久磁铁制成的打捞工具。用于打捞钻头牙轮及钢铁碎片等落物。

19.8.2.22

打捞公锥　taper tap

外锥面有打捞螺纹并带中心通孔的锥体。用于对落井管件内壁造扣后再取出的打捞工具。

19.8.2.23

打捞母锥　die collar

内锥面有打捞螺纹的倒锥空心筒体。用于对落井管件外壁造扣后再取出的打捞工具。

19.8.2.24

倒扣器　left-hand thread tool

能将上部打捞钻柱的正旋转矩变为下部打捞工具的反向转矩的倒扣工具。用这种工具倒扣可不用或少用反扣钻杆。

19.8.2.25

倒扣捞筒　left-hand thread overshot

具有倒扣和从落鱼外部抓捞功能的打捞工具。

19.8.2.26

安全接头 safety joint

连接在打捞管柱上的特殊接头。一旦遇卡，可从接头连接处脱开，起出上面的钻柱，以便于进行解卡和打捞作业。

19.8.2.27

可弯肘节 knuckle joint

活动肘节

在扩大的井眼内能弯成7°角，便于找到鱼顶的专用工具。由肘节、限流器等部分组成。

19.8.2.28

打捞千斤顶 fishing jack

当被卡管柱难以用绞车从井中提出时，可用来代替绞车的打捞工具。其优点是能了解传给钻具的提升力的大小。分为齿轮式、液压式等。

19.8.2.29

防掉套铣工具 anchor washover tool

对钻井卡钻事故中的悬空落鱼进行套铣作业的工具。具有防止落鱼下落和套铣打捞一次完成的特点。

19.8.2.30

外割刀 external cutter

从被卡管柱外部进行切割并能将落鱼与割刀一起取出的工具。按进给力的来源分为机械式外割刀和水力式外割刀。

19.8.2.31

内割刀 internal cutter

从被卡管柱内部切割落鱼的工具。按进给力的来源分为机械式内割刀和水力式内割刀。

19.8.2.32

键槽扩大器 keyseat reamer

用于破坏井中键槽、防止键槽卡钻的工具。根据结构可分为固定式键槽扩大器和滑套式键槽扩大器。

19.8.2.33

水眼冲砂工具 hydraulic flushing tool

利用液力作用将井下钻具被堵水眼冲洗畅通，以便进行压井、测卡或打捞作业的特殊工具。

19.8.2.34

杆式落物打捞器 fisher for rod type fishes

用于打捞钻井作业中落入井下的诸如测井仪、测斜仪等细长型杆式落鱼的工具。主要由上接头、球座、钢球体、阻球短节和引鞋等构成。

19.8.3

磨铣工具 milling tool

用于处理井下鱼顶破碎、形状复杂、落物卡死或被埋等复杂情况的钻、磨、铣工具。

19.8.3.1

尖钻头 tip bit

用于修井作业的常用简单工具。分为普通尖钻头、十字钻头、偏心钻头等。

19.8.3.2

平底磨鞋 flat bottom mill

用于研磨井下落物，底面呈平面的磨鞋。主要用于套管内径较小或被卡管柱较小的情况。

19.8.3.3

凹面磨鞋　concave mill

底面为凹形，用于磨削井下小件落物以及其他不稳定落物的工具。

19.8.3.4

领眼磨鞋　pilot mill

带内外引鞋，用于磨削有内孔，且在井下处于不定而晃动的落物的工具。

19.8.3.5

梨形磨鞋　pear type mill

外形呈梨状，用于磨削套管较小的局部变形，修整卷边、毛刺、飞边等，以恢复通径尺寸的工具。

19.8.3.6

柱形磨鞋　cylindrical mill

用于修整井下略有弯曲或轻度变形的套管段、修整下衬管时遇阻的井段和修整错位不大的套管断脱井段的工具。

19.8.3.7

内铣鞋　internal mill

用于修理被破坏的鱼顶的工具。

19.8.3.8

外齿铣鞋　external tooth mill

用于刮铣套管壁、修理鱼顶内腔和修整水泥环以及刮削套管上残留的水泥环、锈斑、矿物结晶、小量飞边的工具。

19.8.3.9

裙边铣鞋　skirted junk mill

用于磨削各种摇晃的管类和杆类落物的工具。

19.8.3.10

套铣鞋　washover shoe

用于清除井下管柱与套管之间的各种脏物、套铣环形空间的水泥、坚硬的沉砂、石膏及碳酸钙结晶等的工具。

19.8.3.11

套铣筒　washover pipe

铣去油管与套管环形空间的水泥环或其他致卡物，将被卡管柱起出的筒形铣削工具。其上部用无缝钢管制成，下部焊有硬质合金铣鞋，外径小于套管内径，内径大于被套铣管柱的外径。

19.8.4

清砂接头　sand removal joint

钻井作业中用来清除易沉积在大斜度井段和水平井段岩屑的接头。由接头体和工作体组成，接头段用来连接两端钻具。

19.9

取心工具　coring equipment

进行取心钻进作业的专用工具。

19.9.1

绳索式取心工具　wireline core equipment

用绳索打捞器从钻柱内可起下内岩心筒的取心工具。

19.9.2

差动式取心工具　differential core equipment

割岩心时上提钻具，卡箍式岩心爪与卡箍座内斜面产生相对位移从而卡住并拔断岩心的取心工具。

19.9.3

机械加压式取心工具　mechanical loaded core equipment

靠钻压剪断销钉使内筒下落，并迫使岩心爪沿取心钻头内斜面下滑收缩变形包住岩心，再采用拔断或扭断方式割心的取心工具。

19.9.4

密闭取心工具　sealing core equipment

在取心钻进中，预置在内筒里的密闭液在岩心柱周围形成保护层，以防钻井液污染岩心的取心工具。

19.9.5

定向取心工具　orienting core equipment

由无磁钻铤短节、张力杆和内、外岩心套等组成。可获得有关裂缝方向、地层倾角和最大渗透率方面的综合资料的取心工具。

19.9.6

喷射式取心工具　jet type core equipment

岩心筒上有反循环机构，取心钻井时能利用分水接头喷出的射流形成局部反循环以保护岩心的取心工具。

19.10

井下动力钻具　downhole drill motor

动力机置于井底直接驱动钻头破碎岩石的工具。

19.10.1

涡轮钻具　turbodrill

由钻井液驱动井底涡轮转动的动力钻具。

19.10.2

取心涡轮钻具　coring turbodrill

用来钻取岩心的涡轮钻具。其轴为空心，可容纳岩心筒。

19.10.3

复式涡轮钻具　compound turbodrill

由两个或两个以上的涡轮节所组成的钻具。可增加涡轮钻具的功率和转矩。适用于深井钻井。

19.10.4

带水力制动级的涡轮钻具　turbodrill with hydraulic brake stage

涡轮定子和转子叶片具有相同扭曲方向及倾角的涡轮钻具。工作时使涡轮钻具产生阻力矩。

19.10.5

带减速器的涡轮钻具　turbodrill with reducer

上部涡轮钻具经减速器减速后迫使下部涡轮在低速下工作的钻具。具有抗过载和低速稳定的特点。由上部涡轮钻具、减速器和下部涡轮钻具组成。

19.10.6

带浮动定子的涡轮钻具　turbodrill with floating stator

每级涡轮的定子轴向不固定，通过一对摩擦副浮搁在各自的转子上，使涡轮节中定子、转子的轴向间隙和支承节中止推轴承的轴向间隙互不相关的涡轮钻具。

19.10.6.1

涡轮定子　turbine stator

工作时不转动，叶片依一定方向扭曲，叶栅起导液作用的轴流式叶轮。

19.10.6.2

涡轮转子　turbine rotor

工作时旋转，叶片扭曲方向与定子叶片相反，叶栅将液体能量转换为机械能输出做功的轴流式叶轮。

19.10.6.3

支承节与涡轮节　bearing and turbine section

涡轮钻具的止推轴承及下部压紧短节组装在一个筒体内的总成称支承节；全部涡轮组装在一个筒体内的总成称涡轮节。

19.10.6.4

涡轮级　turbine stage

一个轴流式定子和一个轴流式转子的组合。

19.10.6.5

无冲击转速　impactless speed of revolution

涡轮叶栅入口处，液流中间流速迹线与叶片骨线方向一致时所对应的涡轮钻具主轴转速。

19.10.6.6

速度环量　circulation of velocity

液体质点绝对速度的圆周分量与质点所在位置的圆周长之积。

19.10.6.7

井底钻头给进器　automatic bit feeding unit

利用涡轮钻具和钻头内的压力降推动活塞和活塞杆产生钻压实现钻进的装置。

19.10.7

螺杆钻具　screw drill

钻井液驱动的容积式井底螺杆马达的动力钻具。由转子螺杆、定子衬套、万向联轴节、传动轴和旁通阀等构成。按螺杆头数可分为单头（瓣）螺杆钻具和多头（瓣）螺杆钻具。

19.10.7.1

螺杆和衬套　screw and bushing

由一定线型螺旋面配合工作的螺杆马达转子和定子组成的工作副。转子为钢制螺杆；定子为带内螺旋面衬套，是硫化在壳体内的橡胶构件。

19.10.7.2

万向联轴节　universal coupling

螺杆在衬套内的行星运动转换为传动轴相对于衬套轴线的同轴旋转运动的联轴节。有卡套式和挠性轴式等。

19.10.7.3

螺杆钻具旁通阀　by-pass valve of screwdrill

装于螺杆顶部且与钻柱相连，钻进时侧孔关闭，起钻时能自动开启的阀。

19.10.7.4

螺杆钻具级数　stages of screwdrill

螺杆钻具的螺杆-衬套副长度与衬套螺旋面导程长度的比值，亦即螺杆-衬套运动副所含衬套导程的倍数。

19.10.7.5

头数比　lobe ratio

波瓣比

转子头数与定子头数之比。

19.10.8

水力脉冲式钻具　hydraulic pulse drill

利用特定的装置使钻柱中的连续流转变为脉冲射流来改变井底流场的压力状况，进而提高机械钻速的钻具。

19.10.8.1

井下增压钻井装置　downhole boosting drilling unit

通过钻井液推动动力装置，将钻井液的压能转化为机械能，带动井下增压器做功，使一小部分钻井液增压到较高的压力，再经过高压流道由特制的喷嘴喷出，形成高速射流，对井底岩石进行破碎、切割，实现超高压射流钻井。

19.10.8.2

井下钻井增压泵　downhole booster pump for drilling

用于高压喷射钻井作业的井下泵，安装在钻头的上方。当钻井液通过钻柱被送到增压泵时，大约10%的钻井液被增压到200 MPa以上，这部分超高压钻井液通过钻头专用流道到达钻头加长喷嘴，而未加压的钻井液流向普通喷嘴。

19.10.9

电动钻具　electrodrill

将地面电能通过电缆输入井下电动机，带动钻头破碎岩石的动力钻具。

19.10.10

旋顿钻具　rotary-percussion drill

既能使钻头产生旋转，又能给钻头提供高频冲击载荷的特殊钻具。由钻具筒体、活阀、冲击锤、活塞和铁砧等构成。

19.11

定向钻井工具　directional drilling tools

使井身轨迹沿预定方位和井斜角钻达目的层所使用的井下工具。

19.11.1

转盘造斜工具　deflecting tools of rotary table

借助转盘、钻柱传递动力，用来改变井眼方位和斜度，装于钻柱下部的专用工具。如变向器、偏心钻头等。

19.11.1.1

变向器　deflector

用于转盘钻进中控制或改变井眼方位的工具。有滑动叶片变向器和圆筒形变向器。

19.11.1.2

液压推靠器　hydraulic clamp piston

钻井作业中专用于测量井眼几何参数、井斜及方位的测量工具。

19.11.1.3

足尺斜向器　full gauge whipstock

尺寸较大的简易造斜工具。使用较大尺寸的钻头进行造斜时可省去扩眼等作业。

19.11.1.4

循环斜向器　circulating whipstock

带有通孔，可用钻井液清洗井底的简易造斜工具。当斜向器固定，剪断销钉之后，该通孔即堵死，钻井液改从钻头水眼喷出，进行造斜钻进。

19.11.1.5

瓦片变向器　rebel directional control tool

用于转盘钻定向井的方位调整工具。其内装有2个方向相反的瓦片，与井壁间产生作用，使钻头产生一横向力，从而改变井眼的方向。

19.11.1.6

井下液力推进器　downhole hydrodynamic propulsor

在定向钻井中，通过控制钻井液压力，使活塞产生压差，给相连的钻头施加钻压的工具。

19.11.1.7

锚式造斜钻具　bit boss

利用钻头水眼压降压出锚套内的锚鞋抵住井壁一侧，使钻头产生横切井壁的分力进行造斜钻进的工具。

19.11.2

井下动力钻具造斜工具　deflecting tools of downhole motor

用于螺杆钻具或涡轮钻具造斜的专用工具。如弯接头、弯钻杆、涡轮偏心短节等。

19.11.2.1

弯接头　bent sub

接头体轴线与接头外螺纹轴线有一夹角的钻杆接头。有单弯、双弯和可变弯接头等。

19.11.2.2

涡轮偏心短节　turbo-eccentric sub

涡轮钻具下部压紧短节上焊有一块弧形偏心块，钻进时，以此偏心块为支点，以钻压为动力，由杠杆原理产生造斜力的造斜工具。

19.11.2.3

弯复式涡轮钻具　bent multiple turbodrill

用可转角度的联轴器构成的复式涡轮钻具。上、下两节涡轮钻具形成一夹角。

19.11.2.4

变向涡轮钻具　deflecting turbodrill

涡轮钻具外壳与下部短节之间装一斜接头，使主轴分为2段，以形成一定夹角的涡轮钻具。

19.11.2.5

弯螺杆钻具　bent screwdrill

万向联轴节(挠性轴)对应的外管轴线与衬套轴线成一夹角的螺杆钻具。

19.11.2.6

水力弯接头　hydraulic bent sub

由钻井液驱动的斜接头。由活塞、凸轮探针等构成。造斜时，放入适当的探针使活塞上方压力增高，迫使活塞下行驱动凸轮转动，使下部钻具偏斜到所需的角度。选用不同直径的探针可获得不同的倾斜角。

19.11.2.7

钻头导向器　bit guide

定向水平井钻井中对井下钻头起导向作用的专用工具。

19.11.2.8

地面遥控弯接头　surface controlled adjustable bending sub

在钻定向井作业中，通过地面遥控即可改变其结构弯角，从而实现定向控制的弯接头。

19.11.2.9

钻井液力加压器　hydraulic thruster for drilling

用于水平钻井作业给钻头施加钻压的工具。它主要由伸缩杆、花键套、挡瓦、阻尼孔、带有液缸的壳体、中心杆、活塞和上接头组成。上接头与钻柱联接，伸缩杆与钻头联接。活塞利用液缸下腔形成的压差产生一轴向推力推动伸缩杆轴向移动，给钻头施加钻压。

19.11.3

防斜与纠斜工具　tools for antideviation of well

防止或纠正井斜的工具的统称。

19.11.3.1

钟摆钻具　pendulum assembly

应用钟摆原理制造的防斜钻具。

19.11.3.2

偏重钻铤　unbalanced drill collar; eccentric-weight drill collar

一侧钻有一排盲孔形成质量偏心的普通钻铤。旋转时每转都有一次钟摆力及离心力的叠加，可使井斜减小。

19.11.3.3

塔式钻具　tapered drill collar string

钻柱下部由几段异径钻铤构成，形如塔状的防斜钻具。

19.11.3.4

满眼钻具　packed hole assembly

由若干外径与钻头直径相近的稳定器及一些直径较大的钻铤组成的钻具。由于钻柱至少有三个稳定器支点且刚度大，可限制钻头的横切运动。

19.11.3.5

超短半径径向钻井系统　ultrashort radius radial system

钻柱以极短的转弯半径实现由垂直到水平的转向进行径向辐射水平钻井的系统。如在油层部位开窗并扩出直径约 700 mm、长 2 m～3 m 的直孔段，再下入专用钻井工具，使生产管（钻杆）以约 0.3 m 的极短半径实现由竖直到水平的转向，然后采用高压水力射流打出几十米长的水平井段。这种系统可从多方向、多层位进行喷射钻井，并可进行测井和完井等作业。由转向器、运动控制器、随钻轨迹控制器和井口张紧器等组成。

19.11.3.6

旋转导向钻具　rotary steering bottom hole assembly

在大位移井、水平井和定向井钻井作业中，用于控制井斜、井眼轨迹和方位的井下工具。

19.11.3.7

偏心防斜钻具　deviation-control eccentric drill

利用不倒翁原理设计的防斜钻具，当井斜超过一定值时，其偏心块会在重力作用下自动停留在井眼低边，并将钻头顶到井眼高边，从而产生一个很大的降斜力，使井斜得到有效控制，达到防斜目的。

19.11.3.8

随钻测量装置　measuring while drilling system (MWD system)

钻井过程中，实时测量井下信息并将其传输到地面的仪器和工具。

19.11.3.9

随钻测井装置　logging while drilling system(LWD system)

在 MWD 系统基础上，增加若干用于地层评价的参数传感器，可测量和传输更多井下信息，特别是岩石物理分析所需信息的测井系统。

19.11.3.10

旋转导向钻井系统　rotary guide drilling system

地质导向钻井系统

能通过地面或井下闭环控制，实现旋转导向钻进的系统。

19.11.3.11

垂直钻井系统　vertical drilling system(VDS)

利用可伸缩的近钻头稳定器控制井斜，采用井下闭环自动控制，在地层倾角很大的情况下能将井眼控制在几乎垂直状态的钻井系统。

19.11.3.12

旋转闭环钻井系统　rotary closed loop drilling system(RCLS)

利用 MWD 或 LWD 技术、井下可控导向工具或地面监控系统，能实现自动闭环控制的旋转导向系统。

19.11.3.13

偏轴钻具　eccentric shaft drill

利用钻柱下端特制的偏重钻铤或与钻柱轴线有一偏心距的偏轴接头所构成的防斜钻具。

19.11.3.14

压不弯钻铤　anti-bending drill collar

在钻井作业中主要用于防斜的钻铤。其原理是在紧靠钻头上方的钻铤内安置一根中心管以起空心压杆作用，内置外径与空心衬杆内径近乎相等的一根柔索，柔索上下两端设法予以固定并对其施加一定的拉力，从而使得空心压杆与钻铤不会被压弯。

19.12

套管开窗工具　casing window cutting tools

在套管某一部位下入并固定导斜器，采用铣削工具在套管壁上定向铣出一定长度窗口的工具。

19.12.1

段铣刀　section mill

为进行侧钻、修井等作业，在所需要的套管部位磨铣掉一段套管的工具。

19.12.2

地锚式开窗工具　anchor window cutting tool

用地锚装置来支承和固定导斜器的开窗开具。

19.12.2.1

开窗地锚　anchor assembly

固定在导斜器内，用来支承和固定导斜器的工具。

19.12.2.2

导斜器　whipstock

固定在地锚上，其凹形斜面起支承和引导开窗铣鞋定向铣削套管作用的工具。可分为水力固定式、卡瓦固定式和悬挂固定式导斜器等。

19.12.2.3

初磨铣鞋　starting mill

在钻压作用下，通过转动与滑动侧向磨铣套管，达到开窗目的的磨铣工具。

19.12.2.4

开窗铣鞋　window mill

在初步磨铣之后，继续对套管窗口进行磨铣的工具。

19.12.2.5

锥形铣鞋　taper mill

用于修整窗口的铣鞋。

19.12.3

封隔器式开窗工具　packer window tool

用封隔器固定导斜器的开窗工具。由导斜器、固定锚和封隔器组成。

19.13

固井工具　cementing tools

用于固井注水泥浆作业的井下和地面工具。

19.13.1

固井水泥头　cementing head

固井注水泥浆作业中内装胶塞的高压井口装置。

19.13.2

旋转水泥头　rotary cementing head

允许套管转动的水泥头。有利于水泥浆充满整个套管与井眼环形空间。

19.13.3

注水泥胶塞　rubber plug

具有多级盘状翼的橡胶隔离件。用于固井作业过程中隔离钻井液与水泥浆。根据隔离液段的不同，可分为上胶塞和下胶塞。

19.13.3.1

水泥塞定位器　cement plug positioner

在固井施工的注水泥塞作业中能准确定位水泥塞深度的装置。主要由上接头、销钉、胶塞座、本体、自回位浮球和下接头组成。

19.13.3.2

分体式钻杆胶塞　combined drillpipe rubber plug

用于固井作业的能保证正常碰压的胶塞装置。由上胶塞、下胶塞、密封圈、销钉、导向头和卡簧等组成，上胶塞与下胶塞通过销钉连接在一起。

19.13.4

套管引鞋　casing guide shoe

引导套管顺利下入井眼的流线型带孔锥管。为便于固井后能被钻除，常用铸铁、生铝或硬木制造。

19.13.5

尾管悬挂器　liner hanger

在井下借助卡瓦将尾管悬挂在上层套管上，完成注水泥的专用工具。有机械式、液压式和机械-液压式 3 种结构形式。

19.13.5.1

机械式尾管悬挂器　mechanical set liner hanger

通过转动或上提下放，将尾管悬挂在套管上，完成注水泥的专用工具。适用于垂直井完井。

19.13.5.2

液压式尾管悬挂器　hydraulic set liner hanger

不需旋转下送管柱即可坐于中间套管上，用以悬挂尾管的工具。适用于大斜度井完井。

19.13.5.3

卡瓦内藏式尾管悬挂器　slip-concealed liner hanger

用于深井、超深井的尾管固井作业工具，其最大特点是卡瓦在坐挂前始终藏在本体内，入井时不会碰到井壁上层套管，可确保下套管作业安全。

19.13.5.4

丢手式尾管悬挂器　release type liner hanger

用于水平井、大斜度井、分支井、小井眼小间隙井和老井侧钻井的尾管固井作业装置，主要依靠其独特的送入工具实现尾管的送入、上提、旋转和坐挂。

19.13.5.5

封隔式尾管悬挂器　liner hanger with packer

适用于易漏失地层和深井、超深井高压气层的尾管固井作业装置，其最大特点是在原普通机械式或液压式悬挂器的本体与回接筒之间增加了一套封隔器装置，与专用送放工具配套使用。利用这种送放工具可实现封隔器永久坐封，从而阻断封隔器处压力的传递，阻止环空气窜向上运移，有利于提高固井质量。

19.13.5.6

旋转式尾管悬挂器　rotary liner hanger

最大特点是有一个与本体分离的带槽锥套，锥套上有一组支撑尾管重力的锥形滑动轴承或滚珠轴承。当注水泥和顶替时，转动钻柱，通过与悬挂器相配套的专用送放工具带动尾管转动，从而可改善顶替效果和提高固井质量。

19.13.5.7

多功能尾管悬挂器系统　multifunction liner hanger system

主要由液压尾管悬挂器、顶部坐封封隔器、带球座胶塞、液压丢手送入工具和浮动筛帽组成。其主要特点是在坐挂前可以旋转、上提和下放；其卡瓦与套管接触面积大，单位面积承受载荷小；尾管下入时可以旋动，不会提前丢手；其筛帽可防止钻井液中的钻屑或其他固相物质进入回接筒造成送入工具发生粘卡。

19.13.5.8

多胶塞系统　multiple rubber plug system

防止尾管固井作业中水泥浆遭受井内流体污染造成环空胶结质量问题的装置。一般由上下2个泵送塞以及上下2个尾管塞组成，胶塞短节连接在送入工具底部，尾管塞由支撑爪固定。

19.13.5.9

可膨胀尾管悬挂器　expandable liner hanger

用于深井、超深井和水平井尾管固井作业的新型尾管悬挂器。由密封元件、悬挂器本体、回接筒、送入工具和膨胀锥等组成。

19.13.6

套管外封隔器　external casing packer

接在套管上，在替顶替液之后能封隔套管与井眼环形空间的装置。

19.13.6.1

水泥浆膨胀式套管外封隔器　slurry expanding type external casing packer

固井作业中保护油层不被水泥浆污染，且能满足长期分层开采要求的套管外封隔器。其特点是胶筒长度和密封长度均为普通套管外封隔器的2倍，并使用水泥浆作为膨胀介质及采用超缓凝水泥浆体系。

19.13.7

挤水泥封隔器　squeeze cementing packer

给地层挤水泥的专用工具，由封隔器和坐封工具组成。将工具下到需要挤水泥的地层上方，先坐住封隔器，再给封隔器以下挤水泥，完成后拔出坐封工具，封隔器可封住挤入的水泥浆。该工具也可以当作桥塞使用，用来承托水泥浆柱。

19.13.8

分级注水泥器　stage cementer

完成两级或多级注水泥的专用工具。可分为机械式分级注水泥器和液压式双级注水泥器。

19.13.9

插入式注水泥器　stab-in cementer

用于大直径套管注水泥的工具。用钻柱下入井内，使之插入套管浮箍（鞋）内，通过钻杆注水泥，可加快泥浆顶替速度，节省水泥浆。

19.13.10

多级封隔注水泥器　multiple stage packer collar

在液压分级注水泥接箍的下方增加一个套管外封隔器而组成特殊的注水泥装置。主要用来给低压漏层（或低压油气层）上、下方注水泥，使水泥浆不会漏失或污染低压油气层。

19.13.11

封隔式注水泥鞋　packer cementing shoe

是套管引鞋、外封隔器和注水泥接箍的组合工具。该工具下到低压油气层以上，先坐封封隔器，然后对封隔器以上注水泥，这样可以防止水泥浆污染低压油气层。

19.13.12

液压式双级注水泥器　hydraulic two-stage cementing tool

用于直井、大斜度井和水平井双级注水泥固井作业的专用工具，它利用液压差使开启套管露出二级循环孔。也可与其他工具配合实施某些特殊工艺井的完井作业。主要由本体、碰压环、挠性塞和关闭塞组成。

19.13.13

浮鞋　float shoe

下套管时减轻大钩悬重，并装有止回阀以防固井水泥浆倒流的引鞋。

19.13.14

浮箍　float collar

下套管时，用来减轻大钩悬重并防止固井水泥浆倒流的装有止回阀的短节。下部常串接引鞋或浮鞋。

19.13.15

旋流短节　spiral flow sub

使固井水泥浆成旋流状喷流的钻有螺旋排列孔眼的短管。

19.13.16

套管扶正器　casing centralizer

使套管与井眼同心以改善水泥浆均布环形空间的工具。

19.13.17

套管刮削器　casing scraper

用于清除井下套管内壁上残存的、有碍正常施工作业的水泥、鳞片、铁锈等杂物的工具。

19.13.18

套管刮泥器　scratcher

安装在套管外的机械式清壁工具。

19.13.19

钢刷清管器　bristle pig

外侧面装有钢丝刷的清洁套管内壁的工具。

19.13.20

承托环　cement retainer

控制水泥塞高度，在套管内一定位置上安装的铸铁环状圆盘。一旦沿套管下行的上胶塞与其相碰后，泵压就会骤增，即预示已完成水泥浆的替置。

19.13.21

可循环盲板　circulating blind ram

具有防井漏功能的专用于漏失井固井作业的井下工具。主要由本体、内套、关闭套、球座和压板组成，关闭套与内套之间用销钉相连，以实现工作程序的控制和工作压力的调节。

19.14

完井工具　completion tools

19.14.1

子弹射孔枪　gun perforator

完井时下入井内对油层部位套管进行射孔的工具。可分为油管输送射孔枪和电缆射孔枪等。

19.14.2

聚能射孔枪　shaped charge perforator

装有聚能炸药，引爆后可发射出一束高速金属微粒射流射穿套管和水泥，形成油气流通道的射孔装置。

19.14.3

深穿透复合射孔枪　deep-penetrating combined perforator

能加大射孔孔眼直径和深度，并利用高能气体对射孔地层实施压裂的射孔工具。主要由枪身、接头、射孔弹、固体推进剂、导爆索和弹架等组成，具有一次完成射孔压裂的功能。

19.14.4

水力喷枪射孔机具　hydraulic lance well penetration apparatus

利用高压水射流射穿油层的工具。高压泵将流体经工作管柱送至井底，分别驱动冲孔液缸和喷枪液缸，将冲头顶入套管壁形成导向孔，然后喷枪从导向孔中伸出，高压水射流刺穿油层以形成泄油通道。由控制部分、喷枪部分和冲孔部分组成。

19.14.5

电潜泵完井封隔器　completion packer for ESP well

用于电潜泵完井，能实现电潜泵电缆分相穿越的封隔器，采用液压坐封提管柱解封形式。它主要由封隔器本体和附件2部分组成。本体上设有油管、电缆管、排气管和测压管线4条通道。附件包括电缆穿越器和排气阀，由地面控制排气阀的开启与关闭。

19.15

钻井工程相关术语　drilling engineering terminology

19.15.1

欠平衡压力钻井　underbalanced drilling

作用于井底的液柱压力略低于地层孔隙压力情况下的钻井。

19.15.2

全过程欠平衡钻井　overall process underbanced drilling

从钻开油层开始至完井结束的整个过程井下都要保持欠平衡状态。

19.15.3

空气(天然气)钻井　air(gas) drilling

用空气(或天然气)作为钻井流体,在一些特定油层中进行的钻井。

19.15.4

随钻测量　measurement while drilling(MWD)

在钻井过程中实时测量出钻进参数的技术,如井斜角、方位角、钻压、井下温度、井下压力和地层压力等。

19.15.5

不压井作业　snubbing service

在井筒内有压力和高压油气情况下使用不压井作业装置进行起下管柱的作业。

19.15.6

复合射孔压裂技术　combined perforotion fracturing technique

将射孔技术与高能气体压裂技术相结合对地层进行复合作用,使之产生裂缝以提高地层渗透导流能力的工艺技术。

19.15.7

强超压射孔技术　ultrahigh-pressure perforating technology

超正压射孔技术

使井眼压力远高于使地层产生裂缝所需要的压力(即岩石破碎压力)的条件下进行射孔的技术,其核心是将深穿透复合射孔技术与高能气体压裂技术相结合,在射孔瞬间即可使储层达到增产目的。

19.15.8

稳斜　hold angle

使井斜角保持不变的工艺过程。

20　采油工具

20.1

自喷采油工具　flowing production tools

依靠油藏天然能量采油的配套工具。

20.1.1

配产器　flow regulator

用于分层采油、找水、堵水、试油和测压等控制油水层产量的工具。连接于油管柱上,主要由工作筒和带油嘴的堵塞器组成。按堵塞器的结构主要分为固定式、桥式、偏心式和滑套式配产器。

20.1.1.1

固定式配产器　fixed flow regulator

油嘴固定在工作筒上的配产器。

20.1.1.2

桥式配产器　bridge flow regulator

油嘴装在与工作筒同心的可投捞的堵塞器上,允许上下层间液体经堵塞器与工作筒环形空间流动的配产器。

20.1.1.3

偏心配产器　eccentric flow regulator

油嘴装在与工作筒主体呈偏心的可投捞的堵塞器上的配产器。

20.1.1.4

滑套式堵水器　sliding sleeve water blanking plug

用移位器控制滑套开启或关闭桥式工作筒上油嘴的堵水器。

20.1.1.5

井下油嘴　downhole choke

安装在配产器上，控制生产油层压差、调节油井产量的节流装置。

20.2

人工举升采油工具　tools for artificial lift

用于人工举升采油的配套工具。

20.2.1

有杆泵采油工具　tools for sucker rod pump

用于有杆泵采油的配套工具。

20.2.1.1

光杆旋转器　polished rod rotator

装在抽油光杆上，用旋转光杆的方式给抽油杆柱连接螺纹旋紧方向以转矩，防止抽油杆连接螺纹松动、脱扣的工具。

20.2.1.2

光杆扶正器　polished rod centralizer

用于偏磨井井口加密封填料作业，既能减轻劳动强度，又能提高加密封填料工作过程的安全性。

20.2.1.3

抽油杆减振器　sucker rod shock absorber

装在抽油杆柱上，用于吸收和减轻抽油杆柱振动的工具。分地面光杆和井下抽油杆减振器。

20.2.1.4

套管定压放气阀　casing pressure bleed valve

装在井口，当油管与套管环形空间气体压力超过设定值时，将气体放入地面管线或放入空气中的泄压阀。

20.2.1.5

增强塑料杆保护器　fiberglass reinforced plastic sucker rod protector

防断器

装在靠近抽油泵柱塞上部的抽油杆柱上，用于当提升载荷将要超过增强塑料杆许用载荷时使抽油杆柱自行脱开，避免增强塑料杆断裂的工具。

20.2.1.6

抽油杆防脱器　sucker rod disconnecting protector

装在抽油杆柱中，释放抽油杆柱在运动中产生的转矩，防止连接螺纹松、脱的工具。

20.2.1.7

抽油杆扶正器　sucker rod centralizer

装在抽油杆柱上，使抽油杆在油管中保持一定程度居中的工具。有些扶正器还有减小摩擦或刮蜡的作用。按相对于油管的运动形式分为滑动式和滚动式扶正器；按结构分为键槽式、螺旋式、滚轮式、滚珠式、弹簧式和弹簧片式扶正器等。

20.2.1.8

抽油杆脱接器　sucker rod on-off tool

通过地面操作，能使抽油杆和抽油泵柱塞在井内连接和脱开的工具。通常用于抽油泵直径大于泵上方油管内径的油井。

20.2.1.8.1

抽油杆自锁式脱接器　self-locking sucker rod on-off device

具有自锁功能、脱接性能良好的抽油杆脱接器。主要由下接头、背帽、弹簧、中心杆、导套、锁紧滑套、锁爪、护套、顶丝和心轴等组成。

20.2.1.9

抽油杆旋转器　sucker rod rotator

在抽油机驴头处于下始点时使抽油杆柱产生旋转，防止其发生偏磨的装置。

20.2.1.9.1

抽油杆间歇旋转器　sucker rod intermittent rotator

使抽油杆间歇旋转防止其发生偏磨的工具。主要由主体、方卡子和间歇旋转机构等组成。

20.2.1.10

抽油杆导向器　sucker rod guide

能预防抽油杆柱发生断脱、弯卡和偏磨的导向工具，联接在抽油杆柱的中和点附近，主要由上接头、导向球体、球盖、止退销钉和下接头组成，其上下体之间可以相对旋转和轴向弯曲以及实现二者的复合动作。

20.2.1.11

油管锚　tubing anchor

将油管锚定在套管上，以防止油管上、下窜动的工具。按锚定动力分为机械和水力（液压）油管锚；按用途分为普通式和偏心式油管锚。机械油管锚按坐卡方式分为张力式、压缩式和旋转式油管锚等；水力油管锚按锚爪方向分为单向和双向油管锚等。

20.2.1.11.1

螺杆泵油管锚　tubing anchor for screw pump well

用于锚定螺杆泵生产管柱（油管柱），以防其旋转脱扣。当螺杆泵工作时它能自动坐卡；而当螺杆泵停止工作时又能自动回收解卡。主要由中心管、卡瓦、箍簧、扶正总成等组成。

20.2.1.12

油管扶正器　tubing centralizer

连接在油管柱上，使油管柱在套管柱中保持一定程度居中悬挂的工具。

20.2.1.12.1

油管旋转扶正器　rotary tubing centralizer

旋转井口装置的井下配套工具，在其内外壳体之间采用轴承联接，外壳可以转动，在旋转井口装置被地面人力转动时，井下油管柱亦可轻松转动。主要由推力轴承、扶正块、外壳和中心管构成。

20.2.1.13

气锚　gas anchor

安装在抽油泵吸入口下部，使抽汲液体中所含气体分离、聚集，并排往油套管环形空间的装置。用于含气量大的抽油井，以减少进入泵内的气体量、防止抽油泵阀产生气锁。按分离方式分为重力式、离心式和重力离心式；按结构分为普通式、隔板式、沉降式、螺旋式、旋转式、组合式和封隔式等；按分离级数分为一级、二级和多级分离。

20.2.1.13.1

综合式高效气锚 compound high-efficiency gas anchor

将重力分离技术和离心分离技术有机结合在一起，能实现油气高效分离、防止发生气锁的井下油气分离装置。主要由外管、进液孔、排气孔、内管和螺旋片组成。

20.2.2

电动潜油泵采油机具 accessories for ESP

用于电潜泵采油的配套机具。

20.2.2.1

电潜泵气泡破碎器 bubble breaker of ESP

安装在电动潜油离心泵入口处，使气液混合物中的大气泡破碎，以提高气相在液相中分散程度的工具。

20.2.2.2

电潜泵破乳器 demulsifier of ESP

在含水较高的油井中，安装在潜油离心泵的吸入端，使油水混合液造成强烈的旋涡以破坏乳化液的形成，降低其黏度的工具。

20.2.3

水力活塞泵采油机具 accessories for hydraulic piston pump

用于水力活塞泵采油的配套机具。

20.2.3.1

水力活塞泵防喷管装置 lubricator assembly of hydraulic piston pump

安装在有自溢能力的井口上，以便通过油井液力起下水力活塞泵的装置。主要由捕捉器、高压软管、接箍、防喷管和放空阀等组成。

20.2.3.2

水力活塞泵井口捕捉器 hydraulic piston pump catcher

安装在水力活塞泵抽油井井口，用于投捞水力活塞泵的装置。投送水力活塞泵时，右旋捕捉器接头使卡簧张开将泵释放；当反循环中起出水力活塞泵升至井口时，泵打捞头被捕捉器抓住。

20.2.3.3

水力活塞泵固定阀打捞器 standing valve overshot of hydraulic piston pump

用于打捞水力活塞泵固定阀的工具。打捞器用钢丝绳起下。

20.2.3.4

水力活塞泵井下验封短节 downhole packoff testing nipple of hydraulic piston pump

坐封于水力活塞泵工作筒上，用于检验水力活塞泵管柱密封性能的工具。外形尺寸与水力活塞泵相同，没有液流通道。

20.2.4

气举采油机具 tools for gas lift

用于气举采油的配套工具。

20.2.4.1

气举井口防喷管 wellhead lubricator for gas lift

安装在井口，用来缓冲气举柱塞上升至井口的冲击力和避免撞击柱塞内的阀，以打通柱塞通道，使柱塞顺利下落的工具。

20.2.4.2

气举手动捕捉器　manual catcher for gas lift

安装在井口防喷盒上，在井口总闸门未关闭的情况下用于下入和回收气举柱塞的手动工具。正常情况下手动机构松开，允许柱塞自由通过防喷盒。

20.2.4.3

气举缓冲器　bumper spring for gas lift

安装在卡定器上面，用以缓冲柱塞下落井底的冲击力，同时用来撞击阀杆以关闭柱塞内部阀孔的工具。

20.2.4.4

气举油管卡定器　tubing collar lock for gas lift

靠卡紧机构紧紧卡定在油管短节中，作为柱塞气举管柱的最下端，用以限定气举柱塞下落最低位置的工具。

20.2.4.5

偏心气举阀投捞器　running and pulling tool for gas lift eccentric valve

用于投捞偏心气举阀的工具。主要由钢丝绳帽、加重杆、震击器、活动肘节及投送器和打捞器等部件组成。

20.3

油井防砂、清砂工具　tools for sand control and removal

用于防止油井出砂、阻挡砂粒进入生产管柱以及清砂的工具总称。

20.3.1

砂锚　sand anchor

安装在抽油泵吸入口下部，使抽汲液体中所含固体颗粒分离、下沉和存积的装置。用于减少产出砂进入泵筒内，防止砂粒卡泵或磨损泵。

20.3.2

气砂锚　gas and sand anchor

安装在抽油泵吸入口下部，具有分离、阻止气体和挡住砂粒进入抽油泵泵筒的双重作用的装置。通常气体分离器在上，防砂器在下。

20.3.2.1

自振式气砂锚　self-vibrating gas-sand control installation

防气、防砂兼有自洁功能的井下工具，它连接在抽油泵尾管的最下端。主要由工作筒和滤砂机构两部分组成。

20.3.3

滤砂器　sand filter

用筛管与钢丝网或充填砾石所构成的过滤固体颗粒的装置。用于油层出砂严重的井。

20.3.4

井口除砂旋流器　wellhead desand hydrocyclone

用于除去井内采出原油中所携砂粒的分离装置。

20.3.5

防砂工艺优选装置　optimization apparatus for sand control

用于优化选择油井防砂方法的装置。主要由模拟井筒、压力传感器、模拟地层箱体、分流活塞、模拟炮眼和试验样件组成。

20.3.6

信号筛管 tell-tale screen

用以控制和判断砾石充填情况的筛管。按用途分为上部和下部信号筛管。上部信号筛管的位置在2段盲管之间,一般用于低密度循环充填;下部信号筛管的位置在死堵和密封接头之间,用于高密度充填。

20.3.7

割缝衬管 slotted liner

在套管短节壁上加工出割缝,随防砂管柱下到层位,用以挡住井中砂或最小充填砾石进入防砂管柱。割缝排列形式主要分为直缝式、楔缝式、组合楔缝式和水平式等。

20.3.8

复合式防砂筛管 compound sand control screen

可对砂粒实行初步过滤和二次过滤的防砂筛管。主要由中心筛管、纤维滤层和割缝筛管组成。

20.3.9

生产筛管 production screen

处于油层部位的筛管。

20.3.10

绕焊筛管 wirewrapped pipe base screen

在有外纵筋的带孔中心管上,用一定形状的绕丝绕制并焊接而成的防砂管。

20.3.11

多层筛管 multilayer screen

由内、外两层或多层绕丝筛管组成的筛管。

20.3.12

辗辊式防砂筛管 roller-type sand control screen

由能量转化机构和辗辊构成的井下防砂工具,它利用井下流体动能驱动辗辊转动,转动的辗辊间的间隙形成滤油缝隙,液体的流动加上辗辊的转动产生相对运动,从而可达到防砂过滤的目的。

20.3.13

胶结滤砂管 cementitious self-clean pipe

用胶结剂与具有一定硬度的颗粒物质按比例混合,在一定条件下固结成型,制成具有较高强度和渗透性的滤砂管。主要由滤砂管、引鞋、中心管组成。

20.3.14

粉末冶金滤砂管 sinter metal screen

在一定条件下,用金属粉末烧固成型,且具有较高强度和渗透性的滤砂管。主要由滤砂管及上、下油管接头组成。

20.3.15

预涂层砾石双层筛管 double prepack screen

将预涂层砾石装入具有内外层筛管之间的环形空间中,在一定条件下使其固结而构成的双层筛管。主要由内、外层绕丝筛管、预涂层砾石和中心管3部分组成。

20.3.16

盲管 blank pipe

在下入井内的防砂管柱中,接在生产筛管与信号筛管之间或生产筛管与充填工具之间以及处于夹层部位连接两生产筛管的普通油管或套管。其作用是在它与井筒之间的环形空间里储备砾石。

20.3.17

防砂冲管　sand control wash pipe

在防砂管柱中，接在充填工具以下的内管柱。

20.3.18

膨胀式封隔器防砂装置　inflatable packer type sand control unit

利用下入井底正对油层(裸眼)的封隔器橡胶元件的径向膨胀，对井眼周围地层施加大的侧向压力，将未胶结或胶结疏松的砂岩重新压实，恢复或接近油层在未钻开前的原始应力状态，然后下入射孔枪对胶筒射孔，投产后，油流中的砂粒逐渐在弹孔周围形成稳定砂拱而达到防砂目的的装置。

20.3.19

防砂管扶正器　centralizer of sand control string

使防砂管柱在井内处于井筒中心位置，以便砾石均匀地充填到筛管四周，形成良好挡砂屏障的工具。管内防砂管柱大多数采用叶片式和卡箍式扶正器，裸眼井多采用弹性良好的弓形扶正器。

20.3.20

正循环砾石充填工具　direct circulation packing tool

装有下冲喷头的防砂管柱从油管内泵入工作液，砾石受冲泛起，悬浮在井筒中，管柱得以逐渐下放，而后砾石沉降在管柱周围形成挡砂屏障的工具。

20.3.21

反循环砾石充填工具　reverse circulation packing tool

使工作液和砂浆从油、套管之间的环形空间泵入井底，砾石留在筛管周围，返出液进入筛管，并从油管内返出地面的充填工具。主要由活塞、悬挂球、丢手正洗短节、盲管及冲管短节等组成。

20.3.22

砾石转换充填工具　crossover packing tool

使工作液或砂浆从油管内腔泵到井底，返出液通过油管和套管之间环形空间返出的充填工具。主要由封隔器、转换接头和丢手装置组成。按悬挂方式分为悬挂式和非悬挂式充填转换工具；按结构和用途分为皮碗式和四位式转换充填工具。

20.3.23

振动砾石充填工具　vibration gravel packing tool

使防砂管柱在不断振动的条件下循环砂浆，以便筛管周围的砾石在重力和振动冲击力的同时作用下排列成“平行六面体”结构的充填工具。

20.3.24

泡沫砾石充填工具　foam gravel packing tool

以泡沫为携砂液的砾石充填工具。

20.3.25

抽砂泵　sand pump

用于对出砂油井进行抽砂作业的装置。主要由泵筒、柱塞、游动阀、固定阀、底阀和捣砂器组成。

20.3.25.1

强力抽砂泵　power sand pump

用于出砂严重的低压漏失井和其他出砂井进行抽砂、排砂作业的工具。主要由泵筒、柱塞、固定阀及配件组成。柱塞由2道软密封环和6道金属密封环构成，配件包括安全接头、出水接头、滤砂器、底部阻砂阀、盛砂筒和捣砂器等。

20.3.26

炮眼冲洗工具　perforation wash tool

用于解除炮眼堵塞的冲洗工具。按冲洗方法分为皮碗式循环冲洗、封隔低压反冲洗和负压射孔反冲洗等工具。

20.3.27

捞砂筒　sand bailer

用于提捞井内积砂的筒形工具。

20.3.28

防砂型油气分离器　anti-sand oil gas separator

用于出砂严重、油气比较高的油井进行油气砂三相分离的井下分离装置。

20.3.29

捞砂泵　bailing pump

利用负压液流携带砂液进入沉砂尾管以达到捞取井内积砂的专用泵装置。进入沉砂尾管内的积砂通过地面动力捞出。

20.3.30

负压冲砂装置　negative pressure sand cleaning out device

使井底压力始终小于油层压力，将冲砂转变成抽砂以达到保护油层目的的井下清砂装置。由射流泵和搅砂喷嘴组成。

20.3.31

冲砂油管柱检漏器　leak detector for sandwashing tubing

修井作业时用于检查冲砂油管柱是否有破损漏失的井下工具。它联接在冲砂油管柱的下部，主要由上体、撞击头、密封环、剪断销钉、滑套、下体、密封座、堵球和密封座丝顶组成。下冲砂油管时，应先将其堵球和撞击头取出。

20.3.32

井下液砂分离器　downhole liquid-sand separator

在地层流体进入抽油泵之前，将其中的砂粒分离出来，减少进泵液体含砂量的井下液砂分离装置。主要包括水力旋流器和沉砂尾管2部分。

20.3.33

井下防砂器　downhole anti-sand tool

防止井下发生砂堵的工具，它利用旋流离心分离原理将挡砂变为沉砂，使产出液在防砂器中形成外旋流和内溢流，经废液和重力双重作用沉入释放器，当超过释放器承重时便落入人工井底(防砂器底部的尾管内)。

20.3.34

分段冲砂器　stepwise sand washer

采用水泥车从空心抽油杆内注入冲砂液，将井下油管内沉砂分段冲出并携出地面的装置。它采用多级串联使用方式，主要由上接头、主体、节流滑套、弹簧、盘根和调节螺母等组成。

20.3.35

天然气过滤器　natural gas filter

天然气生产、输送系统中各计量站、压气站、中间清管站和天然气净化系统的前端分离装置，采用金属滤心，可反洗再生和重复使用。

20.3.36

采气井安全保护装置　safety protector for natural gas well

天然气井生产过程中遇到管线破裂或漏气等异常情况时能自动关闭井口、起安全保护作用的装置。

由压帽、节流孔板、阀体和弹簧构成。

20.4

油井防蜡、清蜡工具　tools for paraffin control and removal

用于防止油井结蜡和清除杆柱、管壁上沉积蜡的工具。

20.4.1

刮蜡器　paraffin scraper

上端连接清蜡钢丝，外形像“8”字的管内清蜡工具。

20.4.2

抽油杆刮蜡器　sucker rod paraffin scraper

安装在抽油杆柱上，可轴向活动的、用于清除杆柱和管壁上沉积蜡的工具。对抽油杆柱有扶正作用。

20.4.3

变径刮蜡器　variable diameter paraffin scraper

外径在下放时缩小，上提时变大的刮蜡工具。

20.4.4

清蜡钻头　paraffin drill bit

当油管内壁积蜡较厚时清蜡所用的钻头。常用的有麻花钻头和矛刺钻头。

20.4.5

抽油杆强磁防蜡器　magnetic paraffin control device for sucker rod

把磁钢按一定形式安装在特殊抽油杆短节中，连接在抽油杆柱上，用以减轻结蜡程度的防蜡工具。

20.4.6

油管强磁防蜡器　magnetic paraffin control device for tubing

把磁钢按一定形式安装在特殊油管短节中，连接在油管柱上，用以减轻结蜡程度的防蜡工具。分为内磁式和外磁式油管防蜡器。内磁式一般应安装在抽油泵和尾管之间，外磁式可安装在油管柱中的任意部位，通常安装在结蜡点以下的部位。

20.4.7

井下防蜡管短节　downhole paraffin control nipple

连接在抽油泵下，管内装有固体防蜡剂并允许液流通过的短节。

20.4.8

油管清蜡通径规　tubing paraffin-removal rabbit

清除油管内壁结蜡的工具，由导热螺旋槽通径规体、刮蜡片、刮削体和切削刀片等组成。高压蒸汽通过导热螺旋槽使通径规体产生旋转，切削刀片通过旋转的刮蜡片和刮削体再次作用后被蒸汽液流携出管外，从而将油管内壁刮洗干净，完成刮洗油管作业。

20.4.9

清蜡车　paraffin removal truck

利用加热炉产生的高温高压蒸汽清除油管结蜡，进行洗井和扫线等作业的车载设备。由泵、加热炉、高压管线、阀门和汽车底盘等构成。

20.4.10

油井自动清蜡器　automatic paraffin removal device

用于清除油管内壁和抽油杆柱表面上结蜡的机械装置，它借助抽油杆柱的抽汲运动而自动工作。主要由清蜡器本体、上换向器、下换向器和安全短节组成。

20.4.11

油井加药装置 chemical injection device for oil well

用于向高含蜡抽油井加注防蜡剂或清蜡剂的装置。主要由漏斗、罐体、节流器、平衡管和联接件组成。

20.4.11.1

油井恒流加药罐 constant rate chemical injection tank

以恒速率向油井油套环空加注防蜡剂和原油降凝剂的化学药剂配注罐。其作用是改善原油的流动性能和防止油管及集油管道中结蜡。

20.4.11.2

连续自滴加药装置 continuous self-dropping chemical injection device

自动向油井套管内滴注缓蚀剂或其他化学药剂的装置。主要由加药容器、压力平衡系统、流量控制系统和防盗系统组成。

20.5

注水工具 waterflooding tools

用于注水作业的配套工具。

20.5.1

配水器 water regulator

安装在注水管柱中,用以控制各层注水压差和注水量,并给下井仪器留出通道的井下节流装置。主要由工作筒和带配水嘴的堵塞器等组成。按其结构分为固定式、活动式、空心活动式和偏心式配水器。

20.5.1.1

固定式配水器 positive water regulator

配水嘴固定在注水工作筒(管柱)上的配水器。

20.5.1.2

活动式配水器 movable water regulator

配水嘴装在与注水工作筒同心的堵塞器上的配水器。堵塞器用专用投捞器投捞。

20.5.1.3

偏心式配水器 eccentric water regulator

配水嘴装在与工作筒主体偏心的堵塞器上的配水器。堵塞器用偏心配水器投捞器投捞。

20.5.1.4

液力投捞配水器 hydraulic running and pulling water regulator

同一配水器中可装多个带水嘴的堵塞器的配水器,靠液力投捞。与封隔器配合,可实现小卡距多级分层注水。

20.5.1.5

地面恒流量配注器 surface constant flow distributor

安装在流量计和出水阀之间,可实现恒流量注入的地面配注工具。主要由工作筒和堵塞器组成。工作筒主要包括死堵、水嘴座和注水管联接体;堵塞器包括取放头、柱塞、异型喷嘴、弹簧和滤网。

20.5.1.6

封隔式配水器 packoff type water regulator

集井下封隔和配水功能于一体的配水工具。由空心配水器和封隔器组成。

20.5.1.7

配水器堵塞器 blanking plug of water regulator

用以安装配水嘴控制注入各层水量的可打捞的活动心子。堵塞器用专用投捞器投捞。

20.5.2

堵塞器投捞器 pulling and running tool of blanking plug

用于投捞配水器或配产器的堵塞器的投捞工具。按其结构分为偏心式和同心式投捞器。

20.5.3

磁增注器 magnetic augmented injector

把磁钢按一定的形式装于特殊短节中,对注入水进行磁处理以提高注入量的装置。

20.6

堵水工具 water shutoff tools

用于对油层进行卡堵水的配套工具。

20.6.1

卡瓦式防顶器 slip type up-running preventer

安装在封隔器上部,防止封隔器因受向上压力使管柱向上移动的卡瓦式锚定工具。

20.6.2

滑套移位器 sliding sleeve shifting tool

用于开关滑套堵水器中滑套的工具。

20.6.3

卡瓦支撑器 anchor catcher

接在封隔器下部,作为管柱下支点,可防止封隔器因受向下压力使管柱向下移动的卡瓦式锚定工具。

20.6.4

压缩式双向坐封器 compressional bidirectional setting tool

用来坐封压缩式、双向卡瓦支撑、液压坐封、钻铣解封封隔器的专用工具。由产生下推力的坐封器和产生上拉力的加力器 2 部分组成。

20.6.5

压缩式双向解封器 compressional bidirectional releasing tool

为压缩式、双向卡瓦锚定、提放管柱坐封和解封的封隔器解封专用工具。主要由矛爪及锥体等零部件组成。

20.6.6

插入式密封装置 insert seal assembly

用来封隔可钻式封隔器内密封腔的装置。当整个井内管柱受外界因素影响长度发生变化时,可随管柱在封隔器的内密封腔内滑动。

20.6.7

丢手接头 releasing sub

用于脱开施工管柱与措施管柱,并使措施管柱留在井中的接头。

20.6.8

倒扣安全接头 back-off safety joint

接在井下易卡工具上部,以便遇卡时可以从安全接头处倒扣,起出接头上部管柱的接头。主要由内部带有左旋螺纹的上、下接头组成。

20.6.9

可捞可钻式桥塞 fishable-drillable bridge plug

用于油田分层开采的封层工具,主要由坐封机构、锚定机构和密封机构等组成。采用电缆坐封工具或液压坐封工具送进坐封，并可根据需要解封捞出或钻掉。

20.6.10

可取式桥塞　removable bridge plug

采用液压坐封、双向卡瓦锚定、配套丢手打捞方式的桥塞，适用于油田卡堵水分层采油作业。由坐封机构、锚定机构、密封和防砂机构组成。

20.7

压裂、酸化工具　fracture and acidizing tools

用于压裂、酸化作业的配套工具。

20.7.1

压裂喷砂器　fracture sand spit

位于压裂管柱的目的层段，通过向地层喷射携砂液，造成节流压差而产生封隔器坐封所需压力的喷砂短节。

20.7.2

压裂喷砂嘴　fracture sand spit

分层压裂时，喷砂器中用以通过压裂携砂液的喷嘴。

20.7.3

井下定压环形阀　downhole constant pressure valve

用于控制井下油、套管压差的环形阀。

20.7.4

酸化节流器　acidizing flow controller

位于酸化层，起节流和连接油管与套管通道的作用，用于控制分层酸化各层的注入压力和注入量的工具。

20.8

井下作业地面工具　surface tools for downhole service

井下作业所采用的地面配套工具。

20.8.1

抽油杆吊卡　sucker rod elevator

提升、下放和悬持抽油杆的开口式工具。由提环、销子和用铰链连接的吊卡体等组成。

20.8.2

抽油杆吊筒　sucker rod elevating socket

提升、下放和悬持抽油杆的筒式工具。与抽油杆接箍垫叉配套使用。

20.8.3

抽油杆扳手　sucker rod wrench

用于上、卸抽油杆连接螺纹的手动工具。

20.8.4

抽油杆转矩钳　sucker rod torque wrench

用于上、卸抽油杆连接螺纹并能显示转矩值的工具。

20.8.5

抽油杆动力钳　power sucker rod tong

用于上、卸抽油杆连接螺纹的动力驱动工具。按驱动方式分为电动式、液压式和气动式；按结构分为开口式和闭口式；按使用方式可分为悬吊式和坐式。

20.8.6

增强塑料杆起下保护器　fiberglass sucker rod antiwear protector

在起下增强塑料抽油杆作业时安装在井口上，用以减少或避免杆体被井口磨损或刮坏的保护工具。通常保护器内衬用耐磨的、摩擦因数小的非金属材料制成。

20.8.7

抽油杆倒扣器　sucker rod reversing tool

用于蜡卡、砂卡抽油杆的倒扣作业，以便将其从井内起出的装置。主要由承力筒、卡瓦座、卡瓦、螺栓和防跳板组成。

20.8.8

油管卡盘　tubing spider

起下油管作业时用于夹紧和悬持油管柱的工具。按吊卡管柱数量分为单管和平行双管卡盘。

20.8.9

油管钳　tubing tong

起下油管时上卸油管螺纹的手动工具。

20.8.10

油管动力钳　power tubing tong

起下油管时，用于上卸油管螺纹的动力驱动工具。按动力分为电动式、液压式和气动式油管钳等。

20.8.11

修井动力钳　power tongs of workover

起下抽油杆柱、油管柱和小尺寸钻杆柱时上卸螺纹用的动力驱动工具。按动力分为电动式、液压式和气动式等。

20.8.12

油管张力调节器　tubing tension adjuster

坐封时，用于保持张力式油管锚一定锚定力并使油管挂准确就位的工具。主要由油管挂和用螺纹连接并可调节高度的内外套筒等组成。

20.8.13

油管扶正装置　tubing centralizing unit

装在采油井架上，取代人工扶正油管的装置。通常为液压机械手。

20.8.14

电缆卡子　cable clamp

在下放电潜泵管柱作业时，使电缆和油管紧贴在一起，并保持电缆和油管轴线平行的卡子。

20.8.15

电缆卡子钳　cable clamp wrench

把电缆卡子夹紧并固定在油管上的工具。

20.8.16

油管柱立式排放架　vertical pipe rack for tubing string handling

在修井作业中用以自动排放油管柱的立架系统。

20.8.17

远红外预热清管机　tubing far infraved preheating -cleaning device

集机械冲刷、远红外预热工艺和可编程控制技术于一体的油管自动清洗装置。适用于待修油管的清洗作业。

20.8.18

钢丝绳清洁刷　cleaning device for wire rope

用于清洗带有大量原油或石蜡的修井钢丝绳的装置。主要由支撑部分(包括支撑体、防护罩)和转动部分(包括保持架、清洁刷、内护罩)组成。

20.8.19

油管射流清洗装置　efflux cleaning installation for tubing

用于待修油管的清洗作业。主要由高压泵、高压管汇、高压喷射旋转喷头、支撑系统、油管传送系统、污水处理系统和自动控制系统组成。

20.8.20

油管液压试压泵　hydraulic pressure-testing pump for tubing

在井下作业过程中用于对下井油管柱进行试压的泵装置。由四缸柱塞泵、液马达和联接法兰组成。其辅助设备包括水箱、高压出水管线、接头、压力表和泄压阀等。

20.8.21

高压射流除垢机　high-pressure jet flow scale remover

采用高压射流技术清除油管内壁结蜡、油污和结垢物的装置。由灌注系统、高压泵送系统、喷射系统、废水回收系统和电器控制系统组成。

20.8.22

便携式井下作业水龙头　portable rotary swivel for downhole operation

油井冲砂磨铣、洗井作业中用于转动作业管柱和向井内打入洗井液的装置。主要由中心管、外壳、轴承、密封组件、快速接头、上下压盖、托盘和承压环等组成。中心管采用直联式悬挂结构,其内孔为盲孔,上端有一凸台,用于起吊管柱,下端通过螺纹与管柱相联接。

20.9

井下作业井下工具　downhole tools for downhole service

井下作业所采用的井下配套工具。

20.9.1

油管泄油器　tubing bleeder valve

安装在靠近抽油泵上部的油管中,用于连通油管与套管通道,将油管内的液体排回井中的阀。某些泄油器还可配合完成不动管柱的洗井作业。按其开启方式分为抽油杆控制开关式、旋转油管式、液压爆破式、剪切式和提放油管柱式泄油器。

20.9.2

球座与球棒　ballseat and ballplay

用于暂时堵塞管柱中某一位置通孔的阀座和阀球。

20.9.3

泄油洗井两用阀　double-duty valve for oil drainage and well flushing

既可在修井作业时泄出油管内的原油,又可对油井进行反洗井清蜡的井底阀门。安装在有杆泵泵筒和固定阀之间,主要由带上下接头的壳体、环空液流通道、带有通孔的阀球限位器、阀球运动轨道、阀球、阀球导向机构和油管液流通道等组成。

20.9.4

抽油泵阀座取出器　valve seat puller

用于取出管式抽油泵固定阀阀座的工具。

20.9.5

油管伸缩短节　telescopic tubing sub

工作筒和空心轴相互以滑动密封台肩挂合的组件。两端用螺纹连接于油管柱中间,使其有伸缩余量以避免管柱受压载。

20.9.6

射流泵捕捞器　catcher for jet pump

用于井下射流泵检泵的专用捕捞器具。

20.9.7

井下作业试压装置　pressure-testing unit for downhole operation

用于油井挤水泥和酸化施工的试压工具，其结构是在普通滑套开关(包括大钢球、大滑套和流体通道)的下部再增设一套密封试压机构(包括小钢球、小滑套、弹簧及弹簧座)，使得试压和打开施工通道可分步进行。

20.9.8

井筒旋转刮削器　rotary scratcher for borehole

采用机械旋转刮削和液力喷射旋转刮削复合技术清理井筒壁上污垢以防卡住井下管柱的工具。主要由支撑主体、刮削刀板、钢球、导向体、外筒、推力轴承、弹簧、扶正管和压帽组成。

20.10

采油井下事故处理工具　production tools for downhole troubleshooting

检测、处理井下套管损坏、卡钻和井下落物等事故的常用工具总称。

20.10.1

通径规　drift mandrel

上部带有螺纹可与油管相接，下部为一外径比所下套管内径稍小(约小 3 mm)的厚壁圆筒形工具。主要用于通井作业，观察有否遇阻以及分析、判断套管变形等；或检验管子、管柱或设备的通径。

20.10.2

黄泥打捞筒　mire overshot

用于打捞井内的各种小件落物和细而长的杆类未卡落物的打捞工具。由上接头和筒体组成，筒体为薄壁筒，筒内装满黄泥与麻丝的混合胶泥。

20.10.3

抽油杆打捞筒　sucker rod overshot

用来打捞断脱在油管或套管内的抽油杆的工具。从性能上分为可退式和不可退式；从结构上分为螺旋卡瓦式、篮式卡瓦式和锥面卡瓦式等多种。

20.10.4

活页式打捞筒　flapper overshot

用于在大的环形空间内打捞鱼顶为带台肩或接箍的小直径杆类落物的工具。由上接头、活页和筒体组成。

20.10.5

三球打捞器　three-ball socket

用于在套管内打捞抽油杆接箍或抽油杆加厚台肩部位的打捞工具。由筒体、钢球、引鞋等组成。

20.10.6

短鱼顶抽油杆打捞筒　short catch sucker rod overshot

用于打捞抽油杆接箍，尤其适用于接箍上残留极短抽油杆鱼顶的工具。由上接头、上下筒体、偏心套、限位螺钉等组成。

20.10.7

增强塑料抽油杆打捞筒　fiberglass reinforced plastic sucker rod overshot

用于打捞增强塑料抽油杆接箍的打捞工具。主要由长筒体和内钩式打捞头组成。

20.10.8

接箍打捞矛　coupling spear

用来捞取鱼顶为接箍的工具。按其打捞的落物可分为抽油杆接箍打捞矛和油管接箍打捞矛。

20.10.9

油管打捞矛　tubing spear

通过卡住油管内壁来打捞油管的打捞矛。

20.10.10

油管打捞筒　tubing overshot

用于打捞油管或油管接箍等的专用打捞筒。其上部为打捞本体部分，中间为铣磨整形部分，下部为打捞油管接箍部分。

20.10.11

液压增力解卡装置　stuck tubing freeing device

用于井下遇卡油管解卡的辅助工具，连接在打捞工具的上端，随打捞管柱一起下入井下。由上接头、两级举升液缸、液压锚和节流阀组成。

20.10.12

液压单缸式油管解卡装置　hydraulic single-cylinder tubing releasing device

修井作业中用于解除油管砂卡和蜡卡的装置。由液压动力油缸、游动卡瓦系统、固定卡瓦系统和支承系统等组成。其起拔动作由修井机的换向阀控制。

20.10.13

液控式安全接头　hydraulic controlled safety joint

预防和处理井下管柱砂卡及其他井下事故的液压释放式安全解卡工具。主要由液压释放机构、安全锁定机构和安全联接机构组成。

20.10.14

井下液压增力打捞器　downhole hydraulic boosting fisher

利用液压推动液压加力机构活塞上提钻具来捞出井底落鱼的打捞工具，由坐封悬挂机构、液压加力机构和冲洗打捞机构组成。

20.10.15

油井防落锚　anti-drop anchor of downhole apparatus

防止井下设备（如电泵）落入井底的装置。一旦发生落井事故，它能自动迅速地将落鱼卡在套管上，并可承受足够的造扣力矩，以便将落鱼捞出。主要由自动锚定机构、弹簧储能机构、锁定机构和开锁机构等几部分组成。

20.10.16

补接工具　pipe patch tool

用于更换井下损坏的油管或套管时，连接新旧油管或套管并起密封作用的工具。

20.10.16.1

油管补接器　tubing patch tool

由悬挂器、密封段等组成的进行油管井下密封对接用的工具。

20.10.16.2

铅封注水泥套管补接器　lead seal cementing casing patch tool

更换井下损坏套管、连接新旧套管时，使其内通径保持不变，用铅密封后再挤注水泥封固的补接工具。

20.10.16.3

封隔器式套管补接器　packer casing patch tool

用套铣工具将井下变形套管或错断套管套铣取出后，将新套管与旧套管连接起来的工具。

20.10.17

套管补贴工具　casing repairing tool

将波纹管等补贴管胀接在损坏套管内表面上的工具。由水力锚和胀接工具等组成。

20.10.17.1

密封加固器　seal reinforcing repairing tool

由密封加固管和液力坐封工具组成的加固器。当密封加固管下到套管损坏部位后，再下入坐封工具靠液力上拉，使加固管上、下两端的密封元件紧贴套管，实现密封加固的工具。

20.10.17.2

套管气动补贴装置　casing pneumatic patch device

以火箭固体推进剂燃烧所产生的高能气体作动力，将补贴管和其两端软金属密封材料紧紧锚定在套管内壁上，实现损漏套管的封堵和修复的工具。

20.10.18

整形类工具　casing dressing tools

用于修理井下套管变形、规整内筒面以修复套管的专用工具。

20.10.18.1

套管胀管器　casing swage

在套管变形不严重、无破损时用来礅击恢复套管内通径、修理套管的工具。

20.10.18.2

梨形胀管器　pear casing swage

用于修复井下套管较小变形的整形工具。按过水槽分为直槽式、螺旋槽式两种。

20.10.18.3

偏心辊套管整形器　eccentric casing roller

用偏心锥辊修复井内套管压扁、凹陷或卷边等变形的专用工具。由偏心轴、滚珠、丝堵、锥辊和接头等组成。

20.10.18.4

三锥辊套管整形器　three cone casing roller

用于对井中轻度变形的套管进行整形修复的工具。由心轴、锥辊、销轴、锁销、垫圈、引鞋等组成。

20.10.18.5

旋转震击式套管整形器　rotary jar casing swage

用旋转震击方式对井中轻度变形的套管进行整形修复的工具。

20.10.18.6

鱼顶修整器　fish top dressing tool

用于修整椭圆形鱼顶和较小弯曲的鸭嘴形鱼顶的工具。由上接头、心轴、喇叭口、引鞋等组成。

20.10.18.7

套管复合整形装置　casing double-acting swage

利用爆炸扩径和机械胀管的复合作用，一趟管柱即可实现对缩径、弯曲、错断的套管实施整形修复的装置。主要由高能气体扩径器和可退式胀形器组成。

20.10.18.8

套管爆炸整形装置　explosive reforming device for deformed casing

利用炸药在液体介质中爆炸瞬间释放的巨大能量，迫使变形套管迅速胀大而达到修复目的的装置。

由防护外壳、主装药、传爆器、转换接头和起爆器组成。

20.10.18.9

套管液压整形工具　hydraulic casing swage

液压胀管器和分瓣胀管器组成的套管修复工具。工作时将液压力转换成机械力作用于分瓣胀管器的分瓣锥体上，进而提供一足够大的径向扩张力作用于缩颈套管上，使之发生永久塑变达到整形的目的。

20.10.18.10

双重丢手扶正器　double releasing type centralizer

在套管错断井修复作业中，用于扶正对接井下错断套管并具有倒扣丢手和液压丢手功能的工具。主要由液压丢手总成、倒扣丢手总成和扶正体构成。

20.10.19

液压震击器　hydraulic jar

靠水力作用的震击器。用于打捞过程中解卡。

20.11

不压井不放喷作业工具　tools for under pressure operation

井口有压力的情况下，实行不压井不放喷安全密闭起下作业用的工具总称。

20.11.1

不压井作业工具　snubbing tool

带压作业装置

用于高压高油气比油井进行不压井带压检泵作业的井下工具。主要由油管悬挂密封器、井下开关、井下活门、单流泄油器及进油器、防顶接头和加重管等组成。

20.11.2

油管安全卡　tubing safety clamp

可卡于油管任何部位的悬挂油管柱的工具。锁住操作手柄可起防脱、防顶的安全作用。

20.11.3

油管堵塞器　tubing blank plug

不压井作业中堵塞油管柱底部通道的装置。包括固定连接在油管柱底部的承托工作筒及由导向头、打捞头、心轴、密封段和支撑机构组成的可投捞式堵塞工具。

20.11.4

堵塞器打捞器　blanking plug pulling tool

用于捞取油管堵塞器的打捞工具。由主体、扭簧、销钉和打捞爪等组成。

20.11.5

油管防喷阀　tubing check valve

接于油管柱之间、自动控制油管井喷的球阀。

20.11.6

井下开关阀　downhole switch valve

连接在泵筒下面起开关作用的固定阀。不压井作业时关闭油管通道，生产时连通油管通道。

20.11.7

井下浮球开关　downhole float type switch

在丢手管柱封隔器下端，随管柱一同下入井中，起开关作用的阀。生产时下管柱打开液流通道；上提生产管柱时，液流通道关闭。

20.11.8

扭簧活门　torsion spring valve

用于控制井下油管通道的开关。主要由活门、扭簧等组成。

20.11.9

油管塞　tubing plug

不压井作业起下油管时,因油管堵塞器失灵或原井底未装工作筒而需强行作业所下的可在任意位置封卡的油管堵塞器。

20.11.10

活动式油管悬挂器　movable tubing hanger

不压井作业时,作为安装卡瓦支撑器活动管柱的配套工具。

20.12

封隔器　packer

连接于井下管柱上,用以封隔油管与套管或裸眼井壁环形空间,进行分层作业的工具。按其密封件工作原理分为扩张式、压缩式、自封式和楔入式;按支撑方式分为尾管式、单向卡瓦式、无支撑式、双向卡瓦式和锚瓦式;按坐封方式分为提放管柱式、转管柱式、自封式、液压式和下工具式;按解封方式分为提放管柱式、转管柱式、钻铣式、液压式和下工具式等。

20.12.1

插管式封隔器　bayonet-tube packer

与坐封工具连在一起下井,用于封隔油套环形空间,能双向承压。由上下接头、中心管、双向卡瓦和压缩式胶筒组成。

20.12.2

压差式可洗井封隔器　pressure-differential well-flushable packer

利用压差坐封,洗井时套管加压,套压达到一定值时封隔器解封,在封隔器外部形成洗井通道。

20.12.3

复合式多功能封隔器　compound multiple-purpose packer

主要由内密封机构、坐封阀、解封阀和外密封机构等组成,具有防腐、防垢、防砂、能洗井和重复坐封等多种功能。其钢体材料为不锈钢,内外层均为纳米涂层,胶筒中间夹有钢丝网。

20.12.4

金属密封封隔器　metal-seal packer

耐高温高压、耐磨蚀、密封性能好,采用金属密封件的封隔器,适用于分层采油和分层注水作业。它有2种类型:易熔金属封隔器和超弹性金属封隔器。前者主要由易熔金属密封件和封隔器本体构成;后者由镍钛合金密封体、锥体(卡瓦锚)、工作筒和中心管组成。

20.12.5

双向压差式封隔器　bidirectional pressure-differential packer

适用于大直径套管高压油井的封隔器,可承受20 MPa的上下双向压差,不会出现自动解封现象。

20.12.6

水平井分段压裂封隔器　staged fracturing packer for horizontal hole

采用叠层钢片膨胀筒结构的封隔器,可用于水平井分段压裂。其膨胀筒由中心管、叠层钢片、外胶筒和内胶筒组成。

20.12.7

分层注水封隔器　separated layer water injection packer

采用扩张式结构,主要由上接头、解封单向阀、上护套、密封胶筒、中心管、下护套、坐封单向阀和下接头组成。上下接头与中心管用螺纹连接，密封胶筒通过上下护套与上下接头连接，在密封胶筒与中心管之间构成一密封的环腔。

20.13

桥塞　bridge plug

通过压缩坐封来封隔井眼或套管内空间的井下密封工具。可分为可收回式和可钻式二种。用以代替悬空水泥塞。

20.14

高温井井下控制阀　downhole control valve for high-temperature well

用于注汽热采井以防压井液、洗井液进入地层，同时避免发生井喷或外溢的控制阀门，也可用于非热采井、直井和大斜度井。

20.15

井下脉动缓冲器　downhole pulsation buffer

用于含水率较高的大流量浅油井以减小流体惯性效应的井下工具。主要由内壁筒、外壁筒、密封活塞和活塞环组成。

20.16

超声波井下流量计　downhole ultrasonic flow meter

基于超声波技术用于注水井测试的井下流量计。

21　测试工具

21.1

钻杆测试地面工具　surface drill stem testing tools

进行钻杆测试时装于地面的设备总称。包括控制头、活动管汇、钻台管汇、采样树和增压泵等。

21.1.1

控制头 control head

位于测试管柱顶部，对通过测试管柱流到地面的油气流进行流通和流向控制的装置。由主阀、翼阀、遥控安全阀、四通和旋转头等组成。也可用于压井作业。

21.1.1.1

单翼控制头　single wing control head

只有一侧能流动和开关(另一侧堵死)的控制头。

21.1.1.2

双翼控制头　double wing control head

双侧都能流动和开关的控制头。

21.1.1.3

旋转控制头　swivel control head

侧翼以下的部分可以相对于侧翼以上部分旋转的控制头。

21.1.1.4

遥控安全阀　remote control safety valve

可以在远离控制头的地方通过液压或气压来对其进行开或关控制的安全阀。

21.1.1.5

遥控用手动泵　hand operated pump for remote control

用人工操作其摇臂，使其产生液压来操纵遥控安全阀开、关的泵。

21.1.1.6

气动控制箱　nitrogen control box

通过调节氮气流向和压力来操纵遥控安全阀开或关的装置。

21.1.1.7

旋转头　swivel head

上半部分与下半部分可以相对旋转的短节。

21.1.1.8

测试防喷盒　testing saver

用于油井测试,防止井内液体喷出的井口密封装置。由上部低压密封区及黄油盒和下部高压密封区组成。

21.1.2

投杆器　bar droper

用于悬挂和释放投杆的工具。接在控制头和钻柱之间,由本体和投杆释放销组成。

21.1.3

投杆　drop bar

从地面测试管柱内投下,用于冲断断销,从而打开反循环阀的专用金属杆。

21.1.4

活动管汇　steel flow hose

由无缝钢管和活动弯头组成的可以折叠、活动的管汇。用于连接控制头与钻台管汇、钻台管汇与放喷管线。

21.1.5

钻台管汇　floor manifold

由1条旁通通道和2条分别用2个阀门控制的油嘴通道组成的专用管汇。用来控制流体的流量和压力。2条油嘴通道内可以安装不同尺寸的油嘴,且可在不关井的情况下更换油嘴。

21.1.6

显示头　bubble head

接在钻台管汇上,用来观察地面气泡显示并根据显示情况判断地层流体产出情况的地面显示装置。由压力表、针形阀、连接短节和胶管等组成。

21.1.7

采样树　sampling tree

用以测量取样器内样品的压力和排放样品的装置。由四通、三通、连接短节、针形阀、压力表等组成。

21.1.8

功能试验泵　function testing pump

对测试工具和井口装置进行功能试验的高压水泵。

21.1.9

氮气增压泵　nitrogen booster pump

吸入氮气瓶中的低压氮气并使其压力升高后注入测试工具的氮气腔中的增压泵。

21.2

钻杆测试井下工具　downhole drill stem testing tools

进行钻杆测试时,下入井中的测试工具总称。包括取样器、测试阀、旁通阀、封隔器等。

21.2.1

伸缩接头　slip joint

受拉时可伸长、受压时可缩短的辅助测试工具。用来调节测试管柱的长度。

21.2.2

反循环阀　reverse circulating valve

能在测试结束时打开，使得环空与测试管柱内通道连通的测试工具。用来进行反循环作业，替出测试管柱内的地层流体和压井。

21.2.2.1

多次反循环阀　multiple reverse circulating valve

反循环通道能多次打开和关闭的反循环阀。

21.2.2.2

单次反循环阀　single shot reverse circulating valve

反循环通道打开以后不能再关闭的反循环阀。

21.2.2.3

断销式反循环阀　break-off type reverse circulating valve

通过井口投棒，砸断空心销即可打开反循环通道的反循环阀。

21.2.2.4

泵出式反循环阀　pump out type reverse circulating valve

通过向测试管柱内加泵压，将带密封圈的金属盘推出，即可打开反循环通道的反循环阀。

21.2.2.5

泵压式反循环阀　pump pressure type reverse circulating valve

通过管柱憋压剪断销钉的方式使内密封心轴移位，打开通道的反循环阀。

21.2.2.6

APR-A 反循环阀　APR-A reverse circulating valve

通过向环空加泵压，剪断固定密封心轴的销钉，推动密封心轴与反循环孔相对移动，使反循环通道打开的反循环阀。

21.2.2.7

APR-M_2 反循环阀　APR-M_2 reverse circulating valve

通过向环空加泵压，剪断固定密封套的销钉，推动密封套与反循环孔相对移动，打开反循环通道，同时进行井下永久关井的反循环阀。

21.2.3

测试阀　testing valve

通过在地面运用上提下放管柱、旋转管柱或从环形空间施加和释放泵压等方法，控制其在井下重复开、关的井下阀。用来控制地层流体在管柱内的流动和形成地层压力恢复的条件。

21.2.3.1

全通径测试阀　full bore testing valve

通过球阀的转动来实现开和关的测试阀。其主要特点是球阀转到打开位置时，可使球阀的通径与整个测试管柱的通径保持一致。

21.2.3.2

提放式测试阀　pipe reciprocation operated testing valve

通过上提、下放管柱来操纵井下开关的测试阀。

21.2.3.3

压控式测试阀　pressure controlled testing valve

通过环空加压、放压来操作井下开关的测试阀。

21.2.3.4

井下关井测试阀　downhole shut-in testing valve

用于地层测试的井下阀，依靠环空加泵压实现操作，将井下关井和循环压井分开进行，从而可保证井下压力计在录取关井压井恢复数据时不受干扰。

21.2.3.5

密封节流阀　seal-choke valve

用于井下测试器液压控制系统控制液流方向的两位两通阀。

21.2.4

取样器　sampler

在井下采集地层流体样品并能在密闭状态下将样品带到地面的专用工具。

21.2.4.1

滑套取样器　sliding sleeve type sampler

通过密封心轴和密封套的相对滑动实现打开和关闭的取样器。

21.2.4.2

双球阀取样器　double ball sampler

通过两个球阀同时转动实现打开和关闭的取样器。

21.2.4.3

放样阀　drain valve

用以将取样器内的样品排放出来的阀。

21.2.5

钻杆测试旁通阀　by-pass valve for drill stem test

连接于测试管柱上，控制测试管柱内外通断的开关阀。测试时关闭，起下钻和解封时打开，以保证封隔器上、下连通，并平衡封隔器上、下压差，从而保证封隔器顺利起下。

21.2.5.1

裸眼旁通阀　open hole by-pass valve

用于裸眼测试的旁通阀。由主旁通、副旁通和液压延时机构组成。

21.2.5.2

套管旁通阀　casing by-pass valve

用于套管测试的旁通阀。

21.2.5.3

跨隔旁通阀　straddle testing by-pass valve

在跨隔测试过程中，用来使上封隔器上方与下封隔器下方始终保持连通的旁通阀。由上、下带孔组合接头和旁通管组成。

21.2.6

液压锁紧接头　hydraulic bias

在上提、下放管柱操作测试阀时，用来产生锁紧力使套管封隔器保持密封的辅助测试工具。

21.2.7

安全密封件　safety seal

在上提、下放管柱操作测试阀时，用来产生锁紧力使裸眼封隔器保持密封的辅助测试工具。

21.2.8

测试封隔器　testing packer

在测试过程中用来将测试层与环空液柱或其他层段隔离开来的井下密封工具。可分为套管测试封隔器、卡瓦封隔器、剪销封隔器、水力锚封隔器、裸眼封隔器、支撑式封隔器和膨胀式封隔器等。

21.2.9

重型筛管　perforated anchor pipe

用于裸眼测试时为地层流体进入测试管柱提供通道并起支撑尾管作用的专用测试工具。

21.2.10

开槽尾管　slotted tail pipe

用于套管测试时，为地层流体进入测试管柱提供通道的专用井下测试工具，由带槽的外筒和带孔眼的内筒组成。

21.2.11

阻尼弹簧　drag spring

位于膨胀式测试管柱尾部，产生旋转方向的摩擦阻力的专用弹簧。

21.2.12

选层锚　selecting anchor

用于裸眼跨隔测试时作为封隔器支点的专用工具。

21.2.13

膨胀泵　inflatable pump

用于将环空压井液增压后注入膨胀式封隔器胶囊的专用井下泵。

21.2.14

滤网接头　screen sub

带滤网、用于过滤压井液的专用接头。使进入膨胀泵的压井液无杂质。

21.2.15

液压标准工具　hydraulic reference tool

可开关的压力平衡专用工具。用于压力控制测试器的管柱中，保证压力控制测试阀在下钻过程中不会被打开。

21.2.16

(注水井)测试密封接头　seal adapter for injection testing

用于对斜直注水井注入剖面直接进行密闭测试的辅助工具。由上下接头、上下密封体和中间可转动球体等组成。

21.3

测试管柱　testing string

把井下测试工具按照不同井的测试要求连接成不同形式的管柱。

21.3.1

裸眼单封隔器测试管柱　open hole single packer testing string

只含有一个裸眼封隔器的测试管柱。

21.3.2

裸眼跨隔测试管柱　open hole straddle packer testing string

在测试层上、下各坐封一个裸眼封隔器，对目的层进行测试的管柱。

21.3.3

套管测试管柱　casing testing string

用套管封隔器、测试器及井下工具连接起来，在套管里进行测试的管柱。

21.3.4

膨胀式封隔器测试管柱　inflatable packer testing string

装有膨胀式封隔器的测试管柱。用于井径不规则或存在裂缝的裸眼井测试。

21.3.5

分层测试防砂管柱　stratification testing sand control string

为获得油层压力、产量、含水和流体性质等资料而用以进行分层测试，并兼有防砂功能的管柱。

21.4

油井连续测试仪　oil well continuous tester

能一次完成油井连续剖面测试和定点测试的工具。既能实施小厚度、薄夹层的产品剖面测试，又能录取大厚层内细分层产出剖面的测试资料。

21.5

井下多相流量计　downhole multiphase flow meter

可实时连续测量井下流体流量及井下压力与温度的测量仪器。

21.6

井下动态测试仪　downhole dynamic tester

能对油井整个生产周期内井底温度和压力进行实时动态监测的井下仪器。

21.7

孔板流量计　orifice flow meter

根据安装在管道中孔板产生的差压、已知流体条件和孔板与管道的几何尺寸来测量流量的仪器。由孔板、差压变送器和流量显示仪组成。

22　钻井自动化装备与系统

22.1

数字化钻井系统　digitalized drilling system

将信息化、智能化和自动化技术集成后，实现最优化钻井的成套综合技术。一般包括钻井工程设计与管理、钻井数据库与专家决策、钻井操作监控管理、钻完井机电设备与测试仪器以及钻井信息网络5个子系统。

22.1.1

三维钻井设计系统　three dimensional drilling design system

运用多媒体计算机在三维界面下进行钻井设计，实现地层、设计轨道、靶点、实钻井眼轨迹的实时三维显示，并可根据鼠标位置读取三维坐标，进行数据维护等。

22.1.2

钻井模拟多媒体系统　multimedia simulation system of drilling operation

通过计算机建立钻井过程的数学模型，并结合钻井设备三维动态模型进行软件模拟，将钻井作业动态信息进行仿真的大型多媒体系统。

22.1.3

虚拟现实钻井多媒体系统　virtual reality multimedia system of drilling

运用虚拟现实技术通过主动式立体眼镜或头盔式显示器、数据手套、追踪定位系统等生成临场感觉的环境，使人在虚拟环境中进行交互操作的系统。这种系统借助信息采集技术和高速传输介质可将各种钻井参数的变化传至远离井场的虚拟现实系统，使专家和管理者能及时分析和决策，也可用于对钻井人员进行培训。

22.1.4

钻井信息超媒体化系统　ultramedia drilling information system

钻井信息超媒体化,通过与人工智能或专家系统相结合,使得管理者可以不受顺序干扰从容地从某一信息自然链获得所需信息的系统。

22.1.5

钻井现场多媒体系统　multimedia system of drilling field

通过工业电视对钻井现场进行实时监控,将获得的多媒体数据经过技术处理后进行远程传输,供后方监控、管理、决策。现场视频会议也是该系统的一部分。

22.1.6

井场无线传感器网络　radio sensor network in wellsite

为满足自动化、智能化钻井需要,在井场建立的无线传感器网络。

22.1.7

钻井实时故障诊断系统　real fault-diagnosis system for drilling

集钻井数据采集、数据预处理和故障诊断专家系统于一体的综合监控系统,可对钻井过程进行实时监测和故障诊断,以确保钻井作业的安全。

22.1.8

钻井多媒体数据库系统　multimedia data base system of drilling

基于钻井信息内容的管理与检索系统。用户可根据特征值快速地查找到想要的音频或视频片断和场景甚至某一帧图像。同时用户可通过交互特性介入到视频数据库某个特定信息中甚至一虚拟现实世界,从而可快速查找到整个油田各区块各时期、各口井的多媒体数据,供钻井工程师、管理者直观地掌握钻探情况。

22.1.9

钻井参数多媒体系统　multimedia system of drilling parameter

将采集的钻井参数进行计算机处理,再运用多媒体技术将其直观实时地再现在屏幕上。根据设备和工艺要求可为各种参数设置故障提示,以实现钻井参数的多媒体化。同时可将这些多媒体数据通过无线通讯传输至决策总部,从而实现钻井参数的远程多媒体化。

22.1.10

钻井数据实时处理系统　drilling data real-time processing system

对钻井数据进行实时处理的计算机软件系统。

22.1.11

钻井数据管理系统　drilling data management system

实施钻井数据资料的采集处理,并通过卫星通讯实现数据远程传输和处理的系统。

22.1.12

钻井数据库管理系统　drilling data base management system

以数据报表、文档资料和图形等文件格式为内容(即混合数据文件),以无线传输、有线接入数据通讯为媒体的钻井信息数据库网络管理系统,由钻井现场油井子站、前线指挥部(中心基站)和总公司油区中央控制室组成。

22.1.13

钻井过程监测系统　drilling process monitoring system

采集钻井过程中的各类信息,利用专家系统进行现场钻井指导,并借助多种通讯手段将信息传送到油田基地后方的钻井信息系统,具有3大功能:现场数据采集、专家过程监控和远程数据共享。

22.1.14

欠平衡钻井井底压力自动控制系统 automatic downhole pressure control system for underbalance drilling

用于欠平衡钻井作业中自动控制井底压力的装置，由上位机和下位机 2 部分组成。上位机由 1 台便携机、监控软件及无线调制解调器组成；下位机由嵌入式计算机、传感器组、数据采集与控制模块、控制软件、电控节流阀、点火器和无线调制解调器等组成。这种装置还具有井口压力自动控制、自动倒浆、点火、硫化氢报警、井涌和井漏报警等多种功能。

22.2

修井作业专家系统 expert system for workover job

基于 Delphi 编程环境下的一套指导修井作业的智能计算机系统。主要包括事故咨询和数据管理两大模块。

22.3

智能完井系统 intelligent completion system

用于监控井下油套环空压力、温度和流量等参数的系统，由电缆旁通膨胀短节、回收式直通封隔器、2 套流量仪、多个干式配合接头、1 条传输线和 2 个智能采油调节器等组成。

22.4

钻井机械化设备 drilling mechanizing equipment

钻井过程中，采用二层台机械化装置、自动排管装置、自动上卸扣装置、自动送钻装置、自动化吊卡和自动控制系统等取代人工进行钻井作业的装备。

22.4.1

二层台机械化装置 automated racking platform

安装在井架二层台上，能代替二层台人工作业，完成扣吊卡、拉排管柱和辅助对扣等的机械手装置。该装置能同时控制钻杆上下位置及水平方向的移动。

22.4.2

铁钻工 automated iron roughneck

完成上卸钻具螺纹、接单根等钻井作业的机械化装置。由上部气动旋扣钳和下部液动转矩钳组成。置于钻台上绞车和转盘的中轴线上，可手动操作使整体前后移动，或使钳头升降或倾斜，也有采用微型计算机集中控制的。

22.4.3

自动排管架 automatic pipe rack

气动或液动式排管装置。

22.4.4

钻杆水平举升装置 pipe horizontal lifting unit

将钻杆从管架上举升至钻台，或将钻杆从钻台上送下排放在管架上的装置。

22.4.5

三臂管架装置 three arm racker system

由装在滑轨上的 3 个伸缩臂构成的机械化装置。3 个臂分别位于井架立根一侧的上、中、下 3 个位置上。上、下两个管架用来抓钻杆，中间管架用于钻杆的升降操作。

22.4.6

井口机械手 wellhead transfer arm

将钻杆从井场夹持后输送到井口中心的机械化装置。

22.4.7

自动送钻装置　automatic feed driller

钻进过程中，不需人工扶刹把，实现给进操作机械化和自动化，保证钻头在井底有一定的钻压和钻速的装置。可分为摩擦式、液压式、电动式和全气动自动送钻装置等。

22.4.8

智能防碰天车　intelligent crown block saver

由旋转编码器、控制系统、刹车控制器件、刹车执行机构和绞车等组成，为一闭环控制系统。它通过对游车运行速度的分析和根据刹车系统特性与司钻操作反应时间来进行刹车提示，提醒司钻刹车，并在司钻不作为时实行自动刹车。同时它还具有试刹功能，方便司钻对刹车系统进行检测。

22.5

钻井仪器与仪表　drilling instruments and gauges

用于监测、记录、分析钻井设备工作参数、钻井工况和钻井液性能的仪器仪表。

22.5.1

钻井多参数仪　multi-parameter drilling indicator

能同时测量、显示并记录大钩载荷、机械钻速、转盘转矩、吊钳转矩、转盘转速、泵速、泵压、钻井液出口排量等钻井参数的仪器。

22.5.2

钻时记录仪　drilling time recorder

连续记录机械钻速的仪器。

22.5.3

指重表　weight indicator

测量并记录大钩载荷和钻压的仪表。可分为液压式和电子式等2类。

22.5.4

井深仪　well depth meter

测量钻井深度的仪器。

22.5.5

转盘转速仪　rotary table tacheometer

测量转盘转速的仪表。

22.5.6

转盘转矩仪　table torque indicator

测量转盘工作转矩的仪表。

22.5.7

钻井泵压力表　drill pump pressure gauge

显示钻井泵排出液体压力的仪表。一般为抗震压力表。

22.5.8

钻井泵冲程显示仪　drill pump stroke indicator

显示并记录钻井泵活塞位置和位移的仪表。还可用于监控井眼钻井液充满程度。

22.5.9

大钳转矩显示仪　tong torque indicator

测量钻杆接头拧紧转矩的仪表。

22.5.10

机械钻速记录仪　rate of penetration recorder

连续记录钻井深度的仪器。一般每钻完1根单根记录1条曲线，由此可测得机械钻速。

22.5.11

方钻杆悬重扭矩仪 kelly load-torque gauge

用于直接测量方钻杆下保护接头处的扭矩和悬重的仪器。

22.5.12

钻井液测量仪 drilling fluid testing instrument

测量钻井液的各种物理、化学性能，以衡量钻井液优劣的专用仪器。包括钻井液密度计、钻井液黏度计、钻井液失水仪、钻井液含砂量测定仪、钻井液池液位显示仪和钻井液流量仪等。

22.5.13

自动混浆系统 automatic slurry mixing system

采用智能化控制方式，具有自动混浆和二次混浆功能的混浆装置。由动力系统、水泥浆混合系统、水泥浆循环系统、清水供应系统、液压系统和橇座等组成。

22.5.14

智能混浆系统 intellingent slurry mixing system

利用微机控制的自动混浆装置。能自动完成混浆、实时监测记录注入水泥浆的密度、瞬时流量、泵注压力、干粉水泥灰量等参数，并能实时调节控制混浆过程，使混浆量和水泥浆密度始终保持在预定值允许误差范围内。

22.5.15

固井自动混浆橇 automatic slurry mixing skid

混浆能力大，能自动控制水泥浆密度的固井混浆设备。由柴油发动机、动力传动装置、混浆装置、自动混浆控制系统、仪表和橇架等组成。

22.5.16

钻井智能井控系统 intelligent well control system for drilling

应用计算机对钻井井口回压进行实时监控的机电液一体化控制系统，不仅能用于一般的钻井溢流作业，而且可用于欠平衡钻井井口回压的控制。主要由工控机及监测软件、电液控制箱和节流管汇3大部分组成。

22.5.17

方补心扭矩仪 kelly bushing torque gauge

用于直接测量方钻杆扭矩和监测记录钻井及处理井下事故时的瞬间扭矩的仪器。它不仅能测量转盘扭矩，还能反映井下钻柱和钻头的工作状况。有滚子式和对开式2种。

22.5.18

固井参数仪 automatic cementing recorder

固井作业时，连续采集流量、压力、密度等参数并进行实时处理的仪器。

22.5.19

便携式固井监测仪 portable cementing monitor

用于监测固井作业全过程的仪器。它设有碰压提前报警显示装置，主要由流量计、单片机、压力传感器、密度传感器和便携式计算机等组成。

22.5.20

钻机磁记忆检测装置 magnetic memory detection device for drilling rig

利用金属磁记忆对在役钻机的零部件应力集中区进行检测的装置。

22.5.21

钻柱随钻测量系统 pipe string measurement system while drilling

用于测量井下钻柱各种动态参数(如拉压力、扭转矩、弯曲应力、三轴加速度和钻井液的压力与温度)的装置。由地面部分和井下随钻部分组成。

22.5.22

井架应力监测系统　derrick stress monitoring system

为确保钻机井架的可靠性和安全性对其应力状况进行实时监测的系统。

22.5.23

随钻测量阀　measuring valve while drilling

钻井过程中对钻压、井深、钻速和其他钻井参数进行实时测量的井下阀，它通过井下液压发生器将井下信息传输到地面。

22.5.24

综合录井仪　comprehensive well-logging system

钻井过程中实时采集钻井参数及钻井液中气体特性参数，实现钻井过程监控、井下异常预报和地层压力监测预报的仪器。

22.5.25

随钻测斜仪　clinometer while drilling

在钻定向井和水平井作业过程中用以测量井斜、控制井眼轨迹的测量工具，有常规有线测斜仪和无线测斜仪2种类型。

22.5.26

可编程钻杆上卸扣系统　programmable pipe handling system

利用该系统，司钻可以预先依次将起下钻作业步骤程序化，而无须分别操作绞车、顶驱、钻杆上卸扣系统和卡瓦。钻台上除司钻外，不需要任何操作人员。

22.5.27

套管上扣扭矩测量仪　measuring instrument for casing makeup torque

在下套管作业过程中能实时监测套管上扣扭矩的仪器，通常与相应的液动套管钳配套使用。由传感器、前置放大器、主机箱和显示报警器组成。

22.5.28

套管在线检测系统　casing on-line detecting system

对井下套管进行定期检测，能及时发现套管缺陷的仪器。

22.5.29

测斜仪　clinometer

钻井作业中用于测量井斜的工具。随钻测斜仪用于定向井和水平井的井斜测量，而单点测斜仪主要用于直井的井斜测量。

22.5.30

速率陀螺测斜仪　rate gyroscopic inclinometer

用于测量有磁性干扰的丛式井、加密井井斜和方位角的测量仪器。主要由井下陀螺测斜仪本体和地面系统(接口箱和计算机)组成。

22.5.31

井涌井漏报警仪　well kick and lost circulation alarm

钻井过程中发出井涌、井漏的声光警报信号的装置。由液面位置传感器、连接导线和控制箱等组成。

22.5.32

钻井电磁遥测仪　electromagnetic telemetry of drilling

在负压钻井中用于采集和传输数据的井下工具，因其无电缆或放大器，在接钻杆时也可连续监测和传输数据。所采集的井眼方位角、倾角、工具面角、伽马射线、钻杆内外压差等均可利用低频电磁波传输到地面。此电磁遥测工具还具有通讯功能。

22.5.33

岩屑波速测试系统　wave speed testing system of cuttings

钻井作业中用于测试岩屑波速以确定岩石力学特性、动态弹性系数(如杨氏模量、泊松比和体积模量等)的装置。主要由声波发射器、接收仪、示波器和声波探头等组成。

23　采油自动化装备与系统

23.1

采油自动化设备　automatic production equipment

23.1.1

油井远程监控系统　remote conrtol system of oil well

集计算机、通讯、数据采集和传感器技术于一体的智能系统。其作用是实现对采油过程的全面控制以达到优化产能的目的。

23.1.2

油井实时测试系统　downhole real testing system of oil well

能实时采集和传输采油井井下数据信息的装置,装配有温度、载荷和伽马射线等井下状况传感器。

23.1.3

低产井智能抽空监控系统　intelligent pump off control system of low-energy well

利用油井生产的流量信号监测油井供液是否正常来控制抽油机工作或停抽的装置,由硬件和软件两部分组成。硬件主要有涡轮流量传感器、微处理器、看门狗电路、触摸式键盘、液晶显示器等,软件部分由系统加电复位、初始化、语音提示、井口流量采集及判断等程序组成,程序采用C语言编写。

23.1.4

抽油机工况监测系统　remote monitoring system of pumping unit

远程监测抽油机工况并及时将相关信息从抽油站传输到矿厂机关的智能系统,接收终端显示屏上能显示抽油机工况、停机开机时间、单井工作时率,并汇总矿区抽油机开井数量、停机数量和开井时率。

23.1.5

抽油机远程故障诊断系统　remote fault diagnosis system of pumping unit

对游梁式抽油机及其工作油井各种动态参数进行实时监测,实现运行参数远程共享及发现故障和及时报警的智能化监控系统。由现场信号采集传感器组、抽油机现场测控单元、监控中心软件系统和计算机网络系统等组成。

23.1.6

抽油机自动控制装置　auto-control system of pumping unit

对于间歇抽油的油井实现定时开机和定时关机的控制装置。

23.1.7

抽油机智能节电器　intelligent power saving device of pumping unit

由检测元件、传感器、芯片可控硅调节单元和箱体组成,是以单片机为核心的智能节电器。它通过检测元件对电动机运行时的电流与电压相位差进行检测,计算出电动机的功率因数,据此判断电动机的最佳工作电压,通过单片机控制可控硅的导通角来供给这一合适的运动电压,从而降低电动机的自身耗损,并可实现电动机软启动和软停机,自动调整其输出功率。

23.1.8

螺杆泵采油系统工况测试仪　working parameter tester for screw pump system

用于对地面驱动螺杆泵采油系统工况做实时监测与故障诊断,监测的工况参数包括杆柱的扭矩、轴向力、转速以及系统中的其他参数(如电流、电压和憋压参数等)。这种测试仪由传感器、数据采集器和计算机组成。

23.1.9

酸化实时监测系统　real-time monitoring system for acidization

对酸化作业工作参数进行全过程连续自动采集、实时监测的系统。主要由压力检测变换装置、流量检测变换装置、数据采集与转换系统以及计算机系统4部分组成。

23.1.10

注水井智能监控系统　intelligent monitoring system for injection well

不需要人工操作，能独立完成注水井的自动监测和控制的智能装置。主要由单片机控制系统、机械传动系统、参数设置显示系统、双流阀调节装置和数据采集系统等组成。

23.1.11

注水井分层监测系统　stratification monitor of water injection well

用于实时监测注水井各注水层段的注水流量、压力和温度的井下监测装置。

23.1.12

恒压注水自动控制系统　automatic control system of isobaric water injection

能自动跟踪调节电动机转速、改变增压注水泵排量，使注水压力保持在设定压力值范围内的闭环式压力控制系统。主要由变频器和压力检测器(包括压力变送器和智能型数字显示仪)组成。

23.1.13

注汽管网监测系统　surveillance system of steam injection pipeline

为保护注汽管网管段免遭盗割、维护正常注汽作业所推出的监测防盗装置。主要由振动传感器、信号处理单元发讯器、接收器、计算机和电源几部分组成。

23.2

采油仪器仪表　production instruments and gauges

采油过程中检测油井工况和作业参数的仪器仪表。

23.2.1

动力仪　dynamometer

示功仪

测量悬点载荷与光杆行程的相对关系或悬点载荷与时间的相对关系的仪表。常用的有液压式和电子式2种。

23.2.2

无线监测示功仪　wireless monitoring dynamometer

将载荷与位移传感器、无线传输和太阳能供电技术集于一体的示功仪，适用于对重点井、偏远井和低产井的长期连续监测。

23.2.3

液压悬绳器千斤　hydraulic bridle jack

用小液缸使悬绳器张开，以便安装动力仪的装置。

23.2.4

液面探测仪　liquid level gauge

回声仪

通过发声器引爆火药和热传感器，将声波转换成电脉冲信号，记录井下液面的仪器。

23.2.5

液面自动监控器　automatic liquid level monitor

装有电子液面探测仪，可根据油井动液面开关抽油机的控制装置。

23.2.6

泵抽空控制器　pump off controller

用于计时、液面探测、抽油杆载荷分析，从而判断油井是否抽空的微处理装置。有载荷-时间控制器、电动机电流-时间控制器和游梁振动控制器等。

23.2.7

杆式泵控制器　rod pump controller

连续监测抽油机冲程并绘制示功图的微处理监控装置。

23.2.8

仪表车　instrument truck

集中监测和控制固井、压裂或酸化过程的主要设备和工艺参数的专用车辆。

23.2.9

压裂监视器　fracturing monitor

远距离指示和记录压裂工艺参数的仪器。

23.2.10

液体添加剂比例表　dosing meter for liquid additive

装于混砂车上，显示压裂液中液体添加剂的加入量与总液量体积之比的仪表。

23.2.11

压裂液流量计　fracture fluid flowmeter

记录并显示压裂液流量的仪表。一般为涡轮流量计或电磁流量计。

23.2.12

砂比表　sand-fluid proportional meter

显示压裂液中砂的体积与压裂液总体积之比或工作液中砂量与净液体体积之比的仪表。

23.2.13

注气自控计量仪　automatic injected-gas metering device

气举采油用计量装置，可连续测录干线压力、注气压力和注气量等参数。由执行机构、传感机构和控制机构组成。

23.2.14

油管测长装置　tubing length measuring apparatus

采用激光测距技术自动记录下井油管长度和根数的智能测量仪器。

24　气动系统及元件

24.1

执行元件　actuator

利用压缩空气的能量做机械功的元件。

24.1.1

活塞式气缸　piston type cylinder

气体压力作用在活塞上，使其产生机械力的气缸。

24.1.1.1

刹车气缸　brake cylinder

用于制动绞车滚筒的活塞式气缸。

24.1.1.2

卸扣气缸　breakout cylinder

用于钻柱卸扣的双作用活塞式气缸。

24.1.2

膜片气缸　diaphragm type cylinder

气体压力作用在膜片上，使其产生机械力的气缸。

24.1.3

伸缩式气缸　telescopic cylinder

把两级以上的筒状活塞(或柱塞)装在一起的气缸。

24.1.4

多位气缸　multiposition cylinder

在同一轴线上装有2个以上活塞，把缸筒分成几个独立的腔室，使行程位置可选择的气缸。用于传动系统中换挡操作控制。

24.1.5

气马达　air motor

做连续旋转运动，并能输出转矩的气动元件。常作为气动旋扣器、气动绞车及动力水龙头等设备的动力。

24.2

控制阀　control valve

控制压缩空气的流向、流量和压力的阀件。

24.2.1

调压阀　pressure regulating valve

出口压力不受进口压力和出口流量的影响，并能基本保持恒压的压力控制阀。操作机构有手轮、手柄及脚踏板等。用于绞车、转盘及柴油机调速杆的控制。

24.2.2

组合调压阀　combined pressure regulating valve

把1个调压元件与2个换向元件组合在1个壳体内，可同时实现压力和方向控制的控制阀。用于绞车高低速及柴油机调速杆的控制。

24.2.3

调压继动器　relay valve

出口压力及流量随控制压力的增减而能相应变化的气控型压力阀。用于绞车、转盘等需要平稳启动的部位。

24.2.4

顺序阀　sequence valve

当气控压力达到预调值时，阀心开启，使压缩空气通过，以控制执行元件动作的压力控制阀。主要用于控制空气压缩机的自动开启与停车。

24.2.5

节流阀　restrictor valve

通过改变节流面积和节流长度以控制压缩空气流量的阀。

24.2.6

单向节流阀　one-way restrictor valve

单向阀与节流阀的组合阀。用于控制气缸的运动速度。

24.2.7

人工换向阀　manual control directional valve

通过人力控制阀心移动或转动，改变气体流动方向的控制阀。

24.2.7.1

手柄换向阀 lever control directional valve

操纵机构为手柄的人工换向阀。有二位三通、三位四通等不同型式。

24.2.7.2

按钮换向阀 button control directional valve

操纵机构为按钮的人工换向阀。通常为二位三通阀。

24.2.7.3

踏板换向阀 pedal control directional valve

操纵机构为脚踏板的人工换向阀。多为二位二通阀。

24.2.7.4

转阀 rotary valve

通过转动阀心改变气体流动方向的人工换向阀。有二位三通、三位四通、三位五通等不同型式。

24.2.7.5

旋塞阀 cock valve

利用锥体旋塞在锥形阀体内旋转以改变气体流动方向的人工换向阀。多为二位三通阀。

24.2.7.6

组合换向阀 combined directional valve

有互锁机构的2个手柄换向阀的组合体。根据2个换向阀的位置数与通路数的不同,可构成不同型式的组合阀。用于绞车的高低速控制。

24.2.8

二位三通气控换向阀 two position three way pneumatic control directional valve

用压缩空气推动阀心移动,改变气体流动方向的换向阀。装于需迅速供气的气动元件装置附近,如气缸、气胎离合器入口处。

24.2.9

二位三通电磁换向阀 two position three way solenoid control directional valve

用电磁铁推动阀心,改变气体流动方向的换向阀。

24.2.10

二位三通机控换向阀 two position three way mechanical control directional valve

用机械装置控制阀心移动,改变气体流动方向的换向阀。

24.2.11

止回阀 check valve

仅允许压缩空气向一个方向流动而不能反向流动的阀。

24.2.12

梭阀 shuttle valve

具有2个输入口和1个共同输出口的单向阀,输入口具有选择最高压力的功能。

24.2.13

快速排气阀 quick exhaust valve

当输入口气压下降时,排出口能自动打开使气体排往大气的阀。

24.3

气源装置 compressed air source unit

由空气压缩机、压缩空气处理装置、贮气罐及控制装置等组成的供气装置。

24.3.1

压缩空气处理装置 compressed air treatment device

对压缩空气进行干燥、净化处理的装置。

24.3.2

干燥器 air dryer

用于除去压缩空气中水分的装置。

24.3.2.1

冷冻型干燥器 refrigerant type dryer

利用制冷压缩机和热交换器，使压缩空气冷却到露点以除去水分的装置。

24.3.2.2

干燥剂型干燥器 desiccant type dryer

利用干燥剂的吸附特性除去压缩空气中水分的装置。

24.3.2.3

再生型干燥器 regenerative type dryer

在不更换干燥剂的情况下，干燥剂的除水能力靠再生重新恢复功能的干燥器。

24.3.2.4

加热再生型干燥器 heat regenerative type dryer

利用热空气加热吸湿干燥剂除去所吸附的水分，使干燥剂再生的干燥器。

24.3.2.5

无热再生型干燥器 heatless regenerative type dryer

利用干燥后的压缩空气通过节流膨胀使压力降至大气压力，除去吸湿干燥剂中的水分，使干燥剂再生的干燥器。

24.3.3

贮气罐 air tank

贮存压缩空气的容器。

24.4

辅助元件 auxiliary components

用于改善压缩空气的质量、实现管路连接及其他特殊功能的气动元件。

24.4.1

除油器 oil remover

能从压缩空气中除掉油分的分离装置。

24.4.2

排水器 water trap

收集并除去压缩空气中的水分和污物的装置。

24.4.3

自动排水器 automatic water trap

能自动排放已收集的水分和污物的装置。

24.4.4

空气过滤器 air filter

能把压缩空气中液滴和固体微粒分离出来并清除的装置。

24.4.5

油雾器 oil mist system

能使润滑剂雾化并能按一定比例加入压缩空气的装置。

24.4.6

旋转导气接头 swivel joint

连接气体固定管路与旋转管路的接头。

24.4.7

双通道旋转导气接头 double passage swivel joint

具有2个输气通道的旋转导气接头。

24.4.8

低压报警器 low pressure alarm device

当系统压力低于调定值时，能发出报警信号的装置。

24.5

有关气动系统的基本概念 general terms derived from pneumatic system

24.5.1

系统压力 system pressure

空气压缩机输出端经管路调压阀调定后的公称压力。

24.5.2

系统流量 system flow rate

系统正常工作时的最大流量。

24.5.3

回路图 circuit diagram

用标准图形符号表示的气动系统功能图。

25 专用管材

25.1

方钻杆 kelly

位于水龙头和钻杆之间，横截面内为圆孔、外为正方形或正六边形的钢制管件。上端为左旋螺纹，与水龙头相连，下端为右旋外螺纹(或内螺纹)，与钻杆相连。靠转盘驱动管体并将扭矩传递给钻柱，内孔用于输送钻井液。

25.1.1

四方钻杆 square kelly

管体部分的横截面内为圆孔、外为正方形的方钻杆。

25.1.2

六方钻杆 hexagonal kelly

管体部分的横截面内为圆孔、外为正六边形的方钻杆。

25.1.3

对焊方钻杆 weld-on kelly

管体部分与两端接头焊接成一体的方钻杆。

25.2

钻杆 drill pipe

管体部分与接头对焊成一体的管件。钻井时用以输送钻井液并传递扭矩等。

25.2.1

钻杆管体 drill pipe body

用于制造钻杆的特殊无缝钢管。管体两端有加厚段，分内加厚、外加厚和内外加厚。

25.2.2

内加厚钻杆 internal upset drill pipe

管体两端的管壁向内加厚，外径与管体一致或基本一致的钻杆。

25.2.3

外加厚钻杆 external upset drill pipe

管体两端的管壁向外加厚，内径与管体一致或基本一致的钻杆。

25.2.4

内外加厚钻杆 internal-external upset drill pipe

钻杆管体两端的管壁向内、向外均加厚的钻杆。

25.2.5

铝合金钻杆 aluminum drill pipe

由铝合金制成的钻杆。管体与接头用特种螺纹连接。

25.2.6

内涂层钻杆 internal coating drill pipe

在钻杆管体及钻杆接头内壁上涂有防腐薄层的钻杆。

25.2.7

高强度钻杆 high-strength drill pipe

管体为 API X、G、S 钢级的钻杆的通称。

25.2.8

加重钻杆 heavy weight drill pipe

由厚壁钢管制成、两端具有超长接头、中间局部外加厚且在接头和中间外加厚段表面敷焊有耐磨材料的钻杆。

25.2.9

摩擦焊接加重钻杆 friction welding heavy weight drill pipe

通过摩擦焊接的加工方式将接头和管体对焊成一体的加重钻杆。

25.2.10

双壁钻杆 double-wall drill pipe

由 2 根同心管子组成的钻杆。其内管承受压力，外管承受拉力。在定向井中用于代替钻铤。

25.2.11

小钻杆 macaroni drill pipe

直径小于 50.8 mm 的钻杆。

25.2.12

碳质钻杆 carbonaceous drill pipe

由碳纤维和树脂制成的钻杆。

25.2.13

钛合金钻杆 Ti-6Al-4V drill pipe

用钛合金 Ti-6Al-4V 制造的具有高强度、高挠性、耐腐蚀的钻杆，适用于钻短半径水平井。

25.2.14

智能钻杆 intelligent drill pipe

具有数据传输功能的钻杆，它不仅可从井下向地面高速传送钻井数据，而且也可接收和传送地面向井下钻井装置发出的指令。

25.2.15

抗硫钻杆　sour service drill pipe

用于含硫化氢的酸性环境下的钻杆。

25.3

钻铤　drill collar

两端带有接头螺纹、刚性大的厚壁管。位于钻杆(或加重钻杆)和钻头之间,用以对钻头施加钻压避免钻杆受压弯曲。

25.3.1

圆柱钻铤　cylindrical drill collar

管体横截面内外皆为圆形的钻铤。

25.3.2

方钻铤　square drill collar

管体横截面外轮廓为正方形的钻铤。

25.3.3

六方钻铤　hexagonal drill collar

管体横截面外轮廓为正六边形的钻铤。

25.3.4

螺旋钻铤　spiral drill collar

管体外表面具有螺旋槽的钻铤,可减少粘附卡钻的发生。

25.3.5

无磁钻铤　non-magnetic drill collar

磁导率很低的钻铤。磁力测斜时用以屏蔽地磁场干扰。

25.4

套管　casing

两端具有外螺纹、作为已钻井眼衬壁的管子。通常用接头螺纹连接成套管柱下入井中,保证安全钻井及长期采油采气。可分为接箍式套管和直连型套管等。

25.4.1

接箍式套管　coupled casing

用接箍相连的套管。

25.4.2

直连型套管　extreme-line casing

两端管壁加厚,一端具有内螺纹、另一端具有外螺纹的套管。套管之间不用接箍连接。

25.4.3

无缝套管　seamless casing

由无缝轧制钢管制成的套管。

25.4.4

直焊缝套管　longitudinal seam welded casing

沿轴线方向(纵向)焊有一条直焊缝的套管。

25.4.5

圆螺纹套管　round thread casing

管端螺纹牙顶和牙底截面形状均为圆弧的三角形锥管螺纹套管。分为长圆螺纹和短圆螺纹2种。

25.4.6

偏梯形螺纹套管　buttress thread casing

管端螺纹截面形状为偏梯形锥管螺纹的套管。

25.4.7

特殊螺纹套管　premium connection casing

管端带有1个或多个台肩和(或)径向密封复合结构、螺纹为特殊牙形的套管。

25.4.8

高强度套管　high-strength casing

由 API P-110 钢级的钢管制成的套管。

25.4.9

超高强度套管　ultra-high strength casing

由 API Q-125 及以上钢级钢管制成的套管。

25.4.10

限定屈服强度套管　restricted yield strength casing

热处理方式为淬火加回火,并规定最低回火温度的 API C、L 和 T 钢级钢管制成的套管。可用作防硫套管。

25.4.11

抗腐蚀合金套管　corrosion resistant alloy casing

用含有铬、钼、镍等元素的抗腐蚀合金钢制成的套管。适用于具有酸性气体(CO_2)的高压井。

25.4.12

增强塑料套管　fiberglass reinforced plastic casing

由玻璃纤维增强的热固性树脂制成的套管。

25.4.13

高抗硫套管　sour service casing

在含硫环境中使用的套管。

25.4.14

高抗挤套管　high collapse casing

抗挤毁性能比相应钢级 API 套管高 30%以上、用于井内压力较高的套管。

25.4.15

低温用套管　low temperature casing

在低温环境下使用的高韧性套管。

25.4.16

可膨胀套管　expandable casing

可用液压或机械方式使其膨胀和直径增大的套管。

25.4.17

双稳态膨胀筛管　bistable expandable screen pipe

在实体管壁上切割出相互连接的双稳态单元(一个双稳态单元的薄支臂与下一个双稳态单元的厚支臂相连)的筛管,其膨胀过程是依靠双稳态膨胀元的几何尺寸而不是其材料属性。

25.4.18

膨胀筛管　expandable screen pipe

用于井下防砂的筛管,将其下入套管内射孔段或裸眼目的层段,然后用膨胀工具将其膨胀,使其紧贴井壁或套管内壁以防砂。由割缝钢管(内层基管)、防砂筛布和预割缝钢板 3 部分组成。

25.4.19

可膨胀波纹管　expandable corrugate pipe

通过对管材进行冷压处理而成。用于钻井过程封堵漏失地层、水层、高压油气层和对损坏套管或废弃射孔井段进行补贴修复,或用作各种井筒封隔器和延长技术套管长度等。

25.5

油管　tubing

两端带有螺纹、用于井中采油、采气的专用管。也可作为压裂、酸化等井下作业工具的下井通道。其结构形式可分为接箍式油管和整体接头油管。

25.5.1

接箍式油管　coupled tubing

管端螺纹与接箍相连的油管。

25.5.2

整体接头油管　integral joint tubing

两端管壁加厚,一端具有内螺纹,另一端具有外螺纹的油管。油管之间不用接箍连接。

25.5.3

无缝油管　seamless tubing

由无焊缝的轧制钢管制成的油管。

25.5.4

直焊缝油管　longitudinal seam welded tubing

沿轴线方向(纵向)焊有一条直焊缝的钢制油管。

25.5.5

不加厚油管　non-upset tubing

两端管壁均不加厚的油管。

25.5.6

外加厚油管　external upset tubing

两端管壁向外加厚的油管。

25.5.7

内外加厚油管　internal-external upset tubing

两端管壁向内、外均加厚的油管。

25.5.8

高强度油管　high-strength tubing

由 API P-110 钢级钢管制成的油管。

25.5.9

限定屈服强度油管　restricted yield strength tubing

防硫油管

热处理方式为淬火加回火,并规定了最低回火温度的 API C、L 和 T 钢级的钢管制成的油管。

25.5.10

抗腐蚀合金油管　corrosion resistant alloy tubing

用含有铬、钼、镍等元素的抗腐蚀合金钢制成的油管。适用于具有酸性气体(CO_2)的高压井。

25.5.11

增强塑料油管　reinforced plastic fiberglass tubing

由玻璃纤维增强的热固性树脂制成的油管。

25.5.12

涂层油管　coated tubing

在管体内壁(或内外壁)上涂、喷、镀、渗防腐层的油管。用于井下防腐、防蜡和降低流体摩阻力。

25.5.13

玻璃衬里油管　glass liner tubing

将0.5 mm～1.5 mm厚的工业玻璃衬里热固在管体内壁上的油管。具有良好的防蜡和降低流体摩阻性能。

25.5.14

改性玻璃钢内衬油管　fiberglass reinforced plastic liner tubing

将具有耐腐蚀、抗氢氟酸且具有疏水防垢性能的薄壁衬管穿入普通油管内腔而制成,其中的薄壁衬管由二层玻璃纤维平纹布和一层化纤毡通过浸入乙烯基酯粘接再经成型模具和热固化而成。油管两端用T形密封件封口,接箍中段用2个特制钢端面的橡胶密封环顶紧密封,这样可形成连接完整的防护内壁。

25.6

管线管　line pipe

用于输送油气的专用管。

25.6.1

无缝管线管　seamless line pipe

由无缝管制成的管线管。

25.6.2

连续炉焊管线管　continuous welded line pipe

由连续炉焊工艺生产的带有一条直焊缝的管线管。

25.6.3

直缝高频电阻焊管线管　longitudinal seam electric-resistance welded line pipe

由高频电阻焊接工艺生产的带有一条直焊缝的管线管。

25.6.4

直缝埋弧焊管线管　longitudinal seam submerged-arc welded line pipe

由自动埋弧焊工艺生产的带有一条直焊缝的管线管。

25.6.5

金属极气体保护焊管线管　gas metal-arc welded line pipe

采用连续金属极气体保护电弧焊工艺,焊有一条直焊缝的管线管。

25.6.6

双缝埋弧焊管线管　double seam submerged-arc welded line pipe

由自动埋弧焊工艺生产的带有两条直焊缝的管线管。

25.6.7

螺旋缝埋弧焊管线管　helical seam submerged-arc welded line pipe

由自动埋弧焊工艺生产的带有一条螺旋焊缝的管线管。

25.6.8

增强塑料管线管　fiberglass reinforced plastic line pipe

由玻璃纤维增强的热固性树脂制成的管线管。

25.6.9

聚乙烯管线管 polyethylene line pipe

由聚乙烯制成的管线管。

25.6.10

高钢级管线管 high grade steel line pipe

用于石油天然气管道建设的大口径厚壁的高钢级(一般高于 X65)管。

25.7

接头 joint

一端固装于管体上,另一端具有经常上、卸螺纹的连接件的总称。

25.7.1

钻杆接头 tool joint

对焊在钻杆管体上,用特种合金钢制成的且一端带有钻具螺纹的连接钻杆的接头。分为内、外螺纹钻杆接头。

25.7.2

数字型接头 numbered tool joint

以"NC××,V-0.038*R*"螺纹型式为钻具螺纹的接头。NC后面的两位数字表示外螺纹基面螺纹节圆直径,其数值以 in 和 ⅒ in 为单位。V-0.038*R* 表示螺纹牙型为 V 型,牙底圆弧半径为 0.038 in (0.965 mm)。可与相应内平型接头和少数贯眼型接头互换。

25.7.3

内平型接头 internal flush tool joint

内径与钻杆管体和管端外加厚部分的内径相等或相近的钻杆接头。可与相应数字型钻杆接头互换,属于逐渐淘汰不用的接头。

25.7.4

贯眼型接头 full hole tool joint

用于与内加厚或外加厚钻杆连接,接头内径和钻杆内加厚部分的内径一致但小于钻杆管体内径的接头。

25.7.5

正规型接头 regular tool joint

用于与内加厚钻杆连接,接头内径小于钻杆内加厚部分内径的接头。

25.7.6

转换接头 sub

两端皆为钻具螺纹,用以连接不同螺纹型式和不同规格钻具的接头。

25.7.7

水龙头接头 swivel sub

水龙头和方钻杆之间的转换接头。

25.7.8

方钻杆转换(保护)接头 kelly saver sub

用以与方钻杆相连的转换接头。用于保护经常上、卸扣的方钻杆螺纹。

25.7.9

防磨接头 anti-wear joint

钻井作业中用于保护套管防止其磨损的接头,有旋转型和非旋转型 2 种,前者是刚性联接在钻杆上随钻柱一起转动，后者则是钻柱转动而其防磨体本身保持不动。

25.7.10

套管减磨接头　antifriction joint for casing

安装在钻杆接头处可以减轻套管磨损的接头，它采用轴承式减磨技术和开式钻井液润滑方式。主要由心轴、非旋转外套、挡圈和下接头等组成。

25.7.11

高抗扭双台肩接头　high torque double-shoulder tool joint

外螺纹接头端部及内螺纹接头内部增加第二扭矩台肩，用以提高抗扭强度的接头。

25.7.12

LET抗疲劳接头　LET anti-fatigue tool joint

改进接头螺纹最后啮合区的螺纹结构，并与API螺纹完全互换的、可延长接头螺纹部位疲劳寿命的钻具接头。

25.7.13

NNC抗疲劳接头　NNC anti-fatigue tool joint

扩大了接头螺纹牙底半径，并与API螺纹完全互换的、可延长接头螺纹部位疲劳寿命的钻具接头。

25.8

接箍　coupling

两端均为内螺纹的管子连接件。

25.8.1

套管接箍　casing coupling

两端具有套管内螺纹，用以连接套管的接箍。

25.8.2

油管接箍　tubing coupling

两端具有油管内螺纹，用以连接油管的接箍。

25.8.3

转换接箍　adapter coupling

用于连接不同型式螺纹或不同直径油、套管的接箍。

25.8.4

特殊间隙接箍　special clearance coupling

外径减小的油、套管接箍。

25.8.5

管线管接箍　line pipe coupling

两端有与管线管牙形相同的内螺纹，用以连接管线管的接箍。

25.9

螺纹保护器　thread protector

旋接在螺纹接头上，用以保护螺纹接头的器件。可分为外螺纹和内螺纹保护器。

25.10

短节　pup joint

小于标准长度的短管。

25.10.1

钻杆短节　drill pipe nipple

小于标准长度的钻杆。

25.10.2

套管短节　casing pup joint

小于标准长度的套管。

25.10.3

油管短节　tubing pup joint

小于标准长度的油管。

25.11

有关专用管材的基本概念　general terms derived from OCTG

25.11.1

专用管材力学性能　mechanical properties of OCTG

管材抗拉、抗屈服、抗挤压和抗冲击等力学性能。

25.11.1.1

专用管材钢级　steel grade of OCTG

根据专用管材屈服强度而划分的强度等级，通常采用 API 钢级。如 J-55 表示该钢级的最小屈服强度为 55 000 lbf/in^2(379.2 MPa)。

25.11.1.2

抗挤强度　collapse strength

在均匀分布的径向外压作用下管材失稳而破坏的极限强度。

25.11.1.3

抗内压强度　internal pressure strength

在受到均匀分布的径向内压作用下管材破坏的极限强度。

25.11.1.4

静水压试验　hydrostatic testing

将管子的两个端部完全密封，用液体给管内逐级加压，待达到试验压力后持续稳压一定时间，通过观察压降来检验管子是否渗漏的试验过程。

25.11.2

管子的尺寸与质量　size and mass of OCTG and line pipe

管子的公称尺寸和单位长度的公称质量。单位分别为 mm(in)和 kg/m。

25.11.2.1

方钻杆公称尺寸　nominal size of kelly

以方钻杆横截面相对边之间的距离表示的尺寸。

25.11.2.2

六方钻杆公称尺寸　nominal size of hexagonal kelly

以六方钻杆横截面相对边之间的距离表示的尺寸。

25.11.2.3

钻杆公称尺寸　nominal size of drill pipe

以钻杆管体不加厚部分的外径表示的尺寸。

25.11.2.4

钻铤公称尺寸　nominal size of drill collar

钻铤管体外径尺寸。

25.11.2.5

钻铤代号　drill collar number

表示钻铤尺寸及其接头型式的代号。钻铤代号由两部分组成：第一部分表示接头代号，第二部分的二位(或三位)数是以 in 及 1/16 in 为单位表示的钻铤外径近似值,两部分之间用半字线分开。例如,NC23-31 表示接头为 NC23 的数字型钻杆接头,钻铤外径为 3 1/8 in(79.38 mm)。

25.11.2.6

套管公称尺寸　nominal size of casing

套管管体不加厚部分的外径。

25.11.2.7

油管公称尺寸　nominal size of tubing

油管管体不加厚部分的外径。

25.11.2.8

管线管公称尺寸　nominal size of line pipe

以管线管直径的近似值表示的尺寸。

25.11.2.9

钻杆公称质量　nominal mass of drill pipe

包括管体和钻杆接头在内,平均单位长度钻杆的质量。

25.11.2.10

钻铤公称质量　nominal mass of drill collar

钻铤平均单位长度的质量。

25.11.2.11

套管公称质量　nominal mass of casing

包括接箍在内(直连型套管无接箍),平均单位长度套管的质量。

25.11.2.12

油管公称质量　nominal mass of tubing

包括接箍在内(整体接头油管无接箍),平均单位长度油管的质量。

25.11.2.13

管线管公称质量　nominal mass of line pipe

包括接箍在内(管端无螺纹的管线管不带接箍),平均单位长度管线管的质量。

25.11.2.14

平端管质量　plain-end pipe mass

无螺纹油管、套管或管线管管体单位长度的质量。

25.11.2.15

计算质量　calculated mass

由下式确定的钻杆、套管、油管或管线管的质量称为计算质量。

$$m=m_{pe}\times L+m_{w}$$

式中:

m——长度为 L 的单根管子的计算质量,单位为千克(kg);

m_{pe}——平端管质量,单位为千克每米(kg/m);

m_{w}——由于端部加厚或因螺纹所增加或减少的质量,单位为千克(kg);对平端管而言,m_{w} 为零;

L——管子的长度,单位为米(m)。

当管子带有螺纹和接箍时,长度 L 应从外螺纹端面测量到接箍的外端面;如果不带接箍,必须适当考虑接箍的长度。对直连型套管或整体接头油管而言,长度应从外螺纹端面测量到内螺纹的端面;对于钻杆管体长度应从管体端部测量到该管体另一端的端部(包括加厚部分,但不包括钻杆接头)。

中 文 索 引

A

B

C

D

H

K

L

M

N

P

Q

R

S

T

V

W

Z

英 文 索 引

A

B

D

E

G

H

I

J

K

M

N

O

P

S

U

ICS 59.080.01
W 04

中华人民共和国国家标准

GB/T 8427—2008
代替 GB/T 8427—1998

纺织品 色牢度试验 耐人造光色牢度:氙弧

Textiles—Tests for color fastness—Color fastness to artificial light: Xenon arc fading lamp test

(ISO 105-B02:1994,MOD)

2008-08-06 发布　　2009-06-01 实施

中华人民共和国国家质量监督检验检疫总局
中国国家标准化管理委员会　发布

前言

本标准使用重新起草法修改采用 ISO 105-B02:1994 及修改单 1:1998、修改单 2 :2000。本标准与 ISO 105-B02:1994 相比主要变化如下：

——4.2.1.1.1c) 中“……达到 4.2 所规定的温度条件……” 改为“……达到第 6 章所规定的温度条件……”；

——将注 4:“a)和 b)有可能发生在 7.2.2.3 或 7.2.2.4 之前”改为“b)和 c)有可能发生在 7.2.2.3 或 7.2.2.4 之前”。

——增加附录 B“测定耐光色牢度用空冷式氙弧灯设备(平板型)”,原附录编号顺延。

本标准代替 GB/T 8427—1998《纺织品　色牢度试验　耐人造光色牢度:氙弧》,与 GB/T 8427—1998 相比主要变化如下：

——将“蓝色羊毛标准”改为“蓝色羊毛标样”；

——取消了 GB/T 8432—1987《耐光色牢度试验仪用湿度控制标样》的引用,将其内容并入 4.1.3；

——增加了 GB/T 6682《分析实验室用水规格和试验方法》的引用；

——4.1.1 取消引用 GB 730《耐光色牢度试验用蓝色羊毛标准》,改为 ISO 105-B02:1994 的相关规定。

——4.2.1.1 c) 中“……达到 4.2 所规定的温度条件……” 改为“……达到第 6 章所规定的温度条件……”；

——将 5.1.1、5.1.2 和 5.1.3 合并到 5.1 中；

——将原 7.2.1.2 与 7.2.1.5 合并为 7.2.2.2；

——原 7.2.2.3 中的蓝色羊毛标准 3 改为蓝色羊毛标样 4,条款号改为 7.2.3.3；

——原 7.2.2.4 中的蓝色羊毛标准 4 改为蓝色羊毛标样 6,条款号改为 7.2.3.4；

——原 7.2.3 中“……连续曝晒,直到在后一块蓝色羊毛标准……”改为“……连续曝晒,直到在最低允许牢度的蓝色羊毛标样……”,条款号改为 7.2.4；

——增加附录 B“测定耐光色牢度用空冷式氙弧灯设备(平板型)”,原附录编号顺延；

——增加附录 E。

本标准的附录 A、附录 B 和附录 C 是规范性附录,附录 D 和附录 E 是资料性附录。

本标准由中国纺织工业协会提出。

本标准由全国纺织品标准化技术委员会基础分会(SAC/TC209/SC1)归口。

本标准主要起草单位:国家纺织制品质量监督检验中心、美国科潘诺实验设备公司(上海代表处)、温州大荣纺织仪器有限公司、上海纺织工业技术监督所和上海毛麻纺织科学技术研究所。

本标准主要起草人:李治恩、张恒、郝长振、李纯、张其平、陈小诚、曹宪华。

本标准所代替标准的历次版本发布情况为：

——GB/T 8427—1987、GB/T 8427—1998。

纺织品 色牢度试验
耐人造光色牢度:氙弧

1 范围

本标准规定了一种测定各类纺织品的颜色耐相当于日光(D_{65})的人造光作用色牢度的方法。本标准亦可用于白色(漂白或荧光增白)纺织品。

本标准可使用两组不同的蓝色羊毛标样,所得结果并不完全等同。

注1:附录D中给出了耐光色牢度的简要说明。

2 规范性引用文件

下列文件中的条款通过本标准的引用而成为本标准的条款。凡是注日期的引用文件,其随后所有的修改单(不包括勘误的内容)或修订版均不适用于本标准,然而,鼓励根据本标准达成协议的各方研究是否可使用这些文件的最新版本。凡是不注日期的引用文件,其最新版本适用于本标准。

GB/T 250 纺织品 色牢度试验 评定变色用灰色样卡(GB/T 250—2008,ISO 105-A02:1993,IDT)

GB/T 6151 纺织品 色牢度试验 试验通则(GB/T 6151—1997,eqv ISO 105-A01:1994)

GB/T 6682 分析实验室用水规格和试验方法(GB/T 6682—1992,neq ISO 3696:1987)

GB/T 8426 纺织品 色牢度试验 耐光色牢度:日光(GB/T 8426—1998,eqv ISO 105-B01:1994)

GB/T 8431 纺织品 色牢度试验 光致变色的检验和评定(GB/T 8431—1998,eqv ISO 105-B05:1993)

FZ/T 01024 试样变色程度的仪器评级方法(GB/T 01024—1993,neq ISO 105-A05:1992)

F/T 01047 目测评定纺织品色牢度用标准光源条件

3 原理

纺织品试样与一组蓝色羊毛标样一起在人造光源下按照规定条件曝晒,然后将试样与蓝色羊毛标样进行变色对比,评定色牢度。

对于白色(漂白或荧光增白)纺织品,是将试样的白度变化与蓝色羊毛标样对比,评定色牢度。

4 标准材料与设备

4.1 标准材料

两组蓝色羊毛标样均可使用。蓝色羊毛标样1~8和L2~L9是类似的,将使用不同蓝色羊毛标样获得的测试结果进行比较时,要注意到两组蓝色羊毛标样的褪色性能可能不同,因此,两组标样所得结果不可互换。

4.1.1 蓝色羊毛标样1~8

欧洲研制和生产的蓝色羊毛标样编号为1~8,这些标样是用表1中的染料染成的蓝色羊毛织物,它的范围从1(很低色牢度)到8(很高色牢度),使每一较高编号蓝色羊毛标样的耐光色牢度比前一编号约高一倍。

4.1.2 蓝色羊毛标样L2~L9

美国研制和生产的蓝色羊毛标样编号为2~9,数字前均注有字母L。这八个蓝色羊毛标样是用

CI Mordant Bule 1(染料索引,第三版,43830)染色的羊毛和用 CI Solubilized Vat Blue 8(染料索引,第三版,73801)染色的羊毛以不同混合比特制而成的,使每一较高编号蓝色羊毛标样的耐光色牢度比前一编号约高一倍。

附录 E 中给出的数据说明了每一蓝色羊毛标样和固定辐照总量之间的关系。

4.1.3 湿度控制标样

4.1.3.1 有效湿度定义是结合了空气温度、试样表面温度和决定曝晒过程中试样表面湿气含量的空气相对湿度来定义的。有效湿度只能通过评定湿度控制标样的耐光色牢度来测量。

4.1.3.2 本标准中的湿度控制标样是用红色偶氮染料染色的棉织物。

4.1.3.3 该标样的校准是将其于一年中的不同时间置于一些特定的场所,面朝南方曝晒,同时,将标准标样置于一些恒定空气湿度从 0～100%的密封容器中。所得结果的种类不多,主要结果见图 1。

4.1.3.4 当处于 GB/T 8426 指定的区域中曝晒时,湿度控制标样的耐光色牢度为 5 级。

表 1 用于蓝色羊毛标样 1～8 的染料

标 准 级 别	染料(染料索引名称)[a]
1	CI 酸性蓝 104(CIAcid Blue 104)
2	CI 酸性蓝 109(CIAcid Blue 109)
3	CI 酸性蓝 83(CIAcid Blue 83)
4	CI 酸性蓝 121(CIAcid Blue 121)
5	CI 酸性蓝 47(CIAcid Blue 47)
6	CI 酸性蓝 23(CIAcid Blue 23)
7	CI 可溶性还原蓝 5(CISolubilized Vat Blue 5)
8	CI 可溶性还原蓝 8(CI Solubilized Vat Blue8)

[a] 染料索引(第三版)由英国化学家和染色师协会(SDC),P. O. Box 244, Perkin House, 82 Grattan Road, Bradford BD1 2JB,West York,UK,以及美国化学家和染色师协会(AATCC),P. O. Box 12215,Research Triangle Park, NC 27709-2215, USA,共同发布。

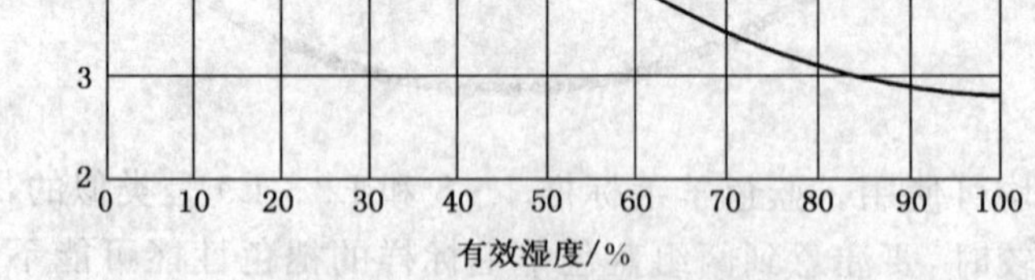

图 1 湿度控制标样曝晒的平均结果

4.2 设备

4.2.1 氙弧灯设备:空冷式或水冷式。

试样和蓝色羊毛标样可同时在下述任一种设备(见 4.2.1.1 和 4.2.1.2)中曝晒,试样和蓝色羊毛标样受光面上光强度的差异不应超过平均值的±10%。辐照量(单位面积辐照能)用辐照度计(4.2.6)测得,建议为 42 W/m^2(波长在 300 nm～400 nm),或 1.1 W/m^2(波长在 420 nm)。

氙弧灯与试样表面和蓝色羊毛标样表面应保持相等距离。

4.2.1.1 空冷式氙弧灯设备，由下列部件组成(见附录A和附录B)：

注2：通用的曝晒条件见6.1。

a) 光源：安装在通风良好的曝晒仓内。光源为氙弧灯，相关色温为5 500 K～6 500 K，尺寸由设备型号而定。

b) 滤光片：置于光源和试样及蓝色羊毛标样之间，使紫外光谱稳定衰减。所用滤光玻璃的透光率在380 nm～750 nm之间至少为90%，而在310 nm～320 nm之间则降为0。

c) 滤热片：置于光源和试样及蓝色羊毛标样之间，可使氙弧光谱中所含红外辐照量稳定地衰减(见A.1.2.1和A.1.2.2)。使用玻璃过滤器以消除多余的红外辐照，达到第6章所规定的温度条件，应经常进行清洁，防止由灰尘造成不必要的滤光。

4.2.1.2 水冷式氙弧灯设备，由下列部件组成(见附录C)：

a) 光源：安装在通风良好的曝晒箱内。光源为氙弧灯，相关色温为5 500 K～6 500 K，尺寸由设备型号而定。

b) 滤光片：包括内层和外层滤光玻璃容纳和引导冷却水流动。滤光器置于光源和试样及蓝色羊毛标样之间，使紫外光谱和部分红外光谱可稳定衰减。

欧洲的曝晒条件[见6.1 a)和6.1 b)]：由内外红外玻璃滤光片和窗玻璃外罩组成的滤光系统，其透射率在380 nm～750 nm之间至少为90%，而在310 nm左右则降为0。

美国的曝晒条件(见6.2)：内层为硼硅玻璃，外层为透明钠钙玻璃。这样可阻断较低波长的光谱辐照，使到达试样上的光谱辐照与经过一般窗玻璃后的大致相等(见C.1.2)。

c) 冷却系统：3级水循环(见GB/T 6682)通过氙灯的内外滤光玻璃之间，并经热交换装置(见C.1.4)冷却。

4.2.2 遮盖物：为不透光材料，如薄铝片或用铝箔覆盖的硬卡纸，用于遮盖试样和蓝色羊毛标样的一部分。

4.2.3 温度传感器：黑板温度计(BPT)或黑标温度计(BST)。

4.2.3.1 黑板温度计(BPT)：包括一块尺寸至少为45 mm×100 mm的金属板，其温度用温度计或热电偶测量，热敏部分位于金属板中心并与板接触良好。

金属板向着光源的一面为黑色，使到达试样的光谱在黑板上的反射率小于5%，背向光的一面是不绝热的(C.1.5)。

4.2.3.2 黑标温度计(BST)：包括一块尺寸约为70 mm×30 mm不锈钢板，厚度约为0.5 mm，用固定于背面具有优良导热性的热电阻测量温度。金属板用一块塑料板固定以隔热，并涂以黑色涂层，因此即使在红外光谱范围也能获得至少95%的吸收率。

4.2.4 评定变色用灰色样卡：应符合GB/T 250。

4.2.5 评级灯：应符合FZ/T 01047，用以评定白度变色。

4.2.6 辐照度计：用以测量300 nm～400 nm或某个规定波长(如：420 nm)的曝晒辐照(见A.1.7、B.1.7和C.1.8)。

由于试样表面的辐照度与灯光强度和灯至试样距离呈函数关系，可用辐照度计控制曝晒均匀度，辐照度计可测量在试样架平面上某一点上的辐照量(单位面积辐照能)。

5 试样

试样的尺寸可以变动，按试样数量和设备试样夹的形状和尺寸而定。

5.1 在空冷式设备中(4.2.1.1)，如在同一块试样上进行逐段分期曝晒，通常使用的试样面积不小于45 mm×10 mm。如试样是织物，应紧附于硬卡上；如试样是纱线，则紧密卷绕于硬卡上，或平行排列固定于硬卡上；如试样是散纤维，则梳压整理成均匀薄层固定于硬卡上。每一曝晒和未曝晒面积不应小于10 mm×8 mm。

5.2 为了便于操作，可将一块或几块试样和相同尺寸的蓝色羊毛标样按图 2 或图 3 方式置于一块或多块硬卡上。

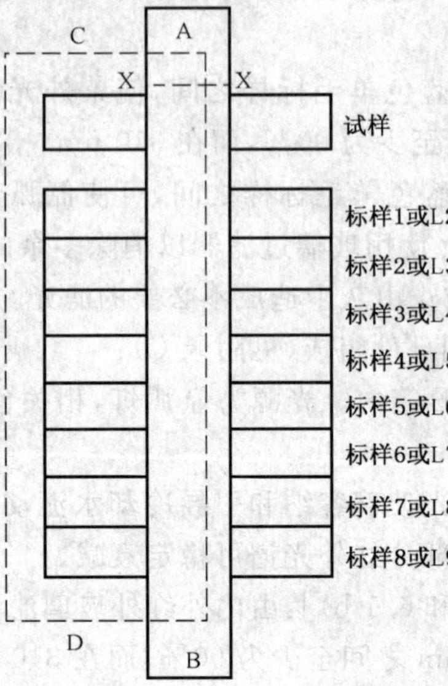

AB——第一遮盖物。在 X—X 处可成折叶使它能在原处从试样和蓝色羊毛标样上提起和复位；

CD——第二遮盖物。

图 2 方法 1 装样图

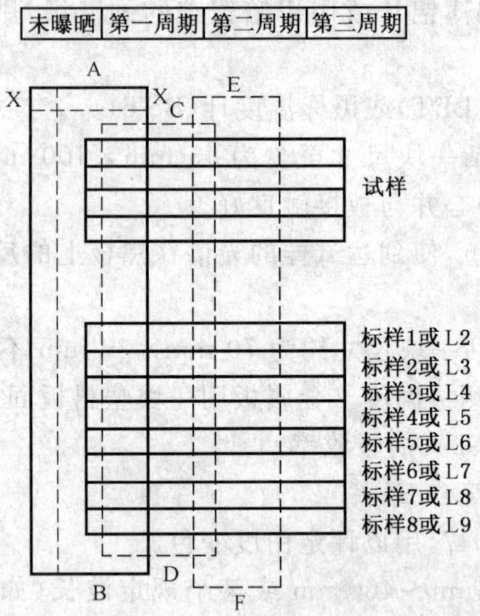

AB——第一遮盖物。在 X—X 处可成折叶使它能在原处从试样和蓝色羊毛标样上提起和复位；

CD——第二遮盖物；

EF——第三遮盖物。

图 3 方法 2 装样图

5.3 在水冷式设备中，试样夹宜放置约 70 mm×120 mm 的试样。需要时可选用与试样夹相匹配的不同尺寸的试样。蓝色羊毛标样应放在白纸卡背衬上进行曝晒，如需要试样也可安放在白纸卡上。

5.4 遮盖物(4.2.2)应与试样和蓝色羊毛标样的未曝晒面紧密接触，使曝晒和未暴晒部分之间界限分明，但不可过分紧压。

5.5 试样的尺寸和形状应与蓝色羊毛标样相同，以免对曝晒与未曝晒部分目测评级时，面积较大的试样对照面积较小的蓝色羊毛标样会出现评定偏高的误差(见 8.4)。

5.6 试验绒头织物时，应在蓝色羊毛标样下垫衬硬卡，以使光源至蓝色羊毛标样的距离与光源至绒头织物表面的距离相同，但应避免遮盖物将试样未曝晒部分的表面压平。

绒头织物如毯子，具有绒面纤维或结构，小面积不易评定，则需不小于 50 mm×40 mm 或更大的曝晒面积。

6 曝晒条件

6.1 欧洲的曝晒条件：本条件使用 4.1.1 规定的蓝色羊毛标样 1～8。

a) 通常条件（温带）：中等有效湿度（见 4.1.3），湿度控制标样 5 级，最高黑标温度 50 ℃（见 4.2.3.2）。

b) 极限条件：为了检验试样在曝晒期间对不同湿度的敏感性，可使用以下极限条件：

1) 低有效湿度：

——湿度控制标样 6～7 级；

——最高黑标温度 65 ℃。

2) 高有效湿度：

——湿度控制标样 3 级；

——最高黑标温度 45 ℃。

注 3：用黑板温度计(BPT)(4.2.3.1)测量温度要比黑标温度计(BST)(4.2.3.2)低 5 ℃。

6.2 美国的曝晒条件：本条件使用 4.1.2 规定的蓝色羊毛标样 L2～L9。

黑板温度(63±1)℃（见 4.2.3.1）。仪器试验箱内相对湿度(30±5)%，低有效湿度，湿度控制标样的色牢度为 6～7 级。

7 操作程序

7.1 湿度的调节（见第 6 章）

7.1.1 检查设备是否处于良好的运转状态，氙灯是否洁净（应遵循厂商指导，并参考附录 A，附录 B 和附录 C）。

7.1.2 将一块不小于 45 mm×10 mm 的湿度控制标样(4.1.3)与蓝色羊毛标样(4.1.1)一起装在硬卡上，并尽可能使之置于试样夹的中部（见 5.3）。

7.1.3 将装妥的试样夹安放于设备的试样架上。试样架上所有的空档，都要用没有试样而装着硬卡的试样夹全部填满。

7.1.4 开启氙灯后，设备需连续运转到试验完成，除非需要清洗氙灯或因灯管、滤光片已到规定使用期限需进行调换。

7.1.5 将部分遮盖的湿度控制标样与蓝色羊毛标样同时进行曝晒，直至湿度控制标样上曝晒和未曝晒部分间的色差达到灰色样卡 4 级。

7.1.6 在此阶段评定湿度控制标样的耐光色牢度，必要时可调节设备上的控制器，以获得选定的曝晒条件。每天检查，必要时重新调节控制器，以保持规定的黑板温度（黑标温度）和湿度。

7.2 曝晒方法

7.2.1 在预定的条件下，对试样（或一组试样）和蓝色羊毛标样同时进行曝晒。其方法和时间要以能否对照蓝色羊毛标样完全评出每块试样的色牢度为准。在整个试验过程中要逐次遮盖试样和蓝色羊毛标样（方法 1 或方法 2）。也可使用其他的遮盖顺序，例如遮盖试样及蓝色羊毛标样的两侧，曝晒中间的三分之一或二分之一。

7.2.2 方法 1

7.2.2.1 本方法被认为是最精确的，在评级有争议时应予采用。其基本特点是通过检查试样来控制曝晒周期，故每块试样需配备一套蓝色羊毛标样。

7.2.2.2 将试样和蓝色羊毛标样按图2所示排列，将遮盖物AB放在试样和蓝色羊毛标样的中段三分之一处。按6.1或6.2中规定的条件，在氙灯下曝晒。不时提起遮盖物AB，检查试样的光照效果，直至试样的曝晒和未曝晒部分间的色差达到灰色样卡4级。用另一个遮盖物(图2中的CD)遮盖试样和蓝色羊毛标样的左侧三分之一处，在此阶段，注意光致变色的可能性(见GB/T 8431)。如试样是白色(漂白或荧光增白)纺织品即可终止曝晒。

7.2.2.3 继续曝晒，直至试样的曝晒和未曝晒部分的色差等于灰色样卡3级。

7.2.2.4 如果蓝色羊毛标样7或L7的褪色比试样先达到灰色样卡4级，此时曝晒即可终止。这是因为如当试样具有等于或高于7级或L7级耐光色牢度时，则需要很长的时间曝晒才能达到灰色样卡3级的色差。再者，当耐光色牢度为8级或L9级时，这样的色差就不可能测得。所以，当蓝色羊毛标样7或L7以上产生的色差等于灰色样卡4级时，即可在蓝色羊毛标样7～8或蓝色羊毛标样L7～L8的范围内进行评级，因为，为达到这个色差所需时间之长，已足以消除由于不适当曝晒可能产生的任何误差。

7.2.3 方法2

7.2.3.1 本方法适用于大量试样同时测试。其基本特点是通过检查蓝色羊毛标样来控制曝晒周期，只需用一套蓝色羊毛标样对一批具有不同耐光色牢度的试样试验，从而节省蓝色羊毛标样的用料。

7.2.3.2 试样和蓝色羊毛标样按图3所示排列。用遮盖物AB遮盖试样和蓝色羊毛标样总长的五分之一到四分之一之间。按6.1或6.2所述条件进行曝晒。不时提起遮盖物检查蓝色羊毛标样的光照效果。当能观察出蓝色羊毛标样2的变色达到灰色样卡3级或L2的变色等于灰色样卡4级，并对照在蓝色羊毛标样1、2、3或L2上所呈现的变色情况，评定试样的耐光色牢度(这是耐光色牢度的初评)。在此阶段应注意光致变色的可能性(见GB/T 8431)。

7.2.3.3 将遮盖物AB重新准确地放在原先位置，继续曝晒，直至蓝色羊毛标样4或L3的变色与灰色样卡4级相同。这时再按图3所示位置放上另一遮盖物CD，重叠盖在第一个遮盖物AB上。

7.2.3.4 继续曝晒，直到蓝色羊毛标样6或L4的变色等于灰色样卡4级。然后，按图3所示的位置放上最后一个遮盖物EF，其他遮盖物仍保留原处。

7.2.3.5 继续曝晒，直到下列任一种情况出现为止：

a) 在蓝色羊毛标样7或L7上产生的色差等于灰色样卡4级；

b) 在最耐光的试样上产生的色差等于灰色样卡3级；

c) 白色纺织品(漂白或荧光增白)，在最耐光的试样上产生的色差等于灰色样卡4级。

注4：b)和c)有可能发生在7.2.3.3或7.2.3.4之前。

7.2.4 方法3

本方法适用于核对与某种性能规格是否一致，允许试样只与两块蓝色羊毛标样一起曝晒，一块按规定为最低允许牢度的蓝色羊毛标样和另一块更低的蓝色羊毛标样。连续曝晒，直到在最低允许牢度的蓝色羊毛标样的分段面上等于灰色样卡4级(第一阶段)和3级(第二阶段)的色差。白色纺织品(漂白或荧光增白)晒至最低允许牢度的蓝色羊毛标样分段面上等于灰色样卡4级。

7.2.5 方法4

本方法适用于检验是否符合某一商定的参比样，允许试样只与这块参比样一起曝晒。连续曝晒，直到参比样上等于灰色样卡4级和(或)3级的色差。白色纺织品(漂白或荧光增白)晒至参比样等于灰色样卡4级。

7.2.6 方法5

本方法适用于核对是否符合认可的辐照能值，可单独将试样曝晒，或与蓝色羊毛标样一起曝晒，直至达到规定辐照量为止，然后和蓝色羊毛标样一同取出，按8.9评定。

8 耐光色牢度的评定

8.1 在试样的曝晒和未曝晒部分间的色差等于灰色样卡3级的基础上，作出耐光色牢度级数的最后评定。白色纺织品(漂白或荧光增白)在试样的曝晒与未曝晒部分间的色差达到灰色样卡4级的基础上，作出耐光色牢度级数的最后评定。

8.2 移开所有遮盖物，试样和蓝色羊毛标样露出实验后的两个或三个分段面，其中有的已曝晒过多次，连同至少一处未受到曝晒的，在合适的照明下(见GB/T 6151)比较试样和蓝色羊毛标样的相应变色。

白色纺织品(漂白或荧光增白)的评级应使用人造光源(4.2.5)，在有争议时更有必要，除非另有规定。

试样的耐光色牢度即为显示相似变色(试样曝晒和未曝晒部分间的目测色差)的蓝色羊毛标样的号数。如果试样所显示的变色更近于两个相邻蓝色羊毛标样的中间级数，而不是近于两个相邻蓝色羊毛标样中的一个，则应给予一个中间级数。例如3-4级或L2-L3级。

如果不同阶段的色差上得出了不同的评定，则可取其算术平均值作为试样耐光色牢度，以最接近的半级或整级来表示。当级数的算术平均值是四分之一或四分之三时，则评定应取其邻近的高半级或一级。

为了避免由于光致变色性导致耐光色牢度发生错评，应在评定耐光色牢度前，将试样放在暗处，在室温下保持24h(见GB/T 8431)。

8.3 如试样颜色比蓝色羊毛标样1或L2更易褪色，则评为1级或L2级。

8.4 用一个约为灰色样卡1级和2级之间的中性灰色(约为Munsell N5)的遮框遮住试样，并用同样孔径的遮框依次盖在蓝色羊毛标样周围，这样便于对试样和蓝色羊毛标样的变色进行对比。

8.5 如耐光色牢度等于或高于4或L3，初评(7.2.3.2)就显得很重要。如果初评为3级或L2级，则应把它置于括号内。例如评级为6(3)级，表示在试验中蓝色羊毛标样3刚开始褪色时，试样也有很轻微的变色，但再继续曝晒，它的耐光色牢度与蓝色羊毛标样6相同。

8.6 如试样具有光致变色性，则耐光色牢度级数后应加一个括号，其内写上一个P字和光致变色试验的级数，例如，6(P3-4)级，见GB/T 8431。

8.7 “变色”一词包括色相、彩度、亮度的各个变化，或这些颜色特性的任何综合变化(见GB/T 250)。

8.8 试样与规定的蓝色羊毛标样(见7.2.4)或一个符合商定的参比样(见7.2.5)一起曝晒，然后对试样和参比样及蓝色羊毛标样的变色进行比较和评级。如试样的变色不大于规定蓝色羊毛标样或参比样，则耐光色牢度定为“符合”；如果试样的变色大于规定蓝色羊毛标样或参比样，则耐光色牢度定为“不符合”。

8.9 方法5(见7.2.6)的色牢度评定是用GB/T 250变色用灰色样卡对比或用蓝色羊毛标样对比。

9 试验报告

试验报告应包括以下内容：

a) 试验是按本标准进行的。

b) 试样的详细信息。

c) 方法1或方法2：

报告耐光色牢度级数，按以下方式表示：

1) 单独级数(用蓝色羊毛标样1～8)；

2) 级数并冠以字母L(用蓝色羊毛标样L2～L9)。

如级数等于或高于4级或L3级而初评等于或低于3级或L2级，报告后者数字于括号内。

如试样具有光致变色性，则色牢度后应加一括号，其内写上一个P字和光致变色试验的级数，例如，6(P3-4)级。

d) 方法3或方法4，报告“符合”或“不符合”，并注明所用蓝色羊毛标样或参比样。

e) 方法5，报告耐光色牢度级数和规定辐照量，用以下表示方式：

1) 单独级数(用蓝色羊毛标样1～8)；

2) 级数并冠以字母 L(用蓝色羊毛标样 L2～L9)；

3) 如不用蓝色羊毛标样，用 GB/T 250 规定的变色用灰色样卡对比评出级数，或用 FZ/T 01024 规定的仪器测得的级数。

f) 所用设备、方法、曝晒条件和评级条件。

附 录 A

（规范性附录）

测定耐光色牢度用空冷式氙弧灯设备（旋转型）

A.1 使用条件和说明

A.1.1 试验设备装有一个或多个空冷式氙弧灯作为辐照源。不同型号、不同尺寸的设备中，使用不同型号、尺寸、功率的灯管。对于任一型号的曝晒设备，依据试样架的大小、灯管尺寸和功率的配置，可使曝晒时试样表面受到的辐照达到一个适宜的水平。

A.1.2 辐照系统由一个或多个氙弧灯管、滤光部件和必要的附件组成，不同型号的曝晒设备使用吸收滤光片或反射-吸收滤光片可阻挡样品表面一定波长的光谱辐照（见4.2.1.1）。

A.1.2.1 使用吸收滤光片的设备，试验机的氙弧灯外有一个同外层圆柱形特种紫外滤光玻璃罩类似的由红外滤光玻璃或窗玻璃组成的灯罩，它可减少部分氙灯辐照的红外光谱。

A.1.2.2 使用反射-吸收滤光片的设备，安装了一个或多个氙弧灯管，灯管外有一个涂以特殊反射涂层的同外层圆柱形特种紫外滤光玻璃罩类似的石英玻璃罩。

A.1.2.3 氙灯因连续使用辐照强度会下降，因此当使用时间达到生产厂商规定的使用寿命时应更换，或者在自动控制试样表面辐照度的设备中，当辐照度不能达到4.2.1中要求时更换灯管。对于有多个氙弧灯的设备，应将灯管轮流更换。

A.1.2.4 氙灯滤光系统（包括红外滤光片和紫外过滤罩等）因长期使用其透过率也会发生变化，因此应按照厂家规定的时间周期更换。

A.1.3 氙灯和滤光系统间的空间通过空气流通进行冷却。

A.1.4 试样夹置于旋转台上，或者置于一个环状立式或倾斜式的试样架上，氙灯安装在试样架中心，试样围绕立式氙弧灯旋转，速度在0.033 s^{-1}（2 r/min）到0.117 s^{-1}（7 r/min）之间。每次支架旋转之后，试样夹可以根据其装置的类型沿纵向中心轴方向旋转，或使试样保持面朝氙弧灯。

A.1.5 鼓风系统产生的气流，经过试验仓直接到达试样表面，气流量可调。通过调节试验仓内与循环冷空气混合的暖空气的流量，来自动控制黑标温度或空气温度。对于有些型号的设备，通过调节鼓风机的速度可以使黑标温度与空气温度的差值保持恒定。在氙弧灯设备中可以使用加湿装置或用喷雾器将水雾化成微粒对空气给湿，用电容传感器或接触式湿度计测量和控制试验仓内的相对湿度。

A.1.6 本标准使用的设备均装有控制曝晒时间的定时装置。有些型号的设备上加装了辐照度计（紫外波段：300 nm 到 400 nm），当达到指定辐照量时自动关闭设备。

A.1.7 本标准所用设备在试样架上应装备监测/控制辐照度计。可测量300 nm到400 nm之间紫外光谱的辐照度，能测量累积辐照量。

对自动保持辐照度恒定值的辐照度计来讲，等时间曝晒应获得等效的辐照，可由以下公式求得：

$$H = E3.6t$$

式中：

H——曝晒辐照量，单位为千焦每平方米（kJ/m^2）；

E——辐照度，单位为瓦每平方米（或焦每平方米秒）[W/m^2 或（$J/m^2 \cdot s$）]；

t——时间，单位为时（h）；

3.6——转换常数。

带有可设定倒计数积分器的滤光辐照度计，以 kJ/m^2 为单位，与曝晒设备一起使用，当试样达到预先设定的曝晒值时终止试验。

当辐照度计按所述方法使用时，应定期由制造厂校正或由制造厂提供的校正设备校正。

附　录　B
（规范性附录）
测定耐光色牢度用空冷式氙弧灯设备（平板型）

B.1　使用条件和说明

B.1.1　试验设备装有一个或多个空冷式氙弧灯作为光源。不同型号、不同尺寸的设备中，使用不同型号、尺寸、功率的灯管。对于任一型号的曝晒设备，依据试样架的大小、灯管尺寸和功率的配置，可使曝晒时试样表面受到的辐照达到一个适宜的水平。

B.1.2　辐照系统由一个或多个氙弧灯管、滤光片和必要的附件组成，氙灯设备中使用滤光片过滤氙弧光中一定波长的光谱辐照（见4.2.1.1）。

B.1.2.1　本标准曝晒光谱条件有两类：欧洲条件和美国条件，本设备使用红外吸收滤光片用于实现欧洲条件（见6.1），硼硅/钠钙玻璃（B/SL）滤光片用于实现美国条件（见6.2）。

B.1.2.2　氙灯因连续使用辐照强度会下降，因此当使用时间达到生产厂商规定的使用寿命时应更换，或者当辐照度不能达到4.2.1中要求时更换灯管。

B.1.2.3　氙灯滤光片，应按照厂家规定的时间周期更换。

B.1.3　氙灯和滤光片间的空间有空气流通，对氙灯和滤光片进行冷却。

B.1.4　通过光路系统设计可降低曝晒面上不同位置的辐照度偏差，其均匀度范围要求见4.2.1。

B.1.5　鼓风系统产生的气流，经过试验仓直接到达试样表面，气流量可调。通过调节试验仓内与循环冷空气混合的暖空气的流量，来自动控制黑标温度或空气温度。通过调节鼓风机的速度可以使黑标温度与空气温度的差值保持恒定。在氙弧灯设备中可以使用加湿装置或用喷雾器将水雾化成微粒对空气给湿，用电容传感器或接触式湿度计测量和控制试样仓内的相对湿度。

B.1.6　试验机可自动测量和记录曝晒时间和辐照度，并根据预先设定的曝晒时间或辐照量自动关闭设备。

B.1.7　本标准所用设备在试验仓内装有监测/控制辐照度计。可测量420 nm处或300 nm至400 nm之间紫外光的辐照度，能累计辐照量。

对自动保持辐照度恒定值的辐照度计来讲，等时间曝晒应获得等效的辐照，可由以下公式求得：

$$H = E3.6t$$

式中：

H——曝晒辐照量，单位为千焦每平方米（kJ/m^2）；

E——辐照度，单位为瓦每平方米（或焦每平方米秒）[W/m^2 或（$J/m^2 \cdot s$）]；

t——时间，单位为时（h）；

3.6——转换常数。

设备中的监测/控制辐照度计应定期（如500h）用校准计校准，而校准计应定期由制造厂校正，以确保实验结果的可靠性和一致性。

附　录　C
（规范性附录）
测定耐光色牢度用水冷式氙弧灯设备

C.1　使用条件和说明

C.1.1　试验设备装有一个或多个水冷式氙弧灯作为辐照源。虽然所采用的氙弧灯的型号一致，但不同型号的设备中，使用不同尺寸和功率的灯管。对于任一型号的曝晒设备，依据试样架的直径、灯管尺寸和灯管功率的配置，可使曝晒时试样表面受到的辐照达到一个适宜的水平。

C.1.2　使用的氙弧灯由氙灯管、内外层滤光玻璃和必要的附件组成。在某些情况下，可加装玻璃滤光器以减少红外辐照。当按6.2进行色牢度试验时采用硼硅内层滤光玻璃和钠钙外层滤光玻璃，以阻挡短波长光谱照射到试样上，其效果与窗玻璃接近。其他厂商推荐的吸收滤光片或反射-吸收滤光片也具有同样的光谱阻挡效果。当按6.2操作仪器时，外层滤光玻璃应在使用2 000 h后调换，内层滤光玻璃应在使用400 h后调换，或参照仪器厂商的规定。如按6.1a）和6.1b），要用一个玻璃罩附加于内外层滤光器上。氙灯因连续使用强度会下降，当辐照度在波长420 nm处不能保持在1.1 W/(m^2·nm）或在300 nm～400 nm无法自动控制在42 W/ m^2 时，必须更换灯管。

C.1.3　所有氙灯曝晒设备都装有合适的启动器和控制装置，即可手动也可自动控制氙灯功率。手动控制操作时，需定期调节氙弧灯功率，以保持420 nm处1.1 W/(m^2·nm）。

C.1.4　为了冷却氙灯，3级水以最低约380L/h的流量循环通过氙灯组件，并用安装在氙弧灯前部的混合床去离子器使水净化。灯内的循环水通过热交换器冷却，应是洁净的。热交换器使用自来水或制冷剂作为交换介质。

C.1.5　曝晒设备封闭在一个绝热箱体内，以减少室温变化的影响。鼓风系统产生的气流，经过试验仓直接到达试样表面，气流量可调。通过调节试验仓内循环暖气体较冷气体的混合，来自动控制黑板标准温度和空气温度。为保持从试验仓排出规定相对湿度所需的水分，在气流通过设备底部的空气调湿仓时给予水分补充。

C.1.6　氙灯安装在试样架中心，试样置于一个环状立式或倾斜式的试样架上，以0.017 s^{-1}（1 r/min）的速度绕灯管旋转，以使有效弧光在垂直方向和水平方向上皆集中在试样夹的曝晒面上。

C.1.7　本标准所用设备均装有控制曝晒时间的定时装置。有些型号的设备上加装了光照监测装置，当达到规定辐照量时自动关闭。

C.1.8　本标准所用设备应装备监测/控制辐照度计以控制曝晒时间。可用窄带干扰滤光片辐照度计测量紫外光谱。该辐照度计包括一个使用光电探测器的传感器和中间波长容差不大于2 nm、半带宽不大于20 nm的干扰滤光片。单一或复式滤光片辐照度计能测量、记录、控制和累积辐照量。

对于自动保持辐照度恒定值的监测器，等时间曝晒应该得到提供等效的辐照，可由以下公式求得：

$$H = E3.6t$$

式中：

H——曝晒辐照量，单位为千焦每平方米（kJ/m^2）；

E——辐照度，单位为瓦每平方米（或焦每平方米秒）[W/m^2 或（J/m^2·s）]；

t——时间，单位为时（h）；

3.6——转换常数。

带有可设定倒计数积分器的单一滤光片辐照度计，以kJ/m^2为单位，与曝晒设备一起使用，当试样达到预先设定的曝晒值时终止试验。

当辐照度计按所述方法使用时，应定期由制造厂校正或由制造厂提供的校正设备校正。

附　录　D
（资料性附录）
有关耐光色牢度的综述

D.1　纺织品在使用时通常是暴露在光线下的。光能破坏染料从而导致众所周知的"褪色"，使有色纺织品变色，一般变浅，发暗。纺织工业所用染料的耐光性差异很大，必须要有一些测定其色牢度的方法。此外，被染物也会影响染料的耐光色牢度。

本标准不可能使所有的有关方面完全满意（从染料制造厂、纺织行业到纺织品批发和零售商以及普通消费者），因为他们还没有在技术上深入接触，不仅如此，对使用标准直接有关的许多人来说也可能难于理解。

D.2　下面的非技术性试验说明是为那些理解本标准的技术细节感到困难的人们制定的。试验方法是把试验的布样和一组用不同色牢度级数的蓝色染料所染成的耐光蓝色羊毛标样，在同一时间，同一条件下进行曝晒。当布样已经充分褪色时，即将布样与蓝色羊毛标样进行比较，如果布样褪色程度与蓝色羊毛标样 4 相似，那么它的耐光色牢度就评定为 4 级。

D.3　这些耐光牢度标准应该包括很广的范围，因为有些布样在夏季强烈日光下曝晒 2 h～3 h 以后，就明显褪色，而另外一些布样可能经受几年的曝晒也不发生变化，实际上这些染料比被它们所染的布还耐久。有八个蓝色羊毛标样已被选用，蓝色羊毛标样 1 是最易褪色的，蓝色羊毛标样 8 是最耐光的，假如蓝色羊毛标样 4 在某种条件下需要某些时间以达到某些褪色程度，那么在同样条件下为产生同样程度的褪色，蓝色羊毛标样 3 就只需约一半的时间，而蓝色羊毛标样 5 将需约增加一倍的时间。

D.4　必须保证不同的人在试验相同的材料时，在对照同时褪色的标准作出评定之前要使材料褪色到相同的程度。由于染色纺织品的最终使用者对什么是"褪色商品"的认识有很大的差别，因此，要把试样褪色成能包括多数意见的两种不同的褪色程度，从而使评定更为可信。这里所说的褪色程度是参照一套标准"灰色样卡"对比色差样来确定的（灰色样卡 5 级等于无色差，灰色样卡 1 级等于大色差）。这样，使用灰色样卡能确定褪色程度，而使用蓝色羊毛标样就能评定耐光色牢度的等级。

但是，以中等和严重褪色作为评级的基础，这样的规则是复杂的。实际上有些布样在曝晒下的确很快就会发生轻微的变化，可是时间一长也就不再变化了。这些轻微的变化在正常使用情况下很少被发觉，不过在某种情况下，这种轻微变化就很重要，如下例所示：零售商在橱窗里放上一块织物，并在织物上放一个注有价格的标签，几天以后拿掉标签，仔细检查就可辨认出该标签曾放过的地方，因为标签周围的布因曝晒的作用已发生了轻微的变色。这种窗帘织物经曝晒后产生了轻度褪色，同时发现蓝色羊毛标样 7 已经褪色到相同程度，因此这一织物的耐光色牢度就是 7 级。

这种轻微变色的主要因素，只有在曝晒和未曝晒部分之间有一个明显的界线时才能被察觉，而这些在纺织品正常使用中很少出现。这种轻微变色的程度可作为一种附加评定在括号内注明。如一块布样的评级是 7(2)级，表明括号中 2 为初期可察觉到的轻微变色相当于蓝色羊毛标样 2。此外还有一个高的耐光色牢度 7 级。

D.5　还有一种不寻常的色泽变化，即光致变色现象也要予以考虑。这种效应表现在当染料曝晒于强光下会迅速变色，而在转移到暗处时，又几乎会完全恢复到原来颜色。光致变色的程度是以GB/T 8431 规定的专门试验来测定的，并在括号内用字母 P 加上级数表示；如 6(P2)级是指光致变色效应等于灰色样卡的 2 级，而永久褪色则等于蓝色羊毛标样 6。

D.6　最后，还有许多试样经长时间曝晒，色相完全发生变化，例如黄色可以变成棕色，紫色可以变成蓝色。这些布样能否说是褪色，过去曾经有过许多争议。关于这点在 GB/T 8426 至 GB/T 8430 中所采用的方法是非常明确的：不论是褪色还是色相变化，曝晒布样的色差是用目测来评定的，任何色相变化也都包括在评定中。例如，在研究两个绿色布样时，在曝晒中两者的变色都与蓝色羊毛标样 5 的褪色相似，但其中一个先变浅后变成白色，而另一个先变成蓝绿色，最后变成纯蓝色。前者应当评定为“5”，而后者应当评为“5 较蓝”。在此例中，GB/T 8426 至 GB/T 8430 中所采用的方法是试图把布样在曝晒过程中的变化情况尽可能完整地表达出来，而不使其过分复杂化。

附 录 E
（资料性附录）
蓝色羊毛标样 L2 到 L9[a] 所对应的辐照量

表 E.1

蓝色羊毛标样	辐照量(只适用于氙灯)/kJ/m^2	
	420 nm	300 nm～400 nm
L2	21	864
L3	43	1 728
L4	85[b]	3 456
L5	170	6 912
L6	340[b]	13 824
L7	680	27 648
L8	1 360	55 296
L9	2 720	110 592

[a] 色差达到灰色样卡 4 级。

[b] 该值由实验证明；其余值则通过计算得出。

ICS 71.100.40
G 73

中华人民共和国国家标准

GB/T 8447—2008
代替 GB/T 8447—1995

工业直链烷基苯磺酸

Industrial linear alkylbenzene sulfonic acid

2008-12-30 发布 2009-09-01 实施

中华人民共和国国家质量监督检验检疫总局
中国国家标准化管理委员会 发布

前　言

本标准代替 GB/T 8447—1995《工业直链烷基苯磺酸》。

本标准与 GB/T 8447—1995 相比主要变化如下：

——增加了对 Klett 计的限制，通过测定 Hazen 色度-Klett 色泽标准曲线的斜率 k，间接地对 Klett 计进行了评判；

——增加了用乙醇溶解试样的快速测定色泽的方法。

本标准的附录 A 为规范性附录。

本标准由中国轻工业联合会提出。

本标准由全国表面活性剂和洗涤用品标准化技术委员会归口。

本标准起草单位：中国日用化学工业研究院、中国石油抚顺石化公司洗涤剂化工厂、中国石化资产管理有限公司金陵石化分公司烷基苯厂、南风化工集团股份有限公司。

本标准主要起草人：牛金平、武荣鑫、黄爱忠、张东义、韩向丽。

本标准所代替标准的历次版本发布情况为：

——GB 8447—1987、GB/T 8447—1995；

——GB 8448—1987。

工业直链烷基苯磺酸

1 范围

本标准规定了工业直链烷基苯磺酸的产品结构式、要求、试验方法、检验规则和标志、包装、运输、贮存。

本标准适用于由烷链长度主要为 $C_{10\sim13}$ 的工业直链烷基苯经 SO_3 气体膜式磺化工艺生产的工业直链烷基苯磺酸。

2 规范性引用文件

下列文件中的条款通过本标准的引用而成为本标准的条款。凡是注日期的引用文件，其随后所有的修改单(不包括勘误的内容)或修改版均不适用于本标准，然而，鼓励根据本标准达成协议的各方研究是否可使用这些文件的最新版本。凡是不注日期的引用文件，其最新版本适用于本标准。

GB/T 5173 表面活性剂和洗涤剂 阴离子活性物的测定 直接两相滴定法(GB/T 5173—1995，eqv ISO 2271:1989)

GB/T 5177 工业直链烷基苯

GB/T 5178 表面活性剂 工业直链烷基苯磺酸钠平均相对分子质量的测定 气液色谱法(GB/T 5178—2008,ISO 6841:1988,MOD)

GB/T 6366 表面活性剂 无机硫酸盐含量的测定 滴定法

3 产品结构式

工业直链烷基苯磺酸的结构通式如下：

注：R 主要为 $C_{10\sim13}$。

4 要求

4.1 外观

从浅黄色到棕黄色的粘稠液体。

4.2 理化指标

工业直链烷基苯磺酸的理化指标应符合表 1 规定。

表 1 工业直链烷基苯磺酸的理化指标

项目		指标	
		优等品	合格品
烷基苯磺酸含量(质量分数)/%	≥	97	96
游离油含量(质量分数)/%	≤	1.5	2.0
硫酸含量(质量分数)/%	≤	1.5	1.5
色泽/Klett	≤	30	50

5 试验方法

除非另有说明，在分析中仅使用认可的分析纯试剂和蒸馏水或去离子水或相当纯度的水。

5.1 烷基苯磺酸含量的测定

制备试样溶液：称取 1 g～1.5 g 试样（精确至 0.001 g）至 100 mL 烧杯中。加适量水溶解后，加入几滴酚酞溶液，用氢氧化钠水溶液（约 1 mol/L）中和至呈淡粉红色，转移至 1 000 mL 容量瓶中，用水稀释至刻度，摇匀，按 GB/T 5173 的规定进行测定和计算。

工业直链烷基苯磺酸的平均相对分子质量按 GB/T 5177 或 GB/T 5178 规定测得的烷基苯平均相对分子质量加 80 计算，仲裁法为 GB/T 5178。

结果以算术平均值表示至整数个位。

5.2 游离油含量的测定

游离油一般由三部分组成，其一为烷基苯中的不可磺化物，其二为未磺化的烷基苯，其三为磺化副产物，如砜、酸酐等。

5.2.1 原理

用石油醚从磺酸试验份中和后的醇水溶液中萃取游离油。

5.2.2 试剂

5.2.2.1 95％乙醇。

5.2.2.2 石油醚，沸程 30 ℃～60 ℃，残余物应不大于 0.002％。

5.2.2.3 氢氧化钠，约 140 g/L 水溶液。

5.2.2.4 丙酮。

5.2.2.5 酚酞指示液，1 g/L 的 95％乙醇溶液。

5.2.3 仪器

普通实验室仪器和以下各项。

5.2.3.1 具塞量筒：250 mL（或 300 mL），附磨砂玻塞。

5.2.3.2 虹吸管：内径 3 mm～4 mm，管端内径 1 mm～2 mm，管端弯曲朝上。

5.2.3.3 平底烧瓶：250 mL，带磨砂玻璃颈和与之配套的分馏柱与冷凝管，组成溶剂回收装置。

5.2.4 测定

称取 10 g 试样（精确至 0.001 g）至 250 mL 烧杯中，加入 50 mL 乙醇（5.2.2.1）和少量水，使样品溶解，滴入 2 滴～3 滴酚酞指示液（5.2.2.5），用氢氧化钠溶液（5.2.2.3）中和到呈粉红色，转移到具塞量筒（5.2.3.1）中，用水洗涤烧杯，洗涤水并入量筒，使最终体积约 125 mL，加入 50 mL 石油醚（5.2.2.2），盖紧量筒玻塞，上下摇动几次，小心打开塞子，用少量石油醚冲洗塞子及量筒内壁。静置分层后，插入虹吸管（5.2.3.2），管口高于石油醚-醇水层界面约 3 mm，将上层清液虹吸至预先称量过的平底烧瓶（5.2.3.3）中。注意勿将下层醇水溶液吸出。按上述操作重复萃取四次，萃取液并入平底烧瓶中，装好回收溶剂装置，在 60 ℃～70 ℃水浴上回收溶剂，直到无馏出物流出为止。取下平底烧瓶，放在水浴上，加 2 mL 丙酮（5.2.2.4），插入吹气管到离瓶底 5 cm 处，缓缓通入干燥的冷空气流，除去痕量溶剂。将平底烧瓶外壁用干净纱布擦干，放入干燥器中冷却干燥 15 min 后称量。

重复将平底烧瓶在水浴上加热，然后取下擦干，冷却，吹气 1 min，干燥器内干燥、称量，直至前后称量之差小于 2 mg 为恒重。

5.2.5 结果计算

游离油含量以质量分数 X_1 表示，按式（1）计算：

$$X_1 = \frac{m}{m_0} \times 100\% \qquad \cdots\cdots(1)$$

式中：

m——石油醚萃取物的质量，单位为克（g）；

m_0——试验份的质量，单位为克（g）。

结果以算术平均值表示至小数点后一位。

5.2.6 **精密度**

在重复性条件下获得的两次独立测试结果的绝对差值不大于0.2%，以大于0.2%的情况不超过5%为前提。

5.3 硫酸含量的测定

5.3.1 **测定**

称取3 g～5 g试样(精确至0.001 g)，按GB/T 6366的规定测定。

5.3.2 **结果计算**

硫酸含量以质量分数X_2表示，按式(2)计算：

$$X_2=\frac{c\times V\times 0.098}{m\times\frac{V_0}{100}}\times 100\% \quad\cdots\cdots(2)$$

式中：

c——硝酸铅标准滴定溶液之物质的量浓度，单位为摩尔每升(mol/L)；

V——滴定耗用硝酸铅标准滴定溶液的体积，单位为毫升(mL)；

m——试验份质量，单位为克(g)；

V_0——滴定时移取试样溶液的体积，单位为毫升(mL)；

0.098——硫酸的毫摩尔相对分子质量，单位为克每毫摩尔(g/mmol)。

结果以算术平均值表示至小数点后一位。

5.3.3 **精密度**

在重复性条件下获得的两次独立测试结果的绝对差值不大于这两个测定值的算术平均值的3.7%，以大于3.7%的情况不超过5%为前提。

5.4 色泽的测定

5.4.1 **方法一(仲裁法)**

称取4.7 g试样(精确至0.01 g)至150 mL烧杯中，加水50 mL，用氢氧化钠水溶液(约1 mol/L)和盐酸水溶液(约1 mol/L)中和至pH=8，放在沸水浴上约30 min～40 min，冷却后，将试样溶液重新调到pH=8，转移至100 mL容量瓶中，再用水稀释至刻度，摇匀。

按A.4.2的规定校验Klett光电比色计，在比色皿内加入去离子水进行仪器调零，然后按A.4.3的规定测定试样溶液的Klett色泽值。

结果以算术平均值表示至整数个位。

精密度：在重复性条件下获得的两次独立测试结果的绝对差值不应大于5个Klett单位，以大于5个Klett单位的情况不超过5%为前提。

5.4.2 **方法二**

称取4.7 g试样(精确至0.01 g)至150 mL烧杯中，加95%乙醇约30 mL，溶解后转移至100 mL容量瓶，用95%乙醇稀释至刻度，摇匀。

按A.4.2的规定校验Klett光电比色计后，在比色皿内加入95%乙醇进行仪器调零，然后按A.4.3的规定测定。

结果以算术平均值表示至整数个位。

精密度：在重复性条件下获得的两次独立测试结果的绝对差值不应大于5个Klett单位，以大于5个Klett单位的情况不超过5%为前提。

6 检验规则

6.1 检验项目

出厂检验项目包括第4章的全部项目。

6.2 产品组批与抽样规则

6.2.1 组批

产品按批交付及抽样验收，一次交付的同一规格、同一批号的产品为一交付批。

生产单位交付的产品，应先经其质量检验部门按本标准检验，符合本标准并出具产品质量检验合格证书，方可出厂。产品质量检验合格证书应包括：生产者名称、产品名称、商标、采用标准编号、生产日期、批号、批量、质量指标（包括平均相对分子质量）、产品质量等级等。

收货方凭产品质量检验合格证书验收，必要时可按下述规定在一个月内抽样验收或仲裁。

6.2.2 取样

以罐（车、船）或桶为单位，批量大于1时，根据批量大小，罐（车、船）装产品按表2，桶装产品按表3确定取样单位数。仲裁检验所需的样品，交收双方会同在交货地点从交付批中随机抽取样本。

表2 罐（车、船）装产品的批量和样本大小

单位为罐（车、船）

批量	≤8	9～15	≥16
样本大小	2	3	5

表3 桶装产品的批量和样本大小

单位为桶

批量	≤25	26～150	151～1 200	≥1 201
样本大小（包装数）	2	3	5	8

对于横截面均匀一致的油罐、火车油罐车、汽车油罐车和船，采用等量合并从罐（车、船）的顶液面到罐（车、船）的底液面的高度的六分之一、二分之一、六分之五液面处所采取试样组合而成的方法，用取样器进行取样。

对于桶装产品，用洁净的长玻璃管或其他取样器插至样本桶中部，从各样本桶等量取样。

从每个取样单位中等量采取总量为3 kg的样品，分装于三个洁净、干燥的具塞样品瓶内，加塞密封，贴上标签，注明产品名称、产品登记、批号、生产者、采样日期、采样人。交收双方各持一份进行检验，第三份由交货方保管，备仲裁检验用。样品应存放于暗处，保管期为一个月。

6.3 判定规则

检验结果按修约值比较法判定产品合格或不合格，若有一项指标不符合本标准的规定，应再从交付批中加倍取样，并对不合格项进行复检。如复检结果符合本标准规定，则判该批产品合格；如仍不合格，则判该批产品不合格。

6.4 仲裁

收货单位如发现产品质量不符合本标准规定的要求，应在到货一个月内向生产厂交涉。如有异议，会同双方按6.2.2取样。取样量不少于1.5 kg，样品混匀后分装于三个干燥清洁的样品瓶内，加盖密封，贴上标签，并注明：样品名称、批号、生产单位、取样日期和取样人，交收双方各持一瓶，另一瓶签封后，可商请有关质量检验单位进行仲裁检验。样品应存放于暗处，保存期一个月。仲裁检验结果为最终依据。

7 标志、包装、运输、贮存

7.1 标志

产品的包装容器外印刷的标志（图案及文字）应清晰、美观、不脱色，并标明：

a) 产品名称、商标、等级、执行标准编号；

b) 生产日期或生产批号；

c) 净含量、毛重；

d) 生产者名称、地址（含省、市、县）、邮政编码；

e) 有防水、防潮、小心轻放等文字或标记。

7.2 包装

产品用塑料桶或用不影响产品质量的专用罐（车、船）或不受腐蚀、能保证强度的清洁容器包装，产品装入容器应根据气温变化留有空隙，灌装后应封口良好，防止渗水。包装的净含量应符合标称质量。

7.3 运输

产品在运输时应竖放，盖口朝上，加有遮盖物，防雨、防晒、防潮，轻装轻卸，避免包装损坏。

7.4 贮存

产品应贮存于干燥、通风条件好的库房，室外存放应有相应的遮阳、防雨措施。

在本标准规定的运输和贮存条件下，在包装完整未经启封的情况下，从生产之日起可保质两年及两年以上的产品，可不标注保质期；只能在两年内符合本标准要求的产品应标注保质期。

附　录　A
（规范性附录）
工业直链烷基苯磺酸产品色泽的测定　比色法

A.1　原理

克莱特光电比色计中光电池及光源灯的老化直接影响到测定值的准确性，为此，用克莱特光电比色计在波长400 nm～450 nm测得系列Hazen色度标准溶液的Klett色泽值，绘制Hazen色度-Klett色泽标准曲线。该曲线回归线性方程的斜率k值若大于1.7，则需更换光源灯或/和光电池，使k值在1.5～1.7范围内。

Hazen色度单位：每升溶液含铂（以氯铂酸型）1 mg和氯化钴六水合物2 mg时的色泽。

A.2　试剂

A.2.1　氯铂酸钾（K_2PtCl_6）。

A.2.2　氯化钴（$CoCl_2 \cdot 6H_2O$）。

A.2.3　盐酸，$\rho_{20}=1.19$ g/mL，优级纯。

A.3　仪器

普通实验室仪器和以下各项。

A.3.1　分光光度计：具有430 nm～510 nm的波长。

A.3.2　比色池：10 mm。

A.3.3　克莱特光电比色计：附42号蓝色滤光片，波长范围400 nm～450 nm，40 mm比色池。

A.3.4　容量瓶：100 mL、1 000 mL（棕色）。

A.4　测定程序

A.4.1　Hazen色度标准溶液的配制

称取1.245 g氯铂酸钾（A.2.1）和1.000 g氯化钴（A.2.2），加100 mL去离子水溶解，再加入100 mL浓盐酸（A.2.3）使之完全溶解，转移至1 000 mL棕色容量瓶中，用水稀释至刻度，此溶液为500Hazen色度标准溶液（此处称为母液）。

将母液用分光光度计（A.3.1）以10 mm比色池，蒸馏水为参比，按表A.1所列波长进行检查，其吸光度范围应在表中所列范围。

表A.1　标准色度母液吸光度范围

波长/nm	吸光度
430	0.110～0.120
455	0.130～0.145
480	0.105～0.120
510	0.055～0.065

该母液应贮存于棕色瓶中，置暗处保存。

按表A.2所列体积分别移取母液至10只100 mL容量瓶中，用水稀释至刻度，摇匀，则配制成5Hazen～150Hazen色度标准溶液。

表 A.2 色泽标准溶液的配制

色度值/Hazen	吸取标准溶液体积/mL
5	1.00
10	2.00
15	3.00
20	4.00
25	5.00
50	10.00
75	15.00
100	20.00
125	25.00
150	30.00

每次配制 5Hazen～150Hazen 色度标准溶液前需先检查母液吸光度范围应在表 A.1 所列范围。5Hazen～150Hazen 色度标准溶液需现用现配。

A.4.2 色泽标准曲线的测定与绘制

A.4.2.1 仪器调零

克莱特光电比色计见图 A.1。在接通仪器电源(G)之前，检查 42 号蓝色滤光片是否安放正确，然后调节检流计顶部旋钮(D)，使检流计指针(C)位于零点。开启仪器电源(G)，稳定 10 min 左右，调节刻度旋钮(A)使刻度指针(B)位于零点。向比色池内加入适量的水或乙醇，用镜头纸擦干外壁，打开比色池室顶盖，将比色池放入比色池室，盖好顶盖，接通光源灯(E)，用比色池室附近的调零旋钮(F)将检流计指针(C)调至零位。光源灯(E)开启 1 min～2 min，使仪器达到平衡，再用调零旋钮(F)调节检流计指针(C)至零位。

注意：在以下操作过程中，不得碰检流计顶部旋钮(D)和调零旋钮(F)。若不小心碰到，应重复上述操作。

A——刻度旋钮；
B——刻度盘；
C——检流计指针；
D——检流计顶部旋钮；
E——光源灯；
F——调零旋钮；
G——仪器电源。

图 A.1 克莱特光电比色计

A.4.2.2 测定

将5Hazen色度标准溶液倒入比色池，用镜头纸擦干外壁后放入比色池室，接通光源灯(E)，检流计指针(C)将偏移零点，稳定1 min～2 min后，调节刻度旋钮(A)，使检流计指针(C)重新回至零点，刻度盘(B)上的数值即为5Hazen标准溶液对应的Klett色泽值。

按照以上方法，分别测定其他Hazen色度标准溶液相对应的Klett色泽值。

A.4.2.3 绘制色泽标准曲线

以Hazen色度值为纵坐标，Klett色泽值为横坐标，通过计算机绘图，设定截距为零，得到回归线性方程的斜率值k。若k大于1.7，则需更换光源灯或/和光电池，以使k值在1.5～1.7范围之内。

A.4.3 试样的测定

将试液(5.4.1或5.4.2)倒入比色池内，擦干外壁后放入比色池室。接通光源灯(E)，检流计指针(C)将偏移零点，稳定几分钟后，调节刻度旋钮(A)，使检流计指针(C)重新回至零点，刻度盘(B)上对应的数值即为试样的Klett色泽值。

A.5 结果表示

结果以算术平均值表示至整数个位。

A.6 精密度

在重复性条件下获得的两次独立测试结果的绝对差值不应大于5个Klett单位，以大于5个Klett单位的情况不超过5%为前提。

ICS 55.100
Y 22

中华人民共和国国家标准

GB/T 8452—2008
代替 GB/T 8452—1987

玻璃瓶罐垂直轴偏差试验方法

Test method for verticality of glass bottles

(ISO 9008:1991,Glass bottles—Verticality—Test method, MOD)

2008-12-30 发布　　2009-09-01 实施

中华人民共和国国家质量监督检验检疫总局
中国国家标准化管理委员会　发布

前　言

本标准修改采用ISO 9008:1991《玻璃瓶罐　垂直轴偏差　试验方法》(英文版)。

本标准根据ISO 9008:1991重新起草。

本标准与ISO 9008:1991差异为:

——删除了ISO 9008:1991的序言和引用标准;

——增加了目次与前言;

——增加了规范性引用文件及术语和定义;

——在垂直立柱上的测量工具中增加了读数显微镜;

——修改了对仪器中自动定心夹紧装置的描述。

本标准代替GB/T 8452—1987《玻璃容器　玻璃瓶垂直轴偏差测试方法》。

本标准与GB/T 8452—1987差异为:

——删除了GB/T 8452—1987术语中的名词定义;

——增加了本标准的前言;

——增加了规范性引用文件及术语和定义;

——修改了对仪器中在垂直立柱上的测量工具的描述。

本标准由中国轻工业联合会提出。

本标准由全国日用玻璃标准化技术委员会(SAC/TC 377)归口。

本标准起草单位:东华大学、国家眼镜玻璃搪瓷制品质量监督检验中心。

本标准主要起草人:戴琦、张国琇。

本标准所代替标准的历次版本发布情况为:

——GB/T 8452—1987。

玻璃瓶罐垂直轴偏差试验方法

1 范围

本标准规定了玻璃瓶罐垂直轴偏差的测试方法。

本标准适用于测量玻璃瓶罐的垂直轴偏差。

2 规范性引用文件

下列文件中的条款通过本标准的引用而成为本标准的条款。凡是注日期的引用文件，其随后所有的修改单(不包括勘误的内容)或修订版均不适用于本标准，然而，鼓励根据本标准达成协议的各方研究是否可使用这些文件的最新版本。凡是不注日期的引用文件，其最新版本适用于本标准。

GB/T 9987 玻璃瓶罐制造术语

3 术语和定义

GB/T 9987 中确立的术语和定义适用于本标准。

4 要求

4.1 仪器要求是保证玻璃瓶罐底部水平放置并可测得瓶口与垂直轴的偏差。

4.2 测量表示方法取决于使用的仪器类型：

a) 用水平尺的通过性测量；

b) 百分表或读数显微镜；

c) 标尺上的放大投影法。

4.3 仪器由带有自动定心夹紧装置的旋转底盘和带有一个水平尺或百分表或读数显微镜的垂直立柱组成，或由附有 V 形块的底板和带有一个水平尺或百分表或读数显微镜的垂直立柱组成。百分表、读数显微镜或水平尺应能调整高度和水平位置。也可使用非接触式光扫描装置。

4.4 测量偏差的工具应放在瓶口边缘外侧。

4.5 非圆形的玻璃瓶罐应使用能使其夹持在旋转底板中心的仪器测量。

注：也可使用达到精度要求的其他类型仪器。

5 样品

应以规定数量的玻璃瓶罐进行试验。样品应符合要求，瓶底严重变形的玻璃瓶罐应去除。

6 步骤

6.1 玻璃瓶罐夹持在水平旋转底盘上，旋转底盘 360°。如用附有 V 形块的底板时，则将样品紧靠在 V 形块上，测量时在与水平面成 45°方向上对样品施加一个向下的压力，旋转玻璃瓶罐 360°。

6.2 记下瓶口边缘外侧与固定点之间的最大和最小距离，垂直轴偏差是测得的最大值和最小值之差的一半。

6.3 测量的精度为 0.1 mm。

6.4 按精度修正由实测得到的垂直轴偏差。

7 试验报告

试验报告应包括下列内容：

a） 执行标准号；

b） 样品的规格及数量；

c） 使用的仪器类型；

d） 试验结果数据；

e） 试验者签名，试验日期。

ICS 23.060.01
J 16

GB

中华人民共和国国家标准

GB/T 8464—2008
代替 GB/T 8464—1998,部分代替 GB/T 15185—1994

铁制和铜制螺纹连接阀门

Cast iron and copper valves with screwed connections

2008-12-23 发布 2009-07-01 实施

中华人民共和国国家质量监督检验检疫总局
中国国家标准化管理委员会 发布

前　言

本标准代替 GB/T 8464—1998《水暖用内螺纹连接阀门》，部分代替 GB/T 15185—1994《铁制和铜制球阀》。与 GB/T 8464—1998、GB/T 15185—1994 相比主要变化如下：

——对标准名称进行了修改；

——结构型式中增加了闸阀、截止阀和球阀典型结构；

——增加了铜合金阀门的压力-温度额定值；

——增加了管螺纹头部的扳口对边尺寸；

——修改了阀体最小壁厚的要求；

——阀杆最小直径的要求；

——增加了用于生活饮用水管道上的阀门的卫生性能要求；

——修改了试验方法和检验要求；

——增加了阀门安装性能要求；

——删除了 GB/T 15185—1994 中的法兰连接球阀的全部内容。

本标准由中国机械工业联合会提出。

本标准由全国阀门标准化技术委员会(SAC/TC 188)归口。

本标准起草单位：宁波埃美柯铜阀门有限公司、浙江盾安阀门有限公司、宁波南洋阀门有限公司、浙江沃孚阀门有限公司。

本标准主要起草人：郑雪珍、陈为民、厉述淮、倪平、钱金明、蒋菊生、陈国栋。

本标准所代替标准的历次版本发布情况为：

——GB 8464—1987、GB/T 8464—1998；

——GB/T 15185—1994。

铁制和铜制螺纹连接阀门

1 范围

本标准规定了铁制和铜制螺纹连接的闸阀、截止阀、球阀、止回阀的分类、技术要求、试验方法、检验规则、标志、包装、运输及贮存。

本标准适用于：

螺纹连接的闸阀、截止阀、球阀、止回阀(以下简称阀门)。

公称压力不大于PN16、公称尺寸不大于DN100的灰铸铁、可锻铸铁材料的阀门。

公称压力不大于PN25、公称尺寸不大于DN100的球墨铸铁材料的阀门。

公称压力不大于PN40、工作温度不高于180 ℃的铜合金阀门。

工作介质为水、非腐蚀性液体、空气、饱和蒸气等。

2 规范性引用文件

下列文件中的条款通过本标准的引用而成为本标准的条款。凡是注日期的引用文件，其随后所有的修改单(不包括勘误的内容)或修订版均不适用于本标准，然而，鼓励根据本标准达成协议的各方研究是否可使用这些文件的最新版本。凡是不注日期的引用文件，其最新版本适用于本标准。

GB/T 1047 管道元件 DN(公称尺寸)的定义和选用(GB/T 1047—2005,ISO 6708:1995,MOD)

GB/T 1048 管道元件 PN(公称压力)的定义和选用(GB/T 1048—2005,ISO/CD 7268:1996,MOD)

GB/T 1184—1996 形状和位置公差 未注公差值(GB/T 1184—1996,eqv ISO 2768-2:1989)

GB/T 3287 可锻铸铁管路连接件(GB/T 3287—2000,eqv ISO 49:1994)

GB/T 4380 圆度误差的评定 两点、三点法

GB/T 7306.1 55°密封管螺纹 第1部分:圆柱内螺纹与圆锥外螺纹(GB/T 7306.1—2000,eqv ISO 7-1:1994)

GB/T 7306.2 55°密封管螺纹 第2部分:圆锥内螺纹与圆锥外螺纹(GB/T 7306.2—2000,eqv ISO 7-1:1994)

GB/T 7307 55°非密封管螺纹(GB/T 7307—2001,eqv ISO 228-1:1994)

GB/T 9440 可锻铸铁件(GB/T 9440—1988,neq ISO 5922:1981)

GB/T 12220 通用阀门 标志(GB/T 12220—1989,idt ISO 5209:1977)

GB/T 12221 金属阀门 结构长度(GB/T 12221—2005,ISO 5752:1982,MOD)

GB/T 12225 通用阀门 铜合金铸件技术条件

GB/T 12226 通用阀门 灰铸铁件技术条件

GB/T 12227 通用阀门 球墨铸铁件技术条件

GB/T 12716 60°密封管螺纹(GB/T 12716—2002,eqv ASME B1.20.1:1992)

GB/T 13927—2008 工业阀门 压力试验(ISO/DIS 5208:2007,MOD)

GB/T 15117 铜合金压铸件

GB/T 15530.8 铜合金及复合法兰 技术条件

GB/T 17219 生活饮用水输配水设备及防护材料的安全性评价标准

GB/T 17241.7 铸铁管法兰 技术条件(GB/T 17241.7—1998,neq ISO 7005-2:1988)

GB/T 20078 铜和铜合金 锻件(GB/T 20078—2006,BS EN 12420:1999,IDT)

JB/T 5300 通用阀门 材料

JB/T 7928 通用阀门 供货要求

QB/T 3826 轻工产品金属镀层和化学处理层的耐腐蚀试验方法 中性盐雾试验(NSS)法

QB/T 3832 轻工产品金属镀层腐蚀试验结果的评价

3 分类

3.1 结构型式

3.1.1 螺纹连接闸阀的典型结构型式如图1所示。

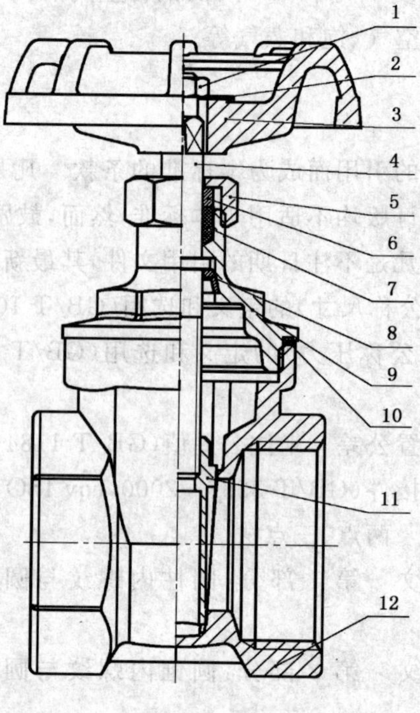

1——螺母;	5——压紧螺母;	9——阀盖;
2——铭牌;	6——压圈;	10——垫片;
3——手轮;	7——填料;	11——闸板;
4——阀杆;	8——紧圈;	12——阀体。

a)

图1 螺纹连接闸阀结构型式

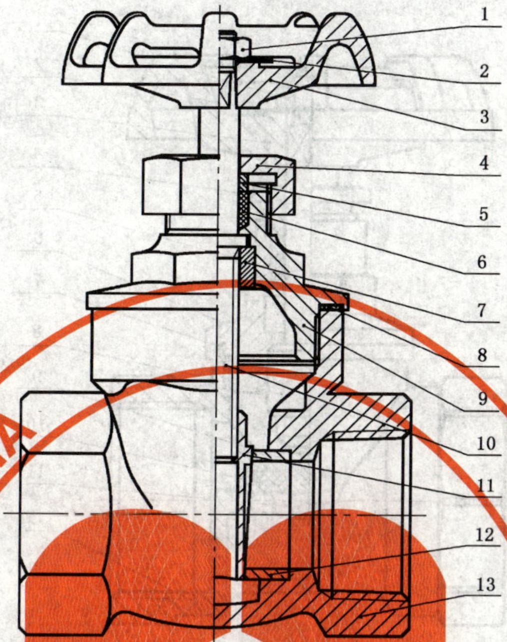

1——螺母；
2——铭牌；
3——手轮；
4——压紧螺母；
5——压圈；
6——填料；
7——定位套；
8——垫片；
9——阀盖；
10——阀杆；
11——闸板；
12——阀座；
13——阀体。

b)

图 1（续）

3.1.2 螺纹连接截止阀的典型结构型式如图 2 所示。

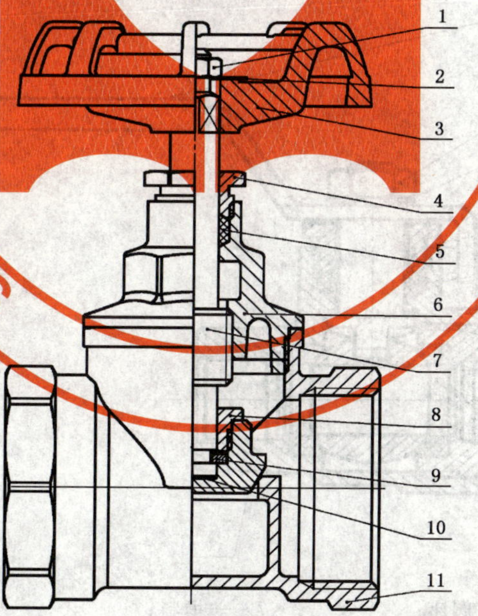

1——螺母；
2——铭牌；
3——手轮；
4——填料压盖；
5——填料；
6——阀盖；
7——阀杆；
8——瓣盖；
9——挡圈；
10——阀瓣；
11——阀体。

a)

图 2 螺纹连接截止阀结构型式

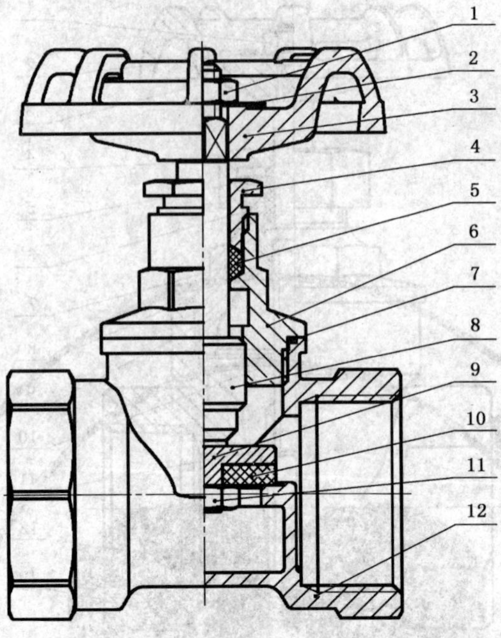

1——螺母；　　4——填料压盖；　　7——口面垫圈；　　10——阀瓣；
2——铭牌；　　5——填料；　　8——阀杆；　　11——螺母；
3——手轮；　　6——阀盖；　　9——密封座；　　12——阀体。

b)

图 2（续）

3.1.3 螺纹连接球阀的典型结构型式如图 3 所示。

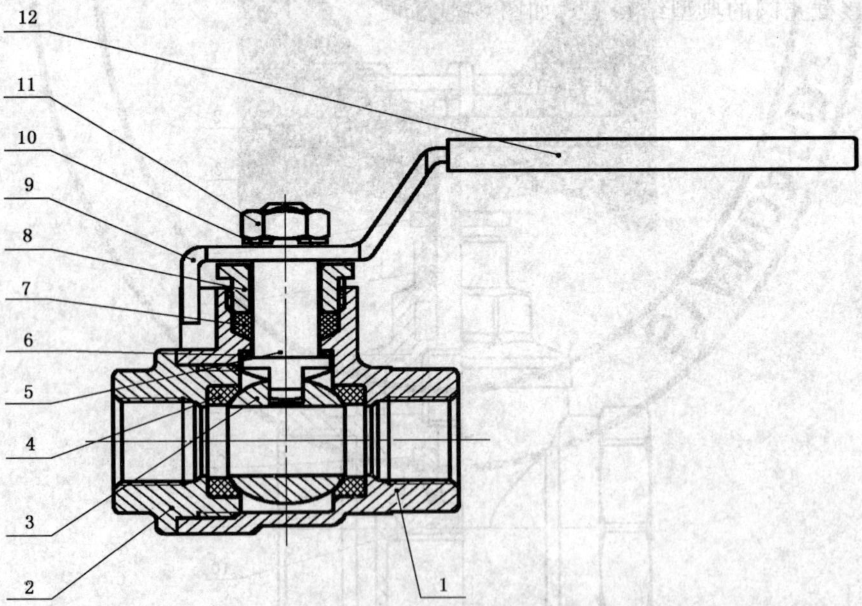

1——阀体；　　4——阀座；　　7——填料；　　10——垫圈；
2——阀盖；　　5——阀杆；　　8——填料压盖；　　11——螺母；
3——球；　　6——阀杆垫圈；　　9——手柄；　　12——手柄套。

a)

图 3 螺纹连接球阀结构型式

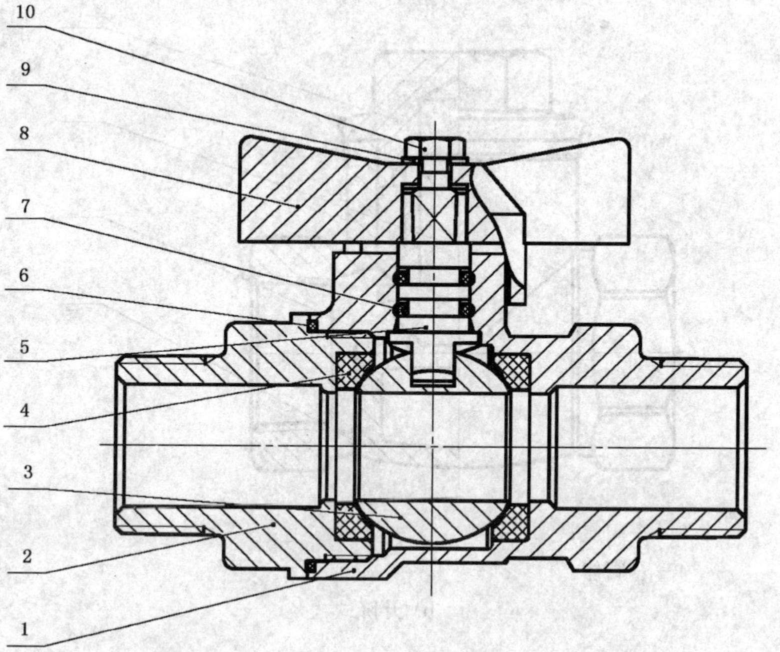

1——阀体；
2——阀盖；
3——球；
4——阀座；
5——阀杆；
6——口面垫圈；
7——O形圈；
8——手柄；
9——垫圈；
10——螺栓。

b)

图 3（续）

3.1.4 螺纹连接止回阀的典型结构型式如图 4 所示。

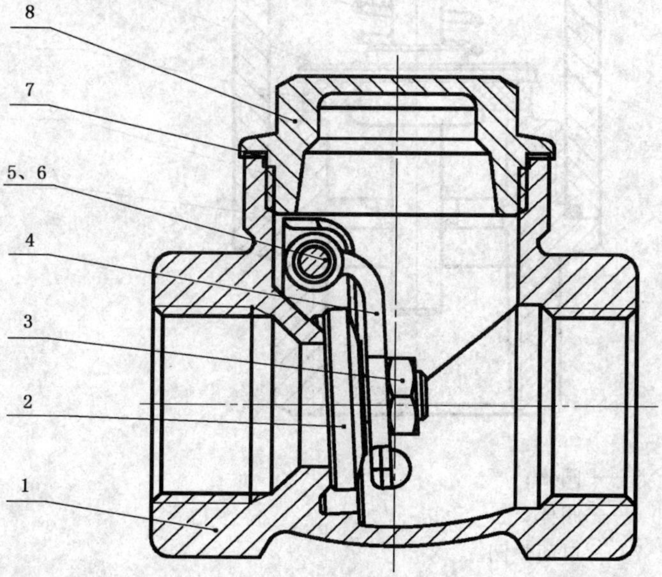

1——阀体；
2——阀瓣；
3——螺母；
4——摇杆；
5——销轴螺母；
6——销轴；
7——垫圈；
8——阀盖。

a) 旋启式

图 4 螺纹连接止回阀结构型式

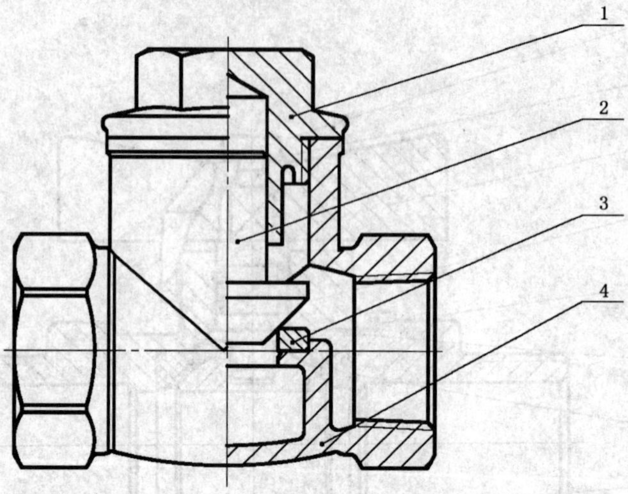

1——阀盖；　　3——阀座；
2——阀瓣；　　4——阀体。

b) 升降式

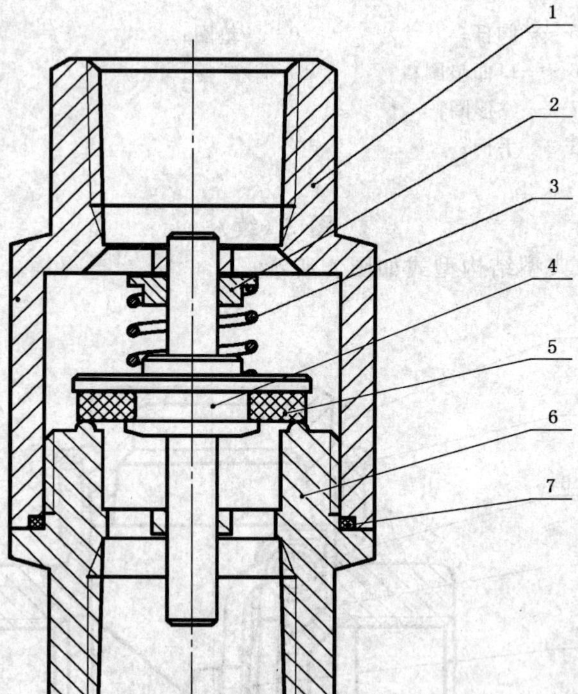

1——阀盖；　　5——阀瓣；
2——弹簧挡圈；　　6——阀体；
3——弹簧；　　7——口面垫圈。
4——阀瓣架；

c) 升降立式

图 4（续）

3.1.5　在符合本标准技术要求的前提下，允许设计成其他结构型式。

3.2　参数

3.2.1　螺纹连接阀门公称尺寸按 GB/T 1047 的规定，且不大于 DN100。

3.2.2 螺纹连接阀门公称压力按GB/T 1048的规定，并且灰铸铁阀门公称压力不大于PN16、可锻铸铁阀门公称压力不大于PN25、球墨铸铁和铜合金阀门公称压力不大于PN40。

4 技术要求

4.1 压力-温度额定值

4.1.1 铁制阀门的压力-温度额定值按GB/T 17241.7的规定。

4.1.2 铜合金阀门的压力-温度额定值按GB/T 15530.8的规定。

4.1.3 对于某些采用弹性密封副结构、或内部零件采用非金属材料的，其允许使用的压力-温度等级低于阀门壳体材料的压力-温度等级，应当取其较低值，并应当在铭牌上予以标明。

4.2 阀体

4.2.1 螺纹连接阀门的结构长度按GB/T 12221的规定，或按订货合同的要求。

4.2.2 螺纹连接阀门阀体端部采用圆柱管螺纹或圆锥管螺纹时，螺纹尺寸和精度应符合GB/T 7307、GB/T 7306.1、GB/T 7306.2和GB/T 12716的规定；有特殊要求的应在订货合同中注明。

4.2.3 管螺纹表面粗糙度 *Ra* 不大于6.3 μm，表面质量应符合GB/T 3287中的规定。

4.2.4 阀体两端管螺纹轴线角偏差不大于1°。

4.2.5 管螺纹头部的扳口应有足够的强度，扳口对边最小尺寸见表1。

表1 扳口对边最小尺寸 单位为毫米

公称尺寸 DN	铜合金材料	可锻铸铁材料、球墨铸铁材料	灰铸铁材料
8	17.5	—	—
10	21	—	—
15	25	27	30
20	31	33	36
25	38	41	46
32	47	51	55
40	54	58	62
50	66	71	75
65	83	88	92
80	96	102	105
100	124	128	131

4.2.6 阀体通道最小直径按表2的规定。

表2 阀体通道最小直径 单位为毫米

公称尺寸 DN	阀体通道最小直径
8	6
10	
15	9
20	12.5
25	17

表 2（续） 单位为毫米

公称尺寸 DN	阀体通道最小直径
32	23
40	28
50	36
65	49
80	57
100	75

4.2.7 阀体最小壁厚

4.2.7.1 铁制材料阀门的阀体最小壁厚按表 3 规定。

表 3 铁制阀门阀体最小壁厚 单位为毫米

公称尺寸 DN	灰铸铁	可锻铸铁		球墨铸铁	
	PN10	PN10	PN16	PN16	PN25
15	4	3	3	3	4
20	4.5	3	3.5	3.5	4.5
25	5	3.5	4	4	5
32	5.5	4	4.5	4.5	5.5
40	6	4.5	5	5	6
50	6	5	5.5	5.5	6.5
65	6.5	6	6	6	7
80	7	6.5	6.5	6.5	7.5
100	7.5	6.5	7.5	7	8

4.2.7.2 铜合金材料制阀门的阀体最小壁厚按表 4 规定。

表 4 铜合金制阀门阀体最小壁厚 单位为毫米

公称尺寸 DN	PN10	PN16	PN20	PN25	PN40
6	1.4	1.6	1.6	1.7	2.0
8	1.4	1.6	1.6	1.7	2.0
10	1.4	1.6	1.7	1.8	2.1
15	1.6	1.8	1.8	1.9	2.4
20	1.6	1.8	2.0	2.1	2.6
25	1.7	1.9	2.1	2.4	3.0
32	1.7	1.9	2.4	2.6	3.4
40	1.8	2.0	2.5	2.8	3.7
50	2.0	2.2	2.8	3.2	4.3
65	2.8	3.0	3.0	3.5	5.1
80	3.0	3.4	3.5	4.1	5.7
100	3.6	4.0	4.0	4.5	6.4

4.2.7.3 由于要承受操作负荷、应力集中及成型工艺等因素的影响，按表3、表4规定的阀体最小壁厚需要附加的厚度余量由制造单位确定。

4.3 **阀盖**

4.3.1 阀盖最小壁厚按阀体最小壁厚的规定。

4.3.2 当订货合同有上密封的要求时，阀盖上应设有上密封结构；当阀门处于完全开启状态时，上密封面与阀杆(或阀杆组合件)的密封面应相吻合。

4.4 **闸板**

4.4.1 闸阀全开时，闸板不得留于阀体通道内；关闭时闸板密封面中心线应高于阀体密封面(或阀座密封面)中心线。

4.4.2 闸板应考虑设置导向结构，使闸板和阀座间密封面的磨损减少到最低程度。

4.5 **阀座**

铁制螺纹连接阀门阀座可采用压入或胀接等形式与阀体连接，也可直接在阀体上堆焊形成阀座，其厚度应不小于1.6 mm。

4.6 **阀瓣**

升降式止回阀的阀瓣采用单面导向时，应有足够的导向面，导向长度与直径之比不小于0.8。

4.7 **阀杆与阀杆螺母**

4.7.1 阀杆最小直径

阀杆最小直径按表5的规定。

表5 阀杆最小直径

单位为毫米

公称尺寸 DN	PN10、PN16	PN20		PN25		PN40	
	闸阀和截止阀	闸阀	截止阀	闸阀	截止阀	闸阀	截止阀
8	5.5	5.5	6.0	6.0	6.0	6.5	6.5
10	5.5	5.5	6.0	6.0	6.0	6.5	6.5
15	6.0	6.0	6.5	6.5	6.5	7.5	7.5
20	6.5	6.5	7.0	7.0	7.0	8.0	8.0
25	7.5	7.5	8.0	8.0	8.0	9.5	9.5
32	8.5	8.5	9.5	9.5	9.5	11.0	11.0
40	9.5	9.5	10.5	10.5	10.5	12.0	12.0
50	10.5	10.5	11.0	11.0	12.0	12.5	14.0
65	12.0	12.0	12.5	12.5	13.5	14.0	15.5
80	13.5	13.5	14.0	14.0	15.0	16.0	17.5
100	15.0	15.0	15.5	15.5	16.5	17.5	19.0
注：表中阀杆的最小直径系指与填料配合段的直径。							

4.7.2 闸阀、截止阀关闭时，阀杆螺纹与螺母旋合长度应不小于阀杆螺纹大径。

4.7.3 球阀阀杆一般应设计成在介质压力作用下，拆开阀杆密封挡圈(如填料压盖)时，阀杆不会脱出的结构。

4.7.4 球阀阀杆的截面及与球体的连接面应能经受最大操作转矩。

4.7.5 阀杆与填料接触部分的表面粗糙度 Ra 不大于 3.2 μm。

4.8 **球体**

4.8.1 球阀的球体圆度不低于GB/T 1184—1996中规定的11级精度。

4.8.2 球体的通道直径不小于表2中的阀体通道最小直径。

4.8.3 铁制、碳钢制的球体应进行防锈处理。经24 h连续喷雾试验后，应达到评定耐蚀级别7级的要求。

4.9 装配

4.9.1 阀门启闭应灵活、无卡阻。

4.9.2 密封填料装入填料函后，应保证密封性能并有一定的调整余量。

4.9.3 截止阀、升降式止回阀的阀瓣开启高度应不小于阀体通道直径的四分之一。

4.9.4 球阀全开时，球体通孔轴线与阀体通孔轴线的角偏差应不大于3°。

4.10 操作

4.10.1 阀门无论配置哪种手轮或手柄，在阀门最大压差条件下，其所配带手轮或手柄的最大操作力不得大于360 N。

4.10.2 闸阀、球阀、截止阀的手轮或手柄顺时针方向旋转为关，反之为开。球阀开启时，手柄应与球体通道平行。

4.10.3 手轮、手柄上应有表示开关方向的永久性标志。

4.10.4 手轮和手柄应安装牢固，并在需要时可方便地拆卸和更换。

4.10.5 球阀应有全开和全关的限位结构。

4.11 外观

4.11.1 阀门表面不应有砂眼、裂纹、疏松、非金属夹杂等缺陷。

4.11.2 铁制阀门的非加工外表面均应涂漆或喷塑，漆层或喷塑面应附着牢固、色泽均匀，不应有明显的流漆、气泡、露底等缺陷。

4.11.3 阀门内腔不得涂漆，但应采取防锈措施。

4.12 材料

4.12.1 灰铸铁件的技术要求应符合GB/T 12226的规定；可锻铸铁件的技术要求应符合GB/T 9440的规定；球墨铸铁件的技术要求应符合GB/T 12227的规定；铜合金铸件的技术要求应符合GB/T 12225的规定；铜合金压铸件的技术要求应符合GB/T 15117的规定；铜合金锻件的技术要求应符合GB/T 20078的规定。

4.12.2 铁制和铜制阀门主要零件的材料选用参照JB/T 5300的规定，在保证产品性能的条件下，允许其他材料代替。

4.13 壳体强度要求

壳体试验后，不应有结构损伤，不允许有可见渗漏通过阀门壳壁和任何固定的阀体连接处。

4.14 密封性能要求

阀门进行密封试验时，在试验持续时间内，其密封处最大允许泄漏量非金属密封阀门应符合GB/T 13927—2008中A级要求，金属密封止回阀应符合GB/T 13927—2008中EE级要求，其他阀门应符合GB/T 13927—2008中D级要求。

4.15 卫生性能

用于生活饮用水管道上的阀门的卫生性能应符合GB/T 17219中的规定。

4.16 安装性能

4.16.1 抗扭力性能

按表6所示的扭矩对阀门施加扭矩10 s后，应无破损、变形，并符合壳体试验和密封性能要求。

表6 施加扭矩值

公称尺寸DN	8	10	15	20	25	32	40	50	65	80	100
扭矩/N·m	20	35	75	100	125	160	200	250	300	370	465

4.16.2 抗弯曲性能

按表7所示的力矩对阀门施加弯曲力10 s后，应无破损及明显变形，并符合壳体试验和密封性能要求。

表7 施加弯曲力值

公称尺寸 DN	8	10	15	20	25	32	40	50	65	80	100
力矩/N·m	30	70	105	225	340	475	610	1 100	1 550	1 900	2 500

5 试验方法

5.1 螺纹连接阀门的壳体和密封试验方法按 GB/T 13927—2008 的有关规定进行。

5.2 阀体壁厚用测厚仪测量或专用卡尺测量。

5.3 阀杆直径用游标卡尺测量。

5.4 管螺纹尺寸精度用相应精度的管螺纹量规检查。

5.5 阀体两端管螺纹轴线角偏差用管螺纹芯棒检查。

5.6 粗糙度用粗糙度标准块对比检查采用电动轮廓仪进行评定。

5.7 球阀球体的圆度误差按 GB/T 4380 的规定，用圆度仪评定。

5.8 球阀球体、阀杆的防锈性能按 QB/T 3826 进行检查，评定方法按 QB/T 3832 进行评定。

5.9 阀门应连续启、闭5次无卡阻。

5.10 闸板位置检查用目测检查。

5.11 阀门表面质量用目测检查。

5.12 灰铸铁件的材质按 GB/T 12226 的规定检验；可锻铸铁件的材质按 GB/T 9440 的规定检验；球墨铸铁件的材质按 GB/T 12227 的规定检验；铜合金铸件的材质按 GB/T 12225 的规定检验；铜合金压铸件的材质按 GB/T 15117 的规定检验；铜合金锻件的材质按 GB/T 20078 的规定检验。

5.13 阀门的卫生性能试验按 GB/T 17219 的规定执行。

5.14 抗扭力性能试验用图5所示的专用装置将所测阀门固定，用扭力扳手按表6规定的扭矩扳紧，其结果应符合4.16.1的规定。

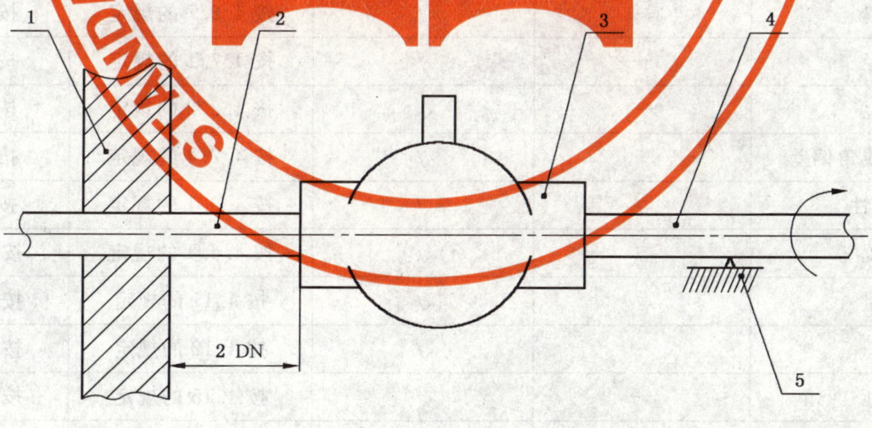

1——管固定体；

2——管道；

3——阀门；

4——管道；

5——管道支撑体。

图5 抗扭力性能试验专用装置

5.15 抗弯曲性能试验用图 6 所示的专用装置将所测阀门固定，按表 7 规定的力矩在图 6 所示处施加 F 力，其结果应符合 4.16.2 的规定。

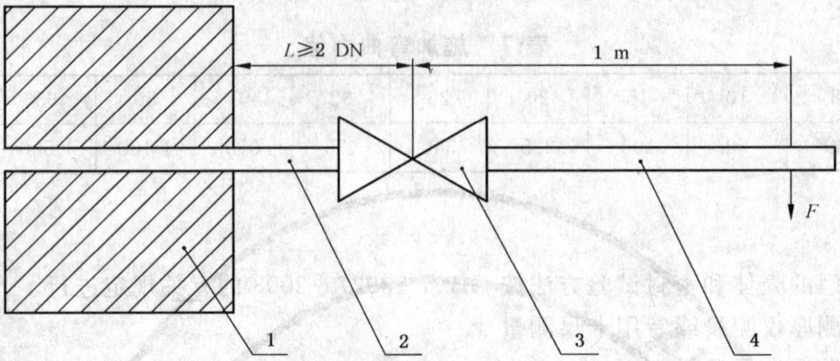

1——管固定体；
2——管道；
3——阀门；
4——管道。

图 6 抗弯曲性能试验专用装置

6 检验规则

6.1 每台产品均应做出厂检验，检验合格后方可出厂。

6.2 检验项目、技术要求和试验方法按表 8 的规定。

表 8 检验项目

检验项目	检验类别		技术要求	检验和试验方法
	出厂检验	型式检验		
壳体试验	√	√	按 4.13 的规定	按 5.1 的规定
密封试验	√	√	按 4.14 的规定	按 5.1 的规定
阀体壁厚	—	√	按 4.2.7 的规定	按 5.2 的规定
阀杆直径	—	√	按 4.7.1 的规定	按 5.3 的规定
管螺纹精度	—	√	按 4.2.2 的规定	按 5.4 的规定
两端管螺纹轴线角偏差	—	√	按 4.2.4 的规定	按 5.5 的规定
启闭灵活性	√	√	按 4.9.1 的规定	按 5.9 的规定
闸板位置	√	√	按 4.4.1 的规定	按 5.10 的规定
外观质量	√	√	按 4.11 的规定	按 5.11 的规定
材质	—	√	按 4.12 的规定	按 5.12 的规定
卫生性能	—	√	按 4.15 的规定	按 5.13 的规定
安装性能	—	√	按 4.16 的规定	按 5.14、5.15 的规定
注 1：“√”为检验项目，“—”不做检验。 注 2：用于生活饮用水管道上的阀门需做卫生性能试验。				

6.3 型式检验

6.3.1 型式检验项目、技术要求、检验和试验方法按表 8 的规定。

6.3.2 有下列情况之一时，应提供 1～2 台阀门进行型式试验，试验合格后方可成批生产：

a） 新产品或老产品转厂生产的试制定型鉴定；

b） 正式生产后，如产品结构、材料、工艺有较大改变，可能影响产品性能时；

c） 产品停产半年后，恢复生产时。

6.3.3 有下列情况之一时，应抽样进行型式试验：

a） 正常生产时，定期或积累一定产量后，应周期性进行一次检验；

b） 国家质量监督机构提出进行型式检验的要求时。

6.3.4 抽样方法。检验样品可从生产厂质量检验部门检查合格的库存阀门中随机抽取，或从已供给用户但未使用的并且保持出厂状态的阀门中随机抽取。每一规格阀门供抽样的最少台数和抽样台数按表9的规定。到用户抽样时，供抽样的台数不受表9的限制，抽样台数仍按表9的规定。对整个系列产品进行质量考核时，抽检部门根据情况可以从该系列中抽取2～3个典型规格进行检验，每个规格供抽样的台数和抽样台数仍按表9的规定。

表9 抽样台数

公称尺寸 DN	供抽样的最少台数	抽样台数
＜50	30	3
50～100	20	

7 标志、包装、运输和贮存

7.1 标志

螺纹连接阀门的标志按 GB/T 12220 的规定。

7.2 包装、运输和贮存

螺纹连接阀门的包装、运输和贮存按 JB/T 7928 的规定。

ICS 65.020.30
B 43

中华人民共和国国家标准

GB/T 8472—2008
代替 GB/T 8472—1987

北京黑猪

Beijing black pig

2008-12-31 发布　　2009-05-01 实施

中华人民共和国国家质量监督检验检疫总局
中国国家标准化管理委员会 发布

前　言

本标准代替 GB/T 8472—1987《北京黑猪》。

本标准与 GB/T 8472—1987 相比主要变化如下：

——将标准主体内容改为“范围、规范性引用文件、品种特性、种猪评定、种猪要求”；

——增加了“规范性引用文件”；

——对北京黑猪的外貌特征、繁殖性能、生长性能、胴体性能、评价标准等进行了修改；

——将附录 A 改为“北京黑猪公猪、母猪照片”。

本标准的附录 B 为规范性附录，附录 A 为资料性附录。

本标准由中华人民共和国农业部提出。

本标准由全国畜牧业标准化技术委员会归口。

本标准起草单位：北京市农林科学院畜牧兽医研究所、北京世新华盛牧业科技有限公司。

本标准主要起草人：季海峰、谢蜀杨、王红卫、徐菁、石国华、杨洪平、单达聪、王四新、黄建国、张董燕、王雅民。

本标准所代替标准的历次版本发布情况为：

——GB/T 8472—1987。

北京黑猪

1 范围

本标准规定了北京黑猪的外貌特征、繁殖性能、生长性能、胴体性能以及种猪评定标准。

本标准适应于北京黑猪的鉴别、选育、生产和等级评定。

2 规范性引用文件

下列文件中的条款通过本标准的引用而成为本标准的条款。凡是注日期的引用文件，其随后所有的修改单(不包括勘误的内容)或修订版均不适用于本标准，然而，鼓励根据本标准达成协议的各方研究是否可使用这些文件的最新版本。凡是不注日期的引用文件，其最新版本适用于本标准。

NY/T 62 瘦肉型种猪性能测定技术规程

NY/T 65 猪饲养标准

3 品种特性

北京黑猪是杂交育成品种，具有早熟、抗病力强、抗应激、肉质好等特点。

3.1 外貌特征

3.1.1 北京黑猪全身被毛黑色，体型中等，结构匀称，性情温顺，母性好；两耳半直立向前平伸，头小面微凹，嘴中等长；颈肩结合良好，背腰平直，腹部不下垂，后躯发育较好；四肢结实健壮；乳头数在14个以上。

3.1.2 成年公猪体重200 kg～250 kg，体长150 cm～160 cm，体高72 cm～82 cm；成年母猪体重170 kg～200 kg，体长127 cm～143 cm，体高71 cm～80 cm。

3.1.3 北京黑猪公猪、母猪照片参见附录A。

3.2 繁殖性能

母猪初情期在6月龄～7月龄，发情持续期53 h～65 h，发情周期为21 d；初产母猪窝产仔数9头以上，窝产活仔数8头以上；经产母猪窝产仔数10头以上，窝产活仔数9头以上；仔猪出生个体重1.1 kg以上。

3.3 生长性能

北京黑猪出生后6月龄体重达到90 kg以上。20 kg～90 kg体重阶段，日增重530 g以上，每kg增重消耗配合饲料3.3 kg以下。

3.4 胴体性能

北京黑猪90 kg体重屠宰测定，屠宰率70%以上，腿臀比例28%以上，背膘厚2.8 cm以下，胴体瘦肉率56%以上，肌内脂肪含量3%以上，肉质鲜嫩，味道鲜美。

4 种猪评定

4.1 必备条件

种猪应同时具备以下条件：

a) 毛色全黑；

b) 睾丸、阴部发育正常，有效乳头数14个以上，排列均匀；

c) 血缘清楚，确系纯种北京黑猪。

4.2 评定方法与标准

4.2.1 猪的性能测定按照 NY/T 62 执行,饲料营养需要量按照 NY/T 65 执行。

4.2.2 根据评定猪的日增重(2 月龄～6 月龄)和活体背膘厚(6 月龄)进行评分,两项分数值之和即为该猪的最终评定得分。日增重的评定标准见表 1,活体背膘厚的评定标准见表 2,种猪等级的分数标准按表 3 执行。

表 1 2 月龄～6 月龄猪日增重标准

性别	一级		二级		三级	
	日增重/g	分数值/分	日增重/g	分数值/分	日增重/g	分数值/分
公猪	630	35	600	31	570	27
母猪	590	35	560	31	530	27
注：表中日增重为下限值。在下限值基础上,每增加 1 g,加 0.133 3 分。						

表 2 6 月龄猪活体背膘厚标准

性别	一级		二级		三级	
	背膘厚/cm	分数值/分	背膘厚/cm	分数值/分	背膘厚/cm	分数值/分
公猪	2.0	55	2.3	45	2.6	35
母猪	2.2	55	2.5	45	2.8	35
注：表中背膘厚为下限值。在下限值基础上,每减少 0.01 cm,加 0.333 3 分。						

表 3 不同等级猪的分数标准

一级	二级	三级	等外
90 分以上	89 分～76 分	75 分～62 分	62 分以下

5 种猪要求

5.1 种公猪应在二级以上,种母猪应在三级以上。

5.2 肢蹄结实,临床健康,按规定注射疫苗。

5.3 种猪出场时应有合格证(见附录 B)。

附 录 A
（资料性附录）
北京黑猪公猪、母猪照片

a）

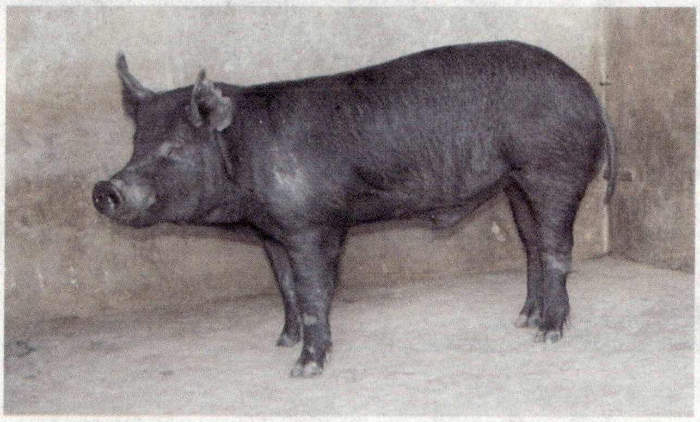

b）

c）

图 A.1 北京黑猪后备公猪

a)

b)

c)

图 A.2 北京黑猪后备母猪

附　录　B
（规范性附录）
北京黑猪种猪出场合格证

北京黑猪种猪出场合格证存根

耳　　号		同窝仔猪数，头		出场日期	
性　　别		父号/等级	/	出场体重/kg	
出生日期		母号/等级	/	选购单位	
出生体重/kg		评定等级		填表人	

北京黑猪种猪出场合格证

<table>
<tr><td>耳　　号</td><td></td><td>出生体重/kg</td><td colspan="2"></td><td>出场日期</td><td></td></tr>
<tr><td>性　　别</td><td></td><td>同窝仔猪数/头</td><td colspan="2"></td><td>评定等级</td><td></td></tr>
<tr><td>出生日期</td><td></td><td>出场体重/kg</td><td colspan="2"></td><td>选购单位</td><td></td></tr>
<tr><td rowspan="4">系　　谱</td><td rowspan="2">父号</td><td rowspan="2">等级</td><td colspan="2">祖父号</td><td colspan="2">等级</td></tr>
<tr><td colspan="2">祖母号</td><td colspan="2">等级</td></tr>
<tr><td rowspan="2">母号</td><td rowspan="2">等级</td><td colspan="2">外祖父号</td><td colspan="2">等级</td></tr>
<tr><td colspan="2">外祖母号</td><td colspan="2">等级</td></tr>
<tr><td rowspan="2">预防接种日期</td><td>猪　瘟</td><td>口蹄疫</td><td></td><td></td><td></td><td></td></tr>
<tr><td></td><td></td><td></td><td></td><td></td><td></td></tr>
<tr><td>健康状况</td><td colspan="6"></td></tr>
<tr><td>出售单位</td><td colspan="2"></td><td>联系电话</td><td colspan="3"></td></tr>
<tr><td>填表人</td><td colspan="2"></td><td>填表日期</td><td colspan="3"></td></tr>
</table>

图 B.1　北京黑猪种猪出场合格证

ICS 65.020.30
B 43

GB

中华人民共和国国家标准

GB/T 8473—2008
代替 GB/T 8473—1987

上海白猪

Shanghai white pig

2008-12-31 发布　　2009-05-01 实施

中华人民共和国国家质量监督检验检疫总局
中国国家标准化管理委员会　发布

前　言

本标准代替 GB/T 8473—1987《上海白猪》。

本标准与 GB/T 8473—1987 相比主要变化如下：

——增加了“前言”，罗列出本次修订与原标准的主要区别；

——增加第 1 章“范围”，修改编入了原标准开头悬置段内容，并增加了“本标准规定了上海白猪的品种特征特性”；

——增加第 2 章“规范性引用文件”；

——增加“3.1　原产地和主要特点”和“3.6　肌肉品质”；

——修订了原标准区间值表述方式，将原标准 1.2.1 修订为 3.3.3，并增加了 3.3.1 和 3.3.2；

——将原标准 1.2.2 修订为 3.4.2，并增加了 3.1.1；

——将原标准 1.2.3 修订为 3.5.2，并增加了 3.5.1；

——将原标准第 2 章“种猪评定”中的评定分级方式方法进行了调整，修订为本标准第 4 章；

——修订了第 5 章“种猪出场条件”；

——更新了原标准附录 A 的内容。

本标准的附录 A 为资料性附录。

本标准由中华人民共和国农业部提出。

本标准由全国畜牧业标准化技术委员会归口。

本标准起草单位：上海市农业科学院畜牧兽医研究所。

本标准主要起草人：曹建国、张忠明、张佩华、张似青。

本标准所代替标准的历次版本发布情况为：

——GB/T 8473—1987。

上 海 白 猪

1 范围

本标准规定了上海白猪的品种特征特性、种猪评定和种猪出场条件。

本标准适用于上海白猪的品种鉴别、选育、生产和种猪评定。

2 规范性引用文件

下列文件中的条款通过本标准的引用而成为本标准的条款。凡是注日期的引用文件，其随后所有的修改单(不包括勘误的内容)或修订版均不适用于本标准，然而，鼓励根据本标准达成协议的各方研究是否可使用这些文件的最新版本。凡是不注日期的引用文件，其最新版本适用于本标准。

NY/T 820 种猪登记技术规范

NY/T 821 猪肌肉品质测定技术规范

NY/T 822 种猪生产性能测定规程

NY/T 825 瘦肉型猪胴体性状测定技术规范

3 品种特征特性

3.1 原产地和主要特点

上海白猪是培育品种，原产于上海市，具有肉质好、适应性强、产仔较多的优点；适宜作生产瘦肉型商品猪的杂交母本。

3.2 外貌特征

全身被毛白色，体型中等，背腰平直。头中等大，头面平或微凹，两耳中等大、略向前倾，嘴筒中等长。肋骨14对～15对。四肢粗壮。臀部丰满。乳头数一般为7对，对称排列。上海白猪外貌照片参见附录A。

3.3 繁殖性能

3.3.1 按照NY/T 820的规定进行测定。

3.3.2 上海白猪发情征状明显。母猪初情期6月龄左右，发情周期21 d，发情持续期3 d～4 d；适宜初配期8月龄，体重达75 kg以上。

3.3.3 初产母猪平均产仔数10.0头，平均产活仔数9.0头，仔猪平均初生头重1.2 kg；经产母猪平均产仔数11.5头，平均产活仔数10.5头，仔猪平均初生头重1.3 kg。

3.4 肥育性能

3.4.1 按照NY/T 822的规定进行测定。

3.4.2 日粮水平消化能12.17 MJ/kg～12.25 MJ/kg、粗蛋白13.5%～15.0%的条件下，体重25 kg～90 kg阶段时，日增重570 g，饲料转化率3.6。

3.5 胴体品质

3.5.1 按照NY/T 825的规定进行测定。

3.5.2 在体重85 kg～90 kg屠宰时，平均屠宰率68.6%、后腿比例27.3%，第6肋至第7肋间背膘厚25.6 mm，皮厚2.9 mm，胴体斜长74 cm，眼肌面积27.4 cm^2，胴体瘦肉率52%。

3.6 肌肉品质

3.6.1 按照NY/T 821的规定进行测定。

3.6.2 肉色评分(5分制)3.0分以上，大理石花纹评分(5分制)2.5分以上，肌肉pH值6.0～6.4，系水力88%以上。

4 种猪评定

4.1 必备条件

4.1.1 血缘清楚，系谱档案资料齐全。

4.1.2 无遗传疾患。

4.1.3 体型外貌符合本品种特征。

4.1.4 公母猪生殖器官发育正常，有效乳头6对以上，排列均匀。

4.1.5 生长发育良好，四肢健壮，体质结实。

4.2 评定与分级

4.2.1 仔猪评定

4.2.1.1 双亲180日龄的评定等级应达到：母猪三级或三级以上，公猪二级或二级以上。

4.2.1.2 60日龄体重不低于10 kg。

4.2.2 后备猪评定

4.2.2.1 仔猪评定合格。

4.2.2.2 后备猪在180日龄进行评定，分级以体重(w)为依据，见表1。

表1 后备猪等级评定

等级	180日龄体重(w)/kg	
	后备公猪	后备母猪
特级	$w \geqslant 85$	$w \geqslant 80$
一级	$80 \leqslant w \leqslant 84$	$75 \leqslant w \leqslant 79$
二级	$75 \leqslant w \leqslant 79$	$70 \leqslant w \leqslant 74$
三级	$70 \leqslant w \leqslant 74$	$65 \leqslant w \leqslant 69$

4.2.3 成年种猪评定

4.2.3.1 成年母猪在24月龄进行评定。参与评定的母猪应是经过180日龄评定为三级或三级以上。

4.2.3.2 种母猪的评定等级以总产仔数和产活仔数的综合指数为依据，指数按式(1)计算，按表2评定。

$$I = \frac{A+B}{2} \times L \quad \cdots\cdots(1)$$

式中：

I——综合指数；

A——总产仔数；

B——产活仔数；

L——胎次的校正系数(1胎为1.071，2胎至3胎为1.057，3胎至7胎为0.996，8胎以上为0.982)。

表2 成年母猪等级评定

等级	综合指数(I)
特级	$I \geqslant 12$
一级	$11.0 \leqslant I \leqslant 11.9$
二级	$10.0 \leqslant I \leqslant 10.9$
三级	$9.0 \leqslant I \leqslant 9.9$

4.2.3.3 种公猪的等级评定以180日龄时的评定为依据。

5 种猪出场条件

5.1 凡种猪出场应达到4.1的要求。

5.2 经过60日龄评定为合格或后备猪评定等级应达到：母猪三级或三级以上，公猪二级或二级以上。

5.3 按规定免疫并符合健康要求。

附 录 A
（资料性附录）
上海白猪外貌照片

a）种公猪正面照

b）种公猪侧面照

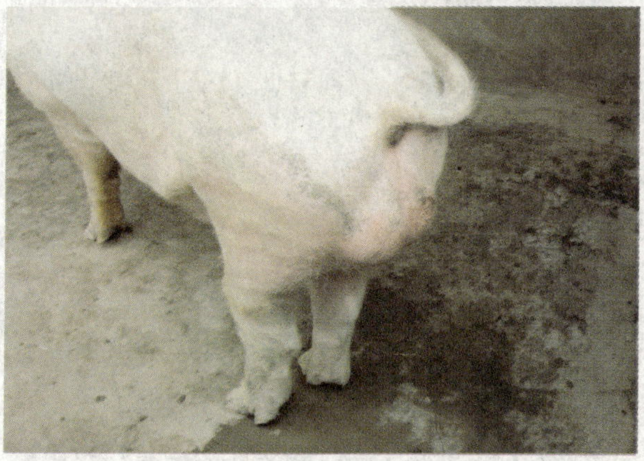

c）种公猪后躯照

图 A.1 种公猪照片

a）种母猪正面照

b）种母猪侧面照

c）种母猪后躯照

图 A.2 种母猪照片

ICS 65.020.30
B 43

中华人民共和国国家标准

GB/T 8476—2008
代替 GB/T 8476—1987

湖 北 白 猪

Hubei white pig

2008-12-31 发布 2009-05-01 实施

中华人民共和国国家质量监督检验检疫总局
中国国家标准化管理委员会 发布

前　言

本标准代替 GB/T 8476—1987《湖北白猪》。

本标准与 GB/T 8476—1987 相比主要变化如下：

——增加了“前言”，罗列出本次修订与原标准的主要区别；

——增加第 1 章“范围”，修改编入了原标准开头悬置段内容，并增加规定了：“湖北白猪的品种特征特性、生产性能、种用价值评定和出场条件”；

——增加了第 2 章“规范性引用文件”；

——将原标准 1.1 和 1.2 修订为本标准第 3 章；

——将原标准 1.3 修订为本标准第 4 章，并增加了 4.1；

——将原标准 1.3.1 和 2.2.1 表 1 部分参数修订为 4.1.1，并增加了“后备猪”；

——删除了原标准区间值表述方式，将原标准 1.2 修订为 4.1.2，并增加了“成年种猪”；

——删除了原标准 1.3.1 和 2.2.1 表 3 中“刺尺膘厚”；

——将原标准 1.3.1 和 2.2.1 表 2、表 3 部分内容合并修订为 4.1.3；

——将原标准 1.3.2 修订为 4.2，并增加了“屠宰率”和“胴体直长”；

——将原标准 1.3.3 修订为 4.3；

——将原标准 1.3.4 修订为 4.4；

——将原标准第 2 章修订为本标准第 5 章；

——删除了原标准的表 1，并将表 2、表 3 合并修订为本标准的表 1，表 4 修订为表 2；

——将原标准 2.2.2 和 2.3 合并为 5.5.2；

——将原标准第 3 章修订为本标准第 6 章；

——更新了原标准附录 A，删除了附录 B 的内容。

本标准的附录 A 为规范性附录。

本标准由中华人民共和国农业部提出。

本标准由全国畜牧业标准化技术委员会归口。

本标准起草单位：华中农业大学、湖北省农业科学院畜牧兽医研究所、农业部种猪质量监督检验测试中心(武汉)。

本标准主要起草人：熊远著、陈廷济、倪德斌、邓昌彦、刘望宏、雷明刚、梅书棋、左波、胡军勇、帅启义、任竹青、徐德全。

本标准所代替标准的历次版本发布情况为：

——GB/T 8476—1987。

湖 北 白 猪

1 范围

本标准规定了湖北白猪的品种特征特性、生产性能、种用价值评定和种猪出场条件等。

本标准适用于湖北白猪的选育、鉴定、生产和种猪评定。

2 规范性引用文件

下列文件中的条款通过本标准的引用而成为本标准的条款。凡是注日期的引用文件，其随后所有的修改单(不包括勘误的内容)或修订版均不适用于本标准，然而，鼓励根据本标准达成协议的各方研究是否可使用这些文件的最新版本。凡是不注日期的引用文件，其最新版本适用于本标准。

NY/T 820　种猪登记技术规范

NY/T 821　猪肌肉品质测定技术规范

NY/T 822　种猪生产性能测定规程

NY/T 825　瘦肉型猪胴体性状测定技术规范

3 品种特征特性

3.1 原产地和主要特点

湖北白猪原产地湖北武汉，主要分布在华中、华东和华南等地区，是我国自主培育的瘦肉型母本新品种；具有抗逆性强，适应性强，肉质好等特点；能耐受长江中下游地区夏季湿热、冬季湿冷的气候条件。

3.2 品种构成

湖北白猪育成过程中使用了大白猪、长白猪和通城猪、荣昌猪等地方猪种资源。

3.3 外貌特征

湖北白猪被毛全白，允许眼角和尾根有少许暗斑。头中等大小，嘴直长，两耳中等大小，略向前倾或稍下垂。背腰和腹线较平直，前躯较宽，中躯较长，腿臀较丰满。四肢粗壮，肢蹄结实。乳头分布均匀，有效乳头数12个以上。湖北白猪外貌照片见附录A。

4 生产性能

4.1 生长发育

按NY/T 820和NY/T 822的规定进行测定。

4.1.1 后备猪

4.1.1.1 2月龄种用仔猪

体重：公猪≥20 kg，母猪≥18 kg。

4.1.1.2 6月龄后备种猪

体重：公猪≥90 kg，母猪≥84 kg；体高：公猪≥63 cm，母猪≥60 cm；体长：公猪≥115 cm，母猪≥112 cm；胸围：公猪≥99 cm，母猪≥97 cm。

4.1.2 成年种猪

4.1.2.1 体重

公猪(指24月龄以上)≥260 kg，母猪(指24月龄以上)≥210 kg。

4.1.2.2 体尺

体高：公猪≥72 cm，母猪≥70 cm；体长：公猪≥135 cm，母猪≥134 cm；胸围：公猪≥114 cm，母猪≥113 cm。

4.1.3 肥育性能

肥育测定期 20 kg～90 kg，即测定猪入试平均活体重约 20 kg，结束平均活体重约 90 kg。肥育期日粮：20 kg～60 kg 阶段（前期）消化能 12.6 MJ/kg，粗蛋白质 16%；60 kg～90 kg 阶段（后期）消化能 12.1 MJ/kg，粗蛋白质 14%。公猪肥育猪达 90 kg 体重，日龄≤186 d，日增重≥580 g，每千克增重耗料≤3.5 kg，达 90 kg 活体背膘厚（A 超）≤13 mm；母猪肥育猪达 90 kg 体重，日龄≤189 d，日增重≥540 g，每千克增重耗料≤3.6 kg，达 90 kg 活体背膘厚（A 超）≤14 mm。

4.2 胴体品质

4.2.1 按 NY/T 825 的规定进行测定。

4.2.2 活体重 87 kg～93 kg 屠宰，屠宰率≥70%，平均背膘厚≤26 mm，胴体直长≥94 cm，腿臀比例≥31%，眼肌面积≥31 cm^2，胴体瘦肉率≥59%。

4.3 肌肉品质

4.3.1 按 NY/T 821 的规定进行测定。

4.3.2 肌肉颜色：肉色评分（5 分制）3 分～4 分，色值（反射值）10%～25%；系水力≥77%，pH 值 5.9～6.5，水分≤74%，肌内脂肪≥2.5%。

4.4 繁殖性能

按 NY/T 820 的规定进行测定。

4.4.1 母猪

母猪初情期 121 日龄～130 日龄，发情周期 21 d，发情持续期 3 d～5 d；适宜初配期 7 月龄～8 月龄，体重达 100 kg～110 kg。正常饲养管理条件下，初产母猪窝总产仔数平均 9.5 头，21 日龄窝重≥38 kg；第 3 胎以上母猪窝总产仔数平均 12 头，21 日龄窝重≥46 kg。

4.4.2 公猪

公猪适宜初配期 7 月龄～8 月龄，体重达 100 kg～120 kg。

5 种用价值评定

5.1 种猪必备条件

5.1.1 个体标识清晰，外貌特征符合 3.3 的规定。

5.1.2 外生殖器官发育正常，无损征。睾丸发育良好、大小适中、左右对称，包皮无积尿；有效乳头数 12 个以上，且分布均匀。

5.1.3 个体本身与同胞无阴囊疝、脐疝等遗传疾患。

5.1.4 三代内血缘清楚，性能测定资料完整，繁殖记录、系谱档案等资料齐全。

5.2 各阶段种猪评定

5.2.1 仔猪评定

仔猪评定于 2 月龄进行。参与评定个体的双亲应经过性能测定，测定成绩合格，且测定资料保存完整；个体重：公猪≥20 kg，母猪≥18 kg。

5.2.2 后备猪评定

5.2.2.1 评分评定

主要评定测定期日增重和 90 kg 活体背膘厚。评定满分分值分别为 30 分和 70 分。后备猪评定参数与评分见表 1，按表 1 评定后计算其评定得分。测定期日增重与 90 kg 活体背膘厚评定得分之和：一级≥90，二级≥75，三级≥60，<60 分则不能作为种用。

表 1 后备猪评定参数与评分

性别	一级		二级		三级	
	日增重/g	活体背膘厚/mm	日增重/g	活体背膘厚/mm	日增重/g	活体背膘厚/mm
公	680	9	630	11	580	13
母	640	10	590	12	540	14
评分	27	63	23	53	18	42

注 1：日增重每增加 10 g 加 1 分。

注 2：活体背膘厚每减少 1 mm 加 2 分。

5.2.2.2 **综合指数评定**

主要评定测定期日增重和 90 kg 活体背膘厚。综合指数计算见式(1)。综合指数≥120 为一级，101～119 为二级，90～100 为三级，<90 则不能作为种用。

$$I = 155.56 + 22.22 \times ADG_R - 77.78 \times BF_R \qquad (1)$$

式中：

I——综合指数；

ADG_R——同期、同批个体日增重与群体平均日增重比值；

BF_R——同期、同批个体校正活体背膘厚与群体平均活体背膘厚比值。

5.2.3 **种母猪评定**

种母猪评定于 12 月龄～24 月龄进行。凡生殖器官有疾患者，或屡配不孕者，或后代中有遗传疾患者均不能参与评定。主要评定个体本身的繁殖成绩。种母猪评定参数与评分值见表 2，按表 2 评定后，依照式(2)计算母猪综合指数，综合指数≥90 分为一级，≥75 分为二级，≥60 分为三级，<60 分则应淘汰。

$$DI = S_1 \times 0.6 + S_2 \times 0.4 \qquad (2)$$

式中：

DI——母猪综合指数；

S_1——个体 6 月龄综合评定得分；

S_2——个体 12 月龄～24 月龄综合评定得分。

表 2 种母猪评定参数与评分值

胎 次	一 级		二 级		三 级	
	总产仔数/头	21 日龄窝重/kg	总产仔数/头	21 日龄窝重/kg	总产仔数/头	21 日龄窝重/kg
初产	11	50	9	40	7	30
评分	54	36	46	30	36	24

注 1：总产仔数每增加 1 头加 3 分。

注 2：21 日龄窝重每增加 1 kg 加 1 分。

6 种猪出场条件

6.1 凡出场的种猪应达到 5.1 的要求。

6.2 出场种猪评定等级应达到：种公猪二级以上、种母猪三级以上，或个体综合指数≥100。

6.3 个体标识清晰，系谱档案资料齐全。

6.4 外观健康，按规定接种疫苗，有有效的检疫证书。

6.5 有种猪出场合格证。

附 录 A
（规范性附录）
湖北白猪外貌照片

a）种公猪正面照

b）种公猪侧面照

c）种公猪后躯照

图 A.1 种公猪照片

a）种母猪正面照

b）种母猪侧面照

c）种母猪后躯照

图 A.2 种母猪照片

ICS 65.020.30
B 43

中华人民共和国国家标准

GB/T 8477—2008
代替 GB/T 8477—1987

浙江中白猪

Zhejiang middle white pig

2008-12-31 发布　　2009-05-01 实施

中华人民共和国国家质量监督检验检疫总局
中国国家标准化管理委员会　发布

前　言

本标准代替 GB/T 8477—1987《浙江中白猪》。

本标准与 GB/T 8477—1987 相比主要变化如下：

——删除了原标准中的悬置段，增加了“范围”，把原标准中开头部分内容放到“范围”内，并增加规定了“浙江中白猪的品种特征特性、生产性能、种用价值评定和出场条件”；

——增加了“2　规范性引用文件”；

——增加了“3.1　原产地”叙述和“3.2　品种构成”叙述；

——对原标准中的生长肥育性能数据进行了修改(1987 年版的 1.2.2，本版的 3.4.2)；

——对原标准中的胴体品质数据进行了修改(1987 年版的 1.2.3，本版的 3.4.3)；

——对原标准中的杂交利用数据进行了修改，删除了原标准中的“汉普夏”(1987 年版的 1.2.4，本版的 3.4.4)；

——将原标准中的“6、12 和 24 月龄”改为本标准的“6 月龄和 12 月龄”(1987 年版的 2.2.1，本版的 4.2.1)；

——删除原标准表 1 项目中的“24 月龄体重”行，并修改了部分数据(1987 年版的表 1，本版的表 1)；

——修改了原标准表 2 中的数据(1987 年版的表 2，本版的表 2)；

——将原标准中的“仔猪育成数和仔猪 60 日龄窝重”改为本标准的“21 日龄仔猪育成数和 21 日龄仔猪窝重”(1987 年版的 2.2.3，本版的 4.2.3)；

——修改了原标准表 3 中的数据(1987 年版的表 3，本版的表 3)；

——将原标准繁殖性能得分计算公式中的“仔猪育成数”改为“21 日龄仔猪育成数”，“仔猪 60 日龄窝重”改为“21 日龄仔猪窝重”(1987 年版的 2.3.2，本版的 4.3.2)；

——对原标准鉴定评分部分中计算公式的权重系数进行了修改(1987 年版的 2.3，本版的 4.3)；

——增加了种公猪的综合评定得分公式(1987 版的 2.3.3，本版的 4.3.3)；

——对种猪出场标准进行了修改(1987 年版的 2.4，本版的 4.4)。

本标准的附录 A 为资料性附录。

本标准由中华人民共和国农业部提出。

本标准由全国畜牧业标准化技术委员会归口。

本标准起草单位：浙江省农业科学院畜牧兽医研究所。

本标准主要起草人：胡锦平、翁经强、徐如海、褚晓红、黄少珍。

本标准于 1987 年 12 月首次发布，本次为第一次修订。

浙 江 中 白 猪

1 范围

本标准规定了浙江中白猪的品种特征特性、生产性能、种用价值评定和出场条件等。

本标准适用于浙江中白猪种猪的鉴别和等级评定。

2 规范性引用文件

下列文件中的条款通过本标准的引用而成为本标准的条款。凡是注日期的引用文件，其随后所有的修改单(不包括勘误的内容)或修订版均不适用于本标准，然而，鼓励根据本标准达成协议的各方研究是否可使用这些文件的最新版本。凡是不注日期的引用文件，其最新版本适用于本标准。

NY/T 820 种猪登记技术规范

NY/T 821 猪肌肉品质测定技术规范

NY/T 822 种猪生产性能测定规程

NY/T 825 瘦肉型猪胴体性状测定技术规范

3 品种特征特性

浙江中白猪是培育的瘦肉型品种，是生产商品瘦肉猪的良好母本。

3.1 原产地

浙江中白猪原产地为浙江省杭州市和湖州市，主要分布于浙江省杭州市、湖州市和嘉兴市等地区。

3.2 品种构成

浙江中白猪是用长白猪、约克夏猪、金华猪等资源杂交育成。

3.3 体型外貌

被毛全白，体型中等，头颈较轻，面部平直或微凹，耳中等大、呈前倾或稍下垂，背腰较长，腹线较平直，腿臀肌肉丰满，乳头 7 对以上。成年公猪体重 180 kg～200 kg，母猪 150 kg～180 kg。浙江中白猪外貌照片参见附录 A。

3.4 生产性能

3.4.1 繁殖性能

按 NY/T 820 的规定进行测定。母猪初情期 5.5 月龄～6 月龄，适配期 7.5 月龄～8 月龄，初配体重 100 kg～110 kg。初产母猪总产仔数 9 头以上，经产母猪总产仔数 12 头以上。母猪断奶后一般在 7 d 内发情。情期受胎率 90%以上。

3.4.2 生长肥育性能

按 NY/T 820 和 NY/T 822 的规定进行测定。180 日龄体重达 90 kg，25 kg～90 kg 体重阶段平均日增重 600 g～650 g，饲料转化率 3.3，折合消化能 15.6 MJ，消化粗蛋白 350 g～420 g。

3.4.3 胴体品质

按 NY/T 821 和 NY/T 825 的规定进行测定。体重 90 kg 屠宰时，屠宰率 73%，平均背膘厚 25 mm，皮厚 2 mm，眼肌面积 32 cm^2，后腿比例为 30%，瘦肉率 58%，肉色评分 3 分，肌内脂肪含量 2%。

3.4.4 杂交利用

以浙江中白猪为母本，以杜洛克猪、长白猪、约克夏猪为父本进行杂交，平均总产仔数 12 头以上，21 日龄育成仔猪数 10.5 头以上，21 日龄窝重 50 kg 以上。杜浙杂交猪体重达 100 kg 为 170 日龄。

30 kg～100 kg 阶段，平均日增重 700 g 以上，饲料转化率 3.1 以下。瘦肉率 62%以上。

4 种猪评定与分级

4.1 种猪评定必备条件

a) 被毛全白，发育正常；

b) 来源和血缘清楚；

c) 体型外貌符合品种特征；

d) 无遗传疾患。

4.2 评定项目

4.2.1 生长发育

以 6 月龄和 12 月龄的体重和体重 90 kg 时背膘厚进行评定，见表 1。

表 1 生长发育评定指标与评分

项　目	公　猪			母　猪		
	90 分	80 分	70 分	90 分	80 分	70 分
6 月龄体重/kg	90	85	80	85	80	75
12 月龄体重/kg	180	170	160	160	150	140
体重 90 kg 时背膘厚/mm	22	23	24	24	25	26
注：表内分数为下限值。						

4.2.2 生长肥育性能

根据同胞或后裔在体重 25 kg～90 kg 阶段的日增重、饲料转化率及瘦肉率三项指标进行评分，见表 2。

表 2 生长肥育性能评定指标与评分

项　目	阉公猪			母　猪		
	90 分	80 分	70 分	90 分	80 分	70 分
日增重/g	650	620	590	630	600	570
饲料转化率	3.0	3.2	3.4	3.0	3.2	3.4
瘦肉率/%	59	58	57	60	59	58
注：表内分数为下限值。						

4.2.3 繁殖性能

按总产仔数、21 日龄仔猪育成数和 21 日龄仔猪窝重三项指标进行评分，见表 3。

表 3 繁殖性能评定指标与评分

项　目	总产仔数			21 日龄仔猪育成头数			21 日龄仔猪窝重/kg		
	90 分	80 分	70 分	90 分	80 分	70 分	90 分	80 分	70 分
初产母猪	10	9	8	9	8	7	47.5	42.5	37.5
经产母猪	13	12	11	12	11	10	60	55	50
注：表内分数为下限值。									

4.3 评分方法

4.3.1 对生长发育、生长肥育性能和繁殖性能各项指标按百分制评分。

4.3.2 分项评定：凡含有两个以上指标者，先按百分制对各指标评分，再按式(1)～式(3)计算得分。

$$\text{生长发育得分}=(\text{体重评分}\times 0.60)+(\text{背膘厚评分}\times 0.40) \quad \cdots\cdots(1)$$

$$\text{生长肥育性能得分}=(\text{日增重评分}\times 0.40)+(\text{饲料转化率评分}\times 0.30)+(\text{瘦肉率评分}\times 0.30) \quad \cdots\cdots(2)$$

$$\text{繁殖性能得分}=(\text{总产仔数评分}\times 0.50)+(\text{21 日龄仔猪育成数评分}\times 0.25)+(\text{21 日龄仔猪窝重评分}\times 0.25) \quad \cdots\cdots(3)$$

4.3.3 综合评定：分项得出评分后再将几项进行综合评分，见式(4)、式(5)。

$$\text{种母猪综合评定得分}=(\text{生长发育评分}\times 0.40)+(\text{生长肥育性能评分}\times 0.30)+(\text{繁殖性能评分}\times 0.30) \quad \cdots\cdots(4)$$

$$\text{种公猪综合评定得分}=(\text{生长发育评分}\times 0.60)+(\text{生长肥育性能评分}\times 0.40) \quad \cdots\cdots(5)$$

4.3.4 根据综合评分结果分为一级、二级和三级，90 分以上为一级，80 分以上为二级，70 分以上为三级。

4.4 种猪出场要求

4.4.1 种公猪等级二级以上，种母猪等级三级以上。

4.4.2 个体标识清晰，系谱档案资料齐全。

4.4.3 外观健康，按规定接种疫苗，出具有效的检疫证书。

4.4.4 有种猪出场合格证。

附 录 A
（资料性附录）
浙江中白猪外貌照片

a）种公猪正面照

b）种公猪后躯照

c）种公猪侧面照

图 A.1 种公猪照片

a）种母猪正面照

b）种母猪后躯照

c）种母猪侧面照

图 A.2 种母猪照片

ICS 91.060.50
P 32

中华人民共和国国家标准

GB/T 8478—2008
代替 GB/T 8478—2003,GB/T 8479—2003

铝 合 金 门 窗

Aluminium windows and doors

2008-08-07 发布

2009-04-01 实施

中华人民共和国国家质量监督检验检疫总局
中国国家标准化管理委员会 发布

前言

本标准主要参考 JIS A 4702—2000《门》、JIS A 4706—2000《窗》，还参考了 EN 14351-1：2006《门窗 产品标准 性能特征 第1部分 无防火和/或防漏烟特征的窗和外人行门》、ANSI/AAMA/NWWDA 101/I. S. 2-97《铝合金、聚氯乙烯(PVC)塑料和木窗及玻璃门的推荐性规范》。

本标准代替 GB/T 8478—2003《铝合金门》和 GB/T 8479—2003《铝合金窗》。

本标准与 GB/T 8478—2003、GB/T 8479—2003 相比主要变化如下：

——将上述两项标准合为一项标准，名称为《铝合金门窗》；

——修改了标准的适用范围和不适用范围；

——本标准第3章术语和定义中增加了遮阳性能、主要受力杆件、主型材等术语和定义；

——原标准第4章标题由"分类、规格、代号"改为本标准的"分类、命名和标记"，其中增加了按"用途"划分为外墙、内墙用的分类；按"性能区分"的分类名称改为"类型"，其中增加了"遮阳型"门窗；按"开启形式区分"的分类名称改为"品种"，其中增加了"折叠平开、平开推拉、提升推拉、折叠推拉、推拉下悬、提拉"等新的门窗开启形式；增加了产品系列；将按洞口尺寸的"规格型号"改为按门窗宽、高构造尺寸表示的"规格"，增加了产品的"命名"，修改了标记方法；

——将原标准第5章"材料"的内容调整为本标准第5章"要求"中的第5.1条材料，其中增加了第5.1.7条"铝门窗组装机械联接应采用不锈钢紧固件。不应使用铝及铝合金抽芯铆钉做门窗受力联接用紧固件"的要求；

——原标准第6.1条外观改为本标准第5.2条外观，其中增加了门窗框扇铝合金型材及玻璃表面的外观要求；

——原标准第6.2条尺寸偏差改为本标准第5.3尺寸，其中增加了单樘门窗和组合门窗的尺寸规格要求；

——原标准第6.2条尺寸偏差中表4尺寸允许偏差内容调整到本标准表7门窗及装配尺寸偏差中，其中：门窗宽、高及其对边尺寸之差的尺寸范围由"≤2 000 和>2 000"两档范围，改为"<2 000、≥2 000至<3 500、≥3 500"的三档范围；取消了门、窗框对角线尺寸之差；将门和窗宽、高及其对边尺寸之差两项合并统一要求并适当调整；将"同一平面高低差"名称改为"框、扇杆件接缝高低差"，并按相同截面型材和不同截面型材两档允许偏差分别要求为0.3和0.5；将"装配间隙"名称改为"框、扇杆件接缝装配间隙"，其允许偏差要求由0.2调整为0.3；

——原标准第6.3条玻璃与槽口配合中的表5、表6取消，由本标准第5.3.2.2条"玻璃镶嵌构造尺寸应符合 JGJ 113 规定的玻璃最小安装尺寸要求"取代；

——GB/T 8479—2003 第6.3 c)项"隐框窗玻璃装配要求"内容，由本标准第5.3.2.3条"隐框窗玻璃结构粘结装配尺寸"取代，其中增加了"每个开启窗扇下梃处宜设置两个承受玻璃重力的铝合金或不锈钢托条"的要求；

——本标准抗风压性能要求修改了原标准门窗主要受力杆件相对面法线挠度要求，由"支承单层、夹层玻璃 $L/120$、支承中空玻璃 $L/180$，且其最大值不应超过15 mm"，分别修改为"$L/100$、$L/150$和20 mm"；

——本标准空气声隔声性能由原标准 R_w 单一指标值，修改为"外门、外窗以"计权隔声量和交通噪声频谱修正量之和(R_w+C_{tr})"作为分级指标；内门、内窗以"计权隔声量和粉红噪声频谱修正量之和(R_w+C)"作为分级指标；

——本标准第5.6.6条增加了门窗遮阳性能，以遮阳系数 SC 为指标和分级；

——本标准第 5.6.12 条增加了平开旋转类门的抗静扭曲性能；

——本标准第 6.7 条增加了表 16 门窗性能检验试件分组、数量及试验顺序；

——原标准第 8 章检验规则出厂检验项目中的“启闭力、玻璃与槽口配合”两项取消，其型式检验保留；

——本标准第 7 章检验规则增加了第 7.3.3 条型式检验取样方法的要求，并相应增加了资料性附录 B 铝合金门窗型式检验典型试件立面形式及规格；

——本标准第 8 章修改了产品标志要求的内容，增加了产品合格证书及使用说明书要求的内容，并相应增加了资料性附录 C 铝合金门窗产品使用说明书的主要内容；

——本标准附录 A 更新和补充了常用材料标准。

本标准附录 A、附录 B、附录 C 为资料性附录。

本标准由中华人民共和国住房和城乡建设部提出。

本标准由住房和城乡建设部建筑制品与构配件产品标准化技术委员会归口。

本标准负责起草单位：广东省建筑科学研究院、中国建筑科学研究院。

本标准参加起草单位：深圳市新山幕墙技术咨询有限公司、广东金刚幕墙工程有限公司、中国建筑金属结构协会、中国建筑装饰协会幕墙工程委员会、深圳金粤幕墙装饰工程有限公司、广州铝质装饰工程有限公司、北京金易格幕墙装饰工程有限责任公司、北京嘉寓门窗幕墙股份有限公司、武汉特凌节能门窗有限公司、国家建筑材料测试中心、上海市建筑科学研究院有限公司、河南省建筑科学研究院、中信集团渤海铝幕墙装饰有限公司、深圳市泰然铝合金工程有限公司、深圳华加日铝业有限公司、中山盛兴股份有限公司、优铝胜门窗技术（上海）有限公司、广东坚美铝型材厂有限公司、福建省南平铝业有限公司、广东亚洲铝厂有限公司、深圳南玻工程玻璃有限公司、广东省东莞市坚朗五金制品有限公司、诺托·弗朗克建筑五金北京有限公司、广州市白云化工实业有限公司、杭州之江有机硅化工有限公司、泰诺风保泰（苏州）隔热材料有限公司。

本标准主要起草人：石民祥、杨仕超、王洪涛、杜继予、黄庆文、黄圻、宋协昌、王春、谭国湘、班广生、陈其泽、尹昌波、刘海波、徐勤、郐强、姜涤新、粟曙、麦华健、姜清海、卢嘉志、卢继延、谢光宇、雷武临、许武毅、杜万明、河红、张冠琦、刘明、王积刚、廖学权。

本标准所代替标准的历次版本发布情况为：

——GB/T 8478—1987、GB/T 8480—1987、GB/T 8482—1987、GB/T 8478—2003。

——GB/T 8479—1987、GB/T 8481—1987、GB/T 8479—2003。

铝 合 金 门 窗

1 范围

本标准规定了铝合金门窗的术语和定义、分类、命名和标记、要求、试验方法、检验规则、产品标志、合格证书、使用说明书、包装、运输和贮存。

本标准适用于手动启闭操作的建筑外墙和室内隔墙用窗和人行门，以及垂直屋顶窗。非手动启闭操作的墙体用门、窗以及垂直天窗可参照使用。

本标准不适用于天窗、非垂直屋顶窗、卷帘门窗和转门。

本标准不适用于防火门窗、逃生门窗、排烟窗、防射线屏蔽门窗等特种门窗。

2 规范性引用文件

下列文件中的条款通过本标准的引用而成为本标准的条款。凡是注日期的引用文件，其随后所有的修改单(不包括勘误的内容)或修订版均不适用于本标准，然而，鼓励根据本标准达成协议的各方研究是否可使用这些文件的最新版本。凡是不注日期的引用文件，其最新版本适用于本标准。

GB/T 191 包装储运图示标志

GB/T 2680 建筑玻璃 可见光透射比、太阳光直接透射比、太阳能总透射比、紫外线透射比及有关窗玻璃参数的测定

GB/T 4956 磁性金属基体上非磁性覆盖层厚度测量 磁性法

GB/T 5237(所有部分) 铝合金建筑型材

GB/T 5823 建筑门窗术语

GB/T 5824 建筑门窗洞口尺寸系列

GB/T 7106 建筑外门窗气密、水密、抗风压性能分级及其检测方法

GB/T 8484 建筑外门窗保温性能分级及检测方法

GB/T 8485 建筑门门窗空气声隔声性能分级及其检测方法

GB/T 14155—2008 整樘门 软重物体撞击试验

GB/T 9158—1988 建筑用窗承受机械力的检测方法

GB 9969.1 工业产品使用说明书 总则

GB 11614 浮法玻璃

GB/T 11976 建筑外窗采光性能分级及检测方法

GB/T 13306 标牌

GB/T 14436 工业产品保证文件 总则

GB/T 12967.6—2008 铝及铝合金阳极氧化膜检测方法 第6部分:目视观察法检验着色阳极氧化膜色差和外观质量

GB/T 15519 化学转化膜 钢铁黑色氧化膜 规范和试验方法

GB 16776 建筑用硅酮结构密封胶

JG/T 192 建筑门窗反复启闭性能检测方法

JGJ 113 建筑玻璃应用技术规程

JGJ/T 151 建筑门窗玻璃幕墙热工计算规程

ISO 8275:1985 整樘门 垂直荷载试验方法

ISO 9381:2005 平开门和旋转门 抗静扭曲性的测定

3 术语和定义

GB/T 5823、GB/T 5824 确立的以及下列术语和定义适用于本标准。

3.1

铝合金门窗　aluminium windows and doors

采用铝合金建筑型材制作框、扇杆件结构的门、窗的总称。

3.2

遮阳性能　solar shading property

门窗在夏季阻隔太阳辐射热的能力。遮阳性能用遮阳系数 *SC* 表示。

3.3

遮阳系数　shading coefficient of window

SC

在给定条件下，太阳辐射透过外门、窗所形成的室内得热量与相同条件下透过相同面积的 3 mm 厚透明玻璃所形成的太阳辐射得热量之比。

注：给定条件是指玻璃太阳光光谱测试条件和整樘门窗遮阳系数的计算条件。

3.4

主要受力杆件　major load-bearing frame member

门窗立面内承受并传递门窗自身重力及水平风荷载等作用力的中横框、中竖框、扇梃等主型材，以及组合门窗拼樘框型材。

3.5

主型材　major profiles

组成门窗框、扇杆件系统的基本构架，在其上装配开启扇或玻璃、辅型材、附件的门窗框和扇梃型材，以及组合门窗拼樘框型材。

3.6

辅型材　supplemental profile

门窗框、扇杆件系统中，镶嵌或固定于主型材杆件上，起到传力或某种功能作用的附加型材（如玻璃压条、披水条等）。

3.7

型材截面主要受力部位　major load-bearing parts of profile cross section

门窗型材横截面中承受垂直和水平方向荷载作用力的腹板、翼缘及固定其他杆件、零配件的连接受力部位。

注：型材截面主要受力部位为 GB/T 5237.1 中规定的 A 和 B 两类壁厚。

3.8

门窗附件　fittings for windows and doors

门窗组装用的配件和零件。

3.9

双金属腐蚀　bimetallic corrosion

由不同金属构成电极而形成的电偶腐蚀。

[GB/T 10123—2001，定义 3.14]

3.10

验证　verification

通过提供客观证据对规定要求已得到满足的认定。

[GB/T 19000—2000，定义 3.8.4]

4 分类、命名和标记

4.1 分类和代号

4.1.1 用途

门、窗按外围护和内围护用，划分为两类：

a) 外墙用，代号为 W；

b) 内墙用，代号为 N。

4.1.2 类型

门、窗按使用功能划分的类型和代号及其相应性能项目分别见表 1、表 2。

表 1 门的功能类型和代号

性能项目 \ 种类	普通型		隔声型		保温型		遮阳型
代号	PT		GS		BW		ZY
	外门	内门	外门	内门	外门	内门	外门
抗风压性能(P_3)	◎		◎		◎		◎
水密性能（ΔP）	◎		◎		◎		◎
气密性能（q_1；q_2）	◎	○	◎	○	◎	○	◎
空气声隔声性能（R_w+C_{tr}；R_w+C）			◎	◎			
保温性能（K）					◎	◎	
遮阳性能(SC)							◎
启闭力	◎	◎	◎	◎	◎	◎	◎
反复启闭性能	◎	◎	◎	◎	◎	◎	◎
耐撞击性能[a]	◎	◎	◎	◎	◎	◎	◎
抗垂直荷载性能[a]	◎	◎	◎	◎	◎	◎	◎
抗静扭曲性能[a]	◎	◎	◎	◎	◎	◎	◎

注 1：◎为必需性能；○为选择性能。

注 2：地弹簧门不要求气密、水密、抗风压、隔声、保温性能。

[a] 耐撞击、抗垂直荷载和抗静扭曲性能为平开旋转类门必需性能。

表 2 窗的功能类别和代号

性能项目 \ 种类	普通型		隔声型		保温型		遮阳型
代号	PT		GS		BW		ZY
	外窗	内窗	外窗	内窗	外窗	内窗	外窗
抗风压性能(P_3)	◎		◎		◎		◎
水密性能(ΔP)	◎		◎		◎		◎
气密性能(q_1/q_2)	◎		◎		◎		◎
空气声隔声性能（R_w+C_{tr}/R_w+C）			◎	◎			
保温性能（K）					◎	◎	

表 2（续）

性能项目 种类		普通型		隔声型		保温型		遮阳型
	代号	PT		GS		BW		ZY
		外窗	内窗	外窗	内窗	外窗	内窗	外窗
遮阳性能(SC)								◎
采光性能(T_r)		○		○		○		○
启闭力		◎	◎	◎	◎	◎	◎	◎
反复启闭性能		◎	◎	◎	◎	◎	◎	◎
注：◎为必需性能；○为选择性能								

4.1.3 品种

按开启形式划分门、窗品种与代号，并分别符合表 3、表 4 的要求。

表 3 门的开启形式品种与代号

	平开旋转类			推拉平移类			折叠类	
开启形式	（合页）平开	地弹簧平开	平开下悬	（水平）推拉	提升推拉	推拉下悬	折叠平开	折叠推拉
代号	P	DHP	PX	T	ST	TX	ZP	ZT

表 4 窗的开启形式品种与代号

开启类别	平开旋转类							
开启形式	（合页）平开	滑轴平开	上悬	下悬	中悬	滑轴上悬	平开下悬	立转
代号	P	HZP	SX	XX	ZX	HSX	PX	LZ

开启类别	推拉平移类					折叠类
开启形式	（水平）推拉	提升推拉	平开推拉	推拉下悬	提拉	折叠推拉
代号	T	ST	PT	TX	TL	ZT

4.1.4 产品系列

以门、窗框在洞口深度方向的设计尺寸——门、窗框厚度构造尺寸（代号为 C_2，单位为毫米）划分。

门、窗框厚度构造尺寸符合 1/10 M（10 mm）的建筑分模数数列值的为基本系列；基本系列中按 5 mm进级插入的数值为辅助系列。

门、窗框厚度构造尺寸小于某一基本系列或辅助系列值时，按小于该系列值的前一级标示其产品系列。（如门、窗框厚度构造尺寸为 72 mm 时，其产品系列为 70 系列；门、窗框厚度构造尺寸为 69 mm时，其产品系列为 65 系列）

4.1.5 规格

以门窗宽、高的设计尺寸——门、窗的宽度构造尺寸（B_2）和高度构造尺寸（A_2）的千、百、十位数字，前后顺序排列的六位数字表示。例如，门窗的 B_2、A_2 分别为 1 150 mm 和 1 450 mm 时，其尺寸规格型号为 115145。

4.2 命名和标记

4.2.1 命名方法

按门窗用途（可省略）、功能、系列、品种、产品简称（铝合金门，代号 LM；铝合金窗，代号 LC）的顺序命名。

4.2.2 标记方法

按产品的简称、命名代号——尺寸规格型号、物理性能符号与等级或指标值（抗风压性能 P_3—水密

性能 ΔP—气密性能 q_1/q_2—空气声隔声性能 R_wC_{tr}/R_wC—保温性能 K—遮阳性能 SC—采光性能 T_r)、标准代号的顺序进行标记。

4.2.3 命名与标记示例

示例 1:命名——(外墙用)普通型 50 系列平开铝合金窗,该产品规格型号为 115145,抗风压性能 5 级,水密性能 3 级,气密性能 7 级,其标记为:

铝合金窗 WPT50PLC-115145($P_3$5$-\Delta P$3$-q_1$7)GB/T 8478—2008。

示例 2:命名——(外墙用)保温型 65 系列平开铝合金门,该产品规格型号 085205,抗风压性能 6 级,水密性能 5 级,气密性能 8 级,其标记为:

铝合金门 WBW65PLM-085205($P_3$6$-\Delta P$5$-q_1$8) GB/T 8478—2008。

示例 3:命名——(内墙用)隔声型 80 系列提升推拉铝合金门,该产品规格型号 175205,隔声性能 4 级的产品,其标记为:

铝合金门 NGS80STLM-175205(R_w+C4) GB/T 8478—2008。

示例 4:命名——(外墙用)遮阳型 50 系列滑轴平开铝合金窗,该产品规格型号 115145,抗风压性能 6 级,水密性能 4 级,气密性能 7 级,遮阳性能 SC 值为 0.5 的产品,其标记为:

铝合金窗 WZY50HZPLC-115145($P_3$6$-\Delta P$4$-q_1$7$-SC$0.5) GB/T 8478—2008。

5 要求

5.1 材料

5.1.1 一般要求

铝合金门窗所用材料及附件应符合有关标准的规定,常用材料标准参见附录 A。也可采用不低于附录 A 标准要求的性能和质量的其他材料。不同金属材料接触面应采取防止双金属腐蚀的措施。

5.1.2 铝合金型材

5.1.2.1 基材壁厚及尺寸偏差

5.1.2.1.1 外门窗框、扇、拼樘框等主要受力杆件所用主型材壁厚应经设计计算或试验确定。主型材截面主要受力部位基材最小实测壁厚,外门不应低于 2.0 mm;外窗不应低于 1.4 mm。

5.1.2.1.2 有装配关系的型材,尺寸偏差应选用 GB/T 5237.1 规定的高精级或超高精级。

5.1.2.2 表面处理

铝合金型材表面处理层厚度要求应符合表 5 的规定。

表 5 铝合金型材表面处理层厚度要求

品种	阳极氧化 阳极氧化加电解着色 阳极氧化加有机着色	电泳涂漆		粉末喷涂	氟碳漆喷涂
表面处理层厚度	膜厚级别	膜厚级别		装饰面上涂层最小局部厚度 μm	装饰面平均膜厚 μm
	AA15	B (有光或哑光透明漆)	S (有光或哑光有色漆)	≥40	≥30(二涂) ≥40(三涂)

5.1.3 钢材

铝合金门窗所用钢材宜采用奥氏体不锈钢材料。采用其他黑色金属材料,应根据使用需要,采取热浸镀锌、锌电镀、黑色氧化、防锈涂料等防腐处理。

5.1.4 玻璃

铝门窗玻璃应采用符合 GB 11614 规定的建筑级浮法玻璃或以其为原片的各种加工玻璃。玻璃的品种、厚度和最大许用面积应符合 JGJ 113 有关规定。

5.1.5 密封及弹性材料

铝门窗玻璃镶嵌、杆件连接及附件装配所用密封胶应与所接触的各种材料相容,并与所需粘接的基材粘接。隐框窗用的硅酮结构密封胶应具有与所接触的各种材料、附件相容性,与所需粘接基材的粘结性。

玻璃支承块、定位块等弹性材料应符合 JGJ 113 中玻璃安装材料的有关规定。

5.1.6 五金配件

铝门窗框扇连接、锁固用功能性五金配件应满足整樘门窗承载能力的要求,其反复启闭性能应满足门窗反复启闭性能要求。

5.1.7 紧固件

铝门窗组装机械联接应采用不锈钢紧固件。不应使用铝及铝合金抽芯铆钉做门窗受力联接用紧固件。

5.2 外观

5.2.1 产品表面不应有铝屑、毛刺、油污或其他污迹;密封胶缝应连续、平滑,连接处不应有外溢的胶粘剂;密封胶条应安装到位,四角应镶嵌可靠,不应有脱开的现象。

5.2.2 门窗框扇铝合金型材表面没有明显的色差、凹凸不平、划伤、擦伤、碰伤等缺陷。在一个玻璃分格内,铝合金型材表面擦伤、划伤应符合表 6 的规定。

表 6 门窗框扇铝合金型材表面擦伤、划伤要求

项目	要求	
	室外侧	室内侧
擦伤、划伤深度	不大于表面处理层厚度	
擦伤总面积,mm^2	≤500	≤300
划伤总长度,mm	≤150	≤100
擦伤和划伤处数	≤4	≤3

5.2.3 铝合金型材表面在许可范围内的擦伤和划伤,可采用相应的方法进行修补,修补后应与原涂层的颜色和光泽基本一致。

5.2.4 玻璃表面应无明显色差、划痕和擦伤。

5.3 尺寸

5.3.1 规格

5.3.1.1 单樘门窗

单樘门、窗的宽、高尺寸规格,应根据门、窗洞口宽、高标志尺寸或构造尺寸,按照实际应用的门、窗洞口装饰面材料厚度、附框和安装缝隙尺寸确定。应优先设计采用基本门窗。

5.3.1.2 组合门窗

由两樘或两樘以上的单樘门、窗采用拼樘框连接组合的门、窗,其宽、高构造尺寸应与 GB/T 5824 规定的洞口宽、高标志尺寸相协调。

5.3.2 门窗及装配尺寸

5.3.2.1 门窗及框扇装配尺寸偏差

门窗尺寸及形状允许偏差和框扇组装尺寸偏差应符合表 7 的规定。

表 7 门窗及装配尺寸偏差

单位为毫米

项目	尺寸范围	允许偏差	
		门	窗
门窗宽度、高度构造内侧尺寸	<2 000	±1.5	
	≥2 000 <3 500	±2.0	
	≥ 3 500	±2.5	

表 7（续）

单位为毫米

项目	尺寸范围	允许偏差	
		门	窗
门窗宽度、高度构造内侧尺寸对边尺寸之差	<2 000	≤2.0	
	≥2 000　<3 500	≤3.0	
	≥ 3 500	≤4.0	
门窗框与扇搭接宽度		±2.0	±1.0
框、扇杆件接缝高低差	相同截面型材	≤0.3	
	不同截面型材	≤0.5	
框、扇杆件装配间隙		≤0.3	

5.3.2.2　**玻璃镶嵌构造尺寸**

门窗框、扇玻璃镶嵌构造尺寸应符合 JGJ 113 规定的玻璃最小安装尺寸要求。

5.3.2.3　**隐框窗玻璃结构粘接装配尺寸**

隐框窗扇梃与硅酮结构密封胶的粘结宽度、厚度应符合设计要求。每个开启窗扇下梃处宜设置两个承受玻璃重力的铝合金或不锈钢托条，其厚度不应小于 2 mm，长度不应小于 50 mm。

5.4　装配质量

5.4.1　门窗框、扇杆件连接牢固，装配间隙应进行有效的密封，紧固件就位平正，并进行密封处理。

5.4.2　门窗附件安装牢固，开启扇五金配件运转灵活，无卡滞。紧固件就位平正，并进行密封处理。

5.5　构造

5.5.1　门窗框、扇杆件的连接构造可靠，人接触的部位应平整，具有使用的安全性。

5.5.2　门窗附件的安装连接构造可靠，并具有更换和维修的方便性。长期承受荷载和门窗反复启闭作用的五金配件，其本身构造应便于其易损零件的更换。

5.6　性能

5.6.1　抗风压性能

5.6.1.1　**性能分级**

外门窗的抗风压性能分级及指标值 P_3 应符合表 8 的规定。

表 8　外门窗抗风压性能分级

单位为千帕

分级	1	2	3	4	5	6	7	8	9
分级指标值 P_3	$1.0 \leq P_3 < 1.5$	$1.5 \leq P_3 < 2.0$	$2.0 \leq P_3 < 2.5$	$2.5 \leq P_3 < 3.0$	$3.0 \leq P_3 < 3.5$	$3.5 \leq P_3 < 4.0$	$4.0 \leq P_3 < 4.5$	$4.5 \leq P_3 < 5.0$	$P_3 \geq 5.0$
注：第 9 级应在分级后同时注明具体检测压力差值。									

5.6.1.2　**性能要求**

外门窗在各性能分级指标值风压作用下，主要受力杆件相对（面法线）挠度应符合表 9 的规定；风压作用后，门窗不应出现使用功能障碍和损坏。

表 9　门窗主要受力杆件相对面法线挠度要求

单位为毫米

支承玻璃种类	单层玻璃、夹层玻璃	中空玻璃
相对挠度	$L/100$	$L/150$
相对挠度最大值	20	
注：L 为主要受力杆件的支承跨距。		

5.6.2 水密性能

5.6.2.1 性能分级

外门窗的水密性能分级及指标值应符合表10的规定。

表10 外门窗水密性能分级 单位为帕

分级	1	2	3	4	5	6
分级指标值 ΔP	$100\leqslant\Delta P<150$	$150\leqslant\Delta P<250$	$250\leqslant\Delta P<350$	$350\leqslant\Delta P<500$	$500\leqslant\Delta P<700$	$\Delta P\geqslant700$
注：第6级应在分级后同时注明具体检测压力差值。						

5.6.2.2 性能要求

外门窗试件在各性能分级指标值作用下，不应发生水从试件室外侧持续或反复渗入试件室内侧、发生喷溅或流出试件界面的严重渗漏现象。

5.6.3 气密性能

5.6.3.1 性能分级

门窗的气密性能分级及指标绝对值应符合表11的规定。

注：门窗的气密性能指标即单位开启缝长或单位面积空气渗透量可分为正压和负压下测量的正值和负值。

表11 门窗气密性能分级

分级	1	2	3	4	5	6	7	8
单位开启缝长分级指标值 q_1 ($m^3/(m\cdot h)$)	$4.0\geqslant q_1>3.5$	$3.5\geqslant q_1>3.0$	$3.0\geqslant q_1>2.5$	$2.5\geqslant q_1>2.0$	$2.0\geqslant q_1>1.5$	$1.5\geqslant q_1>1.0$	$1.0\geqslant q_1>0.5$	$q_1\leqslant0.5$
单位面积分级指标值 q_2 ($m^3/(m^2\cdot h)$)	$12\geqslant q_2>10.5$	$10.5\geqslant q_2>9.0$	$9.0\geqslant q_2>7.5$	$7.5\geqslant q_2>6.0$	$6.0\geqslant q_2>4.5$	$4.5\geqslant q_2>3.0$	$3.0\geqslant q_2>1.5$	$q_2\leqslant1.5$

5.6.3.2 性能要求

门窗试件在标准状态下，压力差为10 Pa时的单位开启缝长空气渗透量 q_1 和单位面积空气渗透量 q_2 不应超过表11中各分级相应的指标值。

5.6.4 空气声隔声性能

5.6.4.1 性能指标

外门、外窗以"计权隔声量和交通噪声频谱修正量之和(R_w+C_{tr})"作为分级指标；内门、内窗以"计权隔声量和粉红噪声频谱修正量之和(R_w+C)"作为分级指标。

5.6.4.2 性能分级

门、窗的空气声隔声性能分级及指标值应符合表12的规定。

表12 门窗的空气声隔声性能分级 单位为分贝

分级	外门、外窗的分级指标值	内门、内窗的分级指标值
1	$20\leqslant R_w+C_{tr}<25$	$20\leqslant R_w+C<25$
2	$25\leqslant R_w+C_{tr}<30$	$25\leqslant R_w+C<30$
3	$30\leqslant R_w+C_{tr}<35$	$30\leqslant R_w+C<35$
4	$35\leqslant R_w+C_{tr}<40$	$35\leqslant R_w+C<40$
5	$40\leqslant R_w+C_{tr}<45$	$40\leqslant R_w+C<45$
6	$R_w+C_{tr}\geqslant45$	$R_w+C\geqslant45$
注：用于对建筑内机器、设备噪声源隔声的建筑内门窗，对中低频噪声宜用外门窗的指标值进行分级；对中高频噪声仍可采用内门窗的指标值进行分级。		

5.6.5 保温性能

5.6.5.1 性能指标

门、窗保温性能指标以门、窗传热系数 K 值[W/(m^2·K)]表示。

5.6.5.2 性能分级

门、窗保温性能分级及指标值分别应符合表13的规定。

表13 门窗保温性能分级 单位为瓦每平方米开

分级	1	2	3	4	5
分级指标值	$K\geqslant5.0$	$5.0>K\geqslant4.0$	$4.0>K\geqslant3.5$	$3.5>K\geqslant3.0$	$3.0>K\geqslant2.5$
分级	6	7	8	9	10
分级指标值	$2.5>K\geqslant2.0$	$2.0>K\geqslant1.6$	$1.6>K\geqslant1.3$	$1.3>K\geqslant1.1$	$K<1.1$

5.6.6 遮阳性能

5.6.6.1 性能指标

门窗遮阳性能指标——遮阳系数 SC 为采用 JGJ/T 151 规定的夏季标准计算条件，并按该规程计算所得值。

5.6.6.2 性能分级

门窗遮阳性能分级及指标值 SC 应符合表14的规定。

表14 门窗遮阳性能分级

分级	1	2	3	4	5	6	7
分级指标值 SC	$0.8\geqslant SC>0.7$	$0.7\geqslant SC>0.6$	$0.6\geqslant SC>0.5$	$0.5\geqslant SC>0.4$	$0.4\geqslant SC>0.3$	$0.3\geqslant SC>0.2$	$SC\leqslant0.2$

5.6.7 采光性能(外窗)

5.6.7.1 性能分级

外窗采光性能以透光折减系数 T_r 表示，其分级及指标值应符合表15的规定。

表15 外窗采光性能分级

分级	1	2	3	4	5
分级指标值 T_r	$0.20\leqslant T_r<0.30$	$0.30\leqslant T_r<0.40$	$0.40\leqslant T_r<0.50$	$0.50\leqslant T_r<0.60$	$T_r\geqslant0.60$
注：T_r 值大于0.60时应给出具体值。					

5.6.7.2 性能要求

有天然采光要求的外窗，其透光折减系数 T_r 不应小于0.45。同时有遮阳性能要求的外窗，应综合考虑遮阳系数的要求确定。

5.6.8 启闭力

5.6.8.1 门、窗应在不超过50 N的启、闭力作用下，能灵活开启和关闭。

5.6.8.2 带有自动关闭装置(如闭门器、地弹簧)的门和提升推拉门、以及折叠推拉窗和无提升力平衡装置的提拉窗等门窗，其启闭力性能指标由供需双方协商确定。

5.6.9 反复启闭性能

5.6.9.1 性能指标

门的反复启闭次数不应少于10万次；窗的反复启闭次数不应少于1万次。

带闭门器的平开门、地弹簧门以及折叠推拉、推拉下悬、提升推拉、提拉等门、窗的反复启闭次数由供需双方协商确定。

5.6.9.2 性能要求

门、窗在反复启闭性能试验后，应启闭无异常，使用无障碍。

5.6.10 耐撞击性能(玻璃面积占门扇面积不超过50%的平开旋转类门)

30 kg砂袋170 mm高度落下，撞击锁闭状态的门扇把(拉)手处1次，未出现明显变形，启闭无异常，使用无障碍，除钢化玻璃外，不允许有玻璃脱落现象。

5.6.11 **抗垂直荷载性能**（平开旋转类门）

门扇在开启状态下施加500 N垂直静载15 min，卸载3 min后残余下垂量小于3 mm，启闭无异常，使用无障碍。

5.6.12 **抗静扭曲性能**（平开旋转类门）

门扇在开启状态下施加500 N水平方向静荷载5 min，卸载3 min后未出现明显变形，启闭无异常，使用无障碍。

6 试验方法

6.1 材料

6.1.1 材料及附件的质量验证

铝合金门窗所用材料及附件进厂时，检查产品合格证或质量保证书等随行技术文件，验证其所标示的性能和质量指标值与本标准附录A所示相应标准（或合同要求）的符合性。

6.1.2 铝合金型材

6.1.2.1 基材壁厚及尺寸偏差

基材壁厚采用分辨率为0.5 μm的膜厚检测仪和精度为0.02 mm的游标卡尺在型材的不同部位分别测量表面处理层膜厚和型材壁厚（总厚度），测点不应少于3点。基材的实测壁厚为型材壁厚与膜厚之差并经计算求得，精确到0.01 mm，取平均值。

型材尺寸偏差检验按GB/T 5237.1的规定执行。

6.1.2.2 表面处理层厚度

采用分辨率为0.5 μm的膜厚检测仪在型材的不同部位测量，测点不应少于3点，取平均值。

6.1.3 钢材

钢材表面热浸镀锌、锌电镀及防锈涂料处理层厚度检验按GB/T 4956的规定进行；钢铁黑色氧化膜质量检验按GB/T 15519规定进行。

6.1.4 玻璃

玻璃的品种、厚度及质量按6.1.1的规定进行验证。

6.1.5 密封材料

硅酮结构密封胶的相容性与粘结性试验按GB 16776的规定进行。

6.1.6 五金配件与紧固件

五金配件承载能力及反复启闭性能和紧固件的材质与力学性能，按6.1.1的规定进行验证。

6.2 外观

按GB/T 14952.3—1994第7章规定的观察条件，采用钢直尺及目视观察法检验。

6.3 尺寸

采用钢卷尺、钢直尺、游标卡尺、深度尺、塞尺检验。

6.4 装配质量

采用目视观察和手试方法检查。

6.5 构造

采用目视观察和手试方法检查。

6.6 性能

6.6.1 抗风压性能、水密性能、气密性能

按GB/T 7106的规定，以气密、水密、抗风压性能的顺序进行试验。

6.6.2 空气声隔声性能

按GB/T 8485的规定进行试验。

6.6.3 保温性能

按GB/T 8484的规定进行试验；或按JGJ/T 151规定，在冬季标准计算条件下计算门窗传热系数。

6.6.4 遮阳性能

在按 GB/T 2680 规定实测门窗单片玻璃太阳光光谱透射比、反射比等参数基础上，按 JGJ/T 151 规定，在夏季标准计算条件下计算门窗遮阳系数 *SC* 值。

6.6.5 采光性能(外窗)

按 GB/T 11976 的规定进行试验。

6.6.6 启闭力

按 GB/T 9158—1988 的规定进行试验，测定试件锁闭装置的锁紧力和松开力，以及门窗扇在开启和关闭过程中所需力的最大值，以锁紧力、松开力、开启力和关闭力的最大值为门窗的启闭力性能值。

6.6.7 反复启闭性能

门窗反复启闭性能试验按 JG/T 192 的规定进行。

6.6.8 耐撞击性能(平开旋转类门)

按 GB/T 14155—2008 的规定进行整樘门的软重物体撞击试验，撞击门扇把(拉)手处或门扇中横梃处。

6.6.9 抗垂直荷载性能(平开旋转类门)

按 ISO 8275:1985 的规定进行整樘门的抗垂直荷载性能试验。

6.6.10 抗静扭曲性能(平开旋转类门)

按 ISO 9381:2005 的规定进行试验。

6.7 性能检验试件分组、数量及试验顺序

门窗性能检验试件分组、数量和试验顺序见表 16。

表 16 门窗性能检验试件分组、数量及试验顺序

试件分组	1			2	3		4(平开旋转类门)		
试验项目及顺序	隔声	采光(外窗)	1) 气密 2) 水密 3) 抗风压	保温	启闭力	反复启闭	耐撞击	抗垂直荷载	抗静扭曲
试件数量樘	3	1	3	1	3	1	1	1	1
试件合计樘	3			1	3		3		

7 检验规则

7.1 检验类别与项目

7.1.1 产品检验分为出厂检验和型式检验。

7.1.2 出厂检验项目为 5.2 外观、5.3.2.1 门窗及框扇装配尺寸偏差和 5.4 装配质量。

7.1.3 型式检验项目为 5.2 外观、5.3 尺寸、5.4 装配质量、5.5 构造和 5.6 性能的全部项目。

7.2 出厂检验

7.2.1 组批与抽样规则

7.2.1.1 外观和装配质量为全数检验。

7.2.1.2 门窗及框扇装配尺寸偏差检验，从每个出厂检验(交货)批中的不同品种、系列、规格分别随机抽取 10%且不得少于 3 樘。

7.2.2 判定与复验规则

抽检产品检验结果全部符合本标准要求时，判该批产品合格。

抽检产品检验结果如有多于 1 樘不符合本标准要求时，判该批产品不合格。

抽检项目中如有 1 樘(不多于 1 樘)不合格，可再从该批产品中抽取双倍数量产品进行重复检验。重复检验的结果全部达到本标准要求时判定该项目合格，复检项目全部合格，判定该批产品合格，否则判定该批产品不合格。

7.3 型式检验

7.3.1 检验时机

当遇到下列情况之一时，应进行型式检验：

a) 新产品或老产品转厂生产的试制定型鉴定；

b) 正式生产后，产品的原材料、构造或生产工艺有较大改变，可能影响产品性能时；

c) 停产半年以上重新恢复生产时；

d) 出厂检验结果与上次型式检验结果有较大差异时；

e) 国家质量监督机构提出进行型式检验的要求时；

f) 正常生产时应每两年至少进行一次型式检验。

7.3.2 组批与抽样规则

从产品出厂检验合格的检验批中，按表16规定的数量随机抽取。

7.3.3 取样方法

产品型式检验应选取各种用途、类型、品种、系列中常用的门窗立面形式和尺寸规格的单樘基本门、窗作为代表该产品性能的典型试件。铝合金门窗型式检验典型试件立面形式及规格参见附录B。

7.3.4 判定与复验规则

抽检产品全部符合5.2～5.6项目要求，该产品型式检验合格。

外观、门窗及框扇装配尺寸偏差、装配质量检验项目的判定和复验应符合7.2.2的规定。

性能检验项目中若有不合格项，可再从该批产品中抽取双倍试件对该不合格项进行重复检验，重复检验结果全部达到本标准要求时判定该项目合格，否则判定该批产品不合格。

8 产品标志、合格证书、使用说明书

8.1 产品标志

8.1.1 基本标志内容

铝合金门、窗产品标志应包括下列内容：

a) 产品名称或商标；

b) 产品执行的标准编号；

c) 制造商名称、生产日期或批号；

d) 生产许可证标记和编号。

8.1.2 警示标志和说明

门窗结构复杂、开启方法比较特殊，使用不当会造成产品本身损坏或使用安全的产品，应设置简明有效的使用警示标志和说明(包括文字及图示)。

8.1.3 标志方法

8.1.3.1 本章8.1.1 a)～d)要求的产品标志内容应采用铝质、不锈钢标牌或其他材料标牌标示，标牌的印制应符合GB/T 13306的规定。

8.1.3.2 门的产品标牌应固定在上框、中横框等明显部位。

8.1.3.3 窗的产品标牌应固定在上框、中横框、窗扇梃侧面等适当部位(开启后可看到)。

8.1.3.4 产品使用警示标志和说明应在门、窗的把手或执手等启闭装置附近粘贴醒目的警示说明标签。

8.2 产品合格证书

8.2.1 每个出厂检验或交货批应有产品合格证书。产品合格证书的编制应符合GB/T 14436规定。

8.2.2 门窗批量产品合格证书应包括下列内容：

a) 产品名称、商标及标记(包括执行的产品标准编号)；

b) 产品型式检验的物理性能和力学性能参数值；

c) 产品批量(樘数、面积)、尺寸规格型号；

d） 门窗框扇铝合金型材表面处理种类、色泽、膜厚；

e） 玻璃及镀膜的品种、色泽及玻璃厚度；

f） 门窗的生产日期、检验日期、出厂日期，检验员签名及制造商的质量检验印章；

g） 生产许可证标记和编号；

h） 质量认证或节能性能标识等其他标志；

i） 制造商名称、地址及质量问题受理部门联系电话；

j） 用户名称及地址。

8.3 产品使用说明书

8.3.1 门窗结构比较复杂、开启形式比较特殊、不易安装使用的产品，每批门窗出厂或交货时应有产品使用说明书。产品使用说明书的编制应符合 GB 9969.1 规定。

8.3.2 门窗产品使用说明书应包括产品说明、安装说明、使用说明和维护保养说明等主要方面，具体内容参见附录 C。

9 包装、运输、贮存

9.1 包装

9.1.1 应根据门窗铝合金型材、玻璃和附件的表面处理情况，采取合适的无腐蚀作用材料包装。

9.1.2 包装箱应有足够的承载能力，确保运输中不受损坏。

9.1.3 包装箱内的各类部件，避免发生相互碰撞、窜动。

9.1.4 包装储运图示标志及使用方法应符合 GB/T 191 的规定。

9.2 运输

9.2.1 在运输过程中避免包装箱发生相互碰撞。

9.2.2 搬运过程中应轻拿轻放，严禁摔、扔、碰击。

9.2.3 运输工具应有防雨措施，并保持清洁无污染。

9.3 贮存

9.3.1 产品应放置通风、干燥的地方。严禁与酸、碱、盐类物质接触并防止雨水侵入。

9.3.2 产品严禁与地面直接接触，底部垫高大于 100 mm。

9.3.3 产品放置应用非金属垫块垫平，立放角度不小于 70°。

附 录 A
（资料性附录）
常用材料标准

A.1 铝合金型材

GB/T 5237.1—2008 铝合金建筑型材 第1部分 基材
GB/T 5237.2—2008 铝合金建筑型材 第2部分 阳极氧化型材
GB/T 5237.3—2008 铝合金建筑型材 第3部分 电泳涂漆型材
GB/T 5237.4—2008 铝合金建筑型材 第4部分 粉末喷涂型材
GB/T 5237.5—2008 铝合金建筑型材 第5部分 氟碳漆喷涂型材
GB/T 5237.6—2004 铝合金建筑型材 第6部分 隔热型材
JG/T 133—2000 建筑用铝型材 铝板氟碳涂层
JG/T 174—2005 建筑用硬质塑料隔热条
JG/T 175—2005 建筑用隔热铝合金型材 穿条式

A.2 钢材

GB/T 700—2006 碳素结构钢
GB/T 707—1988 热轧槽钢 尺寸、外形、重量及允许偏差
GB/T 708—2006 冷轧钢板和钢带的尺寸、外形、重量及允许偏差
GB/T 716—1991 碳素结构钢冷轧钢带
GB/T 912—1989 碳素结构钢和低合金结构钢热轧薄钢板及钢带
GB/T 2518—2004 连续热镀锌钢板及钢带
GB/T 3280—2007 不锈钢冷轧钢板和钢带
GB/T 4239—1991 不锈钢和耐热钢冷轧钢带
GB/T 6725—2002 冷弯型钢
GB/T 6728—2002 结构用冷弯空心型钢 尺寸、外形、重量及允许偏差
GB/T 9787—1988 热轧等边角钢 尺寸、外形、重量及允许偏差
GB/T 9788—1988 热轧不等边角钢 尺寸、外形、重量及允许偏差
GB/T 9799—1997 金属覆盖层 钢铁上的锌电镀层
GB/T 11253—2007 碳素结构钢冷轧薄钢板及钢带
GB/T 13912—2002 金属覆盖层 钢铁制件热浸镀锌层技术要求及试验方法

A.3 玻璃

GB 9962—1999 夹层玻璃
GB 11614—1999 浮法玻璃
GB/T 11944—2002 中空玻璃
GB 15763.1—2001 建筑用安全玻璃 防火玻璃
GB 15763.2—2005 建筑用安全玻璃 第2部分：钢化玻璃
GB 17841—1999 幕墙用钢化玻璃与半钢化玻璃
GB/T 18701—2002 着色玻璃
GB/T 18915.1—2002 镀膜玻璃 第1部分：阳光控制镀膜玻璃

GB/T 18915.2—2002　镀膜玻璃　第2部分：低辐射镀膜玻璃
JC 433—1991　夹丝玻璃
JC/T 511—2002　压花玻璃

A.4　密封材料

GB/T 5574—1994　工业用橡胶板
GB/T 14683—2003　硅酮建筑密封胶
GB/T 16589—1996　硫化橡胶分类　橡胶材料
GB 16776—2005　建筑用硅酮结构密封胶
HG/T 3100—2004　硫化橡胶和热塑性橡胶　建筑用预成型密封垫的分类、要求及试验方法
JC/T 187—2006　建筑门窗用密封胶条
JC/T 483—2006　聚硫建筑密封胶
JC/T 485—2007　建筑窗用弹性密封胶
JC/T 635—1996　建筑门窗密封毛条技术条件

A.5　五金配件

JG/T 124—2007　建筑门窗五金件　传动机构用执手
JG/T 125—2007　建筑门窗五金件　合页(铰链)
JG/T 126—2007　建筑门窗五金件　传动锁闭器
JG/T 127—2007　建筑门窗五金件　滑撑
JG/T 128—2007　建筑门窗五金件　撑挡
JG/T 129—2007　建筑门窗五金件　滑轮
JG/T 130—2007　建筑门窗五金件　单点锁闭器
JG/T 168—2004　建筑门窗内平开下悬五金系统
JG/T 212—2007　建筑门窗五金件　通用要求
JG/T 213—2007　建筑门窗五金件　旋压执手
JG/T 214—2007　建筑门窗五金件　插销
JG/T 215—2007　建筑门窗五金件　多点锁闭器
QB/T 2475—2000　叶片插芯门锁
QB/T 2476—2000　球形门锁
QB/T 2697—2005　地弹簧
QB/T 2698—2005　闭门器

A.6　连接件与紧固件

GB/T 13821—1992　锌合金压铸件
GB/T 15114—1994　铝合金压铸件
GB/T 41—2000　六角螺母　C级
GB/T 65—2000　开槽圆柱头螺钉
GB 95—2002　平垫圈　C级
GB 97.1—2002　平垫圈　A级
GB/T 818—2000　十字槽盘头螺钉
GB/T 819.1—2000　十字槽沉头螺钉　第1部分　钢4.8级
GB/T 845—1985　十字槽盘头自攻螺钉

GB/T 846—1985 十字槽沉头自攻螺钉
GB/T 859—1987 轻型弹簧垫圈
GB/T 5780—2000 六角头螺栓 C级
GB/T 5781—2000 六角头螺栓 全螺纹 C级
GB/T 6170—2000 1型六角螺母
GB/T 6172.1—2000 六角薄螺母
GB/T 12615—2004 封闭型扁圆头抽芯铆钉
GB/T 12616—2004 封闭型沉头抽芯铆钉 11级
GB/T 12617—2006 开口型沉头抽芯铆钉
GB/T 12618—2006 开口型扁圆头抽芯铆钉
GB 12619—1990 抽芯铆钉 技术条件
GB/T 12619 AMD 1—1994 抽芯铆钉 技术条件 第1号修改单
GB/T 15856.1—2002 十字槽盘头自钻自攻螺钉
GB/T 15856.2—2002 十字槽沉头自钻自攻螺钉
GB/T 3098.1—2000 紧固件机械性能 螺栓、螺钉和螺柱
GB/T 3098.2—2000 紧固件机械性能 螺母 粗牙螺纹
GB/T 3098.4—2000 紧固件机械性能 螺母 细牙螺纹
GB/T 3098.5—2000 紧固件机械性能 自攻螺钉
GB/T 3098.6—2000 紧固件机械性能 不锈钢螺栓、螺钉和螺柱
GB/T 3098.10—2000 紧固件机械性能 有色金属制造的螺栓、螺钉、螺柱和螺母
GB/T 3098.11—2002 紧固件机械性能 自钻自攻螺钉
GB/T 3098.15—2000 紧固件机械性能 不锈钢螺母
GB/T 3098.19—2004 紧固件机械性能 抽芯铆钉

附　录　B
（资料性附录）
铝合金门窗型式检验典型试件立面形式及规格

表 B.1　铝合金门型式检验典型试件立面形式及规格

序号	门立面形式和宽、高构造尺寸 mm	适用门型
1	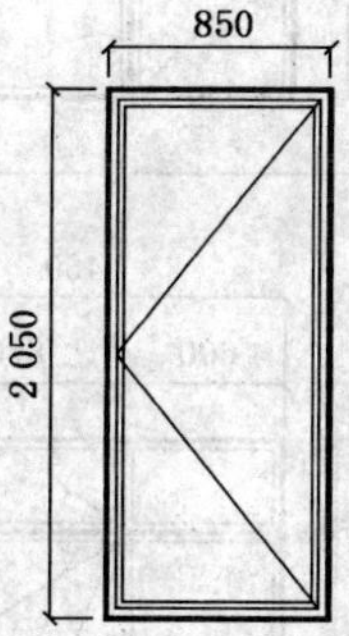	单扇平开类 （合页）平开门（PM） 弹簧门（THM） 地弹簧门（DHM） 平开下悬门（PXM）
2	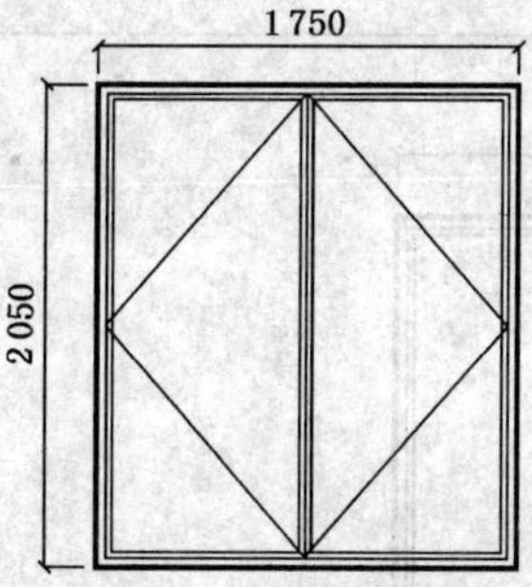	双扇平开类[a] （合页）平开门（YPM） 平开下悬门（PXM） 弹簧门（THM） 地弹簧门（DHM）
3	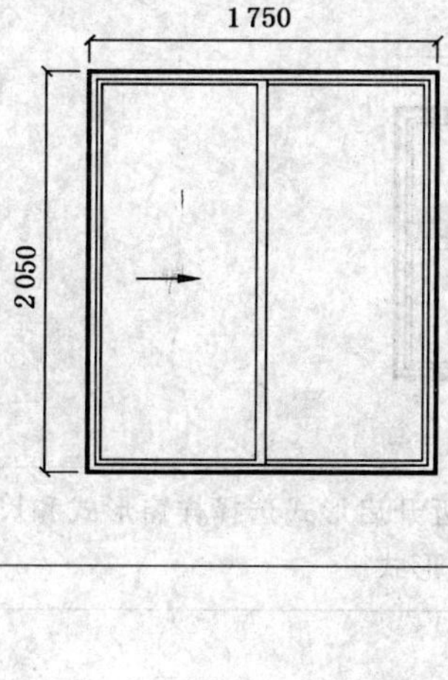	双扇推拉类[b] 推拉门（TM） 提升推拉门（STM） 下悬推拉门（XTM） 折叠推拉门（TZM）

[a] 其中一扇可为固定扇。

[b] 可为两个活动扇。

表 B.2 铝合金窗型式检验典型试件立面形式及规格

序号	窗立面形式和宽、高构造尺寸 mm	适用窗型
1	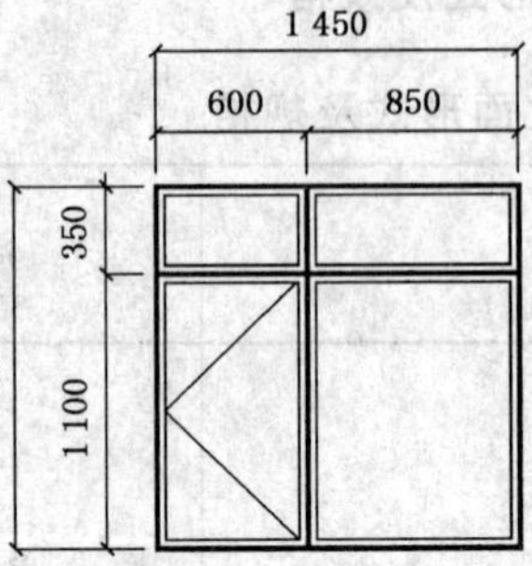 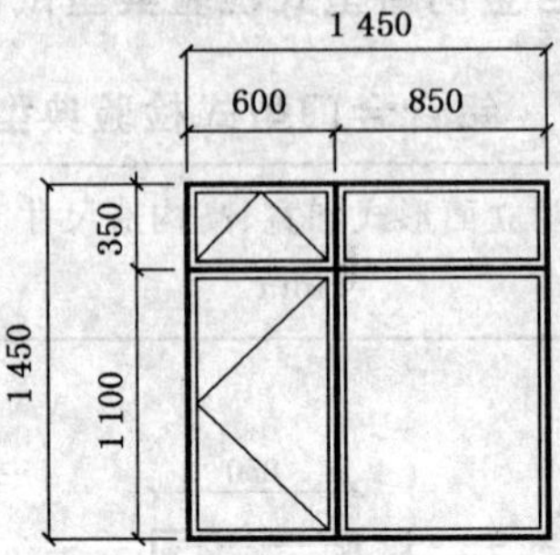	平开窗(PC) (外开、内平) 滑轴平开窗(HZPC) (外开、内开)
2	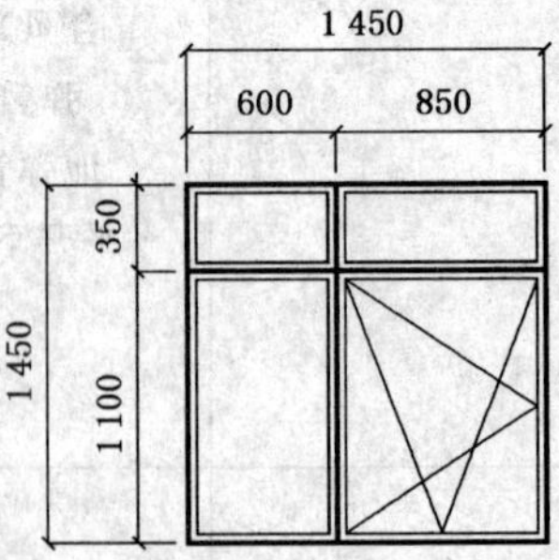 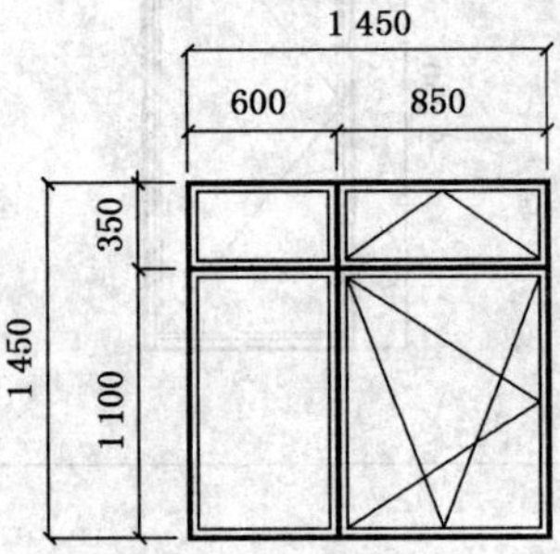	内平开窗(PC) 平开下悬窗(PXC) 上悬窗(SXC) 下悬窗(XXC) 滑轴上悬窗(HSXC)
3	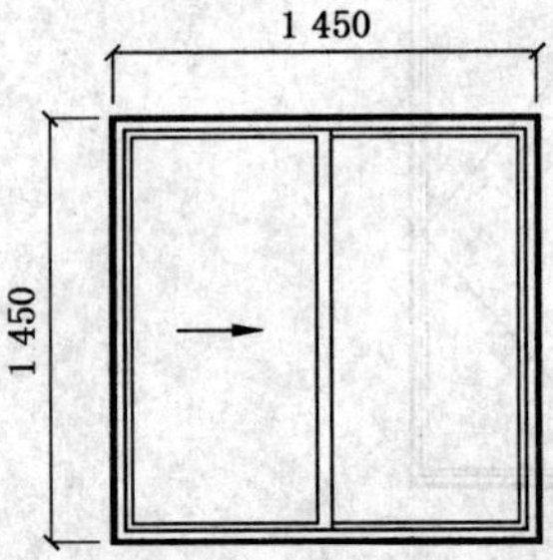	推拉窗[a](TC) 下悬推拉窗(XTC) 平开推拉窗(PTC) 提升推拉窗(STC)
4	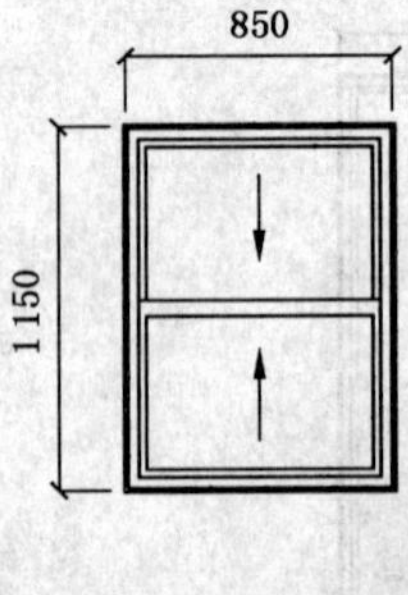	提拉窗[b](TLC)

注 1：表中未列出的其他窗型可参照上述表中相近开启形式选择样窗形式和尺寸。

注 2：固定窗可以选用序号 1～3 中任意一种立面形式。

[a] 可为两个活动扇。

[b] 提拉窗有上下提升力平衡装置时，试件规格仍按 1 500 mm×1 500 mm 执行。

附 录 C
（资料性附录）
铝合金门窗产品使用说明书的主要内容

a） 产品说明，应包括：

——产品名称、特点（包括材料及附件）及主要用途和适用范围，设计使用年限；

——产品命名和标记代号的组成及其代表意义；

——产品型式检验的门、窗物理性能和力学性能参数值。

b） 安装说明，应包括：

——门窗安装条件和安装技术要求，包括安装程序、方法、所用材料及器具；

——安装调整注意事项，安装验收检验项目和方法；

——安装施工时应采取的安全技术措施。

c） 使用说明，应包括：

——门窗正确的开启和关闭操作方法，易出现的错误操作和防范措施等，宜以图文并茂的形式表述清楚；

——使用时的注意事项，包括不允许在开启扇上额外悬挂或施加重物、启闭障碍物等；

——清洁门窗的正确清洗方法和正确使用清洁材料，以及清洁门窗时应注意的安全问题等。

d） 维护保养说明，应包括：

——开启扇的启闭机构需定期进行润滑、调整和紧固的要求；

——五金配件、紧固件、密封胶条、密封毛条等易损件需及时检查和更换的要求；

——玻璃出现破损情况时应采取的措施及更换时的安全措施等注意事项。

参 考 文 献

［1］ GB/T 10123—2001 金属和合金的腐蚀 基本术语和定义
［2］ GB/T 19000—2000 质量管理体系 基础和术语

ICS 91.060.50
Q 70

中华人民共和国国家标准

GB/T 8484—2008
代替 GB/T 8484—2002,GB/T 16729—1997

建筑外门窗保温性能分级及检测方法

Graduation and test method for thermal insulating properties of doors and windows

2008-07-30 发布 2009-03-01 实施

中华人民共和国国家质量监督检验检疫总局
中国国家标准化管理委员会 发布

前言

本标准代替 GB/T 8484—2002《建筑外窗保温性能分级及检测方法》和 GB/T 16729—1997《建筑外门保温性能分级及其检测方法》。

本标准与 GB/T 8484—2002 和 GB/T 16729—1997 相比主要变化如下：

——增加了影响建筑物室内环境质量的建筑外门窗抗结露因子检测内容；

——明确了对于有保温要求的其他类型门、窗和玻璃可参照执行；

——删除了热阻的定义；

——增加了抗结露因子的定义；

——增加了热流系数的定义；

——增加了玻璃门的定义；

——对外门、窗保温性能分级指标值进行调整、合并；

——增加了玻璃门、外窗抗结露因子的分级规定；

——增加了抗结露因子检测原理、检测装置与试件安装、检测程序的规定，以及抗结露因子 CRF 值的计算方法；

——根据与建筑门窗能效标识相协调的原则，对检测装置的冷、热箱空气温度设定范围进行了修改；

——增加了规范性附录“热流系数标定”(见附录 A)；

——增加了规范性附录“抗结露因子试验测点布置”(见附录 C)；

——增加了资料性附录“玻璃传热系数检测方法”供参考(参见附录 E)；

——增加了资料性附录“窗框传热系数检测方法”供参考(参见附录 F)。

本标准的附录 A、附录 B、附录 C 和附录 D 为规范性附录，附录 E 和附录 F 为资料性附录。

本标准由中华人民共和国住房和城乡建设部提出。

本标准由住房和城乡建设部建筑制品与构配件产品标准化技术委员会归口。

本标准主要起草单位：中国建筑科学研究院。

本标准参加起草单位：上海建筑科学研究院有限公司、广东省建筑科学研究院、清华大学建筑学院、新疆大学建筑工程学院、河南省建筑科学研究院、上海建筑门窗检测站、中国建筑材料检验认证中心、山东省建筑科学研究院、泰诺风保泰(苏州)隔热材料有限公司、深圳南玻工程玻璃有限公司、福建省南平铝业有限公司、中信渤海铝业幕墙装饰有限公司、广东省东莞市坚朗五金制品有限公司、郑州中原应用技术研究开发有限公司、江生罗克迪(上海)贸易有限公司、苏州罗普斯金铝业有限公司、北京新立基真空玻璃技术有限公司、广州市白云化工实业有限公司。

本标准主要起草人：刘月莉、林波荣、杨仕超、刘明明、王万江、栾景阳、刘海波、施伯年、孙洪明、潘振、黄日勇、谢光宇、许武毅、杜万明、姜涤新、崔洪、江裕生、顾泰昌、蔡强、马跃、蒋毅、高汉民、班广生。

本标准所代替标准的历次版本发布情况为：

——GB/T 8484—1987、GB/T 8484—2002；

——GB/T 16729—1997。

建筑外门窗保温性能分级及检测方法

1 范围

本标准规定了建筑外门、外窗保温性能分级及检测方法。

本标准适用于建筑外门、外窗(包括天窗)传热系数和抗结露因子的分级及检测。有保温要求的其他类型的建筑门、窗和玻璃可参照执行。

2 规范性引用文件

下列文件中的条款通过本标准的引用而成为本标准的条款。凡是注日期的引用文件,其随后所有的修改单(不包括勘误的内容)或修订版均不适用于本标准,然而,鼓励根据本标准达成协议的各方研究是否使用这些文件的最新版本。凡是不注明日期的引用文件,其最新版本适用于本标准。

GB/T 4132—1996 绝热材料与相关术语

GB/T 13475 建筑构件稳态热传递性质的测定 标定和防护热箱法

3 术语和定义

下列术语和定义适用于本标准。

3.1

门窗传热系数 door and window thermal transmittance

表征门窗保温性能的指标。表示在稳定传热条件下,外门窗两侧空气温差为1 K,单位时间内,通过单位面积的传热量。

3.2

热导率 thermal conductance

在稳定传热状态下,通过一定厚度标准板的热流密度除以标准板两表面的温度差。

3.3

抗结露因子 condensation resistance factor

预测门、窗阻抗表面结露能力的指标。是在稳定传热状态下,门、窗热侧表面与室外空气温度差和室内、外空气温度差的比值。

3.4

总的半球发射率 total hemispherical emissivity

表面的总的半球发射密度与相同温度黑体的总的半球发射密度之比。

同义词:辐射率、黑度。

3.5

热流系数 thermal current coefficient

在稳定传热状态下,标定热箱中箱体或试件框两表面温差为1 K时的传热量。

3.6

玻璃门 glass door

玻璃为主要构成材料的外门。

4 分级

4.1 外门、外窗传热系数分级

外门、外窗传热系数 K 值分为10级,见表1。

表 1 外门、外窗传热系数分级 W/(m²·K)

分级	1	2	3	4	5
分级指标值	$K \geqslant 5.0$	$5.0 > K \geqslant 4.0$	$4.0 > K \geqslant 3.5$	$3.5 > K \geqslant 3.0$	$3.0 > K \geqslant 2.5$
分级	6	7	8	9	10
分级指标值	$2.5 > K \geqslant 2.0$	$2.0 > K \geqslant 1.6$	$1.6 > K \geqslant 1.3$	$1.3 > K \geqslant 1.1$	$K < 1.1$

4.2 玻璃门、外窗抗结露因子分级

玻璃门、外窗抗结露因子 *CRF* 值分为 10 级，见表 2。

表 2 玻璃门、外窗抗结露因子分级

分级	1	2	3	4	5
分级指标值	$CRF \leqslant 35$	$35 < CRF \leqslant 40$	$40 < CRF \leqslant 45$	$45 < CRF \leqslant 50$	$50 < CRF \leqslant 55$
分级	6	7	8	9	10
分级指标值	$55 < CRF \leqslant 60$	$60 < CRF \leqslant 65$	$65 < CRF \leqslant 70$	$70 < CRF \leqslant 75$	$CRF > 75$

5 检测方法

5.1 原理

5.1.1 传热系数检测原理

本标准基于稳定传热原理，采用标定热箱法检测建筑门、窗传热系数。试件一侧为热箱，模拟采暖建筑冬季室内气候条件，另一侧为冷箱，模拟冬季室外气温和气流速度。在对试件缝隙进行密封处理，试件两侧各自保持稳定的空气温度、气流速度和热辐射条件下，测量热箱中加热器的发热量，减去通过热箱外壁和试件框的热损失（两者均由标定试验确定，标定试验应符合附录 A 的规定），除以试件面积与两侧空气温差的乘积，即可计算出试件的传热系数 K 值。

5.1.2 抗结露因子检测原理

基于稳定传热传质原理，采用标定热箱法检测建筑门、窗抗结露因子。试件一侧为热箱，模拟采暖建筑冬季室内气候条件，同时控制相对湿度不大于 20%；另一侧为冷箱，模拟冬季室外气候条件。在稳定传热状态下，测量冷热箱空气平均温度和试件热侧表面温度，计算试件的抗结露因子。抗结露因子是由试件框表面温度的加权值或玻璃的平均温度与冷箱空气温度（t_c）的差值除以热箱空气温度（t_h）与冷箱空气温度（t_c）的差值计算得到，再乘以 100 后，取所得的两个数值中较低的一个值。

5.2 检测装置

5.2.1 检测装置的组成

检测装置主要由热箱、冷箱、试件框、控湿系统和环境空间五部分组成，如图 1 所示。

5.2.2 热箱

5.2.2.1 热箱内净尺寸不宜小于 2 100 mm×2 400 mm（宽×高），进深不宜小于 2 000 mm。

5.2.2.2 热箱外壁结构应由均质材料组成，其热阻（定义见 GB/T 4132—1996，以下均相同）值不得小于 3.5 m²·K/W。

5.2.2.3 热箱内表面的总的半球发射率 ε 值应大于 0.85。

5.2.3 冷箱

5.2.3.1 冷箱内净尺寸应与试件框外边缘尺寸相同，进深以能容纳制冷、加热及气流组织设备为宜。

5.2.3.2 冷箱外壁应采用不吸湿的保温材料，其热阻值不得小于 3.5 m²·K/W，内表面应采用不吸水、耐腐蚀的材料。

5.2.3.3 冷箱通过安装在冷箱内的蒸发器或引入冷空气进行降温。

5.2.3.4 利用隔风板和风机进行强迫对流，形成沿试件表面自上而下的均匀气流，隔风板与试件框冷

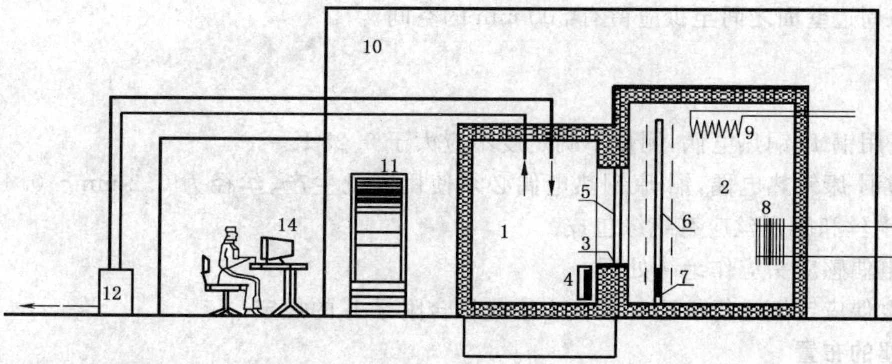

1——热箱；
2——冷箱；
3——试件框；
4——电加热器；
5——试件；
6——隔风板；
7——风机；
8——蒸发器；
9——加热器；
10——环境空间；
11——空调器；
12——控湿装置；
13——冷冻机；
14——温度控制与数据采集系统。

图1 检测装置构成

侧表面距离宜能调节。

5.2.3.5 隔风板应采用热阻值不小于 1.0 $m^2 \cdot K/W$ 的挤塑聚苯板，隔风板面向试件的表面，其总的半球发射率 ε 值应大于 0.85。隔风板的宽度与冷箱内净宽度相同。

5.2.3.6 蒸发器下部应设置排水孔或盛水盘。

5.2.4 试件框

5.2.4.1 试件框外缘尺寸不应小于热箱开口部处的内缘尺寸。

5.2.4.2 试件框应采用不吸湿、均质的保温材料，热阻值不小于 7.0 $m^2 \cdot K/W$，其密度应为 20 kg/m^3～40 kg/m^3。

5.2.4.3 安装试件的洞口要求如下：

a) 安装外窗试件的洞口不应小于 1 500 mm×1 500 mm。洞口下部应留有高度不小于 600 mm、宽度不小于 300 mm 的平台。平台及洞口周边的面板应采用不吸水、导热系数不大于 0.25 W/(m·K)的材料。

b) 安装外门试件的洞口不宜小于 1 800 mm×2 100 mm。洞口周边的面板应采用不吸水、导热系数小于 0.25 W/(m·K)的材料。

5.2.5 环境空间

5.2.5.1 检测装置应放在装有空调设备的试验室内，保证热箱外壁内、外表面面积加权平均温差小于 1.0 K。试验室空气温度波动不应大于 0.5 K。

5.2.5.2 试验室围护结构应有良好的保温性能和热稳定性，应避免太阳光透过窗户进入室内。试验室墙体及顶棚内表面应进行绝热处理。

5.2.5.3 热箱外壁与周边壁面之间至少应留有 500 mm 的空间。

5.3 感温元件的布置

5.3.1 感温元件

5.3.1.1 感温元件采用铜-康铜热电偶，测量不确定度不应大于 0.25 K。

5.3.1.2 感温元件为铜-康铜热电偶，铜-康铜热电偶必须使用同批生产、丝径为 0.2 mm～0.4 mm 的铜丝和康铜丝制作。铜丝和康铜丝应有绝缘包皮。

5.3.1.3 铜-康铜热电偶感应头应作绝缘处理。

5.3.1.4 铜-康铜热电偶应定期进行校验。校验方法应符合附录 B 的规定。

5.3.2 铜-康铜热电偶的布置

5.3.2.1 空气温度测点要求如下：

a) 应在热箱空间内设置两层热电偶作为空气温度测点，每层均匀布 4 个测点。

b) 冷箱空气温度测点应布置在符合 GB/T 13475 规定的平面内，与试件安装洞口对应的面积上均匀布 9 点。

c) 测量空气温度的热电偶感应头，均应进行热辐射屏蔽。

d) 测量热、冷箱空气温度的热电偶可分别并联。

5.3.2.2 表面温度测点要求如下：

a) 热箱每个外壁的内、外表面分别对应布 6 个温度测点。

b) 试件框热侧表面温度测点不宜少于 20 个。试件框冷侧表面温度测点不宜少于 14 个点。

c) 热箱外壁及试件框每个表面温度测点的热电偶可分别并联。

d) 测量表面温度的热电偶感应头应连同至少 100 mm 长的铜、康铜引线一起，紧贴在被测表面上。粘贴材料的总的半球发射率 ε 值应与被测表面的 ε 值相近。

5.3.2.3 凡是并联的热电偶，各热电偶引线电阻必须相等。各点所代表被测面积应相同。

5.4 热箱加热装置

5.4.1 热箱采用交流稳压电源供加热器加热。检测外窗时，窗洞口平台板至少应高于加热器顶部 50 mm。

5.4.2 计量加热功率 Q 的功率表的准确度等级不得低于 0.5 级，且应根据被测值大小转换量程，使仪表示值处于满量程的 70%以上。

5.5 控湿装置

5.5.1 采用除湿系统控制热箱空气湿度。保证在整个测试过程中，热箱内相对湿度小于 20%。

5.5.2 设置一个湿度计测量热箱内空气相对湿度，湿度计的测量精度不应低于 3%。

5.6 风速

5.6.1 冷箱风速应使用热球风速仪进行测量，测点位置与冷箱空气温度测点位置相同。

5.6.2 不必每次试验都测定冷箱风速。当风机型号、安装位置、数量及隔风板位置发生变化时，应重新进行测量。

5.7 试件安装

5.7.1 被检试件为一件。试件的尺寸及构造应符合产品设计和组装要求，不得附加任何多余配件或特殊组装工艺。

5.7.2 试件安装位置：外表面应位于距试件框冷侧表面 50 mm 处。

5.7.3 试件与试件洞口周边之间的缝隙宜用聚苯乙烯泡沫塑料条填塞，并密封。

5.7.4 试件开启缝应采用透明塑料胶带双面密封。

5.7.5 当试件面积小于试件洞口面积时，应用与试件厚度相近，已知热导率 Λ 值的聚苯乙烯泡沫塑料板填堵。在聚苯乙烯泡沫塑料板两侧表面粘贴适量的铜-康铜热电偶，测量两表面的平均温差，计算通过该板的热损失。

5.7.6 当进行传热系数检测时，宜在试件热侧表面适当部位布置热电偶，作为参考温度点。

5.7.7 当进行抗结露因子检测时，应在试件窗框和玻璃热侧表面共布置20个热电偶供计算使用。热电偶的设置应符合附录C的规定。

5.8 检测条件

5.8.1 传热系数检测

5.8.1.1 热箱空气平均温度设定范围为19 ℃～21 ℃，温度波动幅度不应大于0.2 K。

5.8.1.2 热箱内空气为自然对流。

5.8.1.3 冷箱空气平均温度设定范围为−19 ℃～−21 ℃，温度波动幅度不应大于0.3 K。

5.8.1.4 与试件冷侧表面距离符合GB/T 13475规定平面内的平均风速为3.0 m/s±0.2 m/s。

注：气流速度系指在设定值附近的某一稳定值。

5.8.2 抗结露因子检测

5.8.2.1 热箱空气平均温度设定为20 ℃±0.5 ℃，温度波动幅度不应大于±0.3 K。

5.8.2.2 热箱空气为自然对流，其相对湿度不大于20%。

5.8.2.3 冷箱空气平均温度设定范围为−20 ℃±0.5 ℃，温度波动幅度不应大于±0.3 K。

5.8.2.4 与试件冷侧表面距离符合GB/T 13475规定平面内的平均风速为3.0 m/s±0.2 m/s。

5.8.2.5 试件冷侧总压力与热侧静压力之差在0 Pa±10 Pa范围内。

5.9 检测程序

5.9.1 传热系数检测

5.9.1.1 检查热电偶是否完好。

5.9.1.2 启动检测装置，设定冷、热箱和环境空气温度。

5.9.1.3 当冷、热箱和环境空气温度达到设定值后，监控各控温点温度，使冷、热箱和环境空气温度维持稳定。达到稳定状态后，如果逐时测量得到热箱和冷箱的空气平均温度 t_h 和 t_c 每小时变化的绝对值分别不大于0.1 ℃和0.3 ℃；温差 $\Delta\theta_1$ 和 $\Delta\theta_2$ 每小时变化的绝对值分别不大于0.1 K和0.3 K，且上述温度和温差的变化不是单向变化，则表示传热过程已达到稳定过程。

5.9.1.4 传热过程稳定之后，每隔30 min测量一次参数 t_h、t_c、$\Delta\theta_1$、$\Delta\theta_2$、$\Delta\theta_3$、Q，共测六次。

5.9.1.5 测量结束之后，记录热箱内空气相对湿度 φ，试件热侧表面及玻璃夹层结露或结霜状况。

5.9.2 抗结露因子检测

5.9.2.1 检查热电偶是否完好。

5.9.2.2 启动检测设备和冷、热箱的温度自控系统，设定冷、热箱和环境空气温度。

5.9.2.3 调节压力控制装置，使热箱静压力和冷箱总压力之间的净压差在0 Pa±10 Pa范围内。

5.9.2.4 当冷、热箱空气温度达到设定值后，每隔30 min测量各控温点温度，检查是否稳定。如果逐时测量得到热箱和冷箱的空气平均温度 t_h 和 t_c 每小时变化的绝对值与标准条件相比不超过±0.3 ℃，总热量输入变化不超过±2%，则表示抗结露因子检测已经处于稳定状态。

5.9.2.5 当冷、热箱空气温度达到稳定后，启动热箱控湿装置，保证热箱内的空气相对湿度 φ 不大于20%。

5.9.2.6 热箱内的空气相对湿度 φ 满足要求后，每隔5 min测量一次参数 t_h、t_c、t_1、t_2、…、t_{20}、φ，共测六次。

5.9.2.7 测量结束之后，记录试件热侧表面结露或结霜状况。

5.10 数据处理

5.10.1 传热系数

5.10.1.1 各参数取六次测量的平均值。

5.10.1.2 试件传热系数 K 值[W/(m²·K)]按式(1)计算：

$$K=\frac{Q-M_1\cdot\Delta\theta_1-M_2\cdot\Delta\theta_2-S\cdot\Lambda\cdot\Delta\theta_3}{A\cdot(t_h-t_c)}\quad\cdots\cdots(1)$$

式中：

Q——加热器加热功率，W；

M_1——由标定试验确定的热箱外壁热流系数，W/K(见附录A)；

M_2——由标定试验确定的试件框热流系数，W/K(见附录A)；

$\Delta\theta_1$——热箱外壁内、外表面面积加权平均温度之差，K；

$\Delta\theta_2$——试件框热侧冷侧表面面积加权平均温度之差，K；

S——填充板的面积，m^2；

Λ——填充板的热导率，W/(m^2·K)；

$\Delta\theta_3$——填充板热侧表面与冷侧表面的平均温差，K；

A——试件面积，m^2；按试件外缘尺寸计算，如试件为采光罩，其面积按采光罩水平投影面积计算；

t_h——热箱空气平均温度，℃；

t_c——冷箱空气平均温度，℃。

$\Delta\theta_1$、$\Delta\theta_2$的计算见附录D。如果试件面积小于试件洞口面积时，式(1)中分子 $S \cdot \Lambda \cdot \Delta\theta_3$ 项为聚苯乙烯泡沫塑料填充板的热损失。

5.10.1.3 试件传热系数 K 值取两位有效数字。

5.10.2 抗结露因子

5.10.2.1 各参数取六次测量的平均值。

5.10.2.2 试件抗结露因子 CRF 值按式(2)、式(3)计算：

$$CRF_g = \frac{t_g - t_c}{t_h - t_c} \times 100 \qquad \cdots\cdots(2)$$

$$CRF_f = \frac{t_f - t_c}{t_h - t_c} \times 100 \qquad \cdots\cdots(3)$$

式中：

CRF_g——试件玻璃的抗结露因子；

CRF_f——试件框的抗结露因子；

t_h——热箱空气平均温度，℃；

t_c——冷箱空气平均温度，℃；

t_g——试件玻璃热侧表面平均温度，℃；

t_f——试件的框热侧表面平均温度的加权值，℃。

试件抗结露因子 CRF 值取 CRF_g 与 CRF_f 中较低值。试件抗结露因子 CRF 值取2位有效数字。

5.10.2.3 试件的框热侧表面平均温度的加权值 t_f 由14个规定位置的内表面温度平均值(t_{fp})和4个位置非确定的、相对较低的框温度平均值(t_{fr})计算得到。

t_f 可通过式(4)计算得到：

$$t_f = t_{fp}(1 - W) + W \cdot t_{fr} \qquad \cdots\cdots(4)$$

式中：

W——加权系数，由 t_{fp} 和 t_{fr} 之间的比例关系确定，其式(5)计算：

$$W = \frac{t_{fp} - t_{fr}}{t_{fp} - (t_c + 10)} \times 0.4 \qquad \cdots\cdots(5)$$

其中，t_c 为冷箱的空气平均温度，10为温度的修正系数，0.4为温度修正系数取10时的加权因子。

6 检测报告

检测报告应包括以下内容：

a) 委托和生产单位；

b) 试件名称、编号、规格、玻璃品种、玻璃及两层玻璃间空气层厚度、窗框面积与窗面积之比；

c) 检测依据、检测设备、检测项目、检测类别和检测时间，以及报告日期；

d) 检测条件：热箱空气平均温度 t_h 和空气相对湿度 φ、冷箱空气平均温度 t_c 和气流速度；

e) 检测结果如下：

   1) 传热系数：试件传热系数 K 值和保温性能等级；试件热侧表面温度、结露和结霜情况；

   2) 抗结露因子：试件的 CRF 值（CRF_g 与 CRF_f 中较低值）和等级；试件玻璃表面（或框表面）的抗结露因子 CRF 值（CRF_g 和 CRF_f 中的另外一个数值），以及 t_f、t_{fp}、t_{fr}、W、t_g 的值；试件热侧玻璃表面和框表面的温度、结露情况；

f) 测试人、审核人及负责人签名；

g) 检测单位。

附 录 A
(规范性附录)
热流系数标定

A.1 标定内容

热箱外壁热流系数 M_1 和试件框热流系数 M_2。

A.2 标准试件

A.2.1 标准试件的材料要求

标准试件应使用材质均匀、不透气、内部无空气层、热性能稳定的材料制作。宜采用经过长期存放、厚度为 50 mm±2 mm 左右的聚苯乙烯泡沫塑料板，其密度为 20 kg/m³～22 kg/m³。

A.2.2 标准试件的热导率

标准试件热导率 Λ[W/(m²·K)] 值，应在与标定试验温度相近的温差条件下，采用单向防护热板仪进行测定。

A.3 标定方法

A.3.1 单层窗（包括单框单层玻璃窗、单框中空玻璃窗和单框多层玻璃窗）及外门

A.3.1.1 用与试件洞口面积相同的标准试件安装在洞口上，位置与单层窗（及外门）安装位置相同。标准试件周边与洞口之间的缝隙用聚苯乙烯泡沫塑料条塞紧，并密封。在标准试件两表面分别均匀布置 9 个铜-康铜热电偶。

A.3.1.2 标定试验应在与保温性能试验相同的冷、热箱空气温度、风速等条件下，改变环境温度，进行两种不同工况的试验。当传热过程达到稳定之后，每隔 30 min 测量一次有关参数，共测六次，取各测量参数的平均值，按式(A.1)、式(A.2)联解求出热流系数 M_1 和 M_2。

$$\begin{cases} Q-M_1\cdot\Delta\theta_1-M_2\cdot\Delta\theta_2=S_b\cdot\Lambda_b\cdot\Delta\theta_3 & \cdots\cdots(A.1) \\ Q'-M_1\cdot\Delta\theta_1'-M_2\cdot\Delta\theta_2'=S_b\cdot\Lambda_b\cdot\Delta\theta_3' & \cdots\cdots(A.2) \end{cases}$$

式中：

Q、Q'——分别为两次标定试验的热箱加热器加热功率，W；

$\Delta\theta_1$、$\Delta\theta_1'$——分别为两次标定试验的热箱外壁内、外表面面积加权平均温差，K；

$\Delta\theta_2$、$\Delta\theta_2'$——分别为两次标定试验的试件框热侧与冷侧表面面积加权平均温差，K；

$\Delta\theta_3$、$\Delta\theta_3'$——分别为两次标定试验的标准试件两表面之间平均温差，K；

Λ_b——标准试件的热导率，W/(m²·K)；

S_b——标准试件面积，m²。

Q、$\Delta\theta_1$、$\Delta\theta_2$、$\Delta\theta_3$ 为第一次标定试验测量的参数，右上角标有“′”的参数，为第二次标定试验测量的参数。$\Delta\theta_1$、$\Delta\theta_2$、$\Delta\theta_3$ 及 $\Delta\theta_1'$、$\Delta\theta_2'$、$\Delta\theta_3'$ 的计算公式见附录 C。

A.3.2 双层窗

A.3.2.1 双层窗热流系数 M_1 值与单层窗标定结果相同。

A.3.2.2 双层窗的热流系数 M_2 应按下面方法进行标定：在试件洞口上安装两块标准试件。第一块标准试件的安装位置与单层窗标定试验的标准试件位置相同，并在标准试件两侧表面分别均匀布置 9 个铜-康铜热电偶。第二块标准试件安装在距第一块标准试件表面不小于 100 mm 的位置。标准试件周边与试件洞口之间的缝隙按 A.3.1 要求处理，并按 A.3.1 规定的试验条件进行标定试验，将测定的参数 Q、$\Delta\theta_1$、$\Delta\theta_2$、$\Delta\theta_3$ 及标定单层窗的热流系数 M_1 值代入式(A.1)，计算双层窗的热流系数 M_2。

A.3.3 标定试验的规定

A.3.3.1 两次标定试验应在标准板两侧空气温差相同或相近的条件下进行，$\Delta\theta_1$ 和 $\Delta\theta_1'$ 的绝对值不应小于 4.5 K，且 $|\Delta\theta_1-\Delta\theta_1'|$ 应大于 9.0 K，$\Delta\theta_2$、$\Delta\theta_2'$ 尽可能相同或相近。

A.3.3.2 热流系数 M_1 和 M_2 应每年定期标定一次。如试验箱体构造、尺寸发生变化，必须重新标定。

A.3.4 标定试验的误差分析

新建门窗保温性能检测装置，应进行热流系数 M_1 和 M_2 标定误差和门、窗传热系数 K 值检测误差分析。

附　录　B
（规范性附录）
铜-康铜热电偶的校验

B.1　铜-康铜热电偶的筛选

外门窗保温性能检测装置上使用的铜-康铜热电偶必须进行筛选。取被筛选的热电偶与分辨率为1/100 ℃的铂电阻温度计捆在一起，插入油温为20 ℃的广口保温瓶中。另一支热电偶插入装有冰、水混合物的广口保温瓶中，作为零点。热电偶与温度计的感应头应在同一平面上。感应头插入液体的深度不宜小于200 mm。瓶中液体经充分搅拌搁置10 min后，用不低于0.05级的低电阻直流电位差计或数字多用表测量热电偶的热电势e_i。取全部热电偶的热电势平均值，将任意一个热电偶的热电势与平均值相减，如果绝对值小于等于4 μV，则该热电偶满足要求。

B.2　铜-康铜热电偶的校验采用比对试验方法

外门窗保温性能检测装置上使用的铜-康铜热电偶，应进行比对试验。

B.2.1　热电偶比对试验方法

B.2.1.1　从经过筛选的铜-康铜热电偶中任选一支送计量部门检定，建立热电势e_j与温差Δt的关系式(B.1)、式(B.2)：

$\Delta t<0$ ℃时

$$e_j = a_{10} + a_{11}\Delta t + a_{12}\Delta t^2 + a_{13}\Delta t^3 \qquad \text{(B.1)}$$

$\Delta t>0$ ℃时

$$e_j = a_{20} + a_{21}\Delta t + a_{22}\Delta t^2 + a_{23}\Delta t^3 \qquad \text{(B.2)}$$

式中：

a——铜-康铜热电偶温差与热电势的转换系数。

B.2.1.2　被比对的热电偶感应头应与分辨率为1/100 ℃的铂电阻温度计感应头捆在同一平面上，插入广口保温瓶中，瓶中油温与试件检测时所处的温度相近。另一支热电偶插入装有冰、水混合物的广口保温瓶中，作为零点。感应头插入液体的深度不宜小于200 mm。瓶中液体经充分搅拌搁置10 min后，用不低于0.05级的低电阻直流电位差计或多用数字表计测量热电偶的热电势e_c和两个保温瓶中液体之间的温度差Δt。

B.2.1.3　按式(B.1)或式(B.2)计算在温差Δt时热电偶的热电势e_j，如果e_j与用低电阻直流电位差计或多用数字表计测量热电偶的热电势e_c之差的绝对值小于等于4 μV，则该热电偶满足测温要求。

B.2.2　固定测温点和非固定测温点的比对试验

B.2.2.1　非固定测温点（试件和填充板表面测温点）的热电偶，应按B.2.1规定的方法，定期进行比对试验。

B.2.2.2　固定测温点热电偶的比对试验（热箱外壁和试件框表面测温点及冷、热箱空气测温点）热电偶的比对试验方法如下：

a)　取经过比对的热电偶，按与固定测温点相同的粘贴方法粘贴在固定测温点旁，作为临时固定点；

b)　在与外门窗保温性能检测条件相近的情况下，用不低于0.05级的低电阻直流电位差计或多用数字表计测量固定点和临时固定点热电偶的热电势；

c)　如果固定点和临时固定点热电偶的热电势之差绝对值小于或等于4 μV，则固定点热电偶合格，否则应予以更换。

B.2.3　热电偶的比对试验

热电偶比对试验应定期进行，每年一次。

附 录 C
（规范性附录）
抗结露因子试验测点布置

C.1 抗结露因子检测温度测点的设置

C.1.1 抗结露因子试验中，框和玻璃内表面共设置20个温度测点。框上布置14个点，玻璃上布置6个点。

C.1.2 根据试件的窗型不同，其温度测点设置的位置也不同。固定框和开启扇框上均应布置温度测点。

C.1.3 玻璃上温度测点设置应考虑玻璃中心及转角部位。玻璃角部测点距边框15 mm。边框转角处测点距上下边框为150 mm（或300 mm，根据边框的尺寸确定）见图C.1～图C.4。

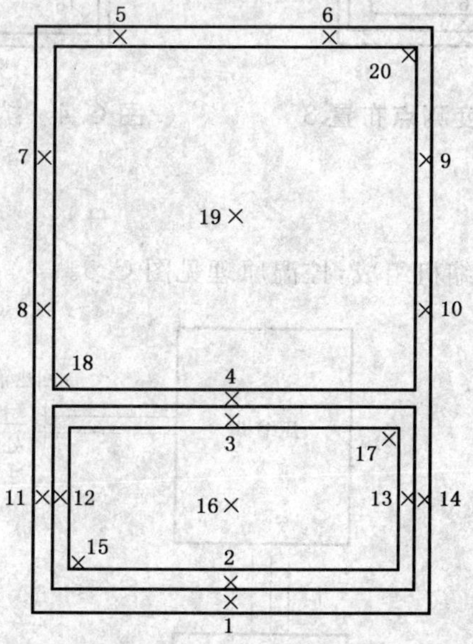

图C.1 抗结露因子检测温度测点布置1

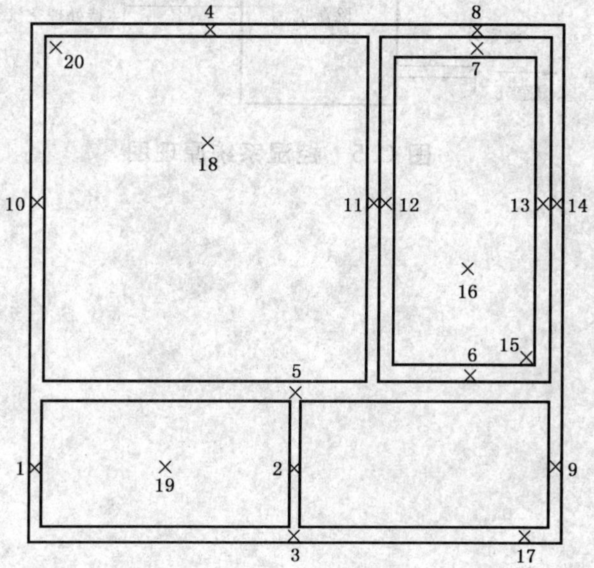

图C.2 抗结露因子检测温度测点布置2

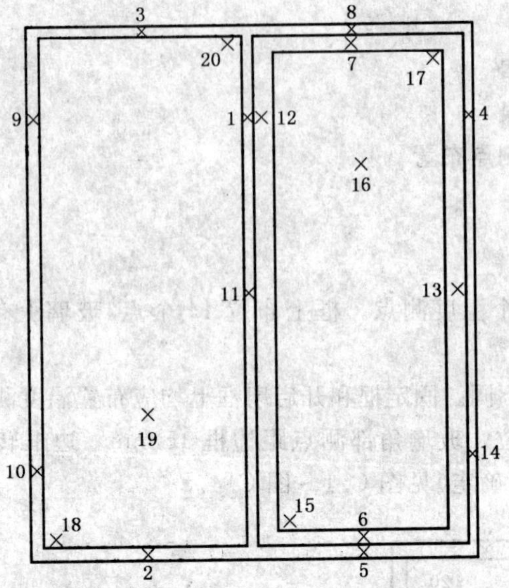

图 C.3　抗结露因子检测温度测点布置 3

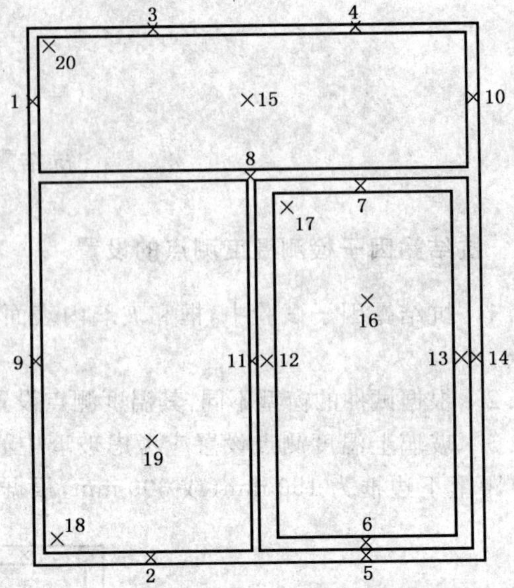

图 C.4　抗结露因子检测温度测点布置 4

C.2　控湿系统

控湿系统主要由除湿机和压缩机组成，控湿原理见图 C.5。

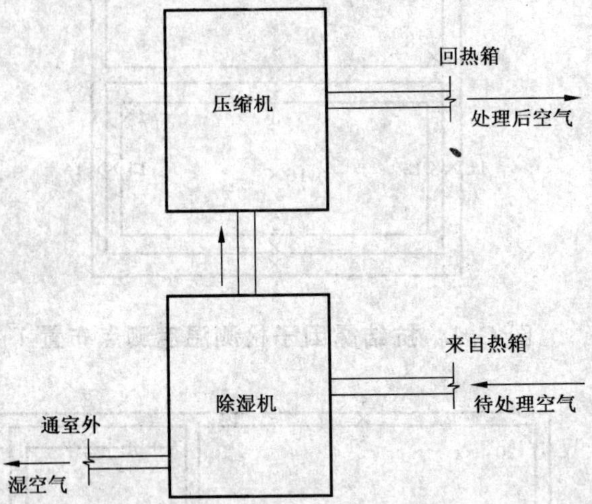

图 C.5　控湿系统原理图

附 录 D
（规范性附录）
加权平均温度的计算

热箱外壁内、外表面面积加权平均温度之差 $\Delta\theta_1$ 及试件框热侧、冷侧表面面积加权平均温度之差 $\Delta\theta_2$，按式(D.1)～式(D.6)进行计算：

$$\Delta\theta_1 = \tau_i - \tau_o \quad\cdots\cdots(D.1)$$

$$\Delta\theta_2 = \tau_h - \tau_c \quad\cdots\cdots(D.2)$$

$$\tau_i = \frac{\tau_{i1}\cdot s_1 + \tau_{i2}\cdot s_2 + \tau_{i3}\cdot s_3 + \tau_{i4}\cdot s_4 + \tau_{i5}\cdot s_5}{s_1 + s_2 + s_3 + s_4 + s_5} \quad\cdots\cdots(D.3)$$

$$\tau_o = \frac{\tau_{o1}\cdot s_6 + \tau_{o2}\cdot s_7 + \tau_{o3}\cdot s_8 + \tau_{o4}\cdot s_9 + \tau_{o5}\cdot s_{10}}{s_6 + s_7 + s_8 + s_9 + s_{10}} \quad\cdots\cdots(D.4)$$

$$\tau_h = \frac{\tau_{h1}\cdot s_{11} + \tau_{h2}\cdot s_{12} + \tau_{h3}\cdot s_{13} + \tau_{h4}\cdot s_{14}}{s_{11} + s_{12} + s_{13} + s_{14}} \quad\cdots\cdots(D.5)$$

$$\tau_c = \frac{\tau_{c1}\cdot s_{11} + \tau_{c2}\cdot s_{12} + \tau_{c3}\cdot s_{13} + \tau_{c4}\cdot s_{14}}{s_{11} + s_{12} + s_{13} + s_{14}} \quad\cdots\cdots(D.6)$$

式中：

τ_i、τ_o——热箱外壁内、外表面加权平均温度，℃；

τ_h、τ_c——试件框热侧表面与冷侧表面加权平均温度，℃；

τ_{i1}、τ_{i2}、τ_{i3}、τ_{i4}、τ_{i5}——分别为热箱五个外壁的内表面平均温度，℃；

s_1、s_2、s_3、s_4、s_5——分别为热箱五个外壁的内表面面积，m^2；

τ_{o1}、τ_{o2}、τ_{o3}、τ_{o4}、τ_{o5}——分别为热箱五个外壁的外表面平均温度，℃；

s_6、s_7、s_8、s_9、s_{10}——分别为热箱五个外壁的外表面面积，m^2；

τ_{h1}、τ_{h2}、τ_{h3}、τ_{h4}——分别为试件框热侧表面平均温度，℃；

τ_{c1}、τ_{c2}、τ_{c3}、τ_{c4}——分别为试件框冷侧表面平均温度，℃；

s_{11}、s_{12}、s_{13}、s_{14}——垂直于热流方向划分的试件框面积(见图 D.1)，m^2。

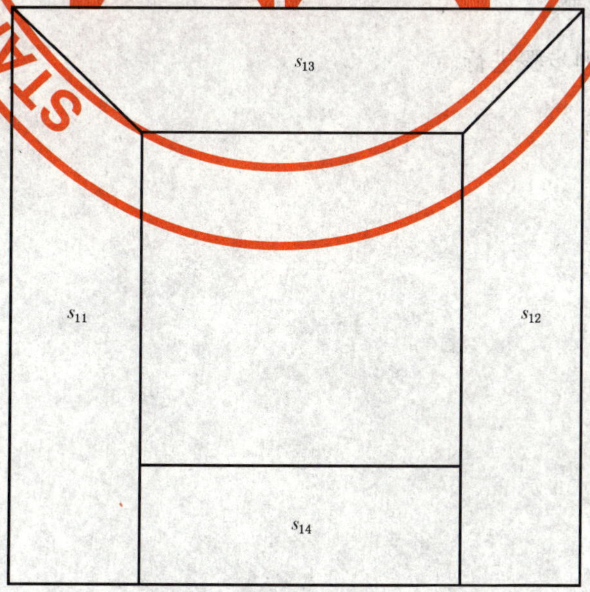

图 D.1 试件框面积划分示意图

附　录　E
(资料性附录)
玻璃传热系数的检测方法

E.1　检测设备

玻璃传热系数检测原理及检测设备同本标准5.1和5.2。

E.2　试件的要求

E.2.1　试件宜为800 mm×1 250 mm的玻璃板块;尺寸允许偏差:±2 mm;

E.2.2　试件构造应符合产品设计和制作要求,不得附加任何多余配件或特殊组装工艺;

E.2.3　试件应完好:无裂纹,无缺角,无明显变形,周边密封无破损等现象。

E.3　试件的安装

E.3.1　检测洞口的要求

E.3.1.1　安装试件的洞口尺寸不应小于820 mm×1 270 mm。当洞口尺寸大于820 mm×1 270 mm时,多余部分应用已知热导率Λ值的膨胀聚苯乙烯板填堵。

E.3.1.2　洞口距热箱下部内表面应留有不小于600 mm高的平台。

E.3.2　试件的固定

E.3.2.1　试件通过检测辅助装置进行固定,检测辅助装置见图E.1、图E.2。热箱及冷箱两侧分别安装可调节支架,用于固定洞口中的玻璃试件。可调节支架上共设置三个可调支撑触点(见图E.3、图E.4),支撑触点应采用导热系数较小的材料制作。

E.3.2.2　支撑触点与试件的接触面应平整,接触面积应尽量小,触点应可拆卸;试件与填堵膨胀聚苯乙烯板间的缝隙可用聚乙烯泡沫塑料条填塞。缝隙较小不易填塞时,可用聚氨脂发泡填充。用透明胶带将接缝处双面密封。

E.4　玻璃传热系数检测步骤

按照门窗传热系数检测步骤进行。

E.5　玻璃传热系数的计算

同门窗传热系数计算。

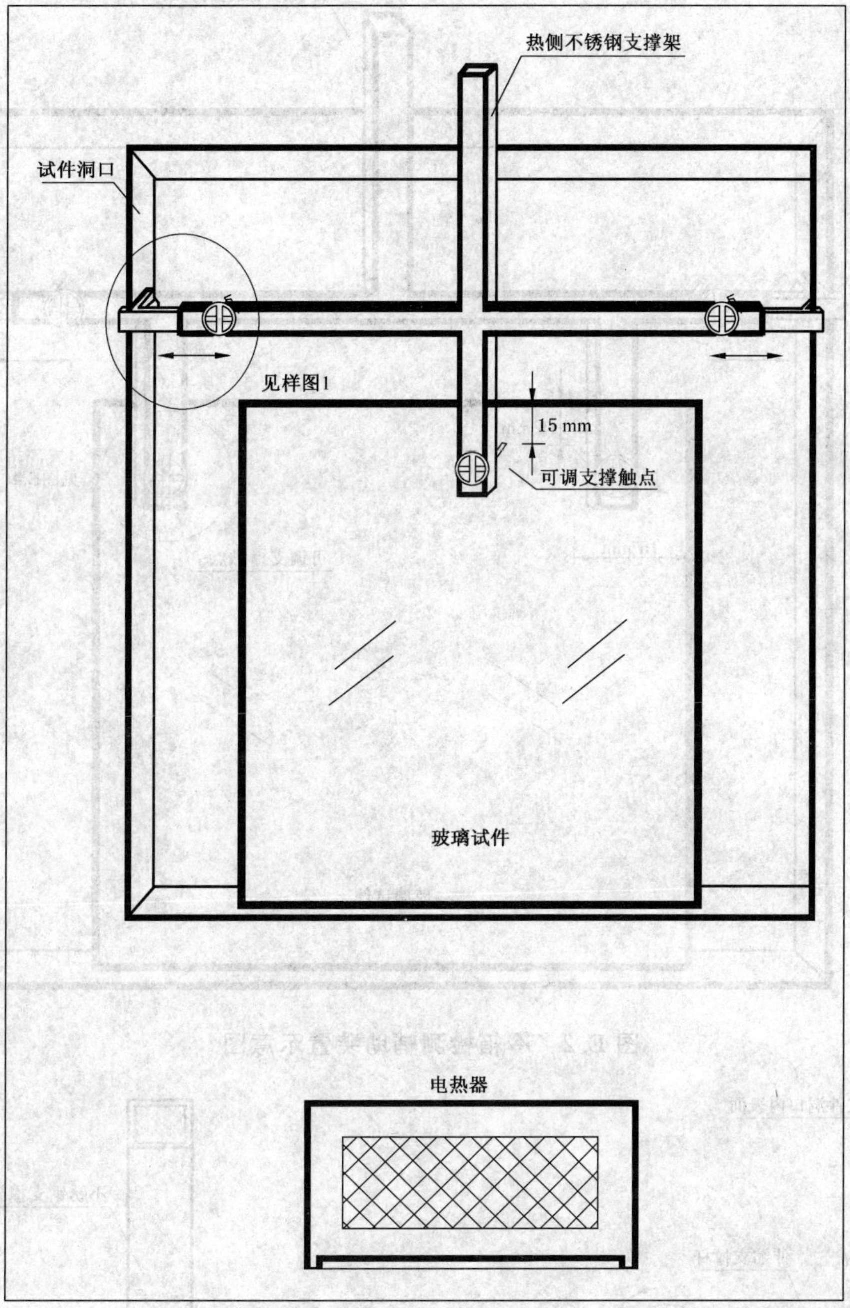

图 E.1 热箱检测辅助装置示意图

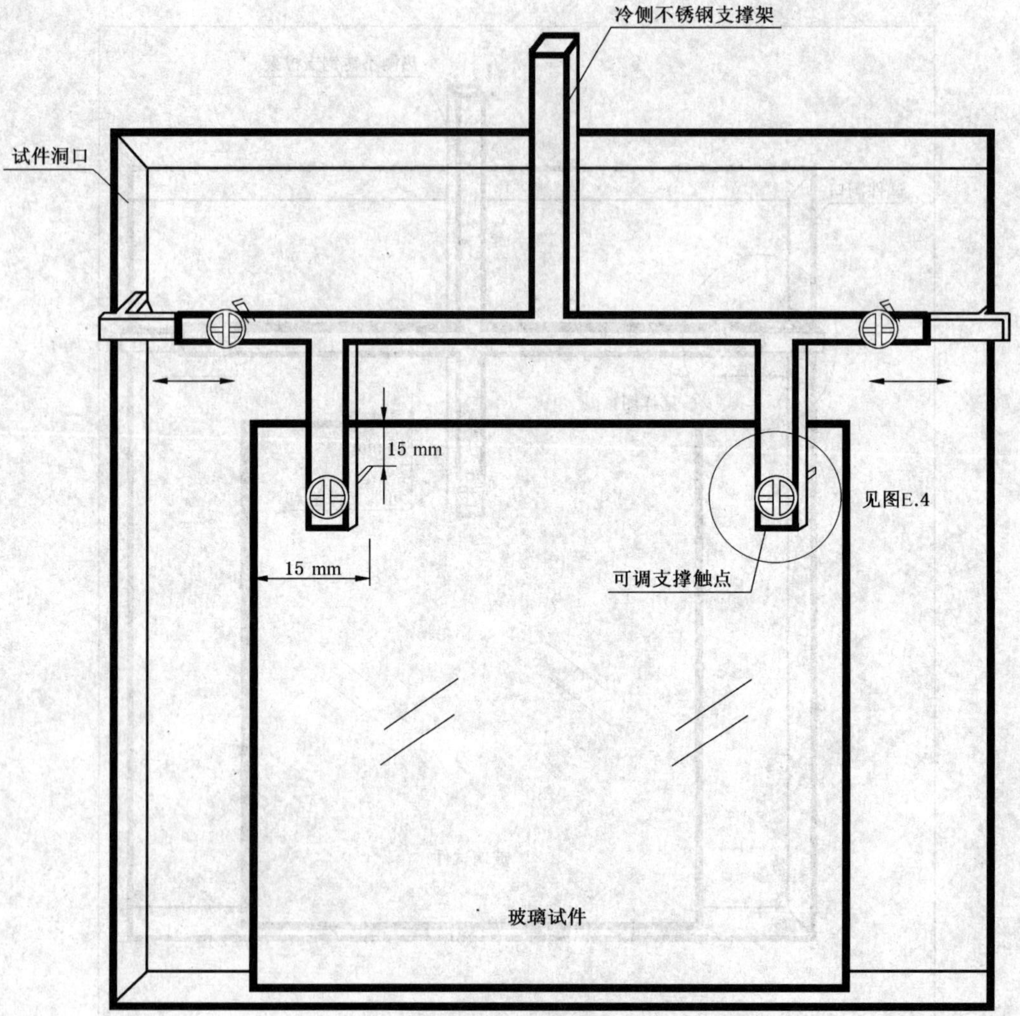

图 E.2 冷箱检测辅助装置示意图

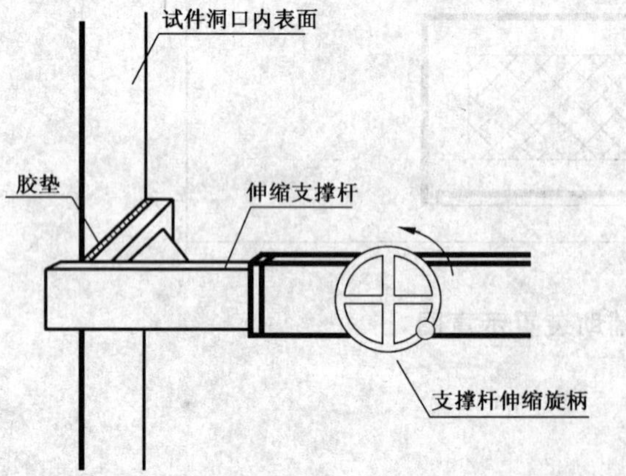

图 E.3 可调节支架固定方式示意图

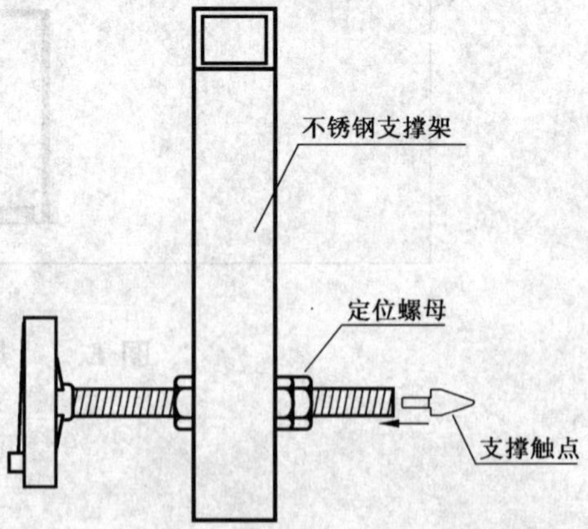

图 E.4 可调支撑触点示意图

附 录 F
（资料性附录）
窗框传热系数的检测方法

F.1 检测设备

采用标定热箱法检测门窗框保温性能，检测设备同本标准 5.2。

F.2 门窗整框的传热系数检测

F.2.1 试件要求及安装

F.2.1.1 试件应满足下列要求：

a) 窗整框试件的标准尺寸是 1 500 mm×1 500 mm。

b) 应采用填充用绝热板（密度应不小于 30 kg/m³）替换门和窗上所有的透光或透明部位。

c) 绝热填充板插入框内长度应小于 15 mm，若条件不允许，则应在检测报告中注明实际插入深度。

F.2.1.2 门窗整框试件的安装要求如下：

a) 试件安装要求如图 F.1 所示。试件置放于试件框洞口上，且宜居中安放。

b) 框内表面应尽可能与试件框热侧面板相平齐，任何部分都不应突出试件框面板的热侧及冷侧表面。

c) 试件安装时缝隙的填堵同本标准 5.7.3、5.7.4 和 5.7.5。

F.2.2 填充板上热电偶布置

填充用绝热板和填充板上热电偶的设置应满足图 F.2 要求。

F.3 框型材传热系数检测

F.3.1 试件要求及安装

F.3.1.1 试件应满足下列要求：

a) 试件的长度应为 1 500 mm，当试件由几种型材组成时，应进行整个单元的测试（包括铰链、胶等）。

b) 扇和框型材断面应至少有两个铰链连接，且型材断面的安装不得形成热桥，见图 F.3。

c) 若框型材的面积小于试件框洞口面积的 30%时，应安装两个（或多个）框型材，以保证框的总面积大于等于洞口面积的 30%。框与框之间的距离宜为 150 mm，见图 F.4。

F.3.1.2 门窗框型材试件安装要求如下：

a) 门窗系统的框、竖框和横梁型材应垂直安装。

b) 框型材试件的内表面应尽可能与试件框热侧面板相平齐，任何部分都不应突出试件框面板的热侧及冷侧表面，见图 F.4。

F.3.2 热电偶的布置

测试用热电偶的布置应满足本标准 5.3 的规定。

F.4 检测步骤

按照门窗传热系数检测步骤进行。

F.5 传热系数的计算

F.5.1 门窗整框的传热系数

F.5.1.1 各参数取六次测量的平均值。

F.5.1.2 窗整框传热系数 K_f值(W/(m²·K))按式(F.1)计算：

$$K_f = \frac{Q - M_1 \cdot \Delta\theta_1 - M_2 \cdot \Delta\theta_2 - S_1 \cdot \Lambda_1 \cdot \Delta\theta_3 - S_2 \cdot \Lambda_2 \cdot \Delta\theta_4}{A \cdot \Delta t} \quad \cdots\cdots\cdots\cdots (F.1)$$

式中：

Q——加热器加热功率，W；

M_1——由标定试验确定的热箱外壁热流系数，W/K(见附录A)；

M_2——由标定试验确定的试件框热流系数，W/K(见附录A)；

$\Delta\theta_1$——热箱外壁内、外表面面积加权平均温度之差，K；

$\Delta\theta_2$——试件框热侧冷侧表面面积加权平均温度之差，K；

S_1——填充板的面积，m^2；

Λ_1——填充板的热导率，W/(m^2·K)；

$\Delta\theta_3$——填充板两表面的平均温差，K；

S_2——填充用绝热板的面积和，m^2；

Λ_2——填充用绝热板的热导率，W/(m^2·K)；

$\Delta\theta_4$——填充用绝热板两表面的平均温差，K；

A——试件面积，m^2；按试件外缘尺寸计算；

Δt——热箱空气平均温度 t_h与冷箱空气平均温度 t_c之差，K。

$\Delta\theta_1$、$\Delta\theta_2$的计算见附录C；$S_1 \cdot \Lambda \cdot \Delta\theta_3$项为聚苯乙烯泡沫塑料填充板的热损失；$S_2 \cdot \Lambda \cdot \Delta\theta_4$项为填充用绝热板的热损失。

F.5.2 窗框型材的传热系数

窗框型材的传热系数的计算方法同本标准5.10.1。传热系数 K 值取两位有效数字。

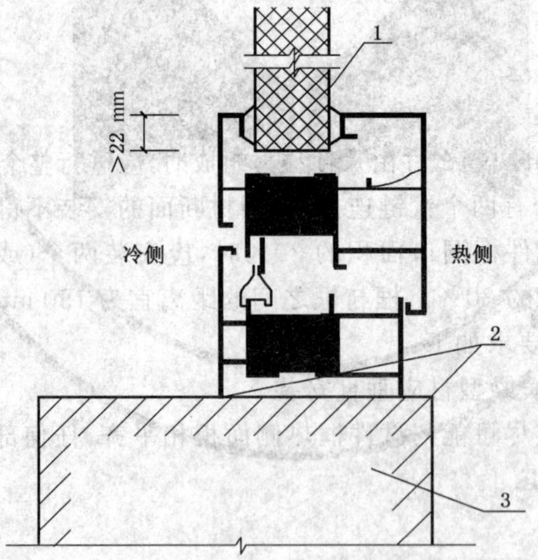

1——填充用绝热板；

2——胶带；

3——试件框。

图F.1 门窗整框试件安装示意

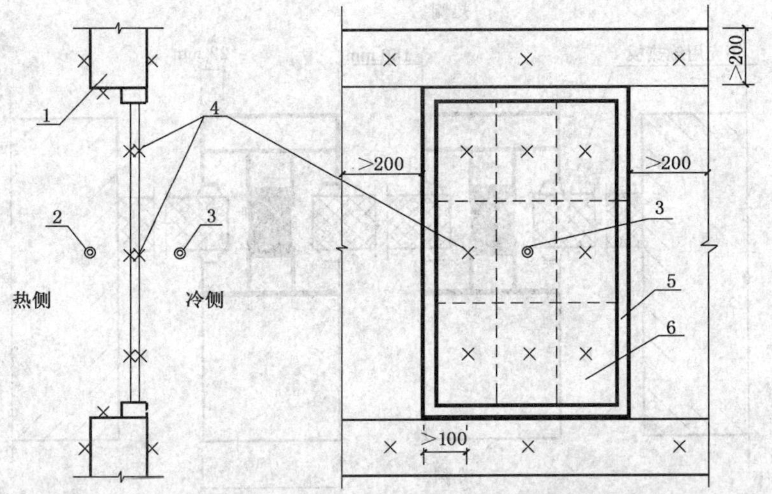

1——试件框；
2——冷箱空气温度点；
3——热箱空气温度点；
4——表面温度点；
5——整框试件；
6——填充用绝热板。

图 F.2 窗和门整框测量中空气温度和表面温度测点布置示意

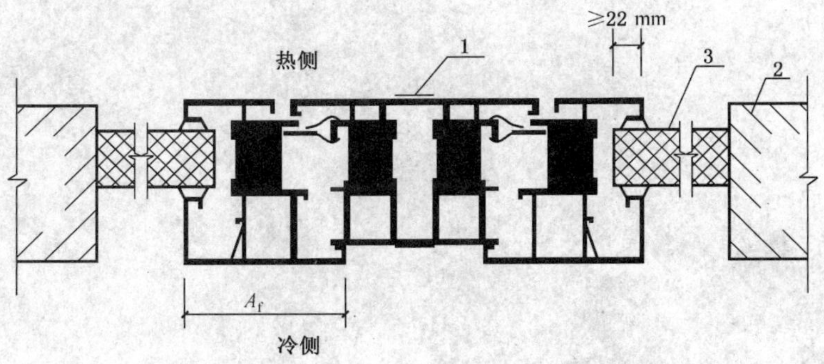

1——胶带；
2——试件框；
3——填充用绝热板。

图 F.3 扇和框的连接

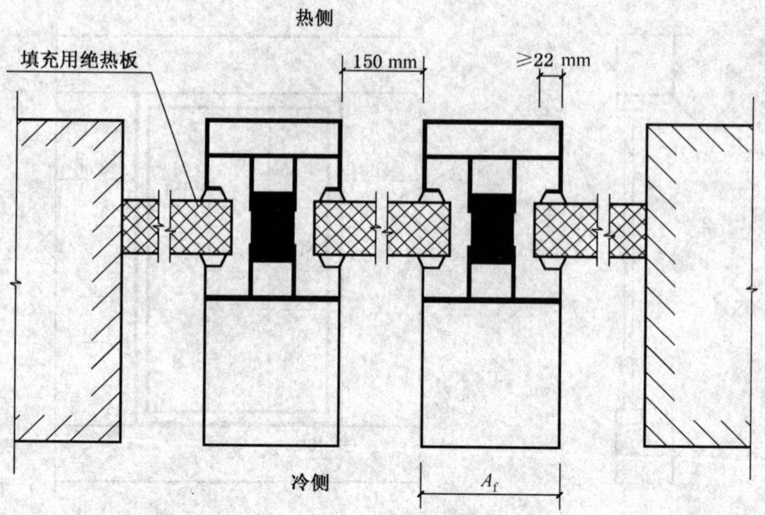

图 F.4 2个以上窗框型材安装断面示意图

ICS 91.060.50
P 32

中华人民共和国国家标准

GB/T 8485—2008
代替 GB/T 16730—1997, GB/T 8485—2002

建筑门窗空气声隔声性能分级及检测方法

The graduation and test method for airborne sound insulating properties of windows and doors

2008-07-30 发布　　　　2009-03-01 实施

中华人民共和国国家质量监督检验检疫总局
中国国家标准化管理委员会　发布

前　言

本标准中的隔声性能检测方法主要参考了 ISO 140-3:1995《声学——建筑和建筑构件隔声测量——第 3 部分:建筑构件空气声隔声的实验室测量》,本标准的隔声量检测方法与 ISO 国际标准中的方法一致。

本标准代替 GB/T 16730—1997《建筑用门空气声隔声性能分级及其检测方法》和 GB/T 8485—2002《建筑外窗空气声隔声性能分级及检测方法》。

本标准与 GB/T 16730—1997、GB/T 8485—2002 相比主要变化如下:

——将上述两项标准合为一项标准,名称为《建筑门窗空气声隔声性能分级及检测方法》;

——分别规定了外门窗和内门窗的分级指标值,统一了门和窗的隔声性能分级顺序,本标准中“1”级为最低隔声性能级别,本标准与 GB/T 8485—2002 的分级顺序一致,与 GB/T 16730—1997 的分级顺序相反(GB/T 16730—1997 中“Ⅰ”级为最高隔声性能级别),本标准与原标准的隔声性能分级对照表列在本标准的附录 C 中;

——分级指标值中,引入了噪声频谱修正量,采用计权隔声量和交通噪声频谱修正量之和作为外门窗分级指标值,采用计权隔声量和粉红噪声频谱修正量之和作为内门窗分级指标值;

——计算三樘试件的隔声性能平均值时,采用能量平均法取代原标准的算术平均法;

——具体规定了填隙墙的隔声要求,并参照 ASTM E90-04,增加了填隙墙间接传声影响的检验与修正的内容,列为附录 A。

本标准的附录 A 为规范性附录,附录 B 和附录 C 为资料性附录。

本标准由中华人民共和国住房和城乡建设部提出。

本标准由住房和城乡建设部建筑制品与构配件产品标准化技术委员会归口。

本标准负责起草单位:中国建筑科学研究院。

本标准参加起草单位:上海市建筑科学研究院有限公司、广东省建筑科学研究院、河南省建筑科学研究院、福建省南平铝业有限公司、东莞市坚朗五金制品有限公司、郑州中原应用技术研究开发有限公司、国家建筑材料测试中心、深圳南玻工程玻璃有限公司、深圳市朗斯建材颜料有限公司。

本标准主要起草人:谭华、丁国强、王洪涛、杨仕超、刘会涛、刘新生、谢光宇、杜万明、崔洪、刘海波、许武毅。

本标准所代替标准的历次版本发布情况为:

——GB/T 16730—1997;

——GB/T 8485—1987、GB/T 8485—2002。

建筑门窗空气声隔声性能分级及检测方法

1 范围

本标准规定了建筑门窗空气声隔声性能的分级、检测方法和检测报告。

本标准适用于建筑门窗的空气声隔声性能分级及检测。其他有隔声要求的门窗可参照使用。

2 规范性引用文件

下列文件中的条款，通过本标准的引用而成为本标准的条款。凡是注日期的引用文件，其随后所有的修改单(不包括勘误的内容)或修订版均不适用于本标准。然而，鼓励根据本标准达成协议的各方研究是否可使用这些文件的最新版本。凡是不注日期的引用文件，其最新版本适用于本标准。

GB/T 3947 声学名词术语

GB/T 5823 建筑门窗术语

GB/T 15173—1994 声校准器(eqv IEC 60942:1988)

GB/T 19889.1 声学 建筑和建筑构件隔声测量 第1部分：侧向传声受抑制的实验室测试设施要求(GB/T 19889.1—2005，ISO 140-1，IDT)

GB/T 19889.3—2005 声学 建筑和建筑构件隔声测量 第3部分：建筑构件空气声隔声的实验室测量(ISO 140-3，IDT)

GB/T 50121 建筑隔声评价标准

3 术语和定义

GB/T 3947 和 GB/T 5823 中确立的术语以及下列术语和定义适用于本标准。

3.1

声透射系数 sound transmission coefficient

τ

透过试件的透射声功率与入射到试件上的入射声功率之比值，用式(1)表示：

$$\tau = \frac{W_\tau}{W_i} \quad \cdots\cdots(1)$$

式中：

W_τ——透过试件的透射声功率，单位为瓦(W)；

W_i——入射到试件上的入射声功率，单位为瓦(W)。

3.2

隔声量 sound reduction index

R

入射到试件上的声功率与透过试件的透射声功率之比值，取以10为底的对数乘以10，单位为分贝(dB)。

隔声量 R 与声透射系数 τ 有下列关系式：

$$R = 10\lg\frac{1}{\tau} \quad \cdots\cdots(2)$$

或

$$\tau = 10^{-R/10} \quad \cdots\cdots(3)$$

3.3

计权隔声量　weighted sound reduction index

R_w

将测得的试件空气声隔声量频率特性曲线与 GB/T 50121 规定的空气声隔声基准曲线按照规定的方法相比较而得出的单值评价量，单位为分贝(dB)。

3.4

粉红噪声频谱修正量　pink noise spectrum adaptation term

C

将计权隔声量值转换为试件隔绝粉红噪声时试件两侧空间的 A 计权声压级差所需的修正值，单位为分贝(dB)。

注：根据 GB/T 50121，用评价量 R_w+C 表征试件对类似粉红噪声频谱的噪声(中高频噪声)的隔声性能。

3.5

交通噪声频谱修正量　traffic noise spectrum adaptation term

C_{tr}

将计权隔声量值转换为试件隔绝交通噪声时试件两侧空间的 A 计权声压级差所需的修正值，单位为分贝(dB)。

注：根据 GB/T 50121，用评价量 R_w+C_{tr} 表征试件对类似交通噪声频谱的噪声(中低频噪声)的隔声性能。

3.6

测试洞口　test opening

隔声实验室测试设施本身的洞口，一般为 10 m^2。

3.7

试件洞口　opening for the specimen

根据试件的尺寸，在测试洞口内构筑的供试件安装的洞口。

3.8

填隙墙　filler wall

填充测试洞口与试件洞口之间空隙的墙。

4　分级

4.1　分级指标

外门、外窗以“计权隔声量和交通噪声频谱修正量之和(R_w+C_{tr})”作为分级指标；内门、内窗以“计权隔声量和粉红噪声频谱修正量之和(R_w+C)”作为分级指标。

4.2　分级表

建筑门窗的空气声隔声性能分级见表 1。

表 1　建筑门窗的空气声隔声性能分级　　单位为分贝

分　级	外门、外窗的分级指标值	内门、内窗的分级指标值
1	$20\leqslant R_w+C_{tr}<25$	$20\leqslant R_w+C<25$
2	$25\leqslant R_w+C_{tr}<30$	$25\leqslant R_w+C<30$
3	$30\leqslant R_w+C_{tr}<35$	$30\leqslant R_w+C<35$
4	$35\leqslant R_w+C_{tr}<40$	$35\leqslant R_w+C<40$
5	$40\leqslant R_w+C_{tr}<45$	$40\leqslant R_w+C<45$
6	$R_w+C_{tr}\geqslant 45$	$R_w+C\geqslant 45$

注：用于对建筑内机器、设备噪声源隔声的建筑内门窗，对中低频噪声宜用外门窗的指标值进行分级；对中高频噪声仍可采用内门窗的指标值进行分级。

5 检测

5.1 检测项目

检测试件在下列中心频率：100、125、160、200、250、315、400、500、630、800、1 000、1 250、1 600、2 000、2 500、3 150、4 000、5 000(Hz)1/3 倍频程的隔声量。

5.2 检测装置

检测装置由实验室和测量设备两部分组成，如图 1 所示。

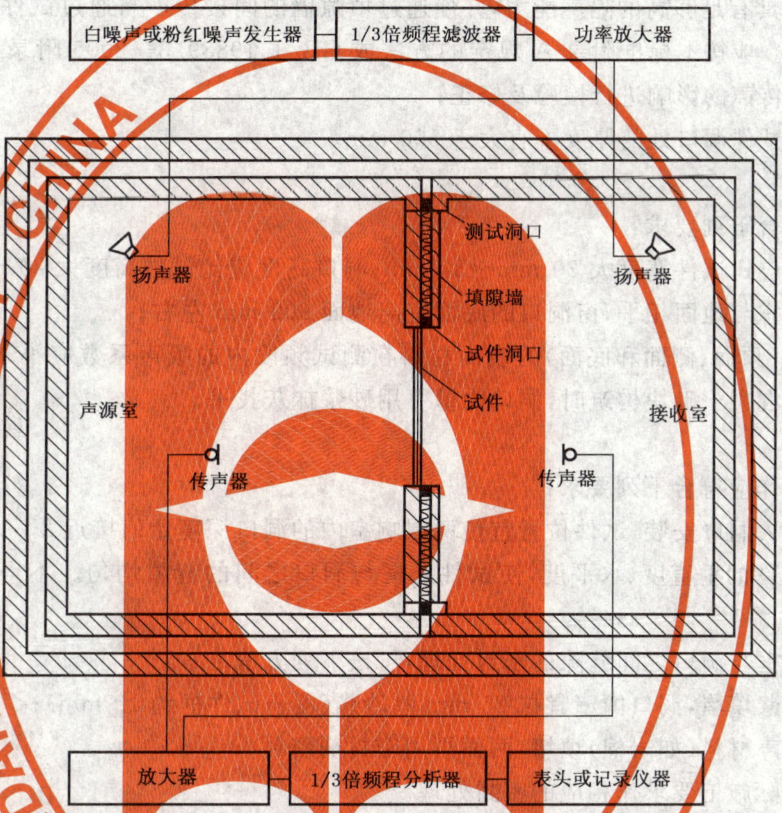

图 1 检测装置示意

5.2.1 实验室

实验室由两间相邻的混响室(声源室和接收室)组成，两室之间为测试洞口。

实验室应符合 GB/T 19889.1 规定的技术要求。

5.2.2 测量设备

测量设备包括声源系统和接收系统。声源系统由白噪声或粉红噪声发生器、1/3 倍频程滤波器、功率放大器和扬声器组成；接收系统由传声器、放大器、1/3 倍频程分析器和记录仪器等组成。

测量设备应符合 GB/T 19889.3—2005 中第 4 章、第 6 章的规定。

5.3 试件及安装

5.3.1 试件取样

同一型号规格的试件取三樘。试件应和图纸一致，不可附加任何多余的零配件，或采用特殊的组装工艺和改善措施。

5.3.2 试件检查与处理

当存放试件的环境温度为 5 ℃以下时，安装前应将门窗移至室内，在不低于 15 ℃的环境下放置 24 h。

在试件安装前应预先检验试件的重量、总面积、活动扇面积、门窗扇的结构和厚度，核对密封材料的材质，检查密封材料状况。

5.3.3 填隙墙

当试件尺寸小于实验室测试洞口尺寸时，应在测试洞口内构筑填隙墙，以适合试件的安装和检验。

填隙墙应符合下列要求：

a) 填隙墙应采用砖、混凝土等重质材料建造。推荐采用两层重墙，并在两墙体之间的空腔内填充岩棉（或玻璃棉），空腔与试件洞口交接处用声反射性的弹性材料加以密封；

b) 填隙墙应具有足够高的隔声能力，并使通过填隙墙的间接传声与通过试件的直接传声相比可忽略不计。应按本标准附录 A 规定的方法或 GB/T 19889.3—2005 附录 B 规定的方法对填隙墙间接传声的影响进行检验及修正；

c) 填隙墙在试件洞口处的厚度不宜大于 500 mm。

5.3.4 试件洞口

试件洞口应符合下列要求：

a) 洞口宽度应比试件宽度大 20 mm～30 mm；洞口高度应比试件高度大 20 mm～30 mm。门洞口的底面宜与地面相平；窗洞口的底面宜离地面 900 mm 左右；

b) 洞口内壁（顶面、侧面和底面）的表面材料在测试频段内的吸声系数应小于 0.1。当试件洞口是由砖或混凝土砌块构筑时，洞口内壁可用砂浆抹灰找平。

5.3.5 试件安装

试件安装和操作应符合下列要求：

a) 试件应嵌入洞口安装，试件位置宜使两混响室内的洞口深度比值接近 2∶1。

b) 应调整试件的垂直度、水平度，使试件外框与洞口之间的缝隙均匀。不得因安装而造成试件变形。

c) 对试件外框与洞口之间缝隙的密封处理，可按下列方法之一：

——用砂浆填堵，洞口内壁宜抹 25 mm 厚砂浆（覆盖试件框约 10 mm）；

——用吸声材料（如岩棉）填堵，两面再用密封剂密封；

——按实际施工要求作相应的密封处理。

d) 试件框与洞口间缝隙的密封处理，不应影响门窗活动扇的开启，也不应盖住试件的排水孔。

e) 砂浆或密封剂固化后方可开始测试。

f) 在开始测试前，应将试件上所有活动扇，正常启闭 10 次。在此过程中，如有密封件损坏或脱落，均不得采取任何补救措施。

g) 使用试件上的启闭装置关闭活动扇。

5.4 隔声量检测

5.4.1 测量设备的校准

检测前应采用符合 GB/T 15173—1994 规定的 1 级精度要求的声校准器对测量设备进行校准。

5.4.2 平均声压级和混响时间的测量

按 GB/T 19889.3—2005 第 6 章的规定，分别测量声源室内平均声压级 L_1、接收室内平均声压级 L_2 和接收室的混响时间 T。测量的频率范围应符合本标准 5.1 的规定。

5.4.3 背景噪声的修正

接收室内任一频带的信号声压级和背景噪声叠加后的总声压级宜比背景噪声级高 15 dB 以上，且不应低于 6 dB。当总声压级与背景噪声级的差值大于或等于 15 dB 时，不需要对背景噪声进行修正；当差值大于或等于 6 dB 但小于 15 dB 时，应按式(4)计算接收室的信号声压级：

$$L = 10\lg(10^{L_{sb}/10} - 10^{L_b/10}) \quad \cdots\cdots (4)$$

式中：

L——修正后的信号声压级，单位为分贝(dB)；

L_{sb}——信号和背景噪声叠加后的总声压级，单位为分贝(dB)；

L_b——背景噪声声压级，单位为分贝(dB)。

5.4.4 隔声量的计算

试件在各1/3倍频带的隔声量R按式(5)计算：

$$R = L_1 - L_2 + 10\lg \frac{S}{A} \quad \cdots\cdots(5)$$

式中：

L_1——声源室内平均声压级，单位为分贝(dB)；

L_2——接收室内平均声压级，单位为分贝(dB)；

S——试件洞口的面积，单位为平方米(m^2)；

A——接收室内吸声量，单位为平方米(m^2)。

式(5)中接收室的吸声量A由式(6)确定：

$$A = \frac{0.16V}{T} \quad \cdots\cdots(6)$$

式中：

V——接收室的容积，单位为立方米(m^3)；

T——接收室的混响时间，单位为秒(s)。

注：如果在任一频带，通过填隙墙的间接传声与透过试件的直接传声相比不可忽略，还应对试件在该频带的隔声量测试结果进行填隙墙传声影响的修正[见5.3.3b)]。

5.5 计权隔声量、频谱修正量和隔声性能等级的确定

5.5.1 单樘试件计权隔声量和频谱修正量的确定

按GB/T 50121规定的方法，用所测试件各频带的隔声量确定该樘试件的计权隔声量、粉红噪声频谱修正量和交通噪声频谱修正量。

5.5.2 三樘试件平均隔声量的计算

各1/3倍频带，三樘试件的平均隔声量$\overline{R_j}$($j = 1,2\cdots18$，与本标准5.1规定的检测频带对应)按式(7)计算：

$$\overline{R_j} = 10\lg \frac{3}{\sum_{i=1}^{3} 10^{-R_{ij}/10}} \quad \text{dB} \quad \cdots\cdots(7)$$

式中：

R_{ij}——第i樘试件在第j个1/3倍频带的隔声量，$i=1,2,3$。

5.5.3 三樘试件的平均计权隔声量和频谱修正量的确定

按GB/T 50121规定的方法，用三樘试件各频带的平均隔声量$\overline{R_j}$(见5.5.2)确定本组试件的平均计权隔声量R_w、粉红噪声频谱修正量C和交通噪声谱修正量C_{tr}。

5.5.4 隔声性能等级的确定

根据本标准5.5.3确定的三樘试件的平均计权隔声量R_w、粉红噪声频谱修正量C和交通噪声谱修正量C_{tr}，计算R_w+C和R_w+C_{tr}，并以此作为本型号试件隔声性能的分级指标值。

对照表1确定本型号试件的隔声性能等级。

当试件不足三樘时，检测结果不得作为该型号试件的分级指标值。

6 检测报告

检测报告应包括下列内容：

a) 委托单位的名称和地址；

b) 试件的生产厂名、品种、型号、规格及有关的图示(试件的立面和剖面等)；

c) 试件的单位面积重量、总面积、可开启面积、密封条状况、密封材料的材质、五金件中锁点、锁座的数量和安装位置、门窗玻璃或镶板的种类、结构、厚度、装配或镶嵌方式；

d) 试件安装情况、试件周边的密封处理和试件洞口的说明；

e) 检测依据和仪器设备；

f) 接收室温度和相对湿度、声源室和接收室的容积；

g) 用表格和曲线图的形式给出每一樘试件的隔声量与频率的关系，以及该组试件平均隔声量与频率的关系。曲线图的横坐标(对数刻度)表示频率，纵坐标表示隔声量(保留一位小数)，并宜采用以下尺度：5 mm 表示一个 1/3 倍频程；20 mm 表示 10 dB(表格和曲线图的示例见附录 B)；

h) 对高隔声量(隔声等级 6 级)的特殊试件，如果个别频带隔声量测量受间接传声或背景噪声的影响只能测出低限值时，测量结果按 R'不小于若干分贝(dB)的形式给出；

i) 每樘试件的计权隔声量、频谱修正量及该组试件的平均计权隔声量 R_w、频谱修正量 C 和 C_{tr}；

j) 试件的隔声性能等级(试件不足三樘时，无此项)；

k) 检测单位的名称和地址、检测报告编号、检测日期、主检和审核人员签名及检测单位盖章。

附 录 A
（规范性附录）
填隙墙间接传声影响的检验与修正

A.1 通则

供试件安装的填隙墙应具有足够高的隔声能力，否则部分声能可能会透过填隙墙而产生间接传声。对于由试件和填隙墙组成的复合构件，试件、填隙墙和复合构件的声透射系数与面积有下列关系：

$$\tau_s = (\tau_c S_c - \tau_f S_f)/S_s \qquad \text{(A.1)}$$

式中：

τ_s——试件的声透射系数；

τ_f——填隙墙的声透射系数；

τ_c——复合构件的声透射系数；

S_s——试件面积；

S_f——填隙墙面积；

S_c——复合构件的面积（$S_c = S_s + S_f$）。

A.2 检验步骤和修正方法

应按下列步骤、方法对填隙墙传声影响进行检验和修正：

a) 根据经验预估试件隔声能力的大致范围，建造一预计可忽略其传声影响的填隙墙，并预留试件洞口。再用和填隙墙完全相同的材料和构造封堵试件洞口；

b) 测量封堵试件洞口后的整个填隙墙的隔声量，用式(3)计算填隙墙的声透射系数 τ_f；

c) 撤去填隙墙试件洞口内的封堵材料，安装上试件，并保持填隙墙的其余部分不变；

d) 测量试件和填隙墙组成的复合构件的综合隔声量，用式(3)计算声透射系数 τ_c；

e) 计算所有测试频带内的下列差值：$10\lg(\tau_c S_c) - 10\lg(\tau_f S_f)$；

   1) 当差值大于或等于 15 dB 时，填隙墙的传声可忽略；

   2) 当差值大于或等于 6 dB 但小于 15 dB 时，应进行填隙墙传声影响的修正。修正方法：按式(A.1)计算出 τ_s，再由式(A.2)计算出试件的隔声量；

   3) 当差值小于 6 dB 时，则不满足测量要求。在此情况下，应采取使填隙墙的传声显著降低的措施改造或重建填隙墙，然后重复上述检验步骤，直至满足测量要求。

某些具有很高隔声量（隔声等级 6 级）的特殊试件，要使填隙墙在所有测试频带内满足上述 e)的差值要求很困难。此时，在不满足差值要求的频带内，R'的低限值（相当于采用 6 dB 差值时的修正）按下式计算：

$$R' = 10\lg \frac{S_s}{0.75\tau_c S_c} \quad \text{dB} \qquad \text{(A.2)}$$

附　录　B
（资料性附录）
试件隔声量与频率关系的图表表述格式

本附录给出了用表格和曲线图表述试件隔声量与频率关系的示例。

频率 f/Hz	隔声量 R/dB			
	试件 1 ——	试件 2 -----	试件 3 —·—	平均 ━━
100	27.6	27.6	28.6	27.9
125	26.3	26.8	25.9	26.3
160	27.1	26.3	25.8	26.4
200	19.8	22.9	22.9	21.6
250	27.3	26.7	26.6	26.9
315	32.8	32.5	33.4	32.9
400	34.6	33.2	34.2	34.0
500	35.3	30.7	34.3	33.0
630	37.7	33.0	37.0	35.4
800	38.3	35.2	36.7	36.6
1 000	40.4	38.0	39.7	39.2
1 250	40.7	38.6	40.7	39.9
1 600	41.0	39.0	40.1	40.0
2 000	40.1	39.6	39.7	39.8
2 500	39.6	38.5	38.7	38.9
3 150	41.2	40.6	40.7	40.8
4 000	40.8	40.5	40.7	40.7
5 000	41.5	40.9	41.3	41.2
R_w (dB)	38	36	37	37
C (dB)	−2	−1	−1	−1
C_{tr} (dB)	−5	−3	−3	−4

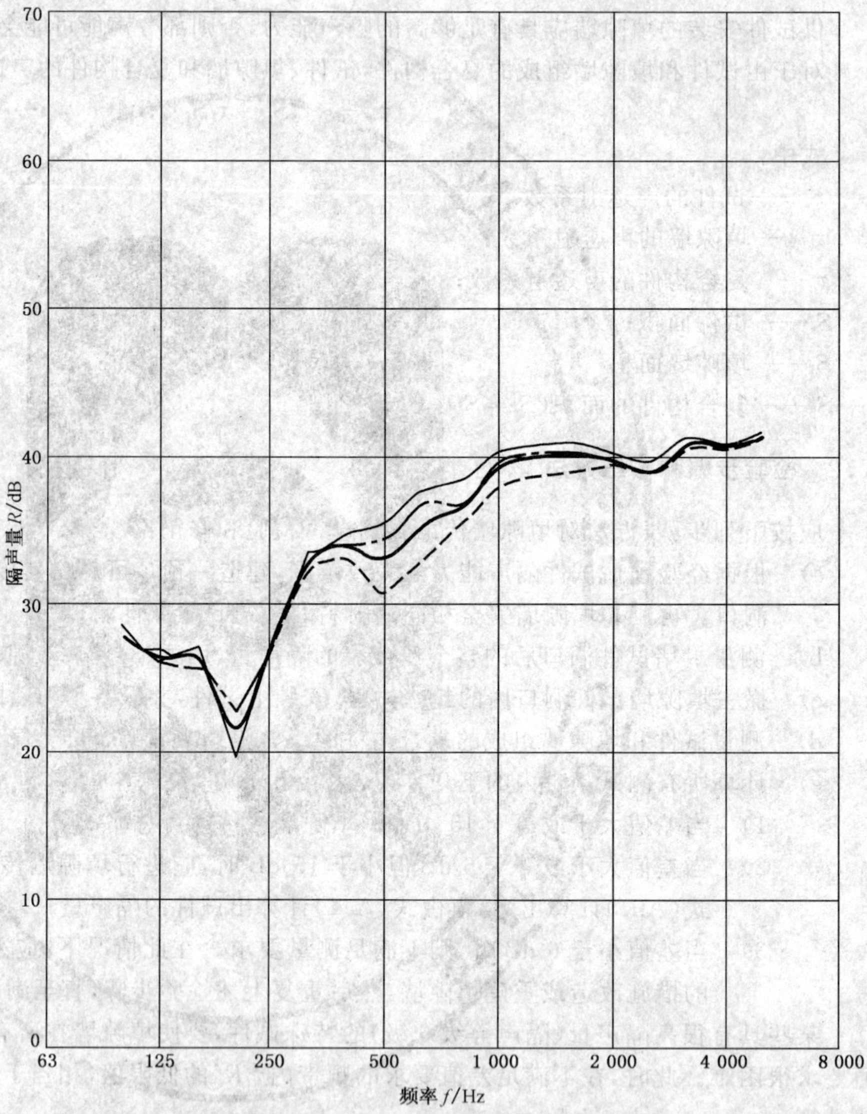

检测结果：$R_w(C;C_{tr})=37(-1;-4)$(dB)

$R_w+C=36$(dB)

$R_w+C_{tr}=33$(dB)

附 录 C
（资料性附录）
GB/T 8485—2008 与 GB/T 8485—2002、GB/T 16730—1997 的隔声性能分级对照表

GB/T 8485—2008《建筑门窗空气声隔声性能分级及检测方法》中的分级表(见表 C.1)：

表 C.1

dB

分级	外门、外窗的分级指标值	内门、内窗的分级指标值
1	$20 \leqslant R_w + C_{tr} < 25$	$20 \leqslant R_w + C < 25$
2	$25 \leqslant R_w + C_{tr} < 30$	$25 \leqslant R_w + C < 30$
3	$30 \leqslant R_w + C_{tr} < 35$	$30 \leqslant R_w + C < 35$
4	$35 \leqslant R_w + C_{tr} < 40$	$35 \leqslant R_w + C < 40$
5	$40 \leqslant R_w + C_{tr} < 45$	$40 \leqslant R_w + C < 45$
6	$R_w + C_{tr} \geqslant 45$	$R_w + C \geqslant 45$
注：用于对建筑内机器、设备噪声源隔声的建筑内门窗，对中低频噪声宜用外门窗的指标值进行分级；对中高频噪声仍可采用内门窗的指标值进行分级。		

GB/T 8485—2002《 建筑外窗空气声隔声性能分级及检测方法》中的分级表(见表 C.2)：

表 C.2

dB

分级	分级指标值
1	$20 \leqslant R_w < 25$
2	$25 \leqslant R_w < 30$
3	$30 \leqslant R_w < 35$
4	$35 \leqslant R_w < 40$
5	$40 \leqslant R_w < 45$
6	$45 \leqslant R_w$

GB/T 16730—1997《 建筑用门空气声隔声性能分级及其检测方法》中的分级表(见表 C.3)：

表 C.3

dB

分级	分级指标值
Ⅰ	$R_w \geqslant 45$
Ⅱ	$45 > R_w \geqslant 40$
Ⅲ	$40 > R_w \geqslant 35$
Ⅳ	$35 > R_w \geqslant 30$
Ⅴ	$30 > R_w \geqslant 25$
Ⅵ	$25 > R_w \geqslant 20$

ICS 81.060.30
Q 32

中华人民共和国国家标准

GB/T 8488—2008
代替 GB/T 8488—2001

耐 酸 砖

Acid resisting bricks and tiles

2008-09-18 发布　　　　2009-05-01 实施

中华人民共和国国家质量监督检验检疫总局
中国国家标准化管理委员会　发布

前言

本标准与日本标准 JIS R 1535—1991(1998)《化学工业用耐酸瓷砖》的一致性程度为非等效。

本标准代替 GB/T 8488—2001《耐酸砖》。

本标准对 GB/T 8488—2001 内容作了如下修订：

——对砖的规格形状作了增补，平板型砖补充了 200 mm×200 mm 和 300 mm×300 mm 两种规格。

本标准附录 A 为资料性附录。

本标准由国家建筑材料联合会提出。

本标准由全国工业陶瓷标准化技术委员会(SAC/TC 194)归口。

本标准由山东工业陶瓷研究设计院、中材高新材料股份有限公司负责起草。

本标准主要参加单位：萍乡市工业陶瓷实业发展有限公司、阳泉市耐酸陶瓷有限公司、河南省天龙陶瓷有限公司。

本标准主要起草人：李东升、吕艳红、焦文庆、袁继发、韩乃红、王宁、沈帅冰、王海洋、侯晓刚。

本标准 1987 年首次发布，2001 年第一次修订。

耐　　酸　　砖

1　范围

本标准规定了耐酸砖的术语和定义、分类和标记、技术要求、试验方法、检验规则、标志、包装、运输和贮存。

本标准适用于耐腐蚀内衬及地面所用的耐酸砖板(以下简称砖)。其他异型产品可参照本标准。

2　术语和定义

下列术语和定义适用本标准。

2.1

耐酸砖　acid resistent bricks and tiles

由粘土或其他非金属原料,经成型、烧结等工艺处理,适用于耐酸腐蚀内衬及地面的砖或板状的耐酸制品。分为有釉砖和无釉砖。

2.2

裂纹　crackle

不贯穿坯釉的细小缝隙。

2.3

磕碰损伤　chip

因冲击而造成的残缺。

2.4

疵点　defects

砖面所呈现的铁点、落砂、熔洞、气泡等异常瑕疵点。

2.5

开裂　crack

贯穿坯釉的裂缝。

2.6

釉裂　crazing

釉面出现的裂纹。

2.7

缺釉　glaze peels

有釉制品表面局部无釉。

2.8

桔釉　orange peel

似桔皮状,光泽较差的釉面。

2.9

干釉　dried glaze

失去光泽的釉面。

2.10

翘曲　camber

砖的平整度误差。

2.11

工作面　working surface

使用中与工作介质直接接触的表面。

2.12

非工作面　non-working surface

使用中不与工作介质接触的表面。

3　分类和标记

3.1　砖按理化指标分为 Z-1、Z-2、Z-3、Z-4 四种牌号(见表 4)。

3.2　砖的规格形状见表 1。

表 1　砖的规格形状

砖的形状及名称	规格/mm			
	长(a)	宽(b)	厚(h)	厚(h_1)
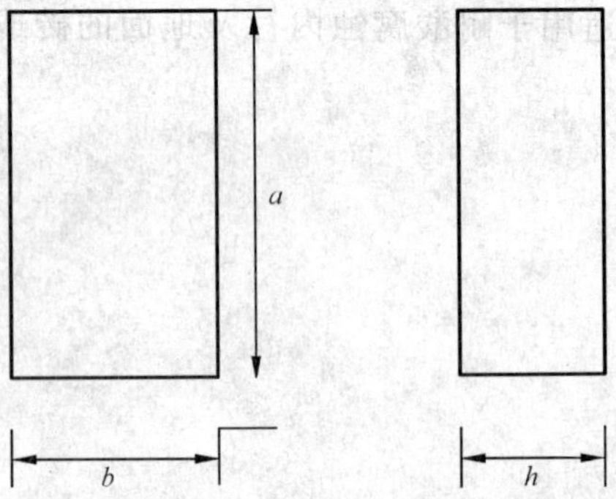 标型砖	230	113	65 40 30	
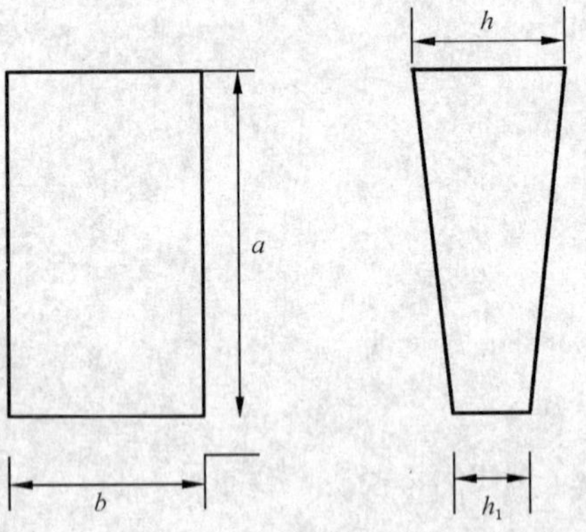 端面楔型砖	230	113	65 65 55 65	55 45 45 35
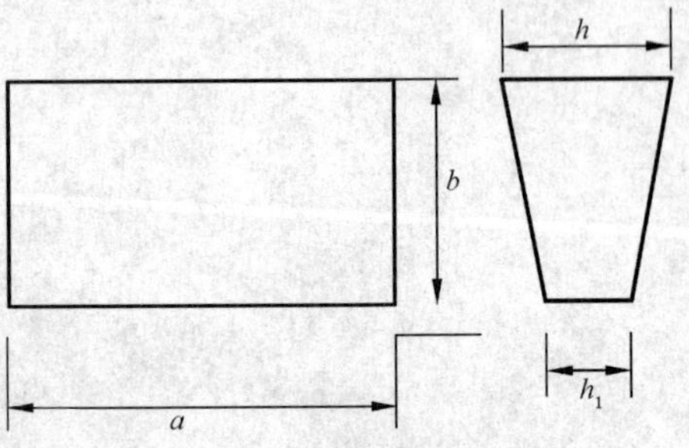 侧面楔型砖	230	113	65 65 55 65	55 45 45 35

表 1（续）

砖的形状及名称	规格/mm			
	长(*a*)	宽(*b*)	厚(*h*)	厚(h_1)
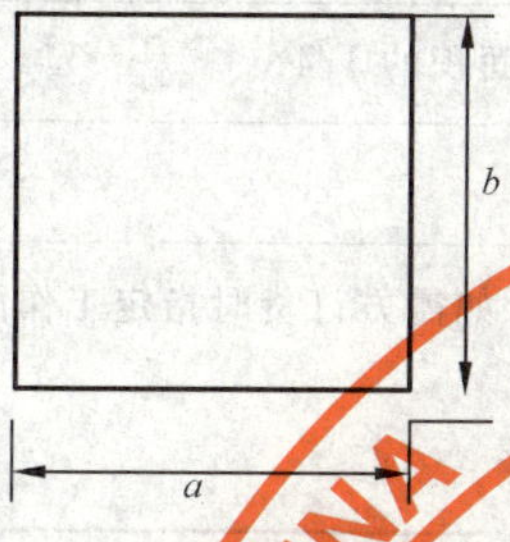 平板型砖	300	300	15～30	
	200	200	15～30	
	150	150	15～30	
	150	75	15～30	
	100	100	10～20	
	100	50	10～20	
	125	125	15	
注：其他规格形状的产品由供需双方协商。				

3.3 产品标记

产品标记由产品名称、牌号、规格和标准代号组成。

标记示例：长 230 mm，宽 113 mm，厚 65 mm/55 mm 牌号为 Z-1 的侧面楔形耐酸砖：

耐酸砖侧楔 Z-1　230×113×65/55　GB/T 8488—2008

长 150 mm，宽 75 mm，厚 30 mm 牌号为 Z-3 的釉面平板形砖：

耐酸砖　釉板　Z-3 150×75×30　GB/T 8488—2008

4 技术要求

4.1 外观质量

4.1.1 砖的外观质量应符合表 2 的要求。

4.1.2 分层，用质量适当的金属锤轻轻敲击砖体，应发出清音。

4.1.3 背纹，平板形砖的背面应有深不小于 1 mm 的背纹。

表 2 砖的外观质量

单位为毫米

缺陷类别	要求	
	优等品	合格品
裂纹	工作面：不允许 非工作面：宽不大于 0.25，长[a]5～15 允许 2 条	工作面：宽不大于 0.25，长 5～15 允许 1 条 非工作面：宽不大于 0.5，长 5～20 允许 2 条
开裂	不允许	不允许
磕碰损伤	工作面：深入工作面 1～2；砖厚小于 20 时，深不大于 3；砖厚 20～30 时，深不大于 5；砖厚大于 30 时，深不大于 10 的磕碰 2 处；总长不大于 35 非工作面：深 2～4，长不大于 35，允许 3 处	工作面：深入工作面 1～4；砖厚小于 20 时，深不大于 5；砖厚 20～30 时，深不大于 8；砖厚大于 30 时，深不大于 10 的磕碰 2 处；总长不大于 40 非工作面：深 2～5，长不大于 40，允许 4 处
疵点	工作面：最大尺寸 1～2，允许 3 个 非工作面：最大尺寸 1～3，每个面允许 3 个	工作面：最大尺寸 2～4，允许 3 个 非工作面：最大尺寸 3～6，每个面允许 4 个
釉裂	不允许	不允许

表 2（续） 单位为毫米

缺陷类别	要求	
	优等品	合格品
缺釉	总面积不大于 100 mm^2，每处不大于 30 mm^2	总面积不大于 200 mm^2，每处不大于 50 mm^2
桔釉	不允许	不超过釉面面积的 1/4
干釉	不允许	不影响使用

注：标型砖应有一个大面（230 mm×113 mm）达到表 2 对于工作面的要求。如需方订货时指定工作面，则该面应符合表 2 的要求。

[a] 5 以下不考核。表中其他同样的表达方式，含义相同。

4.2 尺寸偏差及变形

4.2.1 砖的尺寸偏差及变形应符合表 3 要求。

表 3 尺寸偏差及变形 单位为毫米

项目		允许偏差	
		优等品	合格品
尺寸偏差	尺寸≤30	±1	±2
	30＜尺寸≤150	±2	±3
	150＜尺寸≤230	±3	±4
	尺寸＞230	供需双方协商	
变形：翘曲大小头	尺寸≤150 150＜尺寸≤230	≤2 ≤2.5	≤2.5 ≤3
	尺寸＞230	供需双方协商	

4.3 物理化学性能

砖的物理化学性能应符合表 4 的要求。

表 4 砖的物理化学性能

项目	要求			
	Z-1	Z-2	Z-3	Z-4
吸水率/%	≤0.2	≤0.5	≤2.0	≤4.0
弯曲强度/MPa	≥58.8	≥39.2	≥29.4	≥19.6
耐酸度/%	≥99.8	≥99.8	≥99.8	≥99.7
耐急冷急热性/℃	温差 100 ℃	温差 100 ℃	温差 130 ℃	温差 150 ℃
	试验一次后，试样不得有裂纹、剥落等破损现象			

5 试验方法

5.1 外观质量检查

5.1.1 用肉眼和精度为 0.5 mm 的金属直尺和塞尺进行。裂纹用 10 倍的读数显微镜测量。

5.1.2 测量磕碰时，磕碰长度为 L、深入工作面值为 B、深度为 H。当磕碰处于砖角处时，磕碰长度为 $L=L_1+L_2$，如图 2 所示。

5.2　尺寸偏差和变形的测量

5.2.1　用精度为 0.5 mm 的金属直尺和塞尺测量。

5.2.2　砖的尺寸应在砖面中间部位测量。测量值与规定值之差为尺寸偏差。

5.2.3　变形，应在砖的工作面上测量。

5.2.3.1　大小头，以两个互相平行的边的长度之差为测量值。

5.2.3.2　翘曲，翘曲沿砖工作面的对角线上测量。工作面下凹时，将金属直尺侧立于对角线上，以砖面与金属直尺的最大间距作为测量结果；工作面上凸时，在对角线两头约 10 mm 处放置两块厚度已知的为 T 的量块，在量块上将金属直尺侧立，测量砖面与金属直尺的最小间距 S，以 T 和 S 之差作为测量结果，如图 1 所示。

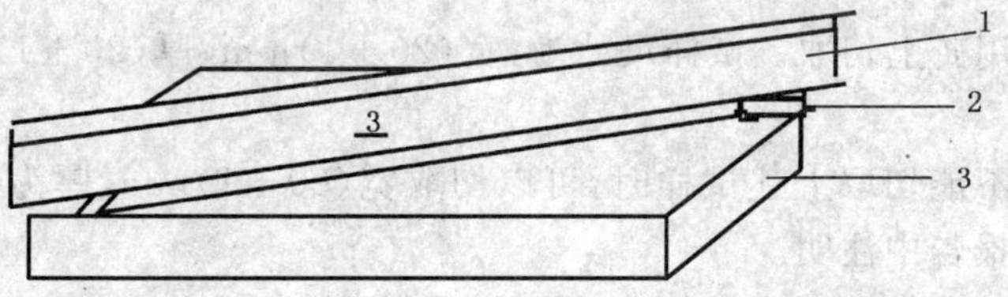

1——直尺；

2——平块；

3——砖。

图 1　翘曲测量示意图

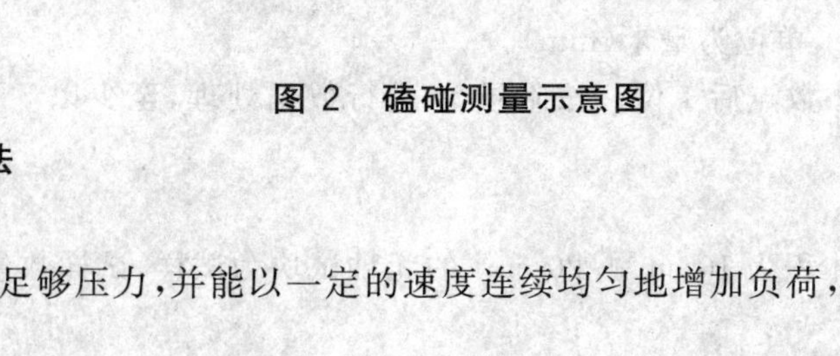

图 2　磕碰测量示意图

5.3　弯曲强度试验方法

5.3.1　试验机

所用试验机应具有足够压力，并能以一定的速度连续均匀地增加负荷，测力精度为±1%。

5.3.2　夹具

试样支座和压头应具有足够的刚性，在试验过程中不会发生塑性变形。支座和压头的曲率半径及试验跨距如图 3 所示。

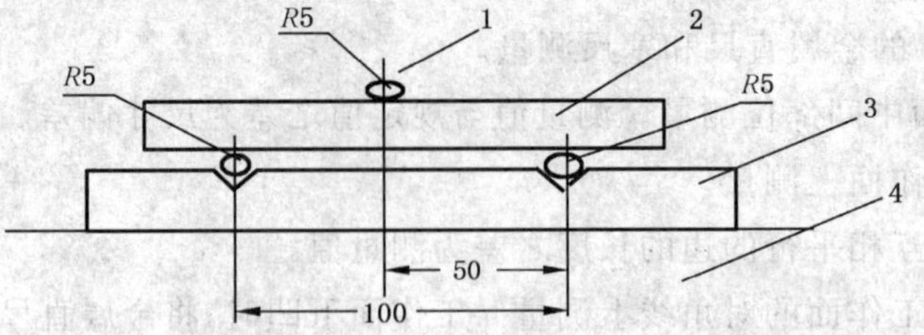

1——压头；

2——试样；

3——试样支座；

4——试验机底座。

图 3　弯曲强度试验用支座示意图

5.3.3　试样

5.3.3.1　试样应从检验用砖上切取。试样尺寸为：宽(20±1)mm，厚(20±1)mm，长不小于 110 mm。试样数量至少 5 个。

5.3.3.2　当受砖的限制不能切取上述试样时，可以切取宽(20±1)mm，厚为砖厚(不包括背纹)，长为砖长的长方体试样，并在报告中注明。

5.3.3.3　试样上下两面应平整，且互相平行，以保证试样与压头接触良好。若试样带釉面，应使釉面向上。

注：经供需双方协商，出厂检验中也可以用与产品相同工艺制作的试样。

5.3.4　试验步骤

5.3.4.1　切取的试样应在 110 ℃±5 ℃的电热干燥箱中烘干，并在干燥器中冷却至室温。

5.3.4.2　将试样正中放在试样支座上，试样的长轴应与支座和上压头的轴线垂直，以 0.5 mm/s 的速率对试样均匀加荷，直至试样断裂，记录最大载荷。

5.3.4.3　用游标卡尺测量试样断口中部的宽度和厚度，精确至 0.02 mm。

5.3.5　结果计算

5.3.5.1　弯曲强度按公式(1)计算：

$$R_f = \frac{3PL}{2bh^2} \qquad \cdots\cdots(1)$$

式中：

R_f——弯曲强度，单位为兆帕(MPa)；

P——试样断裂时的最大载荷，单位为牛顿(N)；

b——试样断口宽度，单位为毫米(mm)；

h——试样断口厚度，单位为毫米(mm)；

L——试样支座间跨距，单位为毫米(mm)。

5.3.5.2　结果计算精确至小数点后 1 位。按附录 A 进行数据处理，至少以 5 个有效数据计算平均值和标准偏差，作为试验结果。

5.4　吸水率试验

5.4.1　从检验用砖上任取体积为 10 cm^3～20 cm^3 的无釉试块为试样，试样数量为 3 个。

5.4.2　试验步骤

5.4.2.1　将试样表面附着的灰尘和细碎颗粒洗净后，放入电热干燥箱中于 110 ℃±5 ℃烘干至恒重，再放入干燥器中冷却至室温。

注：烘干间隔 1 h 的两次称重之差小于前一次的 0.1%时，视为恒重。

5.4.2.2　准确称量每块试样的质量，精确至 1 mg。

5.4.2.3 将试样轻放于适当的器皿中，加入蒸馏水至试样完全被淹没，然后加热至水沸腾并保持 3 h。煮沸时器皿底部和试样之间应垫以干净的纱布，以防碰撞；煮沸过程中应保持水面始终高出试样。

5.4.2.4 待水冷却至室温，取出试样，用拧干的多层湿纱布轻轻擦去表面过剩水分，迅速称量，精确至 1 mg。

5.4.3 结果计算

5.4.3.1 吸水率按式(2)计算，精确至小数点后 1 位。

$$A=\frac{m_2-m_1}{m_1}\times 100 \qquad \cdots\cdots(2)$$

式中：

A——吸水率，%；

m_1——试样干燥质量，单位为克(g)；

m_2——试样饱和水的质量，单位为克(g)。

5.4.3.2 以三个试样的单值和算术平均值作为试验结果。

5.5 耐酸度试验

5.5.1 取弯曲强度试验后的碎块或从检验用砖上取约 200 g 碎块(带釉的除去釉面)，然后将其粉碎并筛取粒度为 0.25 mm～0.5 mm 的颗粒约 20 g 作为试样(粉碎时如接触铁器，则应除铁)。用蒸馏水清洗试样表面附着的粉尘后，再用无水乙醇洗净，然后放入 110 ℃±5 ℃的电热干燥箱中烘干至恒重，再放入干燥器中冷却备用。

5.5.2 试验步骤

5.5.2.1 从干燥器中取约 10 g 干燥试样，称量精确至 0.1 mg。

5.5.2.2 将称好的试样放入规格为 300 mL 预先恒重的锥形瓶中，然后加入重量百分比均为 10%的硫酸、盐酸和硝酸的等体积混合溶液 100 mL，轻轻摇匀后接好回流冷凝器，在 90 ℃±1 ℃水浴锅中加热 5 h，其间至 2.5 h 时将锥形瓶摇晃一次。

5.5.2.3 取出锥形瓶，加入适量蒸馏水，静置冷却 15 min，倾出瓶中上层酸溶液。然后用蒸馏水以倾析法反复洗涤至完全没有酸性反应为止，再用无水乙醇洗净。然后放入 110 ℃±5 ℃电热干燥箱中烘干至恒重。称量腐蚀后的试样质量，精确至 0.1 mg。

5.5.3 结果计算

5.5.3.1 耐酸度按公式(3)计算，精确至小数点后 2 位。

$$R_A=\frac{m_2}{m_1}\times 100 \qquad \cdots\cdots(3)$$

式中：

R_A——耐酸度，%；

m_1——腐蚀前的试样质量，单位为克(g)；

m_2——腐蚀后的试样质量，单位为克(g)。

同一试样应作平行试验，两个结果相差不超过 0.04% 时，以平均值作为试验结果，否则应重新试验。

5.6 耐急冷急热性试验

5.6.1 取 3 块外观质量检验合格的整砖作为试样。对尺寸较大的产品，可以从产品上切取尺寸与标型砖接近的试块作为试样。试样应在 110 ℃±5 ℃电热干燥箱中烘干，自然冷却至室温。

5.6.2 电热干燥箱，控温精度为±2 ℃，放入试样后，能在 10 min 内达到试验温度。

5.6.3 将电热干燥箱预加热到规定试验温度，保温 15 min。把试样快速放入的干燥箱中(试样之间应有一定间隔，不能叠压)，并于 10 min 内恢复到实验温度，保温 30 min。

5.6.4 取出试样，并迅速放入 20 ℃±5 ℃的流动水槽中急冷。15 min 后从水中取出试样，用红或蓝墨水涂覆试样，用肉眼观察试样是否有裂纹、剥落等破损现象，并做好记录。

6 检验规则

6.1 检验分类

6.1.1 型式检验

检验项目包括本标准技术要求规定的所有项目。工艺技术改变时应进行型式检验，不改变工艺技术的情况下，应每半年一次。

6.1.2 出厂检验

检验项目包括：外观质量、尺寸偏差。

6.2 组批和抽样

6.2.1 组批

以相同工艺条件生产的同一规格、同一牌号的5 000至30 000块砖为一批。不足5 000块时由供需双方协商。

6.2.2 抽样

用随机抽样方法抽取表5中各检验项目所需的样本。非破坏性试验的试样，检验后可用作其他项目的检验。

表5 砖的抽样与判定规则

检验项目	样本大小		第一次		第一次+第二次	
	第一次 n_1	第二次 n_2	合格判定数 A_1	不合格判定数 R_1	合格判定数 A_2	不合格判定数 R_2
外观质量	20	20	1	3	3	4
尺寸偏差	20	20	1	3	3	4
变形	10	10	0	2	1	2
耐急冷急热性	3	3	0	2	1	2
吸水率	3	3	平均值应附合表4的要求			
弯曲强度	5	5	平均值应附合表4的要求			
耐酸度	2	2	平均值应附合表4的要求			

6.3 判定规则

6.3.1 产品检验时的样本大小及合格判定数应按表5规定进行判定。

6.3.2 各检验项目全部合格时，判该批产品合格。否则，判该批产品不合格。

6.3.3 第一次检验若有不合格项或不合格品数未达到不合格判定数时，应按表5规定进行复验，复验合格，判该项目合格，否则，判该项目不合格。如物理化学性能有3项以上不符合表5的要求时，判该批产品不合格，不予复检。

6.3.4 凡因外观质量和尺寸偏差拒收的产品，允许供方逐块检验，检选补齐后再交付验收。

7 标志、包装、运输和贮存

7.1 标志

7.1.1 在产品的包装上用适当方式标明产品名称、商标或生产厂名、等级和牌号。平板形砖非工作面上必须印有商标。

7.1.2 发货时，应出具产品合格证，其中应载明下列内容：

a) 合格证编号；

b) 生产企业名称、地址；

c) 产品名称、规格、等级和牌号；

d) 产品数量和生产日期；

e) 依据标准编号；

f) 检验部门及检验人员签章。

7.2 包装

产品包装按供需双方协议。使用草绳捆扎包装时应防止砖角、棱碰撞受损。包装上应有易碎品标志。

7.3 运输时应有防雨设施，产品应稳固挤紧以防震动碰撞。装卸时应小心轻放，严禁抛掷。

7.4 贮存

产品应按不同规格、等级和牌号分别堆放。产品应贮存在室内。室外贮存时，应有防雨设施。

附 录 A
（资料性附录）
异常数据取舍方法

A.1 把试验或测定所得的子样数据按其数值从大到小排成：

$$X_1, X_2, \cdots, X_{n-1}, X_n$$

A.2 选定危险率 $\alpha=0.05$，根据 n 及 α 从 $T(n,\alpha)$ 表中查得 T 值。

A.3 计算 T 值

当最小值 X_1 是可疑时，

$$\text{则}\ T=\frac{X-X_1}{S}$$

当最大值 X_n 是可疑时，

$$\text{则}\ T=\frac{X_n-X}{S}$$

X 为子样平均值，$X=\frac{1}{n}\sum_{i=1}^{n}X_i$

S 为子样方差，$S^2=\frac{1}{n-1}\sum_{i=1}^{n}(X_i-X)^2$

式中：

X——测定值；

n——子样大小。

A.4 比较 T 与 $T(n,\alpha)$ 值进行判断。

当 $T \geqslant T(n,\alpha)$，则所怀疑的数据是异常的，应予弃去。

当 $T < T(n,\alpha)$，则不能将危险率 α 弃去。

这样判断错误的概率为 $\alpha=0.05$。相应于及 $\alpha=0.05\%$ 的 $T(n,\alpha)$ 值列于下表中。

n	5	6	7	8	9	10	11	12	13	14	15	50
$T(n,\alpha)$	1.67	1.82	1.94	2.03	2.11	2.18	2.23	2.29	2.33	2.37	2.41	2.96

ICS 01.040.53;53.100
P 97

GB

中华人民共和国国家标准

GB/T 8498—2008/ISO 6165:2006
代替 GB/T 8498—1999

土方机械 基本类型 识别、术语和定义

Earth-moving machinery—Basic type—Identification and terms and definitions

(ISO 6165:2006,IDT)

2008-06-03 发布 2009-01-01 实施

中华人民共和国国家质量监督检验检疫总局
中国国家标准化管理委员会 发布

前　言

本标准等同采用 ISO 6165:2006《土方机械　基本类型　识别、术语和定义》(英文版)。

本标准等同翻译 ISO 6165:2006。

为便于使用,本标准作了下列编辑性修改:

——将“本国际标准”一词改为“本标准”;

——删除国际标准的前言;

——用已采用国际标准的我国标准,对应代替 ISO 6165:2006 中引用的国际标准;

——增加了中文索引。

本标准代替 GB/T 8498—1999《土方机械　基本类型　术语》。

本标准与 GB/T 8498—1999 相比,主要变化如下:

——标准名称改为“土方机械　基本类型　识别、术语和定义”;

——增加了“小型机器”、“直接控制型机器”、“遥控型机器”、“机械挖掘机”、“回转自卸车”、“回转式吊管机”、“水平定向钻机”等术语;

——增加了“土方机械识别框图”和“土方机械司机操纵形式框图”。

本标准的附录 A 和附录 B 为资料性附录。

本标准由中国机械工业联合会提出。

本标准由全国土方机械标准化技术委员会(SAC/TC 334)归口。

本标准负责起草单位:天津工程机械研究院、北京建筑机械化研究院。

本标准参加起草单位:广西柳工机械股份有限公司、惊天液压机械制造有限公司。

本标准主要起草人:张梅嘉、吴润才、初长祥、罗铭。

本标准所代替标准的历次版本发布情况为:

——GB 8498—1987、GB/T 8498—1999。

土方机械 基本类型 识别、术语和定义

1 范围

本标准按土方机械的下列作业用途规定了其分类的术语、定义和识别结构：

——挖掘；

——装载；

——运输；

——对土壤和其他物料的钻孔、摊铺、压实或挖沟，例如在道路、堤坝和建筑工地上工作。

本标准的用途是提供一种确切的方法，按机器的功能和构造来识别机器。

附录A提供了有关本标准采用的识别结构的信息，以及利用该结构给出土方机械分类，并进而导出详尽的识别方法。

附录B提供了每种土方机械司机操纵形式的框图。

2 规范性引用文件

下列文件中的条款通过本标准的引用而成为本标准的条款。凡是注日期的引用文件，其随后所有的修改单(不包括勘误的内容)或修订版均不适用于本标准，然而，鼓励根据本标准达成协议的各方研究是否可使用这些文件的最新版本。凡是不注日期的引用文件，其最新版本适用于本标准。

GB/T 21154 土方机械 整机及其工作装置和部件的质量测量方法(GB/T 21154—2007, ISO 6016:1998, IDT)

ISO 10261:2002 土方机械 产品识别代码体系

3 术语和定义

下列术语和定义适用于本标准。

3.1

土方机械 earth-moving machinery

使用轮胎、履带或步履的自行式或拖式机械，具有工作装置或附属装置(作业器具)，或两者都有，主要用于土壤、岩石或其他物料的挖掘、装载、运输、钻孔、摊铺、压实或挖沟作业。

注：土方机械可以由驾乘或非驾乘的司机直接操纵；也可以在作业区以直接或非直接监视的方式有线或无线遥控。关于司机操纵形式见附录B。

3.1.1

小型机器 compact machine

除小型挖掘机(3.1.2)以外，工作质量等于或小于4 500 kg的土方机械(3.1)。

注：工作质量的定义见GB/T 21154。

3.1.2

小型挖掘机 compact excavator

工作质量等于或小于6 000 kg的挖掘机(4.4)。

注：工作质量的定义见GB/T 21154。

3.2

直接控制型机器 direct-control machine

由与机器有身体直接接触的司机进行操纵的自行式土方机械(3.1)。

3.2.1

驾乘式机器　ride-on machine

控制装置位于机器上，由一名坐姿或站姿司机进行操纵的自行式的直接控制型机器(3.2)。

3.2.2

非驾乘式机器　non-riding machine

控制装置位于机器上，由一名步行的司机(不坐在，也不站在机器上)进行操纵的自行式的直接控制型机器(3.2)。

3.3

遥控型机器　remote-control machine

通过信号的传输进行操纵的自行式土方机械(3.1)，信号由不在机器上的控制装置(发射机)发射，并由位于机器上的接收装置(接收机)加以接收。

注：遥控装置有无线控制或有线控制。

3.3.1

有线遥控型机器　wire-controlled machine

由电线连接机器与远处的司机控制装置，并通过电线传送的信号实现操纵的自行式的遥控型机器(3.3)。

注：有线遥控型机器通常是在作业区直接监视的方式进行操纵。

3.3.2

无线遥控型机器　wireless-controlled machine

由远离机器的司机控制装置发出的，并通过空中传送的信号实现操纵的自行式的遥控型机器(3.3)。

注：无线遥控型机器可在作业区内，以直接监视或非直接监视的方式进行操纵。

3.4

机器族　machine family

用于同类型作业的一组机器。

注：土方机械(3.1)包括如下机器族，见第4章：

——推土机 dozer(4.1)；

——装载机 loader(4.2)；

——挖掘装载机 backhoe loader(4.3)；

——挖掘机 excavator(4.4)；

——挖沟机 trencher(4.5)；

——自卸车 dumper(4.6)；

——铲运机 scraper(4.7)；

——平地机 grader(4.8)；

——回填压实机 landfill compactor(4.9)；

——压路机 roller(4.10)；

——吊管机 pipelayer(4.11)；

——回转式吊管机 rotating pipelayer(4.12)；

——水平定向钻机 horizontal directional drill(4.13)。

3.5

机器型号　machine model; machine type

制造商给机器族(3.4)的编号。

注：每一机器族可以有几个型号，它们是制造商对机器形式的编号。

3.6

单台机器　individual machine

对于每台制造的机器，都具有唯一的识别代码予以识别该机。

注：根据 ISO 10261 产品识别代码(PIN)，确切地标识出单台机器。

4　机器族

4.1

推土机　dozer

自行的履带式或轮胎式机械，其工作装置可安装推土装置，通过机器的前进运动进行铲土、推移和平整物料，也可安装用来产生推力或牵引力的附属装置。

4.2

装载机　loader

自行的履带式或轮胎式机械，前端装有主要用于装载作业(用铲斗)的工作装置，通过机器向前运动进行装载或挖掘。

注：装载机的工作循环通常包括物料的装载、提升、运输和卸载。

4.2.1

回转装载机　swing loader

装有回转式提升臂的装载机(4.2)，该提升臂相对于中线位置可向左或向右转动。

注：回转装载机的工作循环与装载机相似，但可以借助工作装置偏离机器纵轴线来完成附加的作业。

4.2.2

滑移转向装载机　skid-steer loader

装载机(4.2)的司机室通常位于工作装置与支承结构之间，装载机通过牵引驱动机器两侧对应的用固定轴连接的轮胎或履带，使两侧轮胎或履带产生速度差和(或)不同的旋转方向来实现转向。

4.3

挖掘装载机　backhoe loader

自行的履带式或轮胎式机械，其主机架用来支承前置的工作装置及后置的挖掘装置(通常带有外伸支腿或稳定器)。

注1：当用作挖掘作业时，机器固定不动，一般是对地面以下进行挖掘。

注2：当用作装载作业时(使用铲斗)，机器向前移动进行装载。

注3：挖掘工作循环通常包括物料的挖掘、提升、回转和卸载。装载工作循环通常包括物料的装载、提升、运输和卸载。

4.4

挖掘机　excavator

自行的履带式、轮胎式或步履式机械，具有可带着工作装置做 360°回转的上部结构，主要用铲斗进行挖掘作业，在其工作循环中底盘不移动。

注1：挖掘机的工作循环通常包括物料的挖掘、提升、回转和卸载。

注2：挖掘机也可用于物品或物料的搬运(运输)。

4.4.1

小回转半径挖掘机　minimal swing radius excavator

MSRX

在狭窄空间内作业的挖掘机(4.4)，其具有一个小回转半径的上部结构，上部结构可带着工作装置和附属装置在底盘宽度的120%范围内回转。

4.4.2

步履式挖掘机　walking excavator

具有三条或三条以上支腿的挖掘机(4.4)，支腿可以是铰接的、伸缩的或两者兼有，并可安装车轮。

4.4.3

机械挖掘机　cable excavator

由钢丝绳操作上部结构的挖掘机(4.4),主要用拉铲、正铲或抓斗进行挖掘作业;用夯板夯实物料;用钩或球进行破碎作业;以及用专用的工作装置及附属装置进行物料的搬运。

4.5

挖沟机　trencher

自行的履带式或轮胎式机械,装有后置的和(或)前置的工作装置或附属装置,主要是通过机器的移动,以连续作业方式挖出一条沟。

注:附属装置可以是挖掘链、轮、盘、犁或类似机具。

4.6

自卸车　dumper

自行的履带式或轮胎式机械,有敞开的车厢,用来运输、卸载或摊铺物料,自卸车由其他的装卸车进行装料。

注:小型自卸车可以组装带有自装的工作装置。

4.6.1

刚性车架自卸车　rigid-frame dumper

具有刚性车架,用车轮或履带转向的自卸车(4.6)。

4.6.2

铰接车架自卸车　articulated frame dumper

具有铰接车架,并用该车架进行转向的自卸车(4.6)(轮胎式机械)。

4.6.3

回转自卸车　swing dumper

具有可360°回转的上部结构的自卸车(4.6),该上部结构由刚性车架、敞开式车厢和司机室组成,底盘可由履带或轮胎系统组成。

4.7

铲运机　scraper

自行的或拖行的履带式或轮胎式机械,在位于两桥之间装有带切削刃的铲运斗,通过机器的向前运动,进行铲削、装载、运输、卸载和摊铺物料。

注:通过向前运动进行的装载作业,可以由装在铲运斗上的一个动力机构(升运装置)来完成。

4.7.1

拖式铲运机　towed scraper

非自行式的铲运机(4.7),由一台装有司机室的牵引车拖行。

4.8

平地机　grader

自行的轮胎式机械,在前、后桥之间装有一个可调节的铲刀;机器可装有一个前置推土板或松土耙,松土耙也可以装在两桥之间。

注:平地机主要是通过向前运动进行物料的平整、刮坡、挖沟和翻松。

4.9

回填压实机　landfill compactor

自行的轮胎式压实机械,装有前置的工作装置可安装推土铲或装载附件,还装有碾碎并压实垃圾的辊轮,通过机器的向前运动还可以推移、平整和装载土壤、回填物或废料(垃圾)。

4.10

压路机　roller

自行的或拖行的机械,装有由一个或多个金属圆柱形筒(滚筒)或橡胶轮胎组成的压实装置,通过压实装置的滚动和(或)振动来压实碎石、土壤、沥青混合料或砾石等物料。

4.10.1

拖式压路机　towed roller

非自行式的压路机(4.10),由一台装有司机室的牵引车拖行。

4.11

吊管机　pipelayer

〈上部结构固定式吊管机〉自行的履带式或轮胎式机械,装有铺管装置。铺管装置由主机架、起升机构、能上下摆动的侧置起重臂和平衡重组成,主要用于搬运和铺设管道。

4.12

回转式吊管机　rotating pipelayer

自行的履带式或轮胎式机械,装有铺管装置。铺管装置由主机架、带提升卷筒或卷扬机的起升机构、能上下摆动的起重臂和平衡重(这些均被安装在可回转的上部结构上)组成,主要用于搬运和铺设管道。

4.13

水平定向钻机　horizontal directional drill

该机使用一个可调向操控的钻头,钻头连接在钻管串列的端部,用于地下水平钻孔。

注1:钻孔时可通过钻管串列向钻头喷洒液体,用装在钻头附近的传感器或脉冲信号发射机对孔进行跟踪,通过反向进行扩孔。

注2:水平定向钻机一般是用一个平行于作业地面或与其成30°倾角的钻孔机架对钻管串列施加作用力。

附 录 A
（资料性附录）
识 别 方 法

附录A提供了有关本标准采用的识别结构的信息，以及利用该结构给出土方机械分类，并进而导出详尽的识别方法。

土方机械按下述规定进行识别：

a) 机器族（见第4章）；

b) 制造商按GB/T 21154给定的工作质量；

c) 司机操纵形式（见附录B）。

机器族的结构如图A.1的框图。

机器工作质量按GB/T 21154的规定，用于确定某些机器形式（如小型机器）可能的质量范围。

司机操纵形式与机器的控制方法、司机的操作姿势和司机室的位置有关（见附录B）。

通常，土方机械可以通过上述各个特性的综合分析大致地加以识别。对定位不清的机器，如果仍属于本标准中的机器族，可参照本标准进行唯一的识别。

示例1：具有驾乘司机的小型刚性车架自卸车。

为了更清晰的分类，可以附加一些其他特性。

示例2：具有驾乘司机的履带式小型刚性车架自卸车。

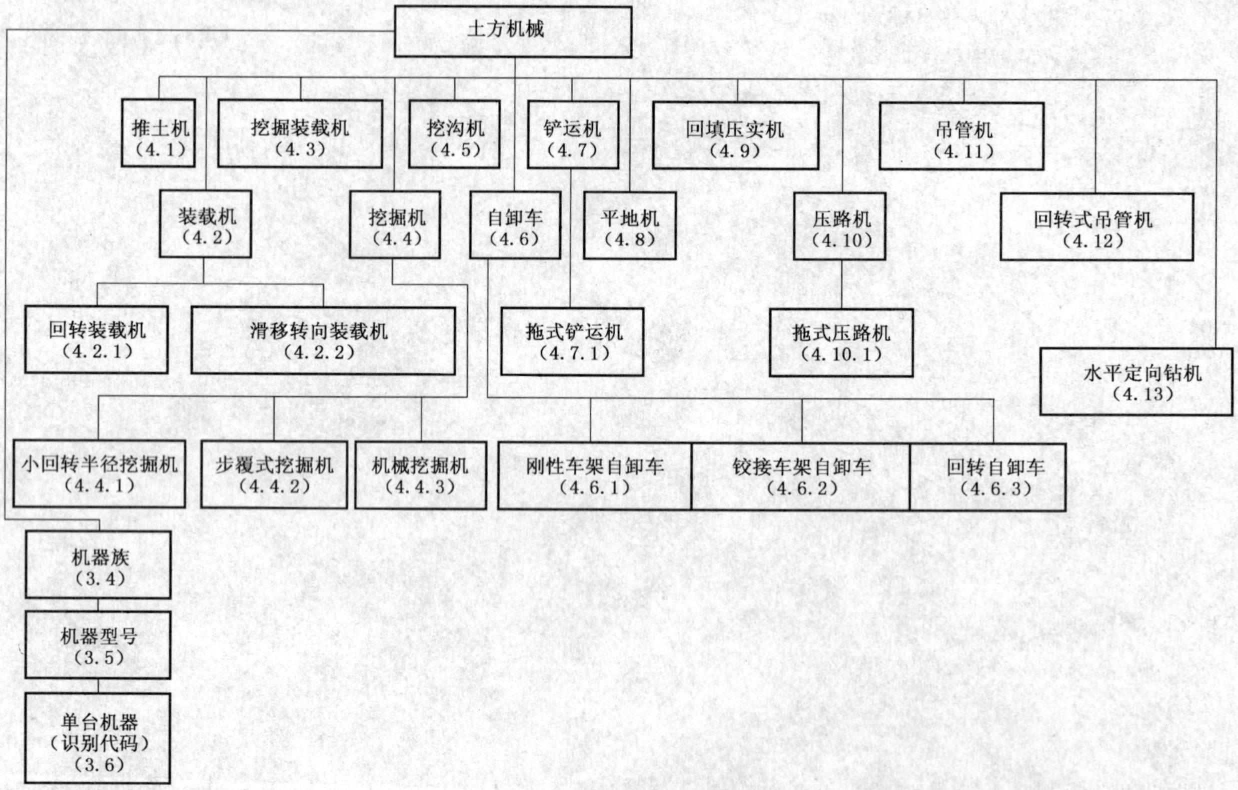

图 A.1 土方机械识别框图

附　录　B
（资料性附录）
土方机械司机操纵形式

土方机械司机操纵形式可以按操纵类型、操作类别和司机操作姿势编制成一个框图，见图 B.1。

注：图 B.1 的框图可能随着技术的进步而引入新的排列方式。

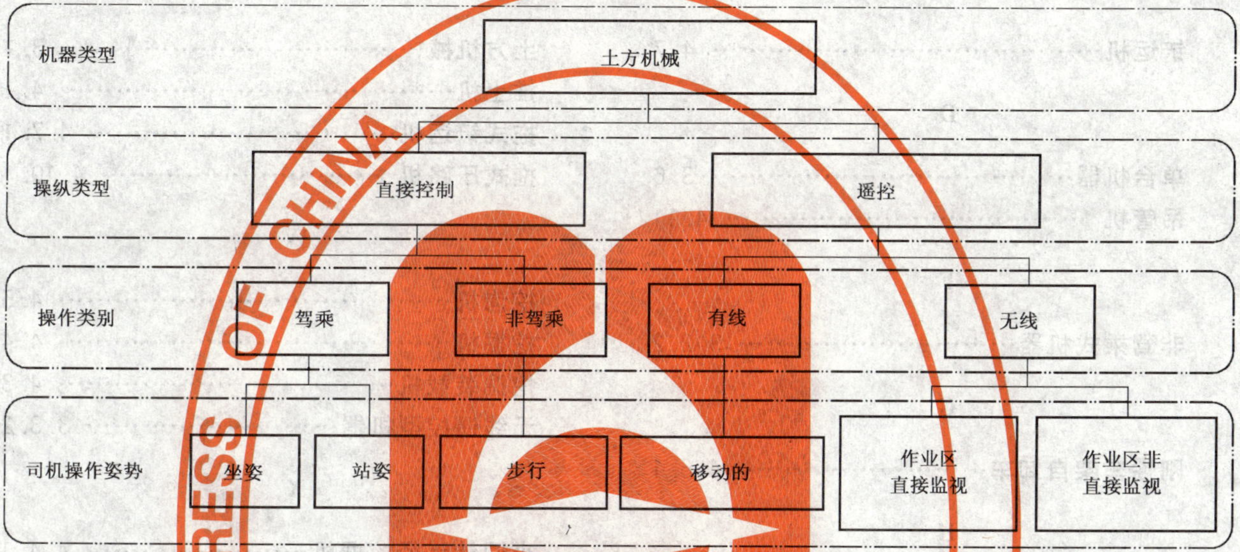

图 B.1　土方机械司机操纵形式框图

中文索引

英 文 索 引

A

B

C

D

E

G

H

I

L

M

N

P

R

S

T

W

ICS 53.100
P 97

中华人民共和国国家标准

GB/T 8506—2008
代替 GB/T 8506—1987,GB/T 16278—1996
部分代替 GB/T 14782—1993

平地机　试验方法

Graders—Test methods

2008-08-26 发布　　　　2009-02-01 实施

中华人民共和国国家质量监督检验检疫总局
中国国家标准化管理委员会　发布

前　言

本标准代替 GB/T 8506—1987《平地机性能试验方法》、GB/T 16278—1996《平地机可靠性试验方法》和 GB/T 14782—1993《平地机技术条件》的部分内容。

本标准与 GB/T 8506—1987 和 GB/T 16278—1996，有如下变动：

——将 GB/T 8506—1987、GB/T 16278—1996 和 GB/T 14782—1993（部分内容）合并为一项标准，内容重新进行了编排调整；

——测量准确度、质量和重心测量、行驶速度、制动性能、牵引性能、转向尺寸、司机操纵装置、司机视野、噪声和排放等要求直接按相应标准的规定；

——增加前进和倒退音响报警声响，监视镜和后视镜，落物保护结构（FOPS），滚翻保护结构（ROPS），司机室环境，照明、信号和标志灯以及反射器等试验，测定要求直接按相应标准的规定；

——删除了可靠性的术语定义，直接采用 JB/T 51099；

——增加了作业试验方法内容；

——增加前桥驱动内容。

本标准的附录 A、附录 B 和附录 C 为规范性附录。

本标准由中国机械工业联合会提出。

本标准由全国土方机械标准化技术委员会（SAC/TC 334）归口。

本标准起草单位：天津工程机械研究院、鼎盛天工工程机械股份有限公司、徐州徐工筑路机械有限公司。

本标准主要起草人：阎堃、吴润才、武渝、张忠海、吴继霞。

本标准所代替标准的历次版本发布情况为：

——GB/T 8506—1987；

——GB/T 16278—1996。

部分代替标准的历次版本发布情况为：

——GB/T 14782—1993。

平地机　试验方法

1　范围

本标准规定了自行式平地机性能和可靠性的试验方法。

本标准适用于整体或铰接机架的自行式平地机。

2　规范性引用文件

下列文件中的条款通过本标准的引用而成为本标准的条款。凡是注日期的引用文件，其随后所有的修改单(不包括勘误的内容)或修订版均不适用于本标准，然而，鼓励根据本标准达成协议的各方研究是否可使用这些文件的最新版本。凡是不注日期的引用文件，其最新版本适用于本标准。

GB/T 6375　土方机械　牵引力测试方法(GB/T 6375—2008,ISO 7464:1983,IDT)

GB/T 7920.9　土方机械　平地机　术语和商业规格(GB/T 7920.9—2003,ISO 7134:1993,MOD)

GB/T 8499　土方机械　测定重心位置的方法(GB/T 8499—1987,idt ISO 5005:1977)

GB/T 8592　土方机械　轮胎式机器转向尺寸的测定(GB/T 8592—2001,eqv ISO 7457:1997)

GB/T 8595　土方机械　司机的操纵装置(GB/T 8595—2008,ISO 10968:2004,IDT)

GB/T 10913　土方机械　行驶速度测定(GB/T 10913—2005,ISO 6014:1986,MOD)

GB/T 16710.2　工程机械　定置试验条件下机外辐射噪声的测定

GB/T 16710.3　工程机械　定置试验条件下司机位置处噪声的测定

GB/T 16710.4　工程机械　动态试验条件下机外辐射噪声的测定(GB/T 16710.4—1996,eqv ISO 6395:1988)

GB/T 16710.5　工程机械　动态试验条件下司机位置处噪声的测定(GB/T 16710.5—1996,eqv ISO 6396:1996)

GB/T 17771　土方机械　落物保护结构　实验室试验和性能要求(GB/T 17771—1999,eqv ISO 3449:1992)

GB/T 17922　土方机械　翻车保护结构　试验室试验和性能要求(GB/T 17922—1999,idt ISO 3471:1994)

GB/T 19933.2　土方机械　司机室环境　第2部分:空气滤清器的试验(GB/T 19933.2—2005,ISO 10263-2:1994,IDT)

GB/T 19933.3　土方机械　司机室环境　第3部分:司机室增压试验方法(GB/T 19933.3—2005,ISO 10263-3:1994,IDT)

GB/T 19933.4　土方机械　司机室环境　第4部分:司机室的空调、采暖和(或)换气试验方法(GB/T 19933.4—2005,ISO 10263-4:1994,MOD)

GB/T 19933.5　土方机械　司机室环境　第5部分:风窗玻璃除霜系统的试验方法(GB/T 19933.5—2005,ISO 10263-5:1994,MOD)

GB/T 19933.6　土方机械　司机室环境　第6部分:司机室太阳光热效应的测定(GB/T 19933.6—2005,ISO 10263-6:1994,IDT)

GB/T 20082　液压传动　液体污染　采用光学显微镜测定颗粒污染度的方法(GB/T 20082—2006,ISO 4407:2002,IDT)

GB/T 20418　土方机械　照明、信号和标志灯以及反射器(GB/T 20418—2006,ISO 12509:1995,

MOD)

GB 20891　非道路移动机械用柴油机排气污染物排放限值及测量方法(中国Ⅰ、Ⅱ阶段)

GB/T 21152　土方机械　轮胎式机器　制动系统的性能要求和试验方法(GB/T 21152—2007,ISO 3450:1996,IDT)

GB/T 21153　土方机械　尺寸、性能和参数的单位与测量准确度(GB/T 21153—2007,ISO 9248:1992,MOD)

GB/T 21154　土方机械　整机及其工作装置和部件的质量测量方法(GB/T 21154—2007,ISO 6016:1998,IDT)

GB/T 21155　土方机械　前进和倒退音响报警　声响试验方法(GB/T 21155—2007,ISO 9533:1989,IDT)

JB/T 51099　工程农机产品可靠性考核评定指标　体系及故障分类通则

ISO 5006:2006　土方机械　司机视野　试验方法和性能准则

ISO 14401-1:2004　土方机械　监视镜和后视镜的视野　第1部分:试验方法

3　术语和定义

GB/T 7920.9 和 JB/T 51099 确立的以及下列术语和定义适用于本标准。

3.1

铲刀最大入地深度　maximum depth in ground of the blade

呈标准状态的铲刀下降到最低位置时,刀刃中点至地面的距离。

3.2

推土板最大提升高度　maximum lifting height of the bulldozing blade

测定推土板铲刀中点至地面的距离。

3.3

推土板最大入地深度　maximum depth in ground of the bulldozing blade

测定推土板下降到最低位置,推土板铲刀中点至地面的距离。

4　试验前的准备

4.1　资料准备

平地机试验前至少应具备以下技术资料:

a)　产品使用说明书,主要部件及备件目录;

b)　试验样机主要部件和易损件的原始装配尺寸及调试记录;

c)　试验样机主要部件(发动机、变矩器、变速器、驱动桥、液压泵、液压阀和液压缸)的合格证或性能试验报告。

4.2　技术准备

平地机试验前应进行以下技术准备,并按表A.1、表A.2、表A.3的内容记录:

a)　检查试验样机的外观涂装质量、焊缝质量、液压件密封情况和滑动部位的润滑情况;

b)　检查试验样机各专用工具、备件和检测量具是否齐全;

c)　按产品使用说明书检查调整发动机最高空载转速、液压系统溢流阀压力、轮胎气压、制动器操纵气压或油压以及离合器行程;

d)　试验样机正式试验前按产品说明书和产品技术规范进行跑合试验,跑合试验后按规定进行维护保养。

4.3　测量准确度

测量准确度按 GB/T 21153 的规定。

4.4　试验场地

4.4.1　定置试验和通过性能测定试验场地

平坦、坚实的混凝土或沥青路面，各向坡度应小于 0.5%，平整度应小于 3 mm/m²。

4.4.2　行驶性能和牵引性能试验场地

a)　平坦、坚实的混凝土或沥青路面，纵向坡度应小于 0.5%，应正反向测试，取平均值；

b)　横向坡度应小于 2.5%；

c)　平直测试区长度应大于 200 m，试验跑道的两端应有开阔的转弯调头场地。

4.4.3　爬坡性能试验场地

坡道平坦坚实，坡度为 25%，坡底应能获得规定行驶速度所需的助跑距离，坡道总长大于被测样机全长的 3.5 倍，其中测量区段前的坡道为试验样机全长的 1.5 倍。

5　试验方法

5.1　性能试验

5.1.1　定置试验

5.1.1.1　主要几何尺寸测定

5.1.1.1.1　测量条件

a)　平地机处于工作质量状态；

b)　轮胎气压符合规定。

5.1.1.1.2　仪器、设备

钢尺、卷尺、角度计、水平仪、线坠、轮胎压力表和标杆等。

5.1.1.1.3　几何尺寸测定

几何尺寸测量结果记入表 B.1 中，见图 1。

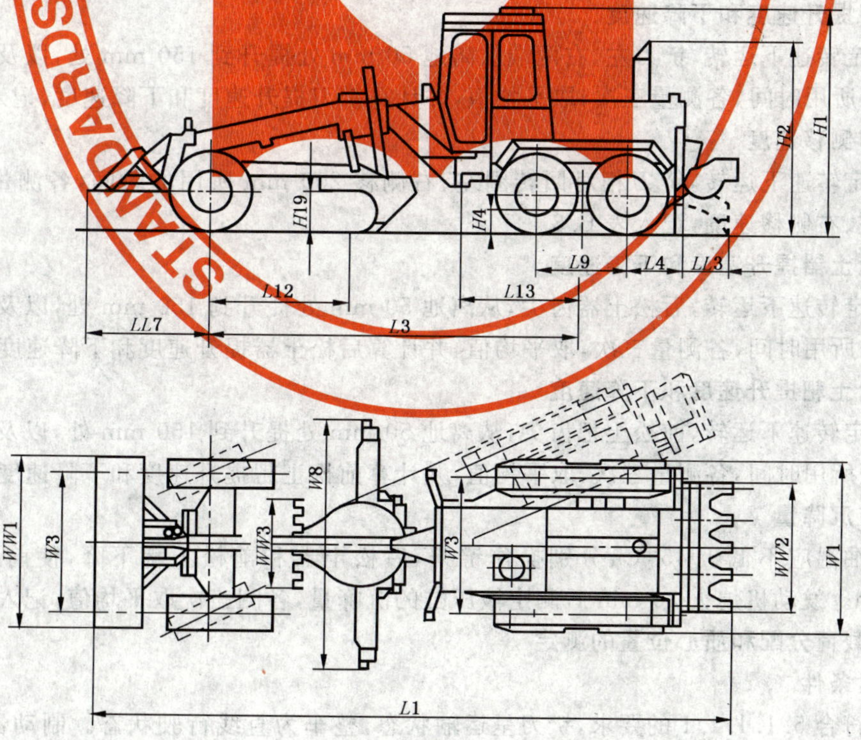

图 1　平地机几何尺寸

5.1.1.2 工作装置运动参数测定

按下述各项进行测量，并把测量结果记入表 B.2。

a) 铲刀最大提升高度；

b) 铲刀最大入地深度；

c) 铲刀侧移距离；

d) 铲刀最大侧伸距离；

e) 铲刀水平调整角 $A8$：铲刀随回转圈顺时针和逆时针旋转，分别测定水平调整角，并观察铲刀是否回转正常，有无干涉现象；

f) 铲刀切削角调整范围；

g) 铲刀最大倾斜角：利用牵引架侧摆调整机构，铲刀回转机构和铲刀升降液压缸的联合动作，测量铲刀最大倾斜角；

h) 后松土器最大提升高度 $HH12$(松土器安装孔处于最低位置)；

i) 后松土器最大入地深度 $HH13$(松土器安装孔处于最低位置)；

j) 前松土耙最大提升高度 $HH2$；

k) 前松土耙最大入地深度 $HH3$；

l) 推土板最大提升高度；

m) 推土板最大入地深度；

n) 前轮最大倾斜角；

o) 前轮最大转向角；

p) 后桥最大转向角(后桥转向平地机)；

q) 铰接机架最大转向角(铰接式平地机)；

r) 前桥最大摆角。

5.1.1.3 工作装置动作速度测定

5.1.1.3.1 铲刀提升速度和下降速度

发动机在额定转速下运转，铲刀左、右两端从离地 50 mm 处提升到 150 mm 处，以及从 150 mm 处下降到 50 mm 处所用时间，各测量三次，取平均值，并计算铲刀提升速度和下降速度，记入表 B.3。

5.1.1.3.2 铲刀侧移速度

发动机在额定转速下运转，铲刀相对回转圈左、右侧移 200 mm 所用的时间，各测量三次，取平均值，并计算铲刀左、右侧移速度，记入表 B.3。

5.1.1.3.3 后松土器提升速度和下降速度

发动机在额定转速下运转，后松土器齿尖，从离地 50 mm 处提升到 150 mm 处，以及从 150 mm 处下降到 50 mm 处所用时间，各测量三次，取平均值，并计算后松土器提升速度和下降速度，记入表 B.3。

5.1.1.3.4 前松土耙提升速度和下降速度

发动机在额定转速下运转，前松土耙齿尖，从离地 50 mm 处提升到 150 mm 处，以及从 150 mm 处下降到 50 mm 处所用时间，各测量三次，取平均值，并计算前松土耙提升速度和下降速度，记入表 B.3。

5.1.1.4 液压缸沉降量

液压系统的油温应不低于 45 ℃，分别操作铲刀，后松土器和前松土耙下降，使前轮或后轮离地 200mm～250 mm。发动机熄火 30 min 后测定液压缸的沉降量，各测三次取平均值，记入表 B.4。

5.1.1.5 质量、载荷分配和质心位置的测定

5.1.1.5.1 试验条件

被测样机应符合 5.1.1.1.1 的要求，铲刀呈运输状态，整车为直线行驶状态。制动器松开；变速杆在空挡位置。按 GB/T 21154 和 GB/T 8499 的规定测定。

5.1.1.5.2 **质量**

测定平地机工作质量 M。

注：若前、后桥载荷之和与整机工作质量有差异，应以整机工作质量为准，误差按质量比例向前、后桥分配。

5.1.1.5.3 **桥荷分配**

分别测定各轮载荷及前后轮胎静力半径，并按公式(1)～公式(6)计算。按表 B.5 测定，并将测定结果和计算结果记入表 B.5。

$$R_{前} = R_{前左} + R_{前右} \quad \cdots\cdots(1)$$

$$R_{后} = R_{后左前} + R_{后右前} + R_{后左后} + R_{后右后} \quad \cdots\cdots(2)$$

$$R_{后左} = R_{后左前} + R_{后左后} \quad \cdots\cdots(3)$$

$$R_{后右} = R_{后右前} + R_{后右后} \quad \cdots\cdots(4)$$

$$i_{前} = \frac{R_{前}}{M} \times 100\% \quad \cdots\cdots(5)$$

$$i_{后} = \frac{R_{后}}{M} \times 100\% \quad \cdots\cdots(6)$$

式中：

$R_{前}$——前桥载荷，单位为千克(kg)；

$R_{前左}$——前桥左轮载荷，单位为千克(kg)；

$R_{前右}$——前桥右轮载荷，单位为千克(kg)；

$R_{后}$——后桥载荷，单位为千克(kg)；

$R_{后左前}$——后桥左前轮载荷，单位为千克(kg)；

$R_{后右前}$——后桥右前轮载荷，单位为千克(kg)；

$R_{后左后}$——后桥左后轮载荷，单位为千克(kg)；

$R_{后右后}$——后桥右后轮载荷，单位为千克(kg)；

$R_{后左}$——后左轮载荷，单位为千克(kg)；

$R_{后右}$——后右轮载荷，单位为千克(kg)；

$i_{前}$——前桥载荷率；

M——作业状态整机质量，单位为千克(kg)；

$i_{后}$——后桥载荷率。

5.1.1.5.4 **铲刀载荷**

松土装置提升至最高位置，铲刀下降，使前轮离地 20 mm，测定铲刀支点载荷及后桥载荷。

按公式(7)计算铲刀线载荷 $q_{铲}$：

$$q_{铲} = \frac{9\,800 R_{铲}}{W8} \quad \cdots\cdots(7)$$

式中：

$q_{铲}$——铲刀线载荷，单位为牛每米(N/m)；

$R_{铲}$——铲刀载荷，单位为千克(kg)；

$W8$——铲刀长度，单位为毫米(mm)。

5.1.1.5.5 **后松土器载荷**

铲刀和前松土耙提升至最高位置，后松土器下降，使后轮离地 20 mm，测定后松土器支点载荷。

按公式(8)计算后松土器单齿载荷 $q_{后松}$：

$$q_{后松} = \frac{9.8 R_{后松}}{m} \quad \cdots\cdots(8)$$

式中：

$q_{后松}$——后松土器单齿载荷，单位为牛每齿(N/齿)；

$R_{后松}$——后松土器载荷，单位为千克(kg)；

m——后松土器齿数，单位为齿。

5.1.1.5.6 前松土耙载荷

铲刀和后松土器提升至最高位置，前松土耙下降，测试使前轮离地 20 mm，测定前松土耙支点载荷。

按公式(9)计算前松土耙单齿载荷 $q_{前耙}$：

$$q_{前耙}=\frac{9.8R_{前耙}}{m} \qquad \cdots\cdots(9)$$

式中：

$q_{前耙}$——前松土耙单齿载荷，单位为牛每齿(N/齿)；

$R_{前耙}$——前松土耙载荷，单位为千克(kg)；

m——前松土耙齿数，单位为齿。

5.1.2 制动性能

制动性能的测定按 GB/T 21152 的规定。

5.1.3 行驶试验

行驶试验应不少于 50 km，或在试验台上进行。行驶速度的测定按 GB/T 10913 的规定。

5.1.4 牵引性能的测定

牵引性能的测定按 GB/T 6375 的规定。

5.1.5 爬坡性能的测定

5.1.5.1 测试条件

被测样机应符合 5.1.1.1.1 的要求，试验场地应符合 4.4.3 的要求。

5.1.5.2 仪器、仪表

卷尺、标杆、水平仪、秒表、风速仪和轮胎气压表。

5.1.5.3 按产品使用说明书规定的最大爬坡度测试平地机在最低挡位时的爬坡能力，测试长度及测试区段前的坡长均不小于平地机全长的 1.5 倍。

5.1.5.4 试验前，平地机挂最低挡，以最低速度在测量区段前的坡道上驶近爬坡起点。试验开始即迅速将发动机放在最大供油位置进行爬坡，直到试验结束。测试三次，取平均值，记入表 B.6。

按公式(10)计算爬坡功率 $P_{坡}$：

$$P_{坡}=\frac{ML\sin\alpha}{102t} \qquad \cdots\cdots(10)$$

式中：

$P_{坡}$——爬坡功率，单位为千瓦(kW)；

L——爬坡长度，单位为米(m)；

t——爬坡时间，单位为秒(s)；

α——爬坡角度，单位为度(°)。

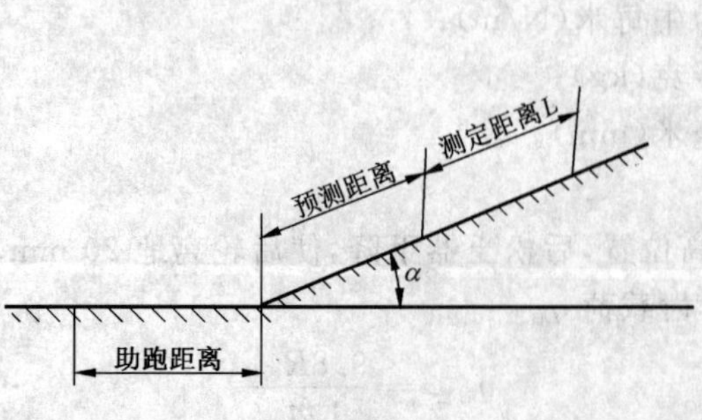

图 2 爬坡试验示意图

5.1.5.5 当平地机的功率和附着力有潜力时，允许用高一挡车速或适当增加平地机质量载荷的办法进行爬坡试验。按公式(11)计算折算爬坡度：

$$\alpha_{折} = \arcsin\left(\frac{M_{实}}{M} \cdot \frac{i_1}{i_{实}} \sin\alpha_{实}\right) \quad \cdots\cdots(11)$$

式中：

$\alpha_{折}$——折算爬坡度，单位为度(°)；

$M_{实}$——试验时平地机实际质量，单位为千克(kg)；

i_1——变速器最低挡速比；

$\alpha_{实}$——试验时的实际爬坡度，单位为度(°)；

$i_{实}$——试验时的变速器速比。

5.1.6 转向尺寸的测定

转向尺寸的测定按 GB/T 8592 的规定。

5.1.7 轮胎接地比压的测定

5.1.7.1 测试条件

被测样机应符合 5.1.1.1.1 的要求，试验场地应符合 4.4.1 的要求，平地机为运行状态。

5.1.7.2 测试方法

用压印法测出各轮压痕面积和水平投影面积，并记入表 B.7。

按公式(12)计算轮胎各轮压痕比压 q_1：

$$q_1 = \frac{0.1R_i}{S_1} \quad \cdots\cdots(12)$$

按公式(13)计算轮胎各轮投影比压 q_2：

$$q_2 = \frac{0.1R_i}{S_2} \quad \cdots\cdots(13)$$

式中：

q_1——各轮压痕比压，单位为兆帕(MPa)；

q_2——各轮投影比压，单位为兆帕(MPa)；

R_i——各轮荷重，单位为千克(kg)；

S_1——轮胎花纹凸起部分的压痕面积，单位为平方厘米(cm^2)；

S_2——轮胎花纹凸起和凹陷两部分水平投影面积之和，单位为平方厘米(cm^2)。

注：用压印法测定压痕面积和投影面积，可在轮胎表面涂墨汁，轮胎下面铺放白纸压出印痕，确定面积值。

5.1.8 平整性能试验

5.1.8.1 在平地机刮平的路面上，沿铲刀中心轨迹，取宽 2 m、长 100 m 作为平地机平整性能测试路段。用 3 m 直尺在测试路段内随机抽样 10 处，取平整度最大值记入表 B.8。

5.1.8.2 用水准仪在测试路段内随机抽样三个点的高程，每个测点的距离应不小于 30 m。取最大高程差记入表 B.8。

注 1：平整度是指直尺与被测路面间的最大间隙。

注 2：高程是指地面测量点到某水平基准面的垂直距离。几个测点中的最大高程与最小高程之差为高程差。

5.1.9 行驶燃油消耗量测定

平地机按正常行驶工况，在公路上往返各运行 50 km，测定行驶 100 km 的燃油消耗量，记入表 B.9。

5.1.10 操纵性能试验

5.1.10.1 行驶直线性测定

平地机铲刀为运行状态，松土装置为标准状态，以中速在行驶性能试验跑道上进行测定，测定距离不小于 0.2 km,允许平地机偏离行驶中心线的值不大于 0.5 m,记录为保持车辆直线行驶需要转动方向盘的次数,测试 3 次,记入表 B.10。

5.1.10.2 方向盘转动圈数测定

试验时,发动机分别为怠速和额定转速,变速器置于空挡位置,车架处于直行状态,转动方向盘,测定转向轮从一侧最大偏转角到另一侧最大偏转角时的方向盘转动圈数。

向左、向右转,各测定三次,取平均值记入表 B.11。

5.1.10.3 司机的操纵装置测定

司机的操纵装置的测定按 GB/T 8595 的规定。

5.1.11 司机视野的测定

司机视野的测定按 ISO 5006:2006 的规定。

5.1.12 照明、信号和标志灯以及反射器的试验

照明、信号和标志灯以及反射器的试验按 GB/T 20418 的规定。

5.1.13 前进和倒退音响报警声响的试验

前进和倒退音响报警声响的试验按 GB/T 21155 的规定。

5.1.14 监视镜和后视镜的视野的试验

配备的监视镜和后视镜的视野的试验按 ISO 14401-1:2004 的规定。

5.1.15 落物保护结构(FOPS)的试验

落物保护结构(FOPS)的试验按 GB/T 17771 的规定。

5.1.16 滚翻保护结构(ROPS)的试验

滚翻保护结构(ROPS)的试验按 GB/T 17922 的规定。

5.1.17 噪声测定

噪声的测定参照 GB/T 16710.2～16710.5[1)]中推土机的规定。

5.1.18 排气污染物排放测量

排气污染物排放测量按 GB 20891 的规定。

5.1.19 司机室环境的试验

全密封司机室环境的试验按 GB/T 19933.2～19933.6 的规定。

5.1.20 作业试验

5.1.20.1 平地机应进行 2 h 以上连续作业试验,其中平整作业不少于 1 h,耙松作业不少于 0.5 h。

5.1.20.2 平地机作业应在气温为 −25 ℃～+40 ℃,土壤为Ⅰ级～Ⅲ级的环境中进行,铲土深度在 30 mm～50 mm 之间,作业时允许出现轮胎打滑现象。

测定结果记入表 B.12。

5.1.21 整机密封性试验

平地机进行 50 km 行驶和 2 h 作业试验,试验结束后液压系统油温在 45 ℃以上,发动机熄火 10 min 后检查,测定发动机熄火后 10 min 内检查情况和试验起止时的油温结果,记入表 B.13。

5.1.22 液压系统油液固体颗粒污染度的检查

按 GB/T 20082 的规定。

5.2 工业性试验

5.2.1 试验场地与环境温度

5.2.1.1 工业性试验场地应选择能完成试验项目的场地进行,并将试验场地的地形、地貌、土壤结构、土壤级别和海拔高度记入表 C.1 和表 C.2。

---

1) GB/T 16710.2～16710.5—1996 修订后,按 GB/T 16710.2～16710.5 中平地机的规定。

5.2.1.2 试验环境温度应符合－25 ℃～＋40 ℃的要求。

5.2.2 试验时间

5.2.2.1 平地机工业性试验的总试验时间为800 h。

5.2.2.2 工业性试验总试验时间由总作业时间、总保养时间和总故障停机时间组成，均按每日(或每班)试验时间计算。

5.2.2.3 每日(或每班)试验时间的计算，以平地机由车库出发时间作为试验时间开始，平地机回到车库作为试验时间终止。

5.2.2.4 总作业时间与总故障停机时间之和为有效度计算时间。

5.2.2.5 总作业时间不得少于总试验时间的70%。

5.2.3 试验内容

5.2.3.1 平地机工业性试验的作业内容为：刮土、推土、平整、修边坡和松土等。

5.2.3.2 根据作业内容，总作业时间按如下比例分配：

a) 平地作业占70%(在条件许可的情况下，包括清除积雪占10%)；

b) 刮坡作业占10%；

c) 松土作业占10%；

d) 空车行驶占10%。

5.2.4 试验记录和故障判定

5.2.4.1 按表C.3中各项内容，由专人负责逐日(或逐班)跟踪记录工业性试验中各种数据。

5.2.4.2 工业性试验中，同时发生多种本质故障，它们之间无直接联系，按故障次数类别分别计算；属于从属故障，则只按其中最严重的故障类别计算一次故障。

5.2.4.3 工业性试验中少量(不超过三次)非主要部件紧固件松动及不超过三次保险丝熔断可不作故障处理，所用时间记为保养时间；超过此规定者按轻度故障处理。

5.2.4.4 工业性试验中，需要调整的零部件，允许连续调整三次，每次间隔时间不得少于两台班，所用调整时间记入保养时间；三次调整无效，则按故障处理。

5.2.5 故障分类和加权系数

根据故障性质和危害程度，将平地机故障分为四类，见表1。

表1 平地机故障分类

类别	故障名称	故障特征	加权系数	故障示例
0	致命故障	严重危及或导致人身伤亡，引起主要总成报废造成主要部件损坏，经济损失重大的故障	—	1 发动机损坏 2 关键部位联结断裂 3 转向机构零件损坏 4 失去操纵性 5 轮胎脱落 6 制动系统零、部件损坏 7 车架断裂
1	严重故障	严重影响产品功能、性能指标超出规范必须停机修理，更换外部重要零件或拆开机体更换内部零件。修理时间4 h以上，维修费高	3.0	1 发动机不能起动 2 液压系统中泵、马达、油缸、阀损坏、油管爆裂 3 传动系统中内部零件损坏 4 工作机构牵引架、回转圈铲刀、摆架、摇臂、松土器机构等断裂或严重变形 5 厚钣金件开裂大于200 mm 6 停车制动系统失灵

表 1（续）

类别	故障名称	故障特征	加权系数	故障示例
2	一般故障	明显影响产品主要性能应停机检修，一般只需更换或修理外部零部件可用随机工具短期内（1.5 h 内）排除，维修费用中等	1.0	1 发动机功率明显降低 2 液压系统油温过高，工作机构达不到规定速度，或出现爬行、抖动 3 明显漏油、漏气、漏水 4 不能正常换挡 5 传动部件中发生异常声响 6 焊缝开裂长度大于该部位焊缝长度的 5% 7 工作中，重要部位紧固件松动
3	轻度故障	轻度影响功能，不需停机更换或修理零件，用随机工具可很快排除故障（20 min 内），维修费用低廉	0.2	1 发动机连续三次不能起动 2 渗油、渗水 3 照明灯、转向灯不亮 4 工作中非重要部位紧固件松脱 5 钣金件开裂

5.2.6 可靠性考核评定指标及计算方法

工业性试验期间，发生表中的 1、2、3 类故障，按以下各条进行考核评定指标计算。

5.2.6.1 首次故障前平均工作时间

首次故障前工作时间为被考核平地机从试验开始到首次发生故障的总作业时间。

5.2.6.2 平均故障间隔时间

试验期间，样机出现致命故障，则判为不合格品。对于没有出现致命故障的样机，平均故障间隔时间，按公式(14)计算：

$$\mathrm{MTBF}=\frac{T_0}{\left(\sum_{i=1}^{3}R_ie_i\right)+1} \qquad \cdots\cdots(14)$$

式中：

MTBF——平均故障间隔时间，单位为小时(h)；

T_0——试验期间，样机作业时间的总和，单位为小时(h)；

R_i——试验期间，样机出现第 i 类故障次数的总和；

e_i——第 i 类故障的加权系数。

5.2.6.3 有效度

工业性试验期间，平地机总作业时间与有效度计算时间之比为有效度，记为百分数，按公式(15)计算：

$$K=\frac{T_0}{T_0+T_1+T_2}\times 100 \qquad \cdots\cdots(15)$$

式中：

K——有效度，(%)；

T_1——试验期间，排除故障时间(包括诊断、修复、调试的时间)的总和，单位为小时(h)；

T_2——试验期间，维护保养时间(加水、加燃油除外)的总和，单位为小时(h)。

5.2.7 试验报告

工业性试验报告内容见表 C.1、表 C.2 和表 C.3。

附 录 A
（规范性附录）
平地机技术参数、调试、检查记录表

表 A.1 技术参数记录表

样机型号名称________________ 出厂编号________________

制造商名称________________ 出厂日期________________

项目名称		单位	数值							备注
外型尺寸	长	mm								
	宽	mm								
	高	mm								
轴距	前后桥距	mm								
	双后桥中心距	mm								
轮距	前轮距	mm								
	后轮距	mm								
机架铰接点至后桥距离		mm								
最小离地间隙		mm								
作业状态质量		kg								
前桥载荷		kg								
前桥载荷分配		—								
后桥载荷		kg								
后桥载荷分配		—								
行驶速度	挡位	—	Ⅰ	Ⅱ	Ⅲ	Ⅳ	Ⅴ	Ⅵ	I_0	
	前进挡	km/h								
	后退挡	km/h								
最大爬坡度		(°)								
最大牵引力	全桥驱动	kN								
	后桥驱动									
最小转弯半径		mm								
发动机	型号	—								
	标定功率	kW								
	标定转速	r/min								
	最大扭距/相应转速	(N·m)/(r/min)								
	燃油消耗量	g/(kW·h)								
变矩器	形式	—								
	变矩系数	—								

表 A.1（续）

项目名称			单位	数值						备注
变速器	形式		—							
	速比	挡位	—	Ⅰ	Ⅱ	Ⅲ	Ⅳ	Ⅴ	Ⅵ	
		前进挡	—							
		后退挡	—							
	动力换挡变速器操纵油压		kPa							
驱动桥	主传动	形式	—							
		速比	—							
	平衡箱	形式	—							
		速比	—							
车轮	轮胎规格/层级		—							
	轮胎气压		kPa							
	轮胎花纹		—							
	轮辋规格		—							
前轮最大倾角			(°)							
前轮最大转向角		左	(°)							
		右	(°)							
后桥最大转向角		左	(°)							
		右	(°)							
铰接机架最大转向角		左	(°)							
		右	(°)							
液压转向系统压力			MPa							
行车制动器形式			—							
停车制动器形式			—							
液压系统	形式		—							
	油压		MPa							
电器系统电压			V							
铲刀长度			mm							
铲刀高度			mm							
铲刀最大提升高度			mm							
铲刀最大入地深度			mm							
铲刀侧移距离		左	mm							
		右	mm							
铲刀最大侧伸距离		左	mm							
		右	mm							
铲刀水平调整角 $A8$		顺转	(°)							
		逆转	(°)							

表 A.1(续)

项目名称		单位	数值	备注
铲刀切削角调整范围		(°)		
铲刀最大倾斜角	左	(°)		
	右	(°)		
后松土器最大提升高度 $HH12$		mm		
后松土器最大入地深度 $HH13$		mm		
后松土器宽度		mm		
后松土器齿数		齿		
前松土耙最大提升高度 $HH2$		mm		
前松土耙最大入地深度 $HH3$		mm		
前松土耙宽度		mm		
前松土耙齿数		齿		
推土板最大提升高度		mm		
推土板最大入地深度		mm		
推土板最大宽度		mm		
注：I_0为后桥挂空挡，前桥驱动时的速度。				

表 A.2 调试记录表

样机型号名称________________ 出厂编号________________

制造商名称________________ 总运转时间________________h

调试项目	地点	日期	故障及排除方法	备注
注1:按日期顺序在调试项目栏内填写制造、装配、试车、跑合运转和检修情况。 注2:备注栏应注明行使或作业所使用的主要挡位。				

表 A.3 试验前检查记录表

样机型号名称________________ 出厂编号________________

制造商名称________________ 检查日期________________

检验员________________

检查项目	检查结果	备注
焊封质量及其外部缺陷情况		
液压件密封情况		
发动机最高空载转速/(r/min)		
变矩器失速工况时发动机转速/(r/min)		
液压系统溢流阀压力/MPa		
动力换挡变速器操纵压力/kPa		
制动器操纵气压(或油压)/kPa		
轮胎气压/kPa		
仪表量具精度校验标定情况		

附 录 B
（规范性附录）
平地机性能试验记录表

表 B.1 几何尺寸测定记录表

样机型号名称＿＿＿＿＿＿＿＿ 出厂编号＿＿＿＿＿＿＿＿

试 验 日 期＿＿＿＿＿＿＿＿ 试验地点＿＿＿＿＿＿＿＿

试 验 员＿＿＿＿＿＿＿＿

轮胎气压(kPa)： 前轮 左＿＿＿＿＿＿ 右＿＿＿＿＿＿

后轮 左前＿＿＿＿＿＿ 右前＿＿＿＿＿＿

左后＿＿＿＿＿＿ 右后＿＿＿＿＿＿

序号	项 目		符号	单位	实测值	备 注
1	外形尺寸	长	$L1$	mm		
2		宽	$W1$	mm		
3		高	$H1$	mm		
4	轴距	前后桥距	$L3$	mm		
5		平衡箱中心距	$L9$	mm		
6	轮距	前轮距	$W3$	mm		
7		后轮距	$W3$	mm		
8	机架铰接点至平衡箱中心的距离		$L13$	mm		
9	最小离地间隙		$H4$	mm		
10	最大高度(不带司机室或 ROPS、FOPS)		$H2$	mm		
11	后轮中心至后部的距离		$L4$	mm		
12	铲刀长度		$W8$	mm		
13	铲刀高度		$H19$	mm		
14	后松土器长度		$LL3$	mm		
15	后松土器宽度		$WW2$	mm		
16	后松土器齿数		m	齿		
17	前松土耙宽度		$WW3$	mm		
18	前松土耙齿数		n	齿		
19	推土板宽度		$WW1$	mm		
20	铲刀至前桥中心的距离		$L12$	mm		
21	推土板至前桥中心的距离		$LL7$	mm		

表 B.2　工作装置运动参数记录表

样机型号名称＿＿＿＿＿＿＿＿　出厂编号＿＿＿＿＿＿＿＿

试 验 日 期＿＿＿＿＿＿＿＿　试验地点＿＿＿＿＿＿＿＿

试　验　员＿＿＿＿＿＿＿＿

轮胎气压(kPa)：　前轮　左＿＿＿＿＿＿　右＿＿＿＿＿＿

　　　　　　　　后轮　左前＿＿＿＿＿＿　右前＿＿＿＿＿＿

　　　　　　　　　　　左后＿＿＿＿＿＿　右后＿＿＿＿＿＿

序号	项　目		单　位	实　测　值	备　注
1	铲刀最大提升高度	左端	mm		
		右端	mm		
2	铲刀最大入地深度	左端	mm		
		右端	mm		
3	铲刀侧移距离	左	mm		
		右	mm		
4	铲刀最大侧伸距离	左	mm		
		右	mm		
5	铲刀水平调整角 $A8$	顺转	(°)		
		逆转	(°)		
6	铲刀切削角调整范围		(°)		
7	铲刀最大倾斜角	左	(°)		
		右	(°)		
8	后松土器最大提升高度 $HH12$		mm		
9	后松土器最大入地深度 $HH13$		mm		
10	前松土耙最大提升高度 $HH2$		mm		
11	前松土耙最大入地深度 $HH3$		mm		
12	推土板最大提升高度		mm		
13	推土板最大入地深度		mm		
14	前轮最大倾斜角		(°)		
15	前轮最大转向角		(°)		
16	后桥最大转向角		(°)		
17	铰接机架最大转向角		(°)		
18	前桥最大摆角		(°)		

表 B.3　工作装置动作速度测定记录表

样机型号名称____________________　出厂编号____________________

试 验 日 期____________________　试验地点____________________

气　　　温____________________　液压油温度____________________℃

试　验　员____________________

测点名称	试验项目	移动距离/mm	所需时间/s		运动速度/(mm/s)	备　注
			实测	平均		
铲刀左下端	提升	100				
	下降	100				
铲刀右下端	提升	100				
	下降	100				
铲刀	左侧移	200				
	右侧移	200				
后松土器齿尖	提升	100				
	下降	100				
前松土耙齿尖	提升	100				
	下降	100				
注：如液压缸行程较大，允许加大测量距离，以提高测量准确度。						

表 B.4 液压缸沉降量测定记录表

样机型号名称________　出厂编号________

试 验 日 期________　试验地点________

液 压 油 牌 号________　环境温度________℃

液 压 油 温 度________℃　试 验 员________

液压缸名称		沉降时间/h	液压缸沉降量/mm		沉降量/(mm/30min)
			实测	平均	
铲刀液压缸	左缸				
	右缸				
后松土器液压缸					
前松土耙液压缸					

表 B.5 质量及载荷分配测定

样机型号名称________　出厂编号________

试 验 日 期________　试验地点________

试　　验　　员________

轮胎气压(kPa)：　前轮　左________　右________

后轮　左前________　右前________

左后________　右后________

测定项目		符号	单位	试验序号	实测值	备注
整机工作质量		M	kg	1		
				2		
				3		
				平均		
前桥	右轮载荷	$R_{前右}$	kg	1		
				2		
				3		
				平均		
	左轮载荷	$R_{前左}$	kg	1		
				2		
				3		
				平均		

表 B.5（续）

测定项目		符号	单位	试验序号	实测值	备注
前桥	前桥载荷	$R_{前}$	kg	—		
	载荷率	$i_{前}$	%	—		
	轮胎静力半径	$R_{静荷}$	mm	—		
后桥	左前轮载荷	$R_{后左前}$	kg	1		
				2		
				3		
				平均		
	右前轮载荷	$R_{后右前}$	kg	1		
				2		
				3		
				平均		
	左后轮载荷	$R_{后左后}$	kg	1		
				2		
				3		
				平均		
	右后轮载荷	$R_{后右后}$	kg	1		
				2		
				3		
				平均		
	后桥载荷	$R_{后}$	kg	—		
	载荷率	$i_{后}$	%	—		
	轮胎静力半径	$R_{静后}$	mm	—		
铲刀下降，前轮离地 20 mm	铲刀载荷	$R_{铲}$	kg	1		
				2		
				3		
				平均		
	后桥载荷	$R_{后铲}$	kg	1		
				2		
				3		
				平均		
	铲刀线载荷	$q_{铲}$	N/m	—		

表 B.5(续)

测定项目		符号	单位	试验序号	实测值	备注
后松土器下降,后轮离地 20mm	后松土器载荷	$R_{后松}$	kg	1		
				2		
				3		
				平均		
	前桥载荷	$R_{前松}$	kg	1		
				2		
				3		
				平均		
	后松土器单齿线载荷	$q_{后松}$	N/齿	—		
前松土耙下降,前轮离地 20mm	前松土耙载荷	$R_{前耙}$	kg	1		
				2		
				3		
				平均		
	后桥载荷	$R_{后耙}$	kg	1		
				2		
				3		
				平均		
	后松土耙单齿线载荷	$q_{前耙}$	N/齿	—		

表 B.6 爬坡性能测试

样机型号名称________ 出厂编号________

试 验 日 期________ 试验地点________

试　验　员________

轮胎气压(kPa)：前轮 左________ 右________

后轮 左前________ 右前________

左后________ 右后________

挡位	爬坡角度 α/(°)	工作质量 M/kg	爬坡长度 L/m	爬坡时间 t/s	爬坡功率 $P_{坡}$/kW	备注

注：如果试验的实际爬坡度小于规定要求，应在备注栏内注明变速器最低挡速比 i_1，试验时的速比 $i_{实}$，试验时的平地机实际质量 $M_{实}$ 和折算爬坡度 $\alpha_{折}$。

表 B.7 轮胎接地比压测定

样机型号名称＿＿＿＿＿＿＿＿ 出厂编号＿＿＿＿＿＿＿＿

试 验 日 期＿＿＿＿＿＿＿＿ 试验地点＿＿＿＿＿＿＿＿

试 验 员＿＿＿＿＿＿＿＿

轮胎气压(kPa)： 前轮 左＿＿＿＿＿＿ 右＿＿＿＿＿＿

后轮 左前＿＿＿＿＿＿ 右前＿＿＿＿＿＿

左后＿＿＿＿＿＿ 右后＿＿＿＿＿＿

测 试 项 目	前 轮		后 轮				备 注
	$R_{前左}$	$R_{前右}$	$R_{后左前}$	$R_{后右前}$	$R_{后左后}$	$R_{后右后}$	
轮胎载荷 R_i/kg							
压痕面积 S_1/cm^2							
投影面积 S_2/cm^2							
压痕比压 q_1/MPa							
投影比压 q_2/MPa							

表 B.8 平整性能测定

样机型号名称＿＿＿＿＿＿＿＿ 出厂编号＿＿＿＿＿＿＿＿

铲刀调平装置形式＿＿＿＿＿＿＿＿ 试验地点＿＿＿＿＿＿＿＿

试 验 日 期＿＿＿＿＿＿＿＿ 试 验 员＿＿＿＿＿＿＿＿

单位为毫米

平 整 度	
高 程 差	
备 注	

表 B.9 百公里燃油测定

样机型号名称＿＿＿＿＿＿＿＿ 出厂编号＿＿＿＿＿＿＿＿

试 验 日 期＿＿＿＿＿＿＿＿ 试验地点＿＿＿＿＿＿＿＿

路 面 状 况＿＿＿＿＿＿＿＿ 气 候＿＿＿＿＿＿＿＿

试 验 员＿＿＿＿＿＿＿＿

行驶方向	行驶距离/km	行驶时间/h	平均车速/(km/h)	燃油消耗/L	百公里燃油消耗量/(L/100 km)	备 注
合 计						

表 B.10 行驶直线性测定

样机型号名称＿＿＿＿＿＿＿＿ 出厂编号＿＿＿＿＿＿＿＿

试 验 日 期＿＿＿＿＿＿＿＿ 试验地点＿＿＿＿＿＿＿＿

风 速＿＿＿＿＿＿＿＿m/s 试 验 员＿＿＿＿＿＿＿＿

轮胎气压(kPa)： 前轮 左＿＿＿＿＿＿ 右＿＿＿＿＿＿

后轮 左前＿＿＿＿＿＿ 右前＿＿＿＿＿＿

左后＿＿＿＿＿＿ 右后＿＿＿＿＿＿

试验序号	行驶距离/km	方向盘转动次数/次	每行驶一公里方向盘转动次数/(次/km)	备 注
1				
2				
3				
平均				

表 B.11 方向盘转动圈数测定

样机型号名称________________ 出厂编号________________

试 验 日 期________________ 试验地点________________

试 验 员________________

试验序号	方向盘转动圈数		备 注
	从左到右	从右到左	
1			
2			
3			
平均			

表 B.12 作业试验测定

样机型号名称________________ 出厂编号________________

试 验 日 期________________ 试验地点________________

试 验 员________________ 风 速________________m/s

轮胎气压(kPa)： 前轮 左________ 右________

后轮 左前________ 右前________

左后________ 右后________

作业时间/h			变速器、后桥输出轴径处温升/℃	变速器壳体温升/℃	油、水、气渗漏情况
平整	耙松	其他			

表 B.13 整机密封性测定

样机型号名称________________ 出厂编号________________

试 验 日 期________________ 试验地点________________

试 验 员________________ 气温、湿度________________℃

检查时间/min	液压系统油温/℃		渗漏情况
	起	止	

附　录　C
（规范性附录）
平地机工业性试验记录表

表 C.1　工业性试验抽样记录表

样机型号________________　抽样时间________________
制　造　商________________　抽样人员________________
抽样地点________________　试　验　员________________
检查批数量________________

序号	项目名称		型 号	出厂编号	出厂日期	生产厂家
1	主机					
2	主要配套件	发动机				
3		液力变矩器				
4		变速器				
5		前桥				
6		后桥				
7		液压泵				
8		液压马达				
9		多路换向阀				
10		转 向 阀				

表 C.2　试验场地原始状况记录表

试验地点________________　选、测场地人员________________
选、测场地时间________________　试　　验　　员________________

地形地貌	路况	土壤结构	土壤级别	海拔高度	其他

表 C.3　平地机工业性试验记录表

平地机型号________________　制造商________________　出厂编号________________

日期	天气情况	工地名称	作业		保养		故障				驾驶员	试验员	备注
			作业内容	作业时间/h	保养内容	保养时间/h	故障内容	故障时间/h	故障排除时间/h	故障停机时间/h			

ICS 91.220
P 95

中华人民共和国国家标准

GB/T 8533—2008
代替 GB/T 8533—1998

小型砌块成型机

Small block machine

2008-07-27 发布　　　　2009-02-01 实施

中华人民共和国国家质量监督检验检疫总局
中国国家标准化管理委员会　发布

前言

本标准代替 GB/T 8533—1998《小型砌块成型机》。

本标准与 GB/T 8533—1998《小型砌块成型机》相比主要变化在于：

——取消了人工脱模方式；

——调整了成型机每次成型公称块数和成型周期的数据；

——取消了以振动电机额定功率为内容的成型机基本参数；

——增加了对成型机整机能耗的要求；

——提高了对成型机的安全的要求。

本标准的附录 A、附录 B 和附录 C 为规范性附录，附录 D 为资料性附录。

本标准由中国机械工业联合会提出。

本标准由全国建筑施工机械与设备标准化技术委员会(SAC/TC 328)归口。

本标准负责起草单位：北京建筑机械化研究院。

本标准参加起草单位：西安银马实业发展有限公司、泉州市鸿益机械制造有限公司、泉州市群峰机械制造有限公司、福建泉州鸿昌机械制造有限公司、天津银丰机床成套设备有限公司、北京瑞图科技发展有限公司 、西安东方福星机械有限公司、四川绵竹太极机械有限公司、扬州威奥重工机械有限公司、廊坊凯博建设机械科技有限公司、中国工程机械工业协会混凝土制品机械分会。

本标准主要起草人：王平、姚金柯、曹映辉、李仰水、徐金山、傅志昌、赵胡生、胡志中、赵向善、张吉富、边立军、安志芳、唐绮、孟竹。

本标准所代替标准的历次版本发布情况为：

——GB 8533—1987、GB/T 8533—1998；

——GB 8534—1987；

——GB 8535—1987。

小型砌块成型机

1 范围

本标准规定了小型砌块成型机(以下简称成型机)的分类、技术要求、试验方法、检验规则和标志、包装、运输与贮存。

本标准适用于以振动成型为主生产普通混凝土小型砌块的砌块成型机。生产路面砌块和其他混凝土小型砌块的各种型式成型机也可参照执行。

2 规范性引用文件

下列文件中的条款通过本标准的引用而成为本标准的条款。凡是注日期的引用文件,其随后所有的修改单(不包括勘误的内容)或修订版均不适用于本标准,然而,鼓励根据本标准达成协议的各方研究是否可使用这些文件的最新版本。凡是不注日期的引用文件,其最新版本适用于本标准。

GB 175 通用硅酸盐水泥(GB 175—2007,ENV 197-1:2000,NEQ)

GB/T 3766 液压系统通用技术条件(GB/T 3766—2001,eqv ISO 4413:1998)

GB/T 4111 混凝土小型空心砌块试验方法

GB 5226.1 机械安全 机械电气设备 第1部分:通用技术条件(GB 5226.1—2002,IEC 60204-1:2000,IDT)

GB/T 7932 气动系统通用技术条件(GB/T 7932—2003,ISO 4414:1998,IDT)

GB 8239—1997 普通混凝土小型空心砌块

GB/T 9174 一般货物运输包装通用技术条件

GB/T 13306 标牌

GB/T 14684 建筑用砂

GB/T 14685 建筑用卵石、碎石

GB/T 15706.1 机械安全 基本概念与设计通则 第1部分:基本术语和方法(GB/T 15706.1—2007,ISO 12100-1:2003,IDT)

GB/T 15706.2 机械安全 基本概念与设计通则 第2部分:技术原则(GB/T 15706.2—2007,ISO 12100-2:2003,IDT)

GB 18209.1 机械安全 指示、标志和操作 第1部分:关于视觉、听觉和触觉信号的要求(GB 18209.1—2000,idt IEC 61310-1:1995)

GB 18209.2 机械安全 指示、标志和操作 第2部分:标志要求(GB 18209.2—2000,idt IEC 61310-2:1995)

JG/T 5011.12 建筑机械与设备 涂漆通用技术条件

JG/T 5011.13 建筑机械与设备 除锈通用技术条件

JG/T 5079.1 建筑机械与设备 噪声限值

JG/T 5079.2 建筑机械与设备 噪声测量方法

JG/T 5082.1 建筑机械与设备 焊接件通用技术条件

3 术语和定义

下列术语和定义适用于本标准。

3.1

同步振动　synchronous vibrating

采用双轴(或多轴)惯性振动器,以保证模箱各部位振动的相位一致,使其产生垂直定向振动,以达到混合料振实的振动方法。

3.2

模振　mould vibrating

模框体或模芯振动成型方法的简称。指通过模框体或模芯振动将能量传递给混合料使其密实成型的方法。

3.3

台振　table vibrating

振动台振动成型方法的简称。指通过振动台振动将能量通过托板传递给混合料使其密实成型的方法。

3.4

模具使用寿命　mould life

模具生产出合格砌块的成型总次数。

3.5

加压振动　pressure vibrating

压头落到混凝土混合料上表面,边加压边振动的振动过程。

3.6

布料振动　feed vibrating

边布料边振动的振动过程。

3.7

破拱　break arch

破坏布料时混凝土混合料在进入模箱过程中的起拱现象。

3.8

生砌块　green block

砌块成型机生产的,未经过养护的新鲜砌块。

3.9

脱模　demoulding

将已密实成型的砌块与模箱分离的过程。

4　分类与标记

4.1　分类

4.1.1　按照机架的安装形式分为固定式和移动式。

4.1.2　按成型振动方式分为台振式和模振式,同时具有两种振动方式的,按台振式归类。

4.1.3　按布料方式分为分层布料式和普通布料(单层布料)式。

4.2　主参数及其系列

成型机的主参数为每次成型公称块数(规格为 390 mm×190 mm×190 mm)和成型周期。

a)　成型机每次成型公称块数为:3、4、5、6、8、9、10、12、15、18。

b)　成型周期见表 1。

表 1 成型周期

单位为秒

每次成型公称块数/(块/每模)			3～4	5～6	8～12	15～18
移动式	机动供料	液压脱模	≤40	≤45	≤50	—
		机械脱模	≤40	≤45	≤50	—
	人工供料	机械(液压)脱模	≤55	≤60	—	—
模振固定式	机动供料	液压脱模	≤15	≤20	—	—
		机械脱模	≤15	≤20	—	—
	人工供料	机械(液压)脱模	≤40	—	—	—
台振固定式	机动供料	液压脱模	≤20	≤22	≤25	≤30
		机械脱模	≤20	≤22	—	—
	人工供料	机械(液压)脱模	≤40	≤50	—	—
分层布料式			≤32	≤35	≤40	≤45

4.3 型号

4.3.1 一般要求

制造商应在产品技术资料、样本和产品显著部位标示产品的型号。

4.3.2 标记方法

成型机型号由制造商标识、组代号、安装形式、布料方式、振动方式、脱模方式和生产能力组成。

×× × × × × ×× - ×× ×

——更新、变型代号:用大写印刷体汉语拼音字母顺序表示

——成型周期

——每次成型公称块数

——振动方式,台振——T,模振——M

——布料方式,分层布料——F,普通不标示

——安装形式,移动式——Y,固定式不标示

——组代号,砌块成型机——Q

——制造商标识(可不标示)

4.4 标记示例

示例 1:每次成型公称块数 5 块,成型周期 45 s 的移动式成型机:

小型砌块成型机 QY 5-45 GB/T 8533—2008

示例 2:每次成型公称块数 10 块,成型周期 25 s 的台振固定式成型机:

小型砌块成型机 QT 10-25 GB/T 8533—2008

示例 3:每次成型公称块数 5 块,成型周期 32 s,并第一次更新的台振固定式分层布料成型机:

小型砌块成型机 QFT5-32A GB/T 8533—2008

5 技术要求

5.1 一般要求

5.1.1 产品应有完整的设计图样,设计与制造应符合本标准的要求。

5.1.2 成型机在环境温度 5 ℃～40 ℃范围内,湿度不大于 85%的条件下应能持续正常工作。

5.1.3 成型机所用原材料、标准件、配套件,均应符合国家和有关行业标准的规定。

5.1.4 同一制造厂生产的相同型号产品的零部件应具有互换性。

5.1.5 成型机可靠性试验时间应不低于 200 h,首次故障前工作时间(MTTFF)、平均无故障工作时间(MTBF)应不低于 100 h,可靠度应不低于 85%。

5.2 外观及表面处理要求

5.2.1 罩壳、防护栅(板)应平整,其边缘不得有明显皱折,安装应牢固可靠。

5.2.2 焊缝应均匀,无裂纹、焊瘤、弧坑、飞溅、咬肉等缺陷。焊缝质量应符合 JG/T 5082.1 的规定。

5.2.3 气路、油路、电路的管线应排列整齐美观,固定安全可靠。产品标牌、指示牌、说明牌等位置得当,字迹清楚,安装牢固、端正。

5.2.4 外露零件加工表面应进行防锈处理。

5.2.5 设备表面除锈应符合 JG/T 5011.13 的规定,涂漆质量应符合 JG/T 5011.12 的规定。

5.3 整机性能要求

5.3.1 成型机生产的砌块的尺寸允许偏差和外观质量应符合 GB 8239—1997 中 6.1.4 和 6.2 优等品的要求(按本标准第 6 章的条件测试)。砌块的尺寸和外观质量合格率应不小于 90%。

5.3.2 根据本标准第 6 章试验条件检验的砌块强度应大于 MU5.0。

5.3.3 成型机的成型周期应符合表 1 的规定。

5.3.4 成型机的整机能耗小于 2.5 $kW\cdot h/m^3$。

5.4 成型机构要求

5.4.1 模箱振动加速度应符合表 2 的规定。

表 2 模箱振动加速度

型 式	移动式	模振固定式	台振固定式
振动加速度/(m/s^2)	≥3g	≥10g	≥8g
注 1:台振模振复合固定式按台振固定式的规定。 注 2:g 为重力加速度,取 $g=9.8\ m/s^2$。			

5.4.2 成型机成型振动时,模箱各处的振幅偏离量应符合下列要求:

对固定式成型机,偏离量不大于 15%;

对移动式成型机,偏离量不大于 20%。

5.4.3 压头的压脚板与模箱的间隙(单边间隙)应符合表 3 的规定。

5.4.4 模具使用寿命应符合表 4 规定。

表 3 压脚板与模箱的间隙

单位为毫米

机 型		固 定 式					
结 构		装配式			焊接式		
公称块数/(块/每模)		3~4	5~6	8~18	3~4	5~6	8~18
项目	压脚板与箱壁	≤1.2	≤1.5	≤1.5	≤1.5	≤1.8	≤2.0
	压脚板与模芯	≤1.5	≤1.8	≤1.8	≤1.8	≤2.0	≤2.3
机 型		移 动 式					
结 构		装配式			焊接式		
公称块数/(块/每模)		3~4	5~6	8~12	3~4	5~6	8~12
项目	压脚板与箱壁	≤1.2	≤1.5	—	≤1.8	≤2.0	—
	压脚板与模芯	≤1.5	≤1.8	—	≤2.3	≤2.5	—

表 4 模具使用寿命

单位为万次

机型		固定式		移动式	
结构		装配式	焊接式	装配式	焊接式
项目	模框	10	5	6	4
	模芯	8	4	4	3
	压脚板	8	4	4	3

5.4.5 成型机应有控制砌块高度的调整装置。

5.4.6 当导向柱跨距大于 800 mm 时，均应设同步装置。

5.5 作业性能要求

5.5.1 布料箱容量应不少于每次成型周期需用量的 1.3 倍，布料应均匀，没有泼料、撒料现象。

5.5.2 振动成型部分与机架应有良好的隔振设施，机架振幅应符合表 5 的规定。

表 5 机架振幅

加速度/(m/s^2)	$>8g$	$\leqslant 8g$
机架振幅/mm	$0.10A_p$	$0.25A_p$

注 1：g 为重力加速度，取 $g=9.8\ m/s^2$。

注 2：A_p 为加压振动时，模箱各测点的振幅平均值(见 6.6.2.5)。

5.5.3 成型机连续工作 1 h 振动电动机温升不超过 80 ℃。

5.5.4 采用双轴同步振动系统，两转轴的转速差率应小于其平均转速的 0.2%。

5.5.5 成型机各部位不得有漏油现象。采用机械传动时渗油点应不超过一处；采用液压传动时应不超过 2 处(3 min 内超过一滴为漏油，不足一滴为渗油)。

5.5.6 操作手柄安装位置应便于操作，手柄操作力应不大于 250 N。

5.5.7 成型机作业时，布料、加压、脱模、移坯(送板)等动作应灵活，定位可靠。

5.6 液压、气动与润滑系统要求

5.6.1 液压与气动系统应符合 GB/T 3766 和 GB/T 7932 的要求。

5.6.2 液压油正常油温在 30 ℃～60 ℃范围内，最高不应大于 80 ℃，最低不应小于 15 ℃。

5.6.3 液压系统应具有防振措施。油缸应设置锁定装置，在无动力或油管失效时停止油缸动作。

5.6.4 选用的液压系统，其管路应经过 1.5 倍工作压力的耐压试验；气动系统在额定工作压力下持续 15 min 应无漏气现象。

5.6.5 各运动副润滑注油点应可视性好，注油方便；在使用规定润滑剂，定时定量注油情况下润滑良好。

5.7 电气系统要求

5.7.1 电气系统应满足 GB 5226.1 的要求。

5.7.2 成型机采用 380 V/50 Hz 的三相交流电源，在输入电压波动±5%范围内应能正常工作。

5.7.3 采用三相四线制供电，供电线路的零线与设备接地线应严格分开。

5.7.4 电气控制箱应有门锁，并应具有防振、防水、防尘措施。

5.7.5 动力电路和控制电路的对地绝缘电阻不低于 1 MΩ。

5.7.6 控制系统配线固定应整齐可靠、便于检修。所有导线端部及接线端子应有正确的标记、编号，并与电气原理图和布线图一致。多芯铜线不允许直接压入端子。

5.7.7 各机构控制回路应具有零位保护。运行中因故障或失压停止运行后，重新恢复供电时，机构不得自行动作。

5.7.8 自动和半自动控制的成型机各个动作应具有连锁及互锁功能。

5.7.9 集中控制的固定式成型机，应在操作人员易于触及的设备部位另外设置急停开关。

5.8 安全防护要求

5.8.1 成型机安全设计应满足 GB/T 15706.1 和 GB/T 15706.2 的要求。

5.8.2 模箱、压头、摆臂、布料箱等运动部件的外表面，应使用反差色涂装与主机颜色相区别。应根据成型机的具体情况在适当位置设置安全标识。警示颜色与安全标识应符合 GB 18209.1 及 GB 18209.2 的规定。

5.8.3 应设置防护网栅或罩壳，以防止在工作状态运动部件或其他因素对操作者或其他人员的靠近造成意外损害。罩壳及防护网栅应拆装方便、安全可靠，在作业时，不应有撞击声。

5.8.4 成型机的司机耳边噪声，在离机边缘 1 m，离地面高 1.5 m 处，应小于 120 dB(A)。当大于 90 dB(A)时，应对操作人员进行隔音保护。成型机的机外噪声，在离机器中心 10 m 圆周上，离地面高 1.5 m 处，应小于 90 dB(A)。

5.8.5 制造商应提供设备吊装部位、设备质量、重心位置和吊装方法，主机应配备吊装示意图。

5.8.6 制造商应提供设备质量、工作状态整机的振动频率、振幅等信息，提示或指导用户对地基的承载及隔振做出正确处理。

5.8.7 制造商随机提供的说明书中应载明必要的产品信息，指出设备工作状态对操作人员可能造成的伤害及对应的危险点，提出预防伤害的措施等。

6 试验方法

6.1 试验要求

6.1.1 大、中型成型机可在厂内进行部件试验，整机性能及其他必要的试验可在用户生产场地结合产品验收进行。

6.1.2 试验样机的技术性能按表 D.1 填写。

6.2 试验条件

6.2.1 试验工况：

a) 成型机成型的块数为公称块数。

b) 在规定的砌块成型周期内试验。

c) 用水泥、砂石作原材料生产普通混凝土小型空心砌块，其规格尺寸为 390 mm×190 mm×190 mm，空心率不小于 45%，混凝土强度等级为 C15。

d) 试验用的水泥为 R32.5 普通硅酸盐水泥，其质量应符合 GB 175 的规定；砂子选用中砂，骨料选用 5 mm～10 mm 的碎石，其质量应符合 GB/T 14684、GB/T 14685 的规定。

e) 试验应连续进行，开机后的前五模砌块不作试验用。

6.2.2 试验样机应具备设计所规定的全部工作装置。

6.2.3 试验样机按使用说明书的规定安装，动力正常，润滑充分，电气接线正确，具备正常工作条件。

6.2.4 试验时的环境温度、湿度、输入电源在本标准确定的范围内。

6.2.5 移动式成型机的试验场地应为平整的混凝土地面，其抗压强度不应小于 15 MPa，厚度应不小于 120 mm，每平方米平整度应不大于 2 mm。

6.2.6 噪声试验应在空旷场地进行。在以试验样机为中心 25 m 半径的范围内，不能有大的反射物(如建筑物、围墙等)。背景噪声应比试验样机噪声至少低 10 dB(A)。大型固定式成型机的噪声试验允许在厂房内进行，但成型机四周边缘应远离墙边 5 m 以上，测试时要采取一定的措施。

6.3 外观检查

外观检查按照表 A.1 的要求进行，检查结果记入表 D.2。

6.4 电气系统检查

6.4.1 目测检查电器布线及电器箱、电气标识是否符合本标准 5.7 的要求。

6.4.2 检测动力电路和控制电路的对地绝缘电阻数值。

6.4.3 试验零位保护功能。

6.4.4 试验机构动作互锁功能。

6.4.5 试验急停开关是否有效。

6.4.6 电气系统检查的结果记入表 D.3。

6.5 开机前后系统各机构运转情况检查

6.5.1 开启空气压缩机,使其达到额定的压力,持续 15 min,观察或检查其控制阀、管路、气缸、油雾器、油水分离器等部件是否漏气。当气压达到 0.4 MPa 时,安全阀或限压阀能否可靠动作。

6.5.2 使各机构单独动作,检查各运动部件运行是否正常;检查各机构的行程开关、限位机构设置是否牢固,动作是否安全可靠。

6.5.3 控制台的各种按钮、按键是否符合预设的功能,启停是否准确、可靠。

6.5.4 开机加载试验,检查布料、送板、振动、脱模各系统是否正常运行,结构件是否安全可靠,液压、气动系统压力是否正常,是否漏气、漏油。

6.5.5 检查结果记入表 D.4。

6.6 性能测试

6.6.1 砌块性能的测定

6.6.1.1 采用 GB/T 4111 所规定的仪器和工具做下列测试:

a) 在被测样机上,连续生产 30 模砌块为一批,随机抽取 30 块生砌块,检测其尺寸偏差和外观质量;

b) 在上述同一批尺寸偏差和外观质量合格的砌块中,经过蒸汽养护,并达到 28 d 龄期后随机抽取五块,测试其抗压强度。

6.6.1.2 砌块的尺寸偏差和外观质量以及抗压强度检验,按 GB/T 4111 的规定进行。

6.6.1.3 砌块的尺寸偏差、外观质量和抗压强度的测试结果分别记入表 D.5 和表 D.6。

6.6.2 振动参数的测定

6.6.2.1 测试用仪器:

a) 多通道测振仪,应具有显示和存储波形的功能:线性度 1%,灵敏度 0.1g(g 为重力加速度),频率范围 2 Hz~1 000 Hz;

b) 其他满足测试要求的仪器组。

6.6.2.2 测试要求:

a) 一次测点不少于两个,并应对称布置;

b) 振动器启动后,取加压振动时稳定工作阶段作测试记录的有效值。

6.6.2.3 测试项目:

a) 模芯振动成型机模芯的强迫振动频率、振幅和加速度;

b) 模箱振动成型机模箱的强迫振动频率、振幅和加速度;

c) 台振成型机模箱的强迫振动频率、振幅和加速度;

d) 定机架振幅;

e) 模箱各处振幅偏离量。

6.6.2.4 测点布置按照附录 B 要求进行。

6.6.2.5 模箱各处振幅偏离量按式(1)、式(2)计算:

$$F = \frac{|A_{max} - A_p|}{A_p} \times 100\% \quad \cdots\cdots(1)$$

$$F' = \frac{|A_{min} - A_p|}{A_p} \times 100\% \quad \cdots\cdots(2)$$

式中:

F、F'——加压振动时,模箱振幅最大和最小的偏离量,%;

A_p——加压振动时,模箱各测点的振幅平均值,单位为毫米(mm);

A_{max}——加压振动时,模箱各测点的振幅最大值,单位为毫米(mm);

A_{min}——加压振动时,模箱各测点的振幅最小值,单位为毫米(mm)。

6.6.2.6 振动参数测式结果计入表D.7。

6.6.3 成型周期的测定

6.6.3.1 用秒表记录成型机连续成型30模砌块所需要的时间 t(s)。

6.6.3.2 成型周期按式(3)进行计算：

$$T = t/30 \qquad \cdots\cdots(3)$$

式中：

T——成型周期，单位为秒(s)。

6.6.3.3 成型周期测试结果计入表D.8。

6.6.4 整机能耗的测定

6.6.4.1 用2.5级以上精度的电度表，接入成型机专用电源的输入端，测定连续生产10模砌块的整机耗电量。

6.6.4.2 成型机的整机功耗按式(4)计算：

$$W = \frac{S_1 + S_2 + S_3}{n \times V} \qquad \cdots\cdots(4)$$

式中：

W——成型机生产每立方米砌块的功耗，单位为千瓦小时每立方米(kW·h/m^3)；

S_1、S_2、S_3——分别为3次测试得到的连续生产10板砌块的整机耗电量，单位为千瓦小时(kW·h)；

n——3次测试中生产的砌块总块数；

V——砌块体积，单位为立方米(m^3)。

6.6.4.3 测试结果

整机能耗测试结果记入表D.9。

6.7 压脚板与模箱间隙的测定

6.7.1 压脚板底部高于模箱底部190 mm时，用塞尺分别测出每块位的压脚板与箱壁、压脚板与模芯之间的间隙。

6.7.2 压脚板与模箱间隙的测定结果记入表D.10。

6.8 双轴同步振动系统两个驱动马达转速差的测定

6.8.1 测试方法如下：

两个振动驱动马达启动后，用精度±1 r/min的转速数字显示仪，同时分别测定它们的转速，取稳定工作时的转速作测试记录的有效值。

6.8.2 转速差率按式(5)计算：

$$\lambda = 2 \times \frac{|n_1 - n_2|}{n_1 + n_2} \times 100\% \qquad \cdots\cdots(5)$$

式中：

λ——两驱动马达的转速差率，%；

n_1——驱动马达1的测量转速，单位为转每分(r/min)；

n_2——驱动马达2的测量转速，单位为转每分(r/min)。

6.8.3 两个振动驱动马达的转速差测试结果记入表D.11。

6.9 操作力的测定

6.9.1 用精度为±10 N的弹簧测力计钩住手柄的手握位置，把作用力加在垂直于手柄的方向上，观察手柄到工作位置时的最大拉力，即为手柄操作力。测三次，取其平均值。

6.9.2 操作力测试结果记入表D.12。

6.10 振动电动机温升的测定

6.10.1 用精度为±1 ℃的半导体点温计测试成型机连续工作1 h前后振动电动机壳体的温度。

6.10.2 振动电动机温升测试结果记入表 D.13。

6.11 噪声的测定

6.11.1 测试仪器和工具

a) 声级计：精度±2 dB(A)；

b) 卷尺。

6.11.2 测试要求

a) 天气：无雨，风力小于 3 级；

b) 声级计附近，除测量者和成型机操作人员外，不允许有其他人员。

6.11.3 测试项目

6.11.3.1 背景噪声。

6.11.3.2 成型机在布料振动和加压振动两个阶段的机外噪声和司机耳边噪声。

6.11.4 测试方法

按照 JG/T 5079.1 和 JG/T 5079.2 测试并计算。

6.11.5 测试位置

a) 机外噪声：距成型机前、后、左、右边缘 1 m，离地面高 1.5 m 处，各测一点，见图 1。

b) 司机耳边噪声：距成型机中心 10 m 的圆周上，离地面高 1.5 m 处，测四点，均匀布置，见图 2。

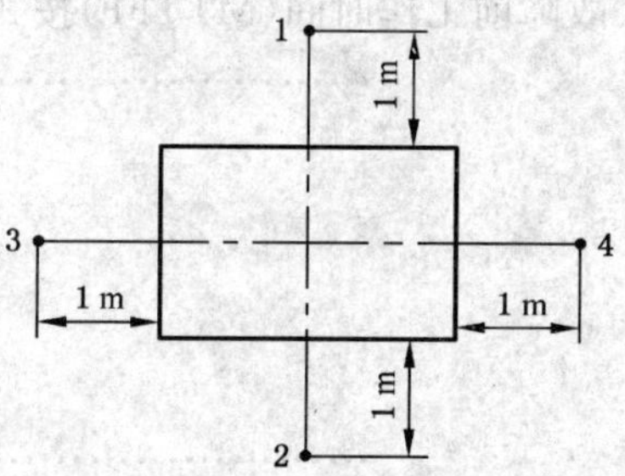

图 1

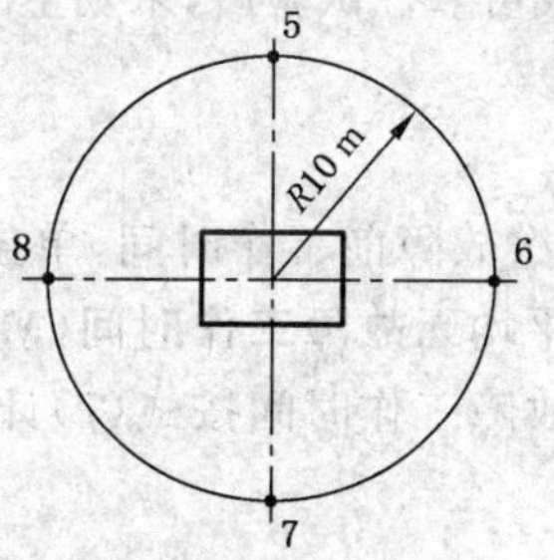

图 2

6.11.6 测试结果

噪声测试结果记入表 D.14。

6.12 油箱中油温的测定

6.12.1 用精度为±1 ℃的半导体点温计测试并记录成型机连续工作 1 h 前后油箱中油的温度。

6.12.2 油温测试结果记入表 D.15。

6.13 模具使用寿命的测定

在实际生产中考核。结果记入表 D.16。

6.14 可靠性试验

6.14.1 试验条件

6.14.1.1 试验样机应配备必要的附属设备，在不低于每天一班的工况下连续工作。每班试验时间不应少于 6 h。总试验时间不少于 200 h。如果连续中断试验 7 天以上，应重新开始试验。

6.14.1.2 所有项目的测试和试验应在一台样机上进行。

6.14.1.3 每班试验前，允许进行 5 个成型周期的负载试验。但不记入试验时间。

6.14.1.4 每班试验后，可按样机使用说明书的规定，进行不超过 1 h 的例行维护保养。

6.14.2 故障分类及判定规则

6.14.2.1 可靠性试验出现的故障，根据对人身安全、零部件损坏程度、功能降低程度及修复的难易等因素分为致命故障、严重故障、一般故障和轻度故障四类。各类故障相应的危害系数见附录 C。

6.14.2.2 故障判定原则如下：

a) 故障判定时应详细了解样机发生故障时的使用情况和试验条件，包括负荷状态、累计试验时间、故障模式、故障造成的后果等，以保证故障判定的准确性。
b) 可靠性试验只对样机在试验中发生的基本故障进行统计，非基本故障不记入故障次数，但应如实记入记录表中。
c) 当发生非基本故障，并造成可靠性试验中断时，允许重新抽样、试验。
d) 同时发生的多个故障，若为非关联故障，则各个故障应分别统计故障类别；若为关联故障，则按最严重的的那个故障统计故障类别，但其余故障应在实验记录的备注中注明。
e) 一个故障应判定为一个故障次数，并只能判定为故障类别中的一类。
f) 按使用说明书更换随机配件不作为故障，但应在试验报告中加以说明。

6.14.2.3 可靠性试验结果记入表 D.17。

6.14.3 试验结果分析

6.14.3.1 划分故障类别

根据试验记录，按表 C.1 的规定对所发生的故障划定类别。若发生表 C.1 以外的故障，可类比相似的故障模式划定故障类别。

6.14.3.2 首次故障前工作时间(MTTFF)

首次故障前工作时间为累计的当量故障数等于或刚刚超过“1”时，所经历的试验时间。当样机按规定试验时间完成可靠性试验后，未发生故障的累积当量小于 1，首次故障前工作时间(MTTFF)按式(6)表示：

$$\mathrm{MTTFF} = t \qquad (6)$$

式中：

t——首次故障前工作时间，单位为小时(h)。

6.14.3.3 平均无故障工作时间(MTBF)

平均无故障工作时间按式(7)计算：

$$\mathrm{MTBF} = \frac{t_0}{r_b} \qquad (7)$$

式中：

t_0——样机累计的试验时间，单位为小时(h)。

r_b——试验样机在规定的可靠性试验时间内出现的当量故障次数，其值按式(8)计算：

$$r_b = \sum_{i=1}^{4} n_i \times \varepsilon_i \qquad (8)$$

式中：

n_i——出现第 i 类故障的次数；

ε_i——第 i 类故障的危害度系数，见表 C.1。

6.14.3.4 可靠度(R)

可靠度按式(9)计算：

$$R = \frac{t_0}{t_0 + t_1} \times 100\% \qquad (9)$$

式中：

t_1——修复故障所用时间的总和，单位为小时(h)。

注：t_0、t_1 均不含保养时间。

6.14.4 试验汇总

可靠性试验结束后，按表 D.18 填写可靠性试验汇总表。

6.15 数据整理和试验报告

6.15.1 根据附录 D 中表 D.2～表 D.18 记录的内容，对试验数据进行整理，将结果记入表 D.19。

6.15.2 试验报告应包括下列内容：

a) 试验报告名称及编号，被检成型机型号、出厂编号及出厂日期，检验单位名称；

b) 试验任务来源、目的及试验依据；

c) 受检成型机的主要技术性能、参数；

d) 试验地点、起止日期、气候情况；

e) 试验项目及结果；

f) 试验结论及建议；

g) 试验负责人和参加试验人员名单；

h) 试验报告编写、审校及批准人员姓名和签字，日期。

7 检验规则

7.1 出厂检验

7.1.1 逐台进行出厂检验。产品出厂时应由质量检验部门签发产品合格证。

7.1.2 出厂检验项目见表6。

7.1.3 出厂检验的部分项目需要在装配过程检验的，其检验记录应作为出厂检验记录的组成部分。

7.1.4 出厂检验项目应全部合格。

7.2 型式检验

有下列情况之一时，应进行型式检验：

a) 新产品或老产品的转厂生产试制定型鉴定时；

b) 正式生产后，如结构、材料、工艺有较大改变，可能影响产品性能时；

c) 产品停产3年以上后，恢复生产时；

d) 国家质量监督机构提出进行型式检验的要求时。

7.2.1 检验项目

型式检验项目见表6。

7.2.2 抽样方法

a) 用于新产品鉴定的，按提供的样机进行。

b) 除新产品鉴定外，应从近一年内生产的产品中随机抽取，样机为1台。

注1：移动式成型机，应提供不少于3台(含3台)进行抽样。

注2：固定式成型机应在近一年期内生产或已交付用户正在使用中的产品中，提供2台产品抽样。

表6 出厂检验项目及型式检验项目

序号	检验项目	检验方法	判定依据	型式检验	出厂检验	项类
1	砌块外观、尺寸	6.6.1	5.3.1	√	√	关键
2	砌块强度	6.6.1	5.3.2	√		
3	成型周期	6.6.3	5.3.3	√	√	
4	整机能耗	6.6.4	5.3.4	√		
5	模箱振幅偏离量	6.6.2	5.4.2	√		
6	可靠性	6.14	5.1.5	√		
7	外观	6.3	5.2	√	√	一般
8	运转情况	6.5	5.5.5、5.5.7、5.6.4、5.6.5	√	√	
9	电气系统	6.4	5.7	√		
10	模箱振动加速度	6.6.2	5.4.1	√		
11	机架振幅	6.6.2	5.5.2	√		
12	压脚板与模箱间隙	6.7	5.4.3	√	√	
13	驱动马达转速差	6.8	5.5.4	√	√	

表 6(续)

序号	检验项目	检验方法	判定依据	型式检验	出厂检验	项类
14	操作力	6.9	5.5.6	√		一般
15	振动电动机温升	6.10	5.5.3	√		
16	噪声	6.11	5.8.4	√		
17	液压油温度	6.12	5.6.2	√		
18	模具使用寿命	6.13	5.4.4	√		
19	同步装置	目测	5.4.6	√		
20	砌块高度调整装置	目测	5.4.5	√		
21	反差色涂装及安全标志	目测	5.8.2	√		
22	防护网栅	目测	5.8.3	√		
23	吊装信息提供	检查	5.8.5	√		
24	地基处理信息提供	检查	5.8.6	√		
25	潜在危害信息提供	检查	5.8.7	√		

7.2.3 判定规则

a) 成型机检验项目中,如有任何一项关键项目达不到要求时,判定产品为不合格。

b) 一般项目中,若有三项达不到要求时,判定产品为不合格。

c) 当成型机被判定为不合格时,允许在原抽样数量中加倍进行复检,复检仍有 1 台不合格时,则按不合格品处理。

8 标志、包装、运输与贮存

8.1 标志

8.1.1 应在成型机明显处设置产品标牌和商标,产品标牌应符合 GB/T 13306 的规定。

8.1.2 产品标牌应注明以下内容:

a) 产品名称,型号;

b) 产品主要参数(总功率、成型周期、整机质量及外形尺寸等);

c) 产品出厂编号;

d) 产品出厂日期;

e) 制造商名称。

8.2 包装

8.2.1 成型机的包装运输,应符合 GB/T 9174 的要求。

8.2.2 成型机装箱前,对外露加工表面(如导向柱、滑轨、活塞杆等)应涂防锈脂,并用防潮纸包装。防锈有效期从发货之日起至少一年。

8.2.3 成型机在封装时应将液压油箱的存油排净,布料箱处于原始工作位置,将压头插入模箱内。

8.2.4 随机文件应包括出厂合格证书、使用说明书、装箱单、随机备件及附件清单、配套件制造单位所提供的技术文件等。随机文件应用塑料袋封装,随产品一同发送或者以其他稳妥方式送达客户。

8.3 运输

成型机外型尺寸应适合汽车、火车、海运集装箱(柜)等运输设备的要求。

8.4 贮存

成型机存放于露天场地时,应有防雨、防潮措施;如存放在仓库内,室内应保持通风、干燥,并无腐蚀性有害物质和气体。

附　录　A
（规范性附录）
成型机外观质量评定细则

表 A.1　成型机外观质量评定细则

序号	项　目	检查要求及评定规则	附　注
1	油漆质量 （35 分）	（1）　粘手性：手摸漆膜，不应沾手 （2）　干透性：拇指压漆膜，应无凹陷 （3）　不应有皱皮、脱皮、漏漆 （4）　大于 6 cm^2 的流痕 5 处为不合格 （5）　直径大于 3 mm 的气泡为不合格 （6）　颜色应一致 （7）　用刀将漆膜划十字口，漆膜不应脱落 （8）　用刀刮漆膜，刮屑应卷曲且不碎裂	含底漆及面漆
2	焊接质量 （35 分）	（1）　重要件不得有漏焊，一般件漏焊不应多于 3 处 （2）　重要部位不得有裂纹 （3）　重要部位不得有气孔或夹渣等缺陷 （4）　同一焊缝宽度不一且最宽与最窄之差在 5 mm 以上为不合格 （5）　飞渣应除净 （6）　焊渣应除净	重要部位指承受力较大、影响安全的部位，如模具、机架等
3	外露表面质量 （20 分）	（1）　零件外露表面应做除锈处理 （2）　件外表冒口凸出 2 mm 以上不超过 2 处；粘砂不超过 2 处；飞边毛刺高于 2 mm 不超过 2 处；直径大于 5 mm 的砂眼、气孔不超过 2 处 （3）　气割边痕应平直，割痕不超过 1 mm （4）　锻件非加工表面飞边不超过 2 处	
4	罩壳质量 （5 分）	（1）　罩壳表面应无明显锤痕或尖锐不超过 2 处 （2）　罩壳边皱褶不超过 2 处 （3）　罩壳安装牢固，不应松动	仅统计直径 15 mm 以上锤痕
5	标牌质量 （5 分）	（1）　字迹清楚或表面油漆应擦净 （2）　表面无损伤（刻痕、脱胶、锤印） （3）　安装牢固无松动	
注：外观质量检查有 5 个以上小项不合格应判定为不合格。			

附 录 B
（规范性附录）
振动测试时模箱及机架的测点布置

B.1 模箱测点布置

B.1.1 模芯振动成型机

测点布置见图 B.1。

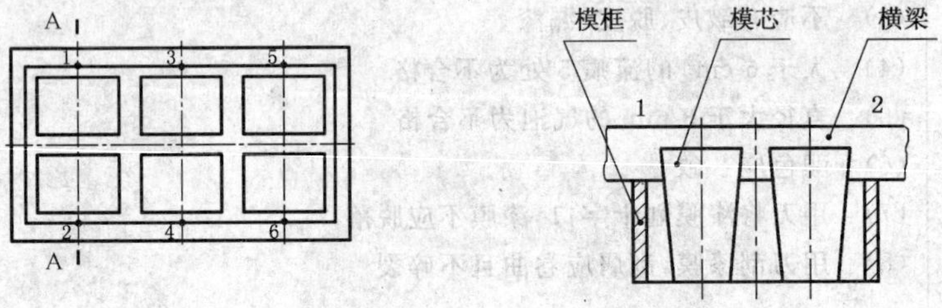

图 B.1

B.1.2 模箱振动成型机

a) 单排生产砌块模箱的测点布置见图 B.2：

1) 所有测点均应布置在模箱的二分之一高度处。

2) 模箱四周棱边上，各布置一个测点，模箱两侧沿长度方向上，每隔约 200 mm 布置一个测点。

3) 测点对称布置。

单位为毫米

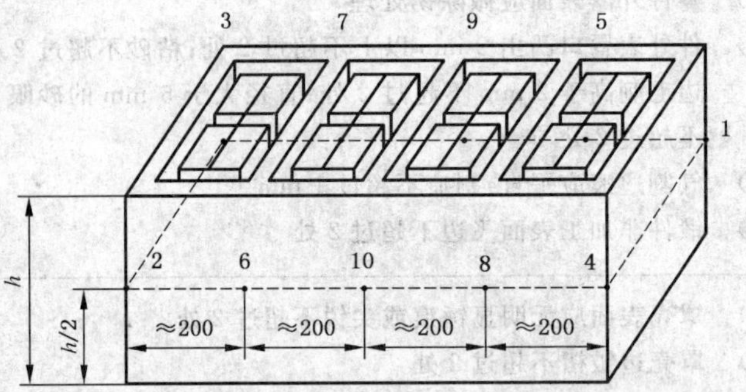

图 B.2

b) 双排生产砌块模箱的测点布置，除按图 B.2 布置的测点外，在模箱两侧宽度的中间方向上，再各布置一个测点，见图 B.3。

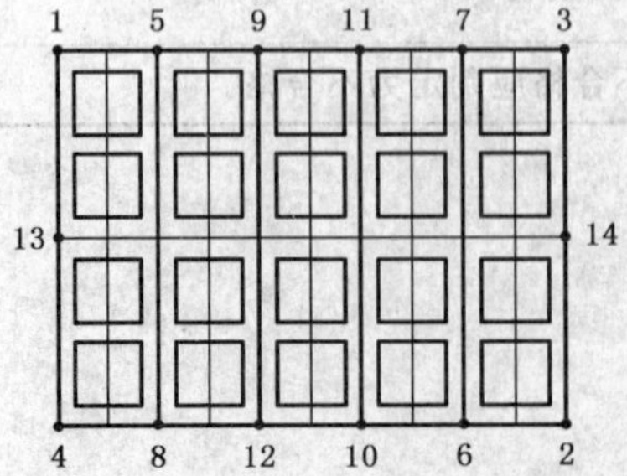

图 B.3

B.1.3 台振成型机模箱

台振成型机模箱的测点布置与 B.1.2 相同。

B.2 机架测点布置

a) 在正对模箱长度方向下部的底架上，布置两个测点；

b) 在机架中部，靠近给料斗一侧，布置两个测点。

附 录 C
（规范性附录）
成型机可靠性试验故障分类表

表 C.1 可靠性试验故障分类表

故障类别	故障名称	故障特征	故障模式	危害度系数
0	致命故障	严重危及或导致人身伤亡，重要部件报废，造成重大经济损失	1. 导柱变形或导套开裂 2. 主机架严重变形、开裂 3. 加压梁或脱模梁严重损坏	∞
1	严重故障	严重影响产品功能，性能指标达不到规定要求，必须停机处理，需要更换外部主要零件或拆开机体更换重要零件，修理时间长，维修费用高	1. 主振动电动机烧坏 2. 振动器及相关的关键部件严重损坏 3. 模具变形或开裂 4. 压头及连接发生严重变形 5. 布料、破拱、脱模、推板任一机构的传动副损坏无法正常工作 6. 主油泵或液压缸损坏无法正常工作	2.0
2	一般故障	明显影响产品主要性能，必须停机检修，一般只允许更换或修理外部零件，可以用随机工具在较短时间内排除，维修费用中等	1. 振动器连接螺栓松动或断裂 2. 模具或压头的连接螺栓松动断裂 3. 传动带或链条发生损坏或断裂 4. 除主振动电机外的其他电机损坏 5. 液压元件失效 6. 液压系统漏油 7. 隔振弹簧断裂 8. 接触器、继电器、限位开关等损坏 9. 电器漏电	0.5
3	轻度故障	轻度影响产品功能，一般不需停机更换或修理零件，能用随机工具在短期内排除，维修费用低	1. 减速箱漏油 2. 液压系统渗油 3. 一般部位轴承损坏 4. 模具和振动器以外的零部件螺栓松动 5. 限位开关失灵 6. 其他一般零件损坏	0.2

附 录 D
（资料性附录）
试 验 用 表

表 D.1 试验样机性能表

试验样机型号：________________　　制造商：________________

出厂日期：________________　　出厂编号：________________

项 目			单 位	数 值
每次成型公称块数			块	
砌块成型周期			s	
配套动力	振动电动机	型号	—	
		功率	kW	
		转速	r/min	
	脱模电动机	型号	—	
		功率	kW	
		转速	r/min	
	行走或推坯电动机	型号	—	
		功率	kW	
		转速	r/min	
	油泵电动机	型号	—	
		功率	kW	
		转速	r/min	
振动频率			Hz	
激振力			kN	
行走速度（移动式）			m/s	
液压系统工作压力			MPa	
成型最大高度			mm	
成型最小高度			mm	
外型尺寸（$l \times b \times h$）	主机		mm	
	液压站		mm	
整机功率			kW	
整机质量			kg	

表 D.2 外观质量测试记录表

试验样机型号：______________ 制造商：______________

出厂日期：______________ 试验地点：______________

试验日期：______________ 试验人员：______________

检测项目	检测细目	问题	结果评定
油漆质量	(1) 粘手性 (2) 干透性 (3) 皱皮、脱皮、漏漆 (4) 流痕 (5) 气泡 (6) 颜色一致性 (7) 附着力 (8) 弹性		
焊接质量	(1) 漏焊 (2) 裂纹 (3) 气孔或夹渣 (4) 焊缝宽度不一 (5) 飞渣未除净 (6) 焊渣未除净		
外露表面质量	(1) 除锈处理 (2) 铸件表面 (3) 气割边痕 (4) 锻件飞边		
罩壳质量	(1) 漏装 (2) 锤痕或尖锐 (3) 皱褶 (4) 安装螺栓松动		
标牌质量	(1) 字迹不清或表面油漆遮蔽 (2) 损伤(刻痕、脱胶、锤印) (3) 安装松动或歪斜 (4) 缺少标志		
检查结果：总计不合格项______项，外观质量 □合格 □不合格。			

校对：______________ 记录：______________

表 D.3 电气系统检测记录表

试验样机型号：______________ 制造商：______________

出厂日期：______________ 试验地点：______________

试验日期：______________ 试验人员：______________

序号	检测项目		检测结果	评定
1	电器箱及布线	总体布线安全、可靠，电线规格符合要求、长短合理、固定牢固		
		电器箱有门锁，有防振、防水、防尘措施		
		是否有多股铜线直接压入端子		

表 D.3（续）

序号	检测项目		检测结果	评定
2	电气标识	是否有合乎标准的警告标志		
		电器箱内是否提供接线图		
		电缆是否全部具备标识		
3	电气保护 （自动或半自动机型）	是否具有零位保护		
		是否具备机构互锁		
		应急开关是否有效		
		动力电路和控制电路的对地绝缘电阻数值		

校对：______　　　　记录：______

表 D.4　系统各机构运转情况检查表

试验样机型号：______　　制造商：______

出厂日期：______　　试验地点：______

试验日期：______　　试验人员：______

检测项目		检测结果	评定
试验前检查	1. 检查各紧固件和运动部件 2. 检查各限位开关位置是否正常，各机构是否处于初始位置 3. 检查各润滑点润滑情况 4. 检查电气系统就绪情况 5. 检查液压、气动等动力系统就绪情况		
机构单独动作检查	1. 检查供料装置动作 2. 检查移坯（送板）装置动作 3. 检查加压机构动作 4. 检查成型机构（含振动器）动作 5. 检查脱模装置		
加载试运转检查	1. 检查半自动运行情况 2. 检查自动运行情况 3. 供料应均匀，无泼料、撒料现象。成型机作业时，供料、加压、脱模、移坯（送板）等动作应灵活，定位可靠 4. 检查液压系统压力是否正常，有无漏油现象 5. 检查气动系统密封情况 6. 控制台各按钮功能应正确		

校对：______　　　　记录：______

表 D.5　砌块的尺寸偏差和外观质量测试记录表

试验样机型号：______　　制造商：______

出厂日期：______　　试验地点：______

试验日期：______　　试验人员：______

项目		1	2	3	4	5	6	7	8	9	10	11	12	13	14	15			30
尺寸偏差/mm	长度																		
	宽度																		
	高度																		

表 D.5（续）

项目		1	2	3	4	5	6	7	8	9	10	11	12	13	14	15		30
最小外壁厚/mm																		
最小肋厚/mm																		
弯曲																		
缺棱掉角	个数																	
	三个方向投影尺寸的最小值/mm																	

校对：________　　　　　　　　　　记录：________

表 D.6　砌块的抗压强度测试记录表

试验样机型号：________　　　　　　制造商：________

出厂日期：________　　　　　　试验地点：________

试验日期：________　　　　　　试验人员：________

编　号	尺　寸/mm	破坏荷载/kN	单块强度值/MPa	备　注
1				
2				
3				
4				
5				
5 块的强度平均值/MPa		单块强度最小值/MPa		

校对：________　　　　　　　　　　记录：________

表 D.7　振动参数测试记录表

试验样机型号：________　　　　　　制造商：________

出厂日期：________　　　　　　试验地点：________

试验日期：________　　　　　　试验人员：________

测试对象 模芯□　模箱□　机架□	加压过程		强迫振动频率/Hz
测试点：	振幅/mm	加速度/(m/s²)	
1			
2			
3			
4			
5			
6			
7			

表 D.7（续）

测试对象 模芯□　模箱□　机架□	加压过程		强迫振动频率/ Hz
测试点：	振幅/ mm	加速度/ (m/s^2)	
8			
9			
10			
11			
12			
13			
各测点振幅平均值(A_p)/mm			
各测点振幅平均值(A_{max})/mm			
各测点振幅平均值(A_{min})/mm			
模箱各处最大振幅偏离量　$F=\frac{\lvert A_{max}-A_p \rvert}{A_p}\times 100\%$			
模箱各处最小振幅偏离量　$F'=\frac{\lvert A_{min}-A_p \rvert}{A_p}\times 100\%$			

校对：＿＿＿＿＿＿　　　　　　　　　　　　　　　　　　　　记录：＿＿＿＿＿＿

表 D.8　成型周期测试记录表

试验样机型号：＿＿＿＿＿＿　　　　　　　　　　　制造商：＿＿＿＿＿＿

出厂日期：＿＿＿＿＿＿　　　　　　　　　　　　　试验地点：＿＿＿＿＿＿

试验日期：＿＿＿＿＿＿　　　　　　　　　　　　　试验人员：＿＿＿＿＿＿

编　号	生产模数	工作时间/ s	成型周期/ s	备　注
1				
2				
3				

校对：＿＿＿＿＿＿　　　　　　　　　　　　　　　　　　　　记录：＿＿＿＿＿＿

表 D.9　整机能耗测试记录表

试验样机型号：＿＿＿＿＿＿　　　　　　　　　　　制造商：＿＿＿＿＿＿

出厂日期：＿＿＿＿＿＿　　　　　　　　　　　　　试验地点：＿＿＿＿＿＿

试验日期：＿＿＿＿＿＿　　　　　　　　　　　　　试验人员：＿＿＿＿＿＿

项　目		测　试　值
整机耗电量/ (kW·h)	第一次	
	第二次	
	第三次	
块体体积/m^3		
砌块总块数		
整机能耗/$(kW·h/m^3)$		

校对：＿＿＿＿＿＿　　　　　　　　　　　　　　　　　　　　记录：＿＿＿＿＿＿

表 D.10 压脚板与模箱的间隙记录表

试验样机型号：____________ 制造商：____________

出厂日期：____________ 试验地点：____________

试验日期：____________ 试验人员：____________

块 位	1	2	3	4	5	6	7	8	9	10	11	12	最大值
压脚板与箱壁/mm													
压脚板与模芯/mm													

校对：____________ 记录：____________

表 D.11 振动驱动马达转速差测试记录表

试验样机型号：____________ 制造商：____________

出厂日期：____________ 试验地点：____________

试验日期：____________ 试验人员：____________

编 号	左振动电动机转速/(r/min)	右振动电动机转速/(r/min)	备 注
1			
2			
转速差			

校对：____________ 记录：____________

表 D.12 操作力测试记录表

试验样机型号：____________ 制造商：____________

出厂日期：____________ 试验地点：____________

试验日期：____________ 试验人员：____________

编号	手柄Ⅰ的操作力/N	手柄Ⅱ的操作力/N	手柄Ⅲ的操作力/N	备注
1				
2				
3				

校对：____________ 记录：____________

表 D.13 振动电动机温升测试记录表

试验样机型号：____________ 制造商：____________

出厂日期：____________ 试验地点：____________

试验日期：____________ 试验人员：____________

项 目		工作时间/h	试验前温度/℃	试验后温度/℃	备注
振动电动机Ⅰ	壳体温度				
	轴承座外壳温度				
振动电动机Ⅱ	壳体温度				
	轴承座外壳温度				

校对：____________ 记录：____________

表 D.14 噪声测试记录表

试验样机型号：____________ 制造商：____________

出厂日期：____________ 试验地点：____________

试验日期：____________ 试验人员：____________

天气气温：____________℃ 风向风速：____________

测量部位		工况	声级计位置	噪声/dB(A)
背景噪声/dB(A)				
成型机左、右两侧边缘 1 m 处		布料振动	1	
		加压振动	1	
		布料振动	2	
		加压振动	2	
成型机前、后两侧边缘 1 m 处		布料振动	3	
		加压振动	3	
		布料振动	4	
		加压振动	4	
离成型机中心 10 m 的圆周上		布料振动	5	
		加压振动	5	
		布料振动	6	
		加压振动	6	
		布料振动	7	
		加压振动	7	
		布料振动	8	
		加压振动	8	

校对：____________ 记录：____________

表 D.15 油温测试记录表

试验样机型号：____________ 制造商：____________

出厂日期：____________ 试验地点：____________

试验日期：____________ 试验人员：____________

编 号	工作时间/h	试验前油温/℃	试验后油温/℃	备 注
1				
2				
3				
4				

校对：____________ 记录：____________

表 D.16 模具寿命测试记录

试验样机型号：____________ 制造商：____________

出厂日期：____________ 试验地点：____________

试验日期：____________ 试验人员：____________ 共 页第 页

模具名称				模具类型	焊接式/装配式	
日期	开机时间/时:分	停机时间/时:分	当班成模次数	累计成模次数	模框、模芯、压脚损坏和更换的时间及损坏情况记录	记录人

表 D.16（续）

模具名称				模具类型	焊接式/装配式	
日期	开机时间/时:分	停机时间/时:分	当班成模次数	累计成模次数	模框、模芯、压脚损坏和更换的时间及损坏情况记录	记录人
模框累计寿命/万次						
模芯累计寿命/万次						
压脚板累计寿命/万次						

校对：__________ 记录：__________

表 D.17 可靠性试验记录表

试验样机型号：__________ 制造商：__________

出厂日期：__________ 试验地点：__________

试验日期：__________ 试验人员：__________

编号	项目		试验记录
1	试验日期		
2	开机时刻		
3	停机时刻		
4	当班工作量	工作小时数/h	
		生产模数	
5	累计工作量	工作小时数/h	
		生产模数	
6	维护保养时间/h		
7	修复时间/h		
8	故障及原因分析		
9	电压/V		
10	电度表读数/(kW·h)	开始	
		终至	
备注			

校对：__________ 记录：__________

表 D.18 可靠性试验结果记录表

年 月 日

制 造 商			试验样机型号	
出 厂 编 号			出厂日期	
项 目		试验数据	试验结果	
可靠度/ %	累计试验时间 t_0/ h		$t_0/(t_0+t_1)\times 100\%=$	
	修复时间 t_1/ h			
首次故障前工作时间	累计故障当量		$t=$	
	经历的试验时间 t/ h			
平均无故障 工作时间/ h	累计试验时间 t_0/ h		$t_0/r_b=$	
	当量故障次数 r_b			
结 论				

校对：________ 记录：________

表 D.19 整机技术性能测试结果汇总记录

试验任务来源、目的：________ 试验依据：________

试验地点：________ 试验时间：________

试验样机型号：________ 制造商：________

出厂编号：________

编号	检测项目		规定要求	检测结果	检测结论
1	成型周期/ s				
2	砌块外观和尺寸优等品率		90%		
3	砌块抗压强度合格率		100%		
4	最大振动加速度/ (m/s^2)				
5	整机能耗/ ($kW\cdot h/m^3$)				
6	模箱振幅偏离量/ mm				
7	机架振幅/ mm				
8	双驱动马达转速差				
9	振动电机温升/ ℃				
10	液压油最高温度/ ℃				
11	模具寿命/ 万次	模框			
		模芯			
		压脚板			

表 D.19（续）

编号	检测项目		规定要求	检测结果	检测结论
12	噪声/dB(A)	机外噪声			
		司机耳边噪声			
13	电气防护				
14	外观质量				
15	操作力/N				
16	可靠性试验	首次故障前工作时间/h			
		平均无故障工作时间/h			
		可靠度			
16	结论和建议				

注 1："检测结果"按照实测数据整理填写。

注 2："检测结论"为合格或不合格。

负责人：____________ 记录人：____________

参加试验人员：____________

参 考 文 献

[1] BS EN 12629-1:2001 混凝土和硅酸钙建筑制品生产设备 安全性 第1部分:通用要求.
[2] BS EN 12629-2:2001 混凝土和硅酸钙建筑制品生产设备 安全性 第2部分:砌块机.

ICS 67.160.20
X 51

中华人民共和国国家标准

GB 8537—2008
代替 GB 8537—1995

饮用天然矿泉水

Drinking natural mineral water

2008-12-29 发布 2009-10-01 实施

中华人民共和国国家质量监督检验检疫总局
中国国家标准化管理委员会 发布

前 言

本标准的第3章、5.2、8.1.1为强制性的，其余为推荐性的。

本标准参考了国际食品法典委员会(CAC)CODEX STAN 108—1981，Rev 1—1997[1)]《天然矿泉水法典标准》。

本标准代替GB 8537—1995《饮用天然矿泉水》。

本标准与GB 8537—1995相比主要变化如下：

——由“全文强制”改为“条文强制”；

——完善了天然矿泉水的定义；

——增加了产品分类；

——删除了水源要求的具体条款，按GB/T 13727《天然矿泉水地质勘探规范》执行；

——界限指标去掉1项(溴化物)；

——限量指标增加4项(锑、锰、镍、溴酸盐)、修改4项(镉、砷、硼、氟化物)、删除4项(锂、锶、碘化物、锌)；

——污染物指标增加2项(阴离子合成洗涤剂、矿物油)、修改1项(亚硝酸盐)；

——微生物指标增加3项(粪链球菌、铜绿假单胞菌和产气荚膜梭菌)、删除1项(菌落总数)；

——删除附录A饮用天然矿泉水源评价报告资料要求(参考件)，将附录B改为附录A。

本标准的附录A为资料性附录。

本标准由中国轻工业联合会提出。

本标准由全国饮料标准化技术委员会归口。

本标准起草单位：中国食品发酵工业研究院、中国疾病预防控制中心环境与健康相关产品安全所、中国地质环境监测院、中国疾病预防控制中心营养与食品安全所、中国饮料工业协会天然矿泉水分会、海口椰树矿泉水有限公司、深圳达能益力泉饮品有限公司。

本标准主要起草人：郭新光、曹兆进、田廷山、刘秀梅、康永璞、陈军、闻万隆、田栖静、杜钟、徐方。

本标准所代替标准的历次版本发布情况为：

——GB 8537—1987、GB 8537—1995。

---

1) 2001年修订。

饮用天然矿泉水

1 范围

本标准规定了饮用天然矿泉水的产品分类、要求、检验方法、检验规则以及标志、包装、运输和贮存。

本标准适用于饮用天然矿泉水的生产、检验与销售。

2 规范性引用文件

下列文件中的条款通过本标准的引用而成为本标准的条款。凡是注日期的引用文件，其随后所有的修改单(不包括勘误的内容)或修订版均不适用于本标准，然而，鼓励根据本标准达成协议的各方研究是否可使用这些文件的最新版本。凡是不注日期的引用文件，其最新版本适用于本标准。

GB 7718　预包装食品标签通则

GB/T 8538　饮用天然矿泉水检验方法

GB/T 13727　天然矿泉水地质勘探规范

GB 16330　饮用天然矿泉水厂卫生规范

3 术语和定义

下列术语和定义适用于本标准。

3.1

饮用天然矿泉水　drinking natural mineral water

从地下深处自然涌出的或经钻井采集的，含有一定量的矿物质、微量元素或其他成分，在一定区域未受污染并采取预防措施避免污染的水；在通常情况下，其化学成分、流量、水温等动态指标在天然周期波动范围内相对稳定。

4 产品分类

根据产品中二氧化碳含量分为：

a) 含气天然矿泉水：包装后，在正常温度和压力下有可见同源二氧化碳自然释放起泡的天然矿泉水；

b) 充气天然矿泉水：按 5.3.2 规定处理，充入二氧化碳而起泡的天然矿泉水；

c) 无气天然矿泉水：按 5.3.2 规定处理，包装后，其游离二氧化碳含量不超过为保持溶解在水中的碳酸氢盐所必需的二氧化碳含量的一种天然矿泉水；

d) 脱气天然矿泉水：按 5.3.2 规定处理，包装后，在正常的温度和压力下无可见的二氧化碳自然释放的一种天然矿泉水。

5 要求

5.1 水源要求

水源地勘查评价、水源防护、水源地的监测按 GB/T 13727 执行。

5.2 水质要求

5.2.1 感官要求

应符合表 1 的规定。

表 1　感官要求

项　　目		要　　求
色度/度	≤	15(不得呈现其他异色)
浑浊度/NTU	≤	5
臭和味		具有矿泉水特征性口味,不得有异臭、异味
可见物		允许有极少量的天然矿物盐沉淀,但不得含其他异物

5.2.2　理化要求

5.2.2.1　界限指标

应有一项(或一项以上)指标符合表 2 的规定。

表 2　界限指标

项　　目		要　　求
锂/(mg/L)	≥	0.20
锶/(mg/L)	≥	0.20(含量在 0.20 mg/L~0.40 mg/L 时,水源水水温应在 25 ℃以上)
锌/(mg/L)	≥	0.20
碘化物/(mg/L)	≥	0.20
偏硅酸/(mg/L)	≥	25.0(含量在 25.0 mg/L~30.0 mg/L 时,水源水水温应在 25 ℃以上)
硒/(mg/L)	≥	0.01
游离二氧化碳/(mg/L)	≥	250
溶解性总固体/(mg/L)	≥	1 000

5.2.2.2　限量指标

应符合表 3 的规定。

表 3　限量指标

项　　目		要　　求
硒/(mg/L)	<	0.05
锑/(mg/L)	<	0.005
砷/(mg/L)	<	0.01
铜/(mg/L)	<	1.0
钡/(mg/L)	<	0.7
镉/(mg/L)	<	0.003
铬/(mg/L)	<	0.05
铅/(mg/L)	<	0.01
汞/(mg/L)	<	0.001
锰/(mg/L)	<	0.4
镍/(mg/L)	<	0.02
银/(mg/L)	<	0.05
溴酸盐/(mg/L)	<	0.01
硼酸盐(以 B 计)/(mg/L)	<	5

表 3（续）

项　目		要　求
硝酸盐（以 NO_3^- 计）/（mg/L）	<	45
氟化物（以 F^- 计）/（mg/L）	<	1.5
耗氧量（以 O_2 计）/（mg/L）	<	3.0
^{226}镭放射性/（Bq/L）	<	1.1

5.2.2.3　**污染物指标**

应符合表 4 的规定。

表 4　污染物指标

项　目		要　求
挥发酚（以苯酚计）/（mg/L）	<	0.002
氰化物（以 CN^- 计）/（mg/L）	<	0.010
阴离子合成洗涤剂/（mg/L）	<	0.3
矿物油/（mg/L）	<	0.05
亚硝酸盐（以 NO_2^- 计）/（mg/L）	<	0.1
总 β 放射性/（Bq/L）	<	1.50

5.2.3　**微生物要求**

应符合表 5 和表 6 的规定。

表 5　微生物指标

项　目	要　求
大肠菌群/（MPN/100 mL）	0
粪链球菌/（CFU/250 mL）	0
铜绿假单胞菌/（CFU/250 mL）	0
产气荚膜梭菌/（CFU/50 mL）	0
注 1：取样 1×250 mL（产气荚膜梭菌取样 1×50 mL）进行第一次检验，符合表 5 要求，报告为合格。 注 2：检测结果大于等于 1 并小于 2 时，应按表 6 采取 n 个样品进行第二次检验。 注 3：检测结果大于等于 2 时，报告为“不合格”。	

表 6　第二次检验

项　目	样品数		限量	
	n	c	m	M
大肠菌群	4	1	0	2
粪链球菌	4	1	0	2
铜绿假单胞菌	4	1	0	2
产气荚膜梭菌	4	1	0	2
注：n——一批产品应采集的样品件数； c——最大允许可超出 m 值的样品数，超出该数值判为不合格； m——每 250 mL（或 50 mL）样品中最大允许可接受水平的限量值（CFU）； M——每 250 mL（或 50 mL）样品中不可接受的微生物限量值（CFU），等于或高于 M 值的样品均为不合格。				

5.3 加工工艺要求

5.3.1 应在保证天然矿泉水原水卫生安全和符合 GB 16330 规定的条件下进行开采、加工与灌装。

5.3.2 在不改变饮用天然矿泉水水源水基本特性和主要成分含量的前提下，允许通过曝气、倾析、过滤等方法去除不稳定组分；允许回收和填充同源二氧化碳；允许加入食品添加剂二氧化碳，或者除去水中的二氧化碳。

5.3.3 不得用容器将原水运至异地灌装。

6 检验方法

水质要求按 GB/T 8538 规定的方法进行检验。

天然矿泉水水质检验报告可按附录 A 填写。

7 检验规则

7.1 取样

每批产品随机抽样量：净含量小于 3 L 的产品不少于 10 瓶；净含量大于等于 3 L 的产品不少于 5 桶。

7.2 出厂检验

7.2.1 按照相应的规则确定产品的批次。每批产品出厂时，应对感官要求和微生物指标中的大肠菌群、铜绿假单胞菌进行检测。

7.2.2 每月应对粪链球菌、产气荚膜梭菌至少进行一次检测。

7.3 型式检验

本标准技术要求中规定的所有项目均为型式检验项目，每年丰水期、枯水期各至少进行一次，或当出现下列情况之一时进行检验：

——更换设备，工艺发生较大变化时；

——停产后重新恢复生产时；

——出厂检验结果与平常记录有较大差别时；

——水质量有较大波动时。

7.4 判定规则

检验项目如不符合本标准要求时，应从该批产品中加倍量抽样对不合格项目进行复验，以复验结果为准。若复验项目仍有一项不合格，则判定该批产品为不合格品。微生物指标按 5.2.3 规定进行检验与判定。

8 标志、包装、运输和贮存

8.1 标志

8.1.1 预包装产品标签除应符合 GB 7718 有关规定外，还应符合下列要求：

——标示天然矿泉水水源点名称；

——标示产品达标的界限指标、溶解性总固体含量以及主要阳离子（K^+、Na^+、Ca^{2+}、Mg^{2+}）的含量范围；

——当氟含量大于 1.0 mg/L 时，应标注“含氟”字样；

——标示产品类型，可直接用定语形式加在产品名称之前，如：“含气天然矿泉水”；或者标示产品名称“天然矿泉水”，在下面标注其产品类型：含气型或充气型；对于“无气”和“脱气”型天然矿泉水可免于标示产品类型。

8.1.2 除非经国家有关部门审批认可，否则标签上不得声称有医疗作用。

8.2 包装

8.2.1 包装材料应符合国家有关卫生标准要求。

8.2.2 包装容器(瓶,桶)外部应保持清洁,封盖严密,无渗漏现象,标签封贴紧密牢固。

8.3 运输

8.3.1 运输工具应保持清洁、卫生。产品不得与有毒、有害、有腐蚀性、易挥发或有异味的物品混装运输。

8.3.2 搬运时应轻拿轻放,严禁扔摔、撞击、挤压。

8.3.3 运输过程不得曝晒、雨淋、受潮、冰冻。

8.4 贮存

8.4.1 产品不得与有毒、有害、有腐蚀性、易挥发或有异味的物品同库贮存。

8.4.2 产品应贮存在阴凉、干燥、通风的库房中;不得露天堆放、日晒、雨淋或靠近热源。

8.4.3 在 0 ℃以下运输与贮存时,应有防冻措施。

附 录 A
（资料性附录）
饮用天然矿泉水水质检验报告

泉点名称　　　　　　　　　　　　　　采样日期

泉点编号　　　　　　　　　　　　　　送样日期

采样地点　　　　　　　　　　　　　　检验日期

水　温℃　　　　　　　　　　　　　　报告日期

	项目	$\rho(B)$/(mg/L)	$c\left(\frac{1}{z}B^{z\pm}\right)$/(mmol/L)	$x\left(\frac{1}{z}B^{z\pm}\right)$/%	项目	$\rho(B)$/(mg/L)	项目	$\rho(B)$/(mg/L)
阳离子	K^+				溶解性总固体		钡	
	Na^+				偏硅酸		铬	
	Ca^{2+}				游离二氧化碳		铅	
	Mg^{2+}				锂		锑	
	$Fe^{2+}+Fe^{3+}$				锶		锰	
	合计				碘化物		镍	
阴离子	HCO_3^-				锌		钴	
	CO_3^{2-}				硒		钒	
	Cl^-				铜		铝	
	SO_4^{2-}				砷		银	
	F^-				汞		挥发酚	
	NO_3^-				镉		氰化物	
	合计				硼酸盐		亚硝酸盐	
					溴化物		溴酸盐	
肉眼可见物____ 色度________ 浑浊度________ 臭和味________ pH ________		总硬度(以 $CaCO_3$ 计)______ mg/L 总碱度(以 $CaCO_3$ 计)______ mg/L 总酸度(以 $CaCO_3$ 计)______ mg/L			大肠菌群__ MPN/100 mL 粪链球菌____ CFU/250 mL 铜绿假单胞菌__ CFU/250 mL 产气荚膜梭菌__ CFU/50 mL		耗氧量________ mg/L 阴离子合成洗涤剂__ mg/L 矿物油________ mg/L ^{226}镭________ Bq/L 总 β________ Bq/L	
检验结论	签发日期　　年　　月　　日							
备注								

批准　　　　　　　　　　　　审核　　　　　　　　　　　　编写